El Método de la Celda aplicado al análisis de convertidores electromecánicos

El Método de la Celda aplicado al análisis de convertidores electromecánicos

Pablo Ignacio González Domínguez
José Miguel Monzón-Verona
Santiago García-Alonso Montoya

**El Método de la Celda aplicado al análisis de
convertidores electromecánicos**

Primera edición: 2024

ISBN: 9788419786111
ISBN eBook: 9788419544476
Depósito legal: SE 2337-2024

© de los textos:
    Pablo Ignacio González Domínguez
    José Miguel Monzón-Verona
    Santiago García-Alonso Montoya

© de esta edición:
    Editorial Aula Magna, 2024. McGraw-Hill Interamericana de España S.L.
    editorialaulamagna.com
    info@editorialaulamagna.com

Impreso en España – Printed in Spain

Índice

Agradecimientos a la Cátedra ENDESA RED y al Departamento de Ingeniería Eléctrica de la Universidad de Las Palmas de Gran Canaria por su apoyo para la realización de estos trabajos, que han hecho posible su publicación.

Nuestros agradecimientos también a todas las personas que han colaborado con nosotros en los trabajos de investigación y desarrollo de los diferentes experimentos llevados a cabo, especialmente a los técnicos de laboratorio del Departamento de Ingeniería Eléctrica.

Los autores

Capítulo 1

1. Introducción

La máquina eléctrica, en general, y la máquina asíncrona, en particular, presentan una serie de fenómenos físicos diversos. Esos fenómenos son de índole electromagnética, térmica, mecánica y de fluidodinámica, principalmente.

Para el tratamiento matemático de dichos fenómenos, tradicionalmente, se ha recurrido a diversos métodos numéricos, como pueden ser métodos modulares, diferencias finitas, elementos finitos, etcétera.

Uno de estos métodos numéricos es el Método de la Celda, método numérico para desarrollar una teoría de la Física Computacional Discreta como es la Formulación Finita.

Los capítulos 2 a 8 están basados en la tesis doctoral realizada por Pablo Ignacio González Rodríguez, dirigida por José Miguel Monzón Verona, coautores de este libro, titulada *Aportaciones al diseño de máquinas eléctricas de inducción mediante el método de la celda. Análisis térmico y electromagnético*, defendida en la Universidad de las Palmas de Gran Canaria en febrero de 2016.

Los capítulos 9 a 12 recogen casos prácticos aplicados a problemas ingenieriles recogidos en revistas científicas de difusión internacional publicados por los autores de este libro recientemente.

1.1. Motivación y objetivos

En este libro se pone de relieve la validez del Método de la Celda para realizar cálculos electrotérmicos aplicados a las máquinas eléctricas.

De entre los tipos de máquinas eléctricas existentes, se ha analizado la máquina eléctrica asíncrona, porque es la máquina eléctrica de mayor uso.

En la bibliografía consultada existe experiencia en la aplicación de la Formulación Finita y el Método de la Celda al campo electromagnético.

En cambio, en el campo térmico, la bibliografía es muy escasa, circunscrita a aplicaciones electrotérmicas en el campo de la Medicina. Para su aplicación en el caso de la máquina eléctrica, no les consta a estos autores una relativa abundancia de fuentes bibliográficas donde se mencione su aplicación.

Todo lo anteriormente expuesto motivó la realización de este libro, con el *objetivo general* de probar que el acoplamiento electromagnético y térmico, existente en las máquinas eléctricas, se puede explicar numéricamente haciendo uso del Método de la Celda, dentro del marco teórico de la Formulación Finita.

Como *objetivos particulares* se demuestra la validez de:

- Las matrices constitutivas térmicas propuestas, tanto para dos como para tres dimensiones.
- La Formulación Finita y el Método de la Celda para la resolución de problemas electrotérmicos transitorios.
- La integración sobre los volúmenes duales para el cálculo de la potencia calorífica generada por fenómenos electromagnéticos.

1.2. Descripción de la metodología

El trabajo que se ha realizado consta de diversas fases. A saber, estas son:

1. Recopilación de bibliografía referente al tema a tratar: Formulación Finita y el Método de la Celda.
2. Recopilación de bibliografía auxiliar al tema principal de estudio.
3. Búsqueda de aplicaciones informáticas que permitan realizar los objetivos propuestos.
4. Selección de fenómenos físicos a estudiar.
5. Diseño de los experimentos numéricos.
6. Construcción de los modelos matemáticos.
7. Simulación.
8. Verificación y validación de resultados numéricos.
9. Compilación de resultados.

La bibliografía existente sobre campo electromagnético aplicando la Formulación Finita y el Método de la Celda es relativamente amplia. Sin embargo, es poca la bibliografía disponible en el campo de la transmisión de calor. A la hora de contrastar los resultados obtenidos, se ha optado por hacerlo con la metodología de los elementos finitos, pues de entre los métodos numéricos existentes, es el más extendido en el estudio de las máquinas eléctricas.

1.3. Contenido

La organización y redacción de este libro se ha hecho de la siguiente manera:

En el Capítulo 2 se hace un recorrido por el estado del arte, así como por los métodos numéricos más habituales aplicados al cálculo de fenómenos físicos concernientes a las máquinas eléctricas.

En el Capítulo 3 se explica la teoría de la Formulación Finita. Se hace una comparativa entre la Formulación Finita y la formulación integral y diferencial, ya que, en las escuelas de ingeniería, estas dos últimas son las más habituales en cuanto a enseñanza y uso se refiere. Se centraron las explicaciones en el campo electromagnético, la electrodinámica y la transmisión del calor, por ser estos los objetivos de este trabajo, centrándose, aún más, estas explicaciones en su aplicación a la máquina eléctrica asíncrona.

En el Capítulo 4 se explica en que consiste el método de cálculo numérico conocido como Método de la Celda, el cual permite llevar a la práctica la teoría expuesta en la Formulación Finita. Se ha centrado en la formulación (a, (a, v)) y en la formulación (a, (a, χ)), que son las formulaciones que se han implementado en las aplicaciones informáticas utilizadas en este libro.

En el Capítulo 5 se tratan las matrices constitutivas electromagnéticas $[M_v]$ y $[M_\sigma]$. Las matrices constitutivas son la piedra angular del Método de la Celda. Estas matrices permiten describir el medio material donde se desarrollan los campos físicos estudiados.

En el Capítulo 6 se explican cómo se generan las matrices constitutivas térmicas $[M_\lambda]$ y $[M_{Cp}]$. Se destacan las aportaciones hechas, como son la matriz constitutiva de transmisión térmica $[M_\lambda]$ en tres dimensiones, y su variante $[M_\lambda]^{2D}$ para transmisión de calor bidimensional. La primera matriz es una adaptación de la matriz constitutiva de conducción eléctrica a la conducción térmica. La segunda es una transformación a la conducción bidimensional por un método novedoso, consistente en trabajar directamente en el espacio dual. En este capítulo también se hace otra aportación a la conducción del calor, como es la matriz $[M_\tau]$, desarrollada a partir de métodos matriciales utilizando las relaciones geométricas de las caras duales. Por razones de economía computacional, esta aportación $[M_\lambda]$, aunque más rápida y precisa que la aportación , se recomienda solo utilizarla en problemas exclusivos de transmisión de calor, ya que la estructura matricial de $[M_\lambda]$ tiene doble uso: cálculo eléctrico y cálculo térmico.

En el Capítulo 7 se explica la Teoría de Circuitos aplicada conjuntamente con la Formulación Finita y el Método de la Celda en tres dimensiones. Se trata de conectar dominios continuos discretizables, tratados con el Método de la Celda, con circuitos de parámetros concentrados, tratados con el Método Nodal Modificado. Esto es de suma utilidad, pues se pueden estudiar el comportamiento electromagnético y térmico de dominios continuos discretizables excitados con corrientes y tensiones provenientes de circuitos de parámetros concentrados. Entre los posibles casos, podemos hablar de corrientes y tensiones con alto contenido de armónicos, habituales en máquinas asíncronas estando sometidas a controles con base en electrónica de potencia.

En el Capítulo 8 se describen los experimentos numéricos realizados para comprobar y validar el uso del Método de la Celda en el estudio de fenómenos electrotérmicos, los cuales afectan al funcionamiento de las máquinas asíncronas.

Los capítulos 9, 10, 11 y 12 son el resumen de trabajos publicados en revistas y congresos y que siguen la línea de investigación desarrollada por los autores.

En el Anexo 1 se describe cómo se obtuvo la componente matricial $[A_\tau]$ para obtener finalmente la matriz constitutiva térmica $[M_\tau]$, aportación que se hace en este trabajo.

En el Anexo 2 se describe cómo obtener la potencia calorífica generada por corrientes eléctricas a partir de la integración de las subceldas duales del dominio discretizado.

En el Anexo 3 contiene la explicación de conceptos concernientes al proceso de verificación y validación, al cual se han sometido los experimentos numéricos. En él se explican una serie de estadísticos utilizados en la validación de los experimentos numéricos.

En el Anexo 4 se explican las ventajas que presenta la utilización de las variables globales en la Formulación Finita, sobre todo en cuanto a salvar discontinuidades del medio material se refiere y otras cuestiones afines.

2. Resumen del estado del arte

2.1. Introducción

Se explica en este capítulo las principales escuelas existentes en el estudio de la máquina eléctrica y la evolución tecnológica de las mismas.

Se explica brevemente la génesis del electromagnetismo desde un punto de vista clásico, donde las ecuaciones de Maxwell son el principal referente, para pasar luego a explicar lo que se conoce como Electromagnetismo Computacional. Se hace un breve recorrido por los principales métodos numéricos utilizados en el Electromagnetismo Computacional.

Se hace una breve introducción a los procesos de transferencia de calor que aparecen en el funcionamiento de las máquinas eléctricas. Por último, se da una breve pincelada de la importancia que tiene la máquina eléctrica asíncrona en el mundo actual.

2.1. Evolución de las máquinas eléctricas

Actualmente, la investigación en máquinas eléctricas se centra principalmente en la mejora estructural de estas. Bien sea aplicando nuevos tipos de aislamiento, o bien en la utilización de superconductores, o bien en la mejora de las características mecánicas de las mismas. Es de destacar, como línea de investigación activa, la búsqueda de modelos matemáticos para el estudio de máquinas eléctricas (Kost, 1995; Sykulski, 2007).

El modelado matemático de los fenómenos electromagnéticos para las máquinas eléctricas tradicionalmente sigue dos grandes escuelas, destacándose diversos tipos. A saber:

Modelos fisicomatemáticos	Modelos paramétricos-físicos
• *Modelo en diferencias finitas* • *Modelos en elementos finitos*	• *Modelos de Park y Ku* • *Teoría de los fasores espaciales*

Tabla 2-1. Principales escuelas en máquinas eléctricas.

Los modelos fisicomatemáticos son empleados principalmente para el diseño y cálculo de las máquinas eléctricas. El modelo de máquina eléctrica en diferencias finitas está basado en la discretización de la ecuación diferencial de Poisson mediante la descomposición en una serie de Taylor. El modelo de máquina eléctrica basado en elementos finitos se fundamenta en la minimización de un funcional (energía) y en la descomposición, en dominios de dimensión finita, de la región en los que la función incógnita es representada por una aproximación polinomial.

Los modelos paramétrico-físicos permiten únicamente el estudio del comportamiento de las máquinas eléctricas. El modelo de máquinas eléctricas de Park y Ku logra, mediante transformaciones, hacer corresponder a las magnitudes reales una componente homopolar, otra inversa y otra directa, apoyándose para ello en la teoría de las componentes simétricas (Smith, 1990). El modelo de máquinas eléctricas, basado en los fasores espaciales, logra pasar magnitudes electromagnéticas del dominio temporal al dominio espacial. Este modelo es de una gran potencia, tanto conceptual como de cálculo, ya que no se pierde la visualización de las magnitudes físicas, tanto en su aspecto constructivo como electromagnético; permitiendo un planteamiento, en forma matricial, de las ecuaciones que definen la conversión energética, desarrollándose las mismas mediante técnicas de análisis numérico. Al ofrecer una representación espacial de las magnitudes electromagnéticas, este modelo puede ser utilizado, en ciertos aspectos, para la concepción y cálculo de la máquina eléctrica.

Para una mayor profundización en la evolución histórica de las máquinas eléctricas se recomienda Fraile (2008), en el apéndice 1, p. 759.

2.3. El electromagnetismo clásico

El desarrollo de las máquinas eléctricas va parejo a los avances en electromagnetismo. Un hito claro en la teoría electromagnética fue el enunciado de las leyes de James Clerk Maxwell en 1879. En estas cuatro leyes, originalmente eran dieciséis, se resumen los principales fenómenos del electromagnetismo. Oliver Heaviside, junto con Willard Gibbs, en 1884, reformulan dichas leyes a su forma vectorial actual.

Las leyes de Maxwell se formulan tanto en forma integral como diferencial. Para definir la naturaleza del medio donde se desarrollan los fenómenos electromagnéticos a estudiar, se definen las ecuaciones constitutivas del medio. Cuando se aplican las leyes de Maxwell, tanto en su forma integral como diferencial, a casos concretos, estas ecuaciones terminan convirtiéndose en ecuaciones diferenciales en derivadas parciales. Su resolución ha consistido clásicamente en idealizar los recintos de integración superficial (S) o de circulación vectorial (L) a formas geométricas en las cuales son conocidas sus expresiones matemáticas. Esto ha limitado, en gran medida, el uso de dichas ecuaciones en la física, pero especialmente en la ingeniería. Se han hecho hipótesis simplificativas para tratar de facilitar el cálculo de las mismas. La Teoría de Circuitos Lineales es uno de esos casos. Para el cálculo de las máquinas eléctricas se ha utilizado tradicionalmente una mezcla de expresiones empírica y de la teoría de circuitos. Este panorama cambia radicalmente con la aparición de los ordenadores.

2.4. El electromagnetismo computacional

El Electromagnetismo Computacional surge por la dificultad de cálculo que presentan las ecuaciones de Maxwell en la mayoría de los casos prácticos. Las expresiones analíticas, tanto de los campos escalares como vectoriales, así como los contornos geométricos de integración, en la mayoría de los casos, son difíciles; o, simplemente, imposibles de obtener.

Todo ello ha llevado al desarrollo de multitud de métodos matemáticos para obtener una solución aproximada a dichas ecuaciones. Con la irrupción de los ordenadores a finales de los años cincuenta del siglo XX, comienza a aparecer una serie de métodos matemáticos que se han venido, con el paso de los años, a llamar Métodos de Electromagnetismo Computacional (MEC).

Según sea el tipo de problema tratado, los MECs se han especializado en el dominio del tiempo o en el dominio de la frecuencia. Así mismo, dichos MECs pueden tomar como punto de partida las expresiones diferenciales o las expresiones integrales de las ecuaciones de Maxwell. Una excepción la constituyen los MECs aplicados a la alta frecuencia. En ellos, las ondas electromagnéticas son tratadas desde el enfoque de la Óptica.

La idea fundamental de los MECs es convertir un domino continuo, abordable mediante cálculo infinitesimal, en un domino discreto, abordable mediante cálculo discreto. El dominio continuo Ω se discretiza en un número finito de celdas V_i.

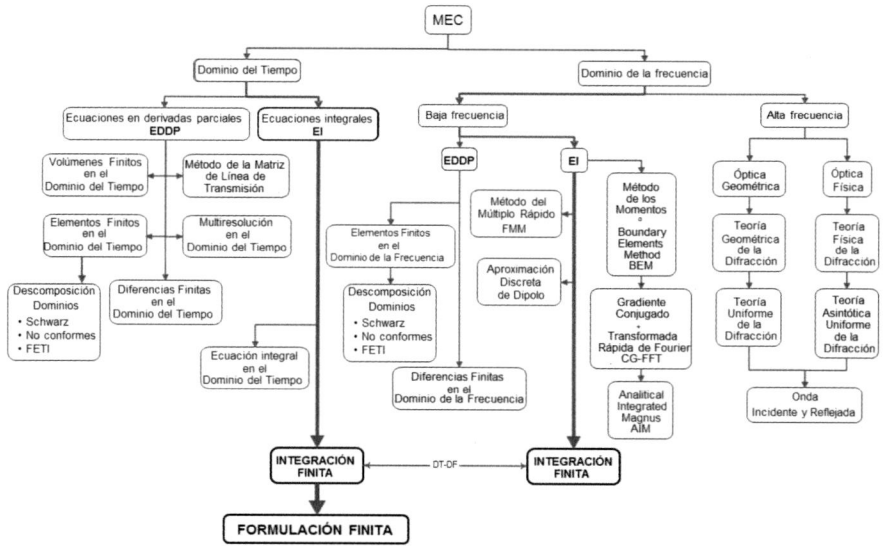

Figura 2-1. Principales métodos de
electromagnetismo computacional.

Por su trascendencia histórica o por su aplicación al diseño de las máquinas eléctricas, cabe destacar especialmente el método de las Diferencias Finitas y el de los Elementos Finitos, tanto en el dominio del tiempo como en el de la frecuencia (Reitich, & Tamma, 2004; Trowbridge, & Sykulski, 2006; Kost, 2011).

Al estar trabajo centrado en MECs aplicados al estudio de las máquinas eléctricas asíncronas, también llamadas de inducción, se explicarán algunos métodos basados en el dominio del tiempo y de la frecuencia, centrándose especialmente en la baja frecuencia. Para una mejor comprensión del tema a explicar, véase la Figura 2-1.

2.4.1. El método de los Elementos Finitos

El método de los elementos finitos, MEF de aquí en adelante, consiste en dividir la configuración a analizar en pequeñas piezas homogéneas o elementos. El modelo contiene información acerca de la geometría, la naturaleza de los materiales que la forman, aparecien-

27

do estas como constantes numéricas; además de las excitaciones del sistema y los valores de contorno o frontera del mismo. El tamaño de los elementos va a depender del detalle con que se desea hacer el análisis. A más detalle corresponden elementos más pequeños. La unión entre elementos se realiza en los nodos. El objetivo del método de los elementos finitos es determinar el valor de las magnitudes del campo electromagnético que se le han asignado a los nudos, aristas o caras.

Desde los trabajos de Winslow en 1963, la aplicación del método de los elementos finitos al electromagnetismo computacional no ha parado de crecer (Sykulski, 2006). El MEF se basa en la discretización de dominios, en los cuales deben existir ecuaciones que definan el problema físico a resolver. El requisito básico del MEF es que las ecuaciones constitutivas y las ecuaciones de evolución temporal sean conocidas previamente. El MEF permite obtener una solución aproximada en un domino (medio continuo) sobre el cual están establecidas diversas ecuaciones diferenciales en forma débil que caracterizan el comportamiento del sistema. El dominio se divide en diversos subdominios no intersectantes entre sí denominados elementos finitos (Zienkiewicz *et al.*, 1993; Fonseca, 2011).

La mayoría de los métodos de elementos finitos utilizan técnicas variacionales. Las técnicas variacionales tratan de minimizar o maximizar una función conocida, que se vuelve estacionaria cerca de la solución verdadera (Zienkiewicz *et al.*, 1993). En el caso del electromagnetismo se utilizan funcionales de energía asociada al campo magnético, al campo eléctrico y a la disipación en forma de calor (Hubing, 1991).

Uno de los mayores problemas que presenta el MEF aplicados al electromagnetismo es la dificultad para modelar regiones con configuraciones abiertas, donde el campo electromagnético no es conocido en todos los puntos de un contorno cerrado.

Una de las ventajas que presenta el MEF es poder definir las propiedades electromagnéticas y geométricas de cada elemento de forma independiente. Esto permite modelar regiones con elementos sumamente pequeños cuando, por su complejidad, se requiera una gran precisión. Por otro lado, en regiones donde no sea necesario gran precisión en el cálculo, los elementos serán mucho más grandes.

Cabe destacar la innovación que ha supuesto el empleo de la Descomposición de Dominios en el MEF para resolver problemas de electromagnetismo con circuitos magnéticos de materiales heterogéneos. Existen diversas técnicas de descomposición como son el algoritmo de Schwarz, los elementos finitos tipo cemento y los FETI (Finite Element Tearing and Interconneting; Vouvakis, 2005; y Marcsa, & Kuczmann, 2013).

En el campo del electromagnetismo computacional aplicando elementos finitos es de destacar la reinterpretación geométrica que ha hecho Alain Bossavit (1998, 2000, 2005).

2.4.2. El gradiente conjugado con transformada rápida de Fourier

El Gradiente Conjugado con Transformada Rápida de Fourier, MGC+FFT de aquí en adelante, se utiliza para el estudio de dispersión electromagnética (*electromagnetic scattering*, en inglés), de uso en tecnologías de radar. Al ser las emisiones de las máquinas eléctricas de relativa baja frecuencia, su uso en el modelado de máquinas eléctricas no es necesario. En algunos estudios sobre fallos en las máquinas eléctricas asíncronas mediante el análisis espectral de las corrientes de las máquinas se utiliza la Transformada Rápida de Fourier (FFT) y la transformada Wavelet, no siendo este el objeto de estudio del presente trabajo (véase, a modo de ejemplo: Bellini *et al.*, 2006; Puche Panadero, 2008; Rosero *et al.*, 2008).

Se basa en la técnica de los residuos ponderados. Es similar al método de los momentos. Se ponderan una serie de funciones y se construye un sistema de ecuaciones lineales y, por último, se resuelve dicho sistema. Unas de las ventajas de MGC es la aplicación directa del método de resolución de ecuaciones lineales que lleva el mismo nombre, en especial para grandes sistemas de ecuaciones lineales en forma matricial dispersa.

2.4.3. El método de los momentos

El método de los momentos, MoM de aquí en adelante, resuelve ecuaciones integrales, reduciéndolas a un sistema de ecuaciones lineales. El MoM emplea la técnica de residuos ponderados. Consiste en establecer funciones-solución triviales de una o más variables. Los residuos se evalúan mediante la diferencia existente entre la solución trivial y la verdadera (Hubing, 1991).

Las ecuaciones por resolver por el MoM están expresadas en forma de ecuación integral de campo eléctrico y de ecuación integral de campo magnético.

El MoM aplicado a la ecuación integral no es muy efectivo cuando se aplica a geometrías complejas con dieléctricos y materiales magnéticos no homogéneos. En cambio, con el MoM se obtiene buenos resultados en problemas de radiación electromagnética tridimensional.

2.4.4. Diferencias finitas en el dominio del tiempo

Las diferencias finitas en el dominio del tiempo, DFDT de aquí en adelante, es un método de resolución directa de las ecuaciones de Maxwell. Fue Kane S. Yee, en 1966, quien desarrolló el concepto de diferencias finitas en el dominio del tiempo aplicadas a la resolución de las ecuaciones de Maxwell, aportando, así mismo, el concepto de celda de Yee. La celda de Yee se basa en la forma de la onda electromagnética: dos ondas planas ortogonales entre sí.

Este concepto será el fundamento de las DFDT aplicadas al electromagnetismo y la base de otros métodos matemáticos para el electromagnetismo computacional, que surgirán posteriormente.

Las ecuaciones de Maxwell deben presentarse en forma diferencial y hacer uso del rotacional aplicado a los vectores de campo eléctrico y magnético. Se utiliza la diferencia central aproximada para evaluar la derivada respecto del espacio y del tiempo. De esta forma se pasa de una forma diferencial continua a una forma diferencial discreta. Esta forma de discretización se conoce como salto de la rana en diferencia finita (*leapfrog finite difference scheme*), aunque la correcta traducción sería salto de la pídola, del juego infantil. Las DFDT es un procedimiento pautado en el tiempo (*time stepping*), pues sus derivadas son temporales: La región a modelar está compuesta de dos mallados entrelazados. Uno de los mallados contiene los nudos en el que se evaluarán los valores de campo magnético. El otro mallado contiene los nudos donde se evaluará el campo eléctrico. Los intervalos temporales se siguen aplicado hasta que la solución sea estable y el resultado obtenido se aproxime al valor deseado. A cada paso de tiempo, las ecuaciones que definen los campos eléctrico y magnético son actualizadas. Los valores de permeabilidad magnética, rigidez dieléctrica y conductividad eléctrica se le asignan a cada celda que forma parte del mallado del dominio donde se quiere calcular los valores de campo. Dicha celda es un elemento cúbico, en el caso de tres dimensiones, o un cuadrado, en el caso de dos dimensiones. El mallado formado con las celdas es totalmente ortogonal celda a celda. La principal dificultad del método de las DFDT es la aproximación de superficies o contornos alabeados. Dicho contorno se debe aproximar de forma escalonada (*staircase*). Esto hace que configuraciones determinadas se necesite un tamaño de celda muy pequeño, lo que da lugar a un mallado muy denso con el consiguiente costo computacional. Este inconveniente se puede solventar utilizando el método de los volúmenes finitos en el dominio del tiempo, VFDT de aquí en adelante.

La gran desventaja de las DFDT es el modelado de formas diminutas en grandes contornos debido al pequeño tamaño que habrá que asignarles a las celdas. Cuando esto sucede, existen métodos más eficientes que el de las DFDT.

La principal ventaja que presentan las DFDT en la resolución de problemas de electromagnetismo es su simplicidad y la relativa flexibilidad para analizar las geometrías complejas.

Por otra parte, la principal desventaja de las DFDT es su alto costo computacional cuando los objetos a analizar tienen unas dimensiones muy grandes comparadas con la longitud de onda del campo electromagnético analizado. En este caso, las partes más alejadas del objeto producen errores por la dispersión numérica que aparece (Hubing, 1991). Para mayor profundización en este tema se recomienda leer (Yee, & Chen, 1997).

2.4.5. Volúmenes finitos en el dominio del tiempo

El método de los volúmenes finitos en el dominio del tiempo, VFDT de aquí en adelante, se aplica a la resolución de las ecuaciones de Maxwell desde 1988, a partir de los trabajos de Bonnet (He *et al.*, 2012). La gran ventaja de este método es su aplicación a mallados no estructurados, frente a las dificultades que presenta el método de las DFDT. Se han desarrollado diversas técnicas como son la de la celda centrada, la del vértice centrado y la de la celda escalonada. La distribución del campo eléctrico y la del campo magnético coincide con la que se sigue en el método de las DFDT (Yee, & Chen, 1997; Bommaraju, 2009; He *et al.*, 2012). Originariamente, el método de los VFDT fue desarrollado para el estudio de la mecánica de fluidos.

2.4.6. El método de la matriz de la línea de transmisión

El método de la línea de transmisión, MLT de aquí en adelante, es similar al método de las DFDT. Fue introducido por P. B. Johns (Johns, & Beurle, 1971). Se realiza en el dominio del tiempo, estando totalmente mallada la región objeto de análisis. Se establece una malla para el campo eléctrico y otra malla para el campo magnético . Los nodos de esta malla están interconectados entre sí por líneas de transmisión virtuales. Las fuentes de excitación están situadas en determinados nudos, transmitiendo dicha excitación a los nudos adyacentes a través de las líneas de transmisión virtuales a cada intervalo de tiempo. Para una mayor profundización consultar (Russer, 2000; Russer, & Russer, 2011).

El MLT es muy parecido a las DFDT, teniendo, así mismo, sus mismas desventajas. La principal desventaja es la de utilizar un mallado muy fino cuando el problema requiere precisión, con el consiguiente costo computacional. El MLT requiere, significativamente, más memoria de ordenador por nodo. En cambio, se obtiene un buen resultado para contornos de geometría compleja (Hubing, 1991).

2.4.7. El método de los elementos de contorno

El método de los elementos de contorno, o método de los elementos de frontera, que por ser su acrónimo MEC, sería similar la expresión Métodos de Electromagnetismo Computacional o, en caso de utilizar el acrónimo MEF, sería similar a Método de los Elementos Finitos, pasaremos, de aquí en adelante, a denominar BEM, como acrónimo de *Boundary Element Method*, que son sus siglas en inglés. El BEM utiliza la técnica de los residuos ponderados. Es, en parte, similar al MoM, pero las funciones de expansión y de ponderación se definen solamente para el contorno o frontera. En el caso de problemas en tres dimensiones, la frontera, o contorno a estudiar, sería la superficie envolvente de dicho volumen, no necesitándose, en la mayoría de los casos, el modelado del interior del volumen. El BEM se aplica a problemas donde se conoce la función de Green. Esto implica que los campos deben discurrir en medios lineales y homogéneos. Las principales ventajas e inconvenientes del BEM son:

Ventaja	Inconveniente
Menos tiempo para preparar los datos	Las matemáticas usadas son poco familiares en el ámbito de la ingeniería
Alta resolución	El interior del volumen a estudiar debe ser modelado en materiales no homogéneos y no lineales
Menor tiempo de cálculo y memoria de almacenamiento	Matrices llenas y asimétricas
Menos información no deseada	Resultados muy pobres en estructuras finas y alabeadas tipo cáscara o concha (*shell*, en inglés)

Tabla 2-2. Ventajas e inconvenientes del BEM.

Este motivo restringe severamente su utilización en el estudio de las máquinas eléctricas, donde prevalecen los medios no lineales y heterogéneos. Se puede solventar esta dificultad mediante la discretización en subvolúmenes que presenten cierta linealidad y homogeneidad. Esto resta las ventajas que ofrece el BEM. El procedimiento seguido por el BEM es construir un mallado sobre la superficie a estudiar. Esto da lugar a matrices muy densas, lo cual genera mucho tiempo de cálculo y capacidad de almacenamiento.

2.4.8. Teoría uniforme de la difracción

Este tipo de técnica de electromagnetismo computacional se utiliza exclusivamente en alta y muy alta frecuencia. Tiene precisión cuando el objeto analizado es muy grande respecto de la longitud de onda del campo electromagnético objeto de análisis. Estas técnicas están basadas en el fenómeno físico de la difracción en alta frecuencia (Cheben, & Calvo Padilla, 1998; Rousseau *et al.*, 2007; Pathak, & Kim, 2011).

2.4.9. Técnicas híbridas

Tratan de armonizar técnicas de electromagnetismo computacional tales como las DFDT con MLT, MEF con BEM, y otras combinaciones (Hubing, 1991; Chen, & Wang, 2014; Pellegrini *et al.*, 2014).

2.4.10. La Integración Finita

El método de la Integración Finita, MIF de aquí en adelante, fue desarrollado por Thomas Weiland en 1977, siendo una generalización del método de las DFDT. Actualmente también está extendido al domino de la frecuencia y a mallados no estructurados (Weiland, 2003).

Utiliza dos mallados imbricados, el uno dentro del otro. El primer mallado se denomina *mallado primal* G. Al segundo mallado se le denomina *mallado dual* $\tilde{G}$, teniendo su fundamento en la celda de Yee de las DFD, pero con la salvedad, respecto de las DFDT, que estos mallados no tienen que ser estrictamente ortogonales, pudiendo estar formados por tetraedros, exaedros, octaedros, dodecaedros, etcétera. El primal G se compone de una serie finita de celdas, también llamadas volúmenes, V_i $(i = 1, ..., N_V)$. Cada celda está rodeada de caras o superficies C_i $(i = 1, ..., N_C)$. Cada cara está rodeada por al menos tres aristas, formando el borde de esta, A_i $(i = 1, ..., N_A)$. Cada arista tiene dos nudos o vértices n_j y n_k en sus extremos, los cuales pueden ser compartidos por otras aristas.

En el espacio dual $\tilde{G}$, sucede lo mismo. Se cumple que tiene el mismo número de celdas $\tilde{N}_V = N_V$. Tiene el mismo número de caras $\tilde{N}_C = N_C$. Tiene el mismo número de aristas $\tilde{N}_A = N_A$. Y, por supuesto, tiene el mismo número de nudos o vértices $\tilde{N}_n = N_n$.

Para aproximar un material real y heterogéneo, se discretiza dicho material. Cada celda puede ser distinta una de la otra, representando la heterogeneidad del material, pero el interior de cada celda V_i debe ser homogéneo.

En el MIF se utilizan las variables de estado denominadas *tensión de mallado* y flujo de mallado (Weiland, 2002). Son magnitudes escalares y se definen como las integrales del campo eléctrico y magnético a lo largo de una arista L_i de la celda y de la cara S_i de la celda V_i.

2.4.11. La Formulación Finita

Inicialmente desarrollada por Enzo Tonti (1995; 2000ª; 2000ᴮ; 2001ª; 2001ᴮ; 2002; 2013). Se trata de un método numérico para solucionar ecuaciones de campo. En el caso de la Formulación Finita, cualquier campo, escalar o vectorial, referido a cualquier fenómeno físico, al contrario que la Integración Finita, que está restringido al campo electromagnético. La esencia del método de la Formulación

Finita es pasar directamente de la formulación directa de las leyes de campo a un sistema de ecuaciones algebraicas, sin hacer uso de la formulación diferencial (Tonti, 2001B). Las bases de la Formulación Finita consisten en la identificación y definición de las cantidades físicas. El elemento base de discretización de la Formulación Finita es la celda. Esta idea fue introducida originariamente por Branin (Branin, 1966; Tonti, 1995). Se hace uso de conceptos tales como los *n-simplex*, las homologías y cohomologías, etcétera. Todo ello proviene de la rama de las matemáticas conocida como Álgebra Topológica. Es decir, la Formulación Finita es el método de análisis del fenómeno y el Método de la Celda es su método numérico de resolución (Tonti, 2013, p. 17, apartado 1.5).

La Formulación Finita de Tonti se puede ver como una generalización de la Integración Finita de Weiland (Bettini, & Trevisan, 2003).

La Formulación Finita usa variables globales, las cuales presentan la gran ventaja de no necesitar establecer condiciones de salto o frontera para el caso de dominios heterogéneos (Tonti, 2013, p. 17, apartado 1.5), como sucede en la mayoría de los casos reales a estudiar y, en particular, en el caso de las máquinas eléctricas: circuito magnético hierro-aire-hierro, diferentes capas de dieléctricos en los aislamientos, conducción del calor por núcleos ferromagnéticos laminados en chapas aisladas entre sí, etcétera.

En la Formulación Finita, las variables físicas se califican en *variables de fuentes, variables de configuración* y *variables de energía*. Esta clasificación fue introducida por Penfield y Haus en 1966.

Así mismo, las *ecuaciones constitutivas* relacionan las variables fuentes con las variables de configuración (Tonti, 2000B; 2001B; 2000; 2013).

En el Capítulo III de este libro se desarrollará en mayor profundidad la teoría de la Formulación Finita.

Se ha de destacar la experiencia previa del Departamento de Ingeniería Eléctrica de la Universidad de Las Palmas de Gran Canaria en la aplicación de la Formulación Finita a problemas electromagnéticos (Monzón-Verona *et al.*, October, 2010; Rodríguez, Julio, 2015).

2.5. Transferencia de calor en las máquinas eléctricas

Las máquinas eléctricas, funcionando, producen y transmiten calor. En las mismas, las fuentes de calor son las corrientes eléctricas circulando por los conductores, tanto las provocadas por fuentes eléctricas externas como las corrientes inducidas por los fenómenos electromagnéticos que se desarrollan en la máquina. También, son fuentes de calor los fenómenos de histéresis magnética y las fricciones mecánicas que se producen en las partes móviles de la máquina.

El estudio del calor producido en las máquinas eléctricas es crucial, no solo para su funcionamiento, sino para un diseño óptimo de las mismas. Hoy en día dicho estudio térmico está en auge pues, fenómenos no previstos, han aparecido con las técnicas de regulación y control electrónico aplicadas a las máquinas eléctricas. Hasta la aparición de la Electrónica de Potencia en estado sólido, con alta velocidad de conmutación, la variación de la frecuencia de la corriente de alimentación de la máquina eléctrica constituía, en sí misma, un auténtico reto tecnológico. En su diseño, tradicionalmente solo se previeron fenómenos electromagnéticos de muy baja frecuencia, de unos pocos centenares de hercios, múltiplos de la frecuencia fundamental (50 Hz en modelos tipo europeo y 60 Hz en modelos tipo americano).

Al aplicarse corrientes, con frecuencias variables, para el control de velocidad rotórica, comenzaron a aparecer fenómenos de relativa alta frecuencia, de varios millares de hercios, que dan lugar a fenómenos electromagnéticos y mecánicos no previstos, y no deseados, bajo un diseño clásico de máquinas eléctricas.

De otra parte, al controlar la velocidad rotórica de la máquina, y deseando disminuir dicha velocidad, se logra a la vez disminuir el flujo de aire frío que recorre el interior de la misma, como es el caso de las máquinas autoventiladas (máquinas que poseen ventiladores solidarios al eje del rotor). La disminución de la velocidad del flujo de aire hace que se empeore su ventilación, con el consiguiente aumento de temperatura interna.

Así mismo, al variar la frecuencia, los fenómenos dependientes de ella varían (histéresis magnéticas y corrientes inducidas), así como las impedancias. Las variaciones de las impedancias darán lugar a una modificación del sistema de corrientes que rigen en la máquina. Un aumento de estas corrientes repercutirá en un aumento de calor por efecto Joule.

Todos estos fenómenos llevan conjuntamente a lo mismo: a un aumento de la temperatura de la máquina eléctrica.

Tal como se observa, existe un acoplamiento entre distintos fenómenos físicos que se dan en la máquina eléctrica. No solamente en la máquina eléctrica se presentan dichos acoplamientos, sino que, a su vez, se dan en multitud de procesos. Es por todo esto que ha aparecido una nueva corriente en la física, llamada multifísica, donde se estudian acoplamientos electromagnéticos, térmicos, mecánicos, de fluidos, elásticos, etcétera.

En el caso particular de las máquinas eléctricas, la multifísica estudiaría los acoplamientos de fenómenos tales como: electromagnetismo-transferencia de calor, electromagnetismo-mecánica y electromagnetismo-transferencia de calor-mecánica-fluidodinámica.

Quizás este último acoplamiento sea el más complejo, pues trataría de estudiar el par electromagnético que da origen al movimiento mecánico en la máquina eléctrica rotativa. Así mismo, este movimiento mecánico, junto con los fenómenos de histéresis y corrientes inducidas, daría lugar a la aparición de campos de temperatura, los cuales trataríamos de regular (refrigerar) haciendo uso de la trasferencia de calor (ventilación o autoventilación, así como aletas de refrigeración). Todos estos sistemas de refrigeración conllevan la circulación de un fluido, normalmente aire.

La complejidad matemática que tiene el acoplamiento electromagnetismo-transferencia de calor-mecánica-fluidodinámica es motivadora de análisis y desarrollo, tanto a nivel computacional como a nivel de diseño y desarrollo (Yatchev, 2003; Bullo *et al.*, 2006, 2007; Boglietti *et al.*, 2009).

Merece una lectura detallada el artículo de Lavers (Lavers, 2008) sobre el estado del arte de los procesos de inducción, que son también afines al estudio que nos atañe: calor generado por corrientes inducidas en máquinas eléctricas. También es meritorio leer el pequeño artículo de Pantelyat (Pantelyat, 2013) donde se resume muy bien esta parte de la multifísica.

Ciñéndose estrictamente al estudio del calor generado por las corrientes inducidas, la parte más involucrada de la física sería el electromagnetismo y la transferencia de calor: ley de inducción de Faraday, ley de Gauss para el campo magnético, ley de Ohm, ecuación de continuidad del campo magnético y la ecuación de Fourier de transferencia de calor.

El objetivo es encontrar el valor de las densidades de las corrientes inducidas ($\vec{J}$), pues con ellas se puede obtener el calor producido por las mismas. Una vez obtenido dicho calor, se introduce este valor en la ecuación de Fourier de transferencia de calor y, resolviendo dicha ecuación diferencial, se obtienen la distribución de temperaturas en la máquina objeto de análisis. Siendo las temperaturas las incógnitas de dicha ecuación.

Este calor se va a transmitir por toda la máquina, y de esta al exterior, de tres formas diferentes: por conducción, por convección y por radiación.

En las máquinas eléctricas, la conducción del calor se establece entre el medio conductor eléctrico (fundamentalmente los cables de los devanados, de cobre o aluminio) y otro medio, no tan buen conductor eléctrico, como es el núcleo ferromagnético. Las corrientes productoras de este calor, generado en los conductores, provienen de fuentes externas o de corrientes inducidas en dichos cables. Este calor producido se conoce como efecto Joule. Además, en los núcleos ferromagnéticos se inducen corrientes que también van a generar calor. Estas corrientes, que circulan por los núcleos, se conocen como «corrientes parásitas», «corriente de Foucault» o «corrientes Eddy», según sea el autor de que se trate. El calor producido por ambos fenómenos se trasmite por los sólidos, conductores y núcleos, mediante la ley de conducción del calor de Fourier. Esto se produce tanto en el estator como en el rotor. El calor conducido llega a los bordes exteriores de ambos y, mediante el paso de un flujo de aire frío, se trasmite por convección al exterior. El aire, ahora caliente, es impulsado por un ventilador hacia el exterior, sucediéndose una nueva renovación de aire frío. En la parte externa de la máquina, donde las corrientes de aire son menores, el calor se evacua por radiación, haciendo uso de aletas de disipación.

A nivel computacional, el mayor problema que presenta la simulación del acoplamiento electromagnético-térmico es la elección de los intervalos de tiempo. Esto se debe a que los fenómenos electromagnéticos se producen en intervalos mucho más cortos de tiempo que los fenómenos térmicos. Para llevar a cabo la simulación de tal acoplamiento, también llamada cosimulación electromagnética-térmica, existen diversos métodos. Todos ellos consisten en utilizar diferentes escalas de tiempo, la más corta para la simulación electromagnética y la más larga para la simulación térmica. Uno de estos métodos es el de *Método de la potencia media y la temperatura* (Kaufmann *et al.*, 2014).

2.6. La máquina eléctrica de inducción o asíncrona

La pregunta que formular es simple: ¿Hay algo más que investigar en las máquinas eléctricas de inducción o asíncronas? Quizás la respuesta se pueda encontrar en un sumario del estado del arte referente a máquinas eléctricas, que se encuentra en los artículos de Capolino, & Cavagnino, 2014ª, 2014B, y en otro exhaustivo memorándum como es el de Gieras (Gieras, & Gieras, 2001).

Las máquinas asíncronas ocupan más de la mitad del mercado donde se requiere el uso de una máquina eléctrica. Con la aplicación de la Electrónica de Potencia y las técnicas electrónicas de regulación y control, la máquina síncrona ha desplazado a otro tipo de máquinas, en especial a la máquina de corriente continua. Es más, algún tipo de máquina asíncrona, que prácticamente estaba condenada a los museos, ha resurgido con fuerza. Este es el caso de la máquina asíncrona de rotor devanado y su aplicación a la producción de energía eléctrica haciendo uso de las energías renovables. Nos referimos al generador de inducción doblemente alimentado.

En otros campos, la máquina de inducción puede compararse con otras y ser tan o más eficiente que estas. Tal es el caso de los motores síncronos de imanes permanentes frente a los motores de inducción empleados en aviónica (Capolino, & Cavagnino, 2014ª, p. 4282). Además, surgen nuevas soluciones tecnológicas para averías y problemas que aparecen en este tipo de máquinas (Capolino, & Cavagnino, 2014B, pp. 4931 y 4935). Es recomendable leer el artículo de Riera-Guasp (Riera-Guasp *et al.*, 2015, apartado 4 de la p. 1749).

Pero la evolución de otro tipo de máquinas puede afectar al futuro desarrollo o permanencia en el uso industrial de la máquina de inducción, tal como indica Boglietti (Boglietti *et al.*, 2014, en las pp. 20 y 21).

Por todo esto, merece la pena emplear nuevos métodos de modelado, como puede ser la técnica de la Formulación Finita, para aproximar y mejorar resultados en modelos matemáticos de la máquina de inducción. Todo ello con objeto de tratar de mejorar, optimizar u eliminar dificultades técnicas que aún hoy en día presenta la máquina de inducción.

2.7. Conclusiones

Lo visto anteriormente borra la equívoca imagen de que el estudio de la máquina eléctrica asíncrona es un tema agotado y carente de valor. Nada más lejos de la realidad.

Bibliografía

Bellini, A. y otros (2006). *Monitoring of Induction Machines currents by high frequency resolution analysis.* Tampa, Fl, IEEE, pp. 2320-2325.

Bettini, P., & Trevisan, F. (2003). Electrostatic analysis for plane problems with finite formulation. *Magnetics, IEEE Transactions on,* May, 39(3), pp. 1127-1130.

Boglietti, A. y otros (2009). Evolution and Modern Approaches for Thermal Analysis of Electrical Machines. *Industrial Electronics, IEEE Transactions on,* March, 56(3), pp. 871-882.

Boglietti, A. y otros (2014). Electrical Machine Topologies: Hottest Topics in the Electrical Machine Research Community. *Industrial Electronics Magazine, IEEE,* June, 8(2), pp. 18-30.

Bommaraju, C. (2009). *Investigating Finite Volume Time Domain Methods in Computational Electromagnetics,* Darmstadt: TU Darmstadt.

Bossavit, A. (1998). On the geometry of electromagnetism: Maxwell's house. *J. Japan Soc. Appl. Electromagn. Mech.,* 6(4), p. pp. 318-326.

Bossavit, A. (2000). Computational electromagnetism and geometry: The "Galerkin hodge". *J. Japan Soc. Appl. Electromagn. Mech.,* 8(2), pp. 203-209.

Bossavit, A. (2005). *Discretization of Electromagnetic Problems: The "Generalized Finite Differences" Approach.* s.l.:Elsevier B.V..

Branin, F. H. (1966). The algebraic topological basis for Network analogies and the vector calculus. *Symposium. on Generalized Networks,* April, pp. 453-487.

Bullo, M.; D'Ambrosio, V.; Dughiero, F., & Guarnieri, M. (2006). Coupled electrical and thermal transient conduction problems with a quadratic interpolation cell method approach. *Magnetics, IEEE Transactions on,* April, 42(4), pp. 1003-1006.

Bullo, M.; D'Ambrosio, V.; Dughiero, F., & Guarnieri, M. (2007). A 3-D Cell Method Formulation for Coupled Electric and Thermal Problems. *Magnetics, IEEE Transactions on,* April, 43(4), pp. 1197-1200.

Capolino, G.-A., & Cavagnino, A. (2014A). New Trends in Electrical Machines Technology; Part I. *Industrial Electronics, IEEE Transactions on,* Aug, 61(8), pp. 4281-4285.

Capolino, G.-A., & Cavagnino, A. (2014B). New Trends in Electrical Machines Technology; Part II. *Industrial Electronics, IEEE Transactions on,* Sept, 61(9), pp. 4931-4936.

Cheben, P., & Calvo Padilla, M. L. (1998). Teorías de la difracción de ondas electromagnéticas por redes de volumen: Una revisión. *Revista Mexicana de Física,* 44(4), pp. 323-332.

Chen, J., & Wang, J. (2014). A WCS-PSTD Method for Solving Electromagnetic Problems Both With Fine and Electrically Large Structures. *Antennas and Propagation, IEEE Transactions on,* May, 62(5), pp. 2695-2701.

Fonseca, L. Z. (2011). *El método de los elementos finitos: una introducción.* s.l.: Fondo Editorial Biblioteca Univerisdad Rafael Urdaneta.

Fraile, M. J. (2008). *Máquinas Eléctricas. Sexta edición.* Sexta ed. Madrid: McGraw-Hill/Interamerica de España, S. A. U.

Gieras, J. F., & Gieras, I. A. (2001). *Recent Developements in Electrical Motors and Drives.* Bursa, Turkey, 2nd International Conference on Electrical and Electronics Engineering.

He, Z.-L.; Huan, K., & Liang, C.-H. (20129. Hybrid finite difference/finite volume method for 3-d conducting media problems. *Progress In Electromagnetics Research M,* Volumen 24, pp. 85-95.

Hubing, T. H. (1991). Survey of numerical electromagnetic modeling techniques. *ITEM update,* pp. 17-30.

Johns, P., & Beurle, R. (1971). Numerical solution of 2-dimensional scattering problems using a transmission-line matrix. *Electrical Engineers, Proceedings of the Institution of,* September, 118(9), pp. 1203-1208.

Kaufmann, C. y otros (2014). Efficient simulation of frequency-transient mixed co-simulation of coupled heat-electromagnetic problems. *Math. Ind,* Volumen 4.

Kost, A. (1995). ELECTROMAGNETIC ASPECTS OF ELECTRICAL MACHINES. *COMPEL: The International Journal for Computation and Mathematics in Electrical and Electronic Engineering,* 14(4), pp. 1-20.

Kost, A. (2011). *Review of low and high frequency methods for Computational Electromagnetics.* Wroclaw, Poland, ISBN: 978-1-84919-468-6, pp. 1-1.

Lavers, J. D. (2008). State of the art of numerical modeling for induction processes. *COMPEL. The International Journal for Computation and Mathematics in Electrical and Electronic Engineering,* 27(2), pp. 335-349.

Marcsa, D., & Kuczmann, M. (2013). Finite Element Tearing and Interconnecting Method and its Algorithms for Parallel Solution of Magnetic Field Problems. *Electrical, Control and Communication Engineering.* Sep, 3(1), pp. 25-30.

Monzón-Verona, J. M.; Santana-Martín, F. J.; García-Alonso, S., & Montiel-Nelson, J. A., October (2010). Electro-Quasistatic Analysis of an Electrostatic Induction Micromotor Using the Cell Method. *Sensors,* 10(10), pp. 9102-9117.

Pantelyat, M. G. (2013). *Coupled Magneto-Thermo-Mechanical Phenomena in Electromagnetic Devices: Main Interactions and their Graphical Representation.* Pilsen, Czech Republic, University of West Bohemia, pp. p. IV-13-IV-14.

Pathak, P., & Kim, Y. (2011). *A uniform geometrical theory of diffraction (UTD) for curved edges illuminated by electromagnetic beams.* Columbus, OH, USA, IEEE, pp. 1-4.

Pellegrini, A.; Monorchio, A.; Manara, G., & Mittra, R. (2014). A Hybrid Mode Matching-Finite Element Method and Spectral Decomposition Approach for the Analysis of Large Finite Phased Arrays of Waveguides. *Antennas and Propagation, IEEE Transactions on,* May, 62(5), pp. 2553-2561.

Puche Panadero, R. (2008). *Nuevos métodos de diagnosis de excentricidad y otras asimetrías rotóricas en máquinas eléctricas de inducción a través del análisis de la corriente estatórica (Tesis doctoral).* Valencia: Universidad Politécnica de Valencia.

Reitich, F., & Tamma, K. (2004). State-of-the-art, trends, and directions in computational electromagnetics. *Computer Modeling in Engineering and Sciences,* 5(4), pp. 287-294.

Riera-Guasp, M.; Antonino-Daviu, J., & Capolino, G.-A. (2015). Advances in Electrical Machine, Power Electronic, and Drive Condition Monitoring and Fault Detection: State of the Art. *Industrial Electronics, IEEE Transactions on,* March, 62(3), pp. 1746-1759.

Rodríguez, L. S., Julio (2015). *Aportaciones al Método de la Celda en el Diseño y Análisis de un Modelo de Máquina Rotativa Trifásica de Inducción Magnética (Tesis doctoral).* Universidad de Las Palmas de Gran Canaria ed. Las Palmas de Gran Canaria, España: Universidad de Las Palmas de Gran Canaria.

Rosero, J. y otros (2008). *Simulation and Fault Detection of Short Circuit Winding in a Permanent Magnet Synchronous Machine (PMSM) by means of Fourier and Wavelet Transform.* Victoria, BC, IEEE, pp. 411-416.

Rousseau, P.; Pathak, P., & Chou, H.-T. (2007). A Time Domain Formulation of the Uniform Geometrical Theory of Diffraction for Scattering From a Smooth Convex Surface. *Antennas and Propagation, IEEE Transactions on,* June, 55(6), pp. 1522-1534.

Russer, P. (2000). The transmission line matrix method. En: *Applied Computational Electromagnetics.* Berlín: Springer Berlin Heidelberg, pp. 243-269.

Russer, P., & Russer, J. (2011). *Transmission Line Matrix (TLM) and network methods applied to electromagnetic field computation.* Albunquerque, New Mexico, USA, IEEE, pp. 1-4.

Smith, J. R. (1990). *Response Analysis of A. C. Electrical Machines.* s.l.: John Wiley & Sons.

Sykulski, J. K. (2006). *Field Simulation as an Aid to Machine Design: the State of the Art.* Portoroz, IEEE, pp. 1937-1942.

Sykulski, J. K. (2007). Modern Design of Electromechanical Devices. *Proceedings of XLIIIrd International Symposium on Electrical Machines SME 2007, 2-5 July, Poznan, Poland.*

Tonti, E. (1995). On the geometrical structure of electromagnetism. *Gravitation, Electromagnetism and Geometrical Structures, for the 80th birthday of A. Lichnerowicz,* pp. 281-308.

Tonti, E. (2000a). *Formulazione finita dell'elettromagnetismo,* Udine, Italia: Universita degli Studi di Udine.

Tonti, E. (2000B). *Formulazione Finita dell'Elettromagnetismo partendo dai fatti sperimentali.* Udine, Italia, Universita degli Studi di Udine.

Tonti, E. (2000). Formulazione finita delle equazioni di campo: Il Metodo delle Celle. *Atti del XIII Convegno Italiano di Meccanica Computazionale, Brescia, Italy,* Novembre.

Tonti, E. (2001A). Finite formulation of the electromagnetic field. *Progress in Electromagnetics Research,* Volumen 32, pp. 1-44.

Tonti, E. (2001B). A direct discrete formulation of field laws: The cell method. *CMES- Computer Modeling in Engineering and Sciences,* 2(2), pp. 237-258.

Tonti, E. (2002). Finite formulation of electromagnetic field. *IEEE Transactions on Magnetics,* 38(2), pp. 333-336.

Tonti, E. (2013). *The Mathematical Structure of Classical and Relativistic Physics.* first ed. London, UK: Birkhaüser.

Trowbridge, C., & Sykulski, J. (2006). Some key developments in computational electromagnetics and their attribution. *IEEE Transactions on Magnetics,* 42(4), pp. 503-508.

Vouvakis, M. N. (2005). *A non-conformal domain decomposition method for solving large electromagnetic wave problems,* Ohio, USA: The Ohio State University.

Weiland, T. (2002). Advances in FIT/FDTD modeling. *Proc. 18th Ann. Rev. Progr. Appl. Computat. Electromagn,* pp. 1-1.

Weiland, T. (2003). *RF Microwave Simulators-From Component to System Design.* Darmstadt, Germany , Microwave Conference, 2003. 33rd European, pp. 591-596.

Yatchev, I. (2003). Coupled field problems in electrical apparatus. *Facta Universitatis, Series: Mechanics, Automatic Control and Robotics,* 3(15), pp. 1089-1101.

Yee, K. S., & Chen, J. S. (1997). The finite-difference time-domain (FDTD) and the finite-volume time-domain (FVTD) methods in solving Maxwell's equations. *Antennas and Propagation, IEEE Transactions on,* 45(3), pp. 354-363.

Zienkiewicz, O. C. y otros (1993). *El Método de los Elementos Finitos. Cuarta Edición. Volumen1: Formulación básica y problemas lineales.* 4 ed. Barcelona: CIMNE.

Capítulo 3

Las ecuaciones electromagnéticas y térmicas en la Formulación Finita

3.1. Introducción

La Formulación Finita es una nueva filosofía de interpretar la física. La Formulación Finita es un reordenamiento y clasificación de variables y operaciones a llevar a cabo en la resolución de un problema físico. Aunque inicialmente fue planteada para la física discreta, se puede plantear, en su filosofía y en algunos de sus aspectos, al dominio continuo.

Los tres pilares fundamentales de la Formulación Finita son la geometría, el álgebra topológica y la clasificación de las variables físicas.

El concepto de «finita» se debe a que está asociado al dominio discreto.

Inicialmente desarrollada por Enzo Tonti (Tonti, 1995; 2000a; 2000b; 2000c; 2001a; 2002a, 2002b; 2013). La Formulación Finita es aplicable a cualquier campo, escalar o vectorial, referido a cualquier fenómeno físico, al contrario que la Integración Finita (Weiland, 2001), que está restringida al campo electromagnético.

La esencia del método de la Formulación Finita es pasar directamente de la formulación directa de las leyes de campo a un sistema de ecuaciones algebraicas sin hacer uso de la formulación diferencial (Tonti, 2001ª; 2013, p. 18).

En la Formulación Finita, la identificación y definición de las cantidades físicas son las siguientes:

Constante física. Son todas las constantes que describen la naturaleza de un sistema o un material. Se incluyen las constantes universales, los parámetros de un sistema, las constantes de acoplamiento, etcétera (Tonti, 2001ª; 2013, p. 96).

Variable física. Especifica un estado particular del sistema, las fuerzas actuantes en él, las fuentes de campo, los diferentes tipos de energía del sistema, la energía interna del sistema, la energía potencial o cinética del mismo, su entalpía, etcétera (Tonti, 2001ª; 2013, pp. 97-99).

Variables globales. Las variables globales o variables integrales son la masa, el momento, la energía, el flujo magnético, el impulso de tensión. Se obtiene mediante integración. En el caso particular del campo electromagnético se da el siguiente paralelismo entre variables (Tonti, 1995; 2000c; 2002b):

Método diferencial:	ρ	$\vec{J}$	$\vec{B}$	$\vec{D}$	$\vec{E}$	$\vec{H}$
Variable global correspondiente:	Q^c	Q^f	ϕ	ψ	ε	F_m

Por ejemplo:

$$Q^c = \int_V \rho \cdot dV \ ; \ \phi = \int_S \vec{\beta} \cdot d\vec{S} \ ; \ F_m = \int_L \vec{H} \cdot d\vec{L}$$

Ec. 3.1

Las variables globales están asociadas con elementos geométricos y temporales como el punto (**P**), la línea (**L**), la superficie (**S**), el volumen (**V**), el instante de tiempo (**t**) y el intervalo de tiempo (**T**). Así, el flujo está asociado a una superficie, la diferencia de potencial está asociada a una línea, la carga eléctrica está asociada a un volumen, un impulso de voltaje está asociado a un intervalo de tiempo, etcétera (Tonti, 2001ª; 2013, pp. 106-112).

Variables locales. Son aquellas variables dependientes de coordenadas espaciales y temporales, estando vinculadas a una formulación diferencial. Variables locales son la temperatura, la densidad de corriente eléctrica, el vector inducción magnética, etcétera (Tonti, 2001ª; 2013, p. 99).

Variables de fuentes. Describen las fuentes de campo eléctrico, corrientes eléctricas, etcétera. Las variables de fuentes están ligadas a operaciones como la suma, la integración, la derivación, división por una longitud, o un área, o un volumen, o un intervalo y por derivadas con respecto al espacio y al tiempo (Tonti, 2001ª; 2013, pp. 100-101).

Variables de configuración. Son aquella que configuran el sistema físico y todas las variables vinculadas a dicho sistema. Esta configuración se realiza mediante operaciones como la suma, la integración, la derivación, la división por una longitud, o un área y por derivación en el espacio y el tiempo (Tonti, 2001ª; 2013, pp. 101-102).

Variables de energía. Son obtenidas mediante el producto de una variable fuente por una variable de configuración. Variables de energía pueden ser la energía cinética, potencial, interna, la entalpía, la energía de campo, el trabajo, la potencia, etcétera (Tonti, 2001ª; 2013, pp. 102-103).

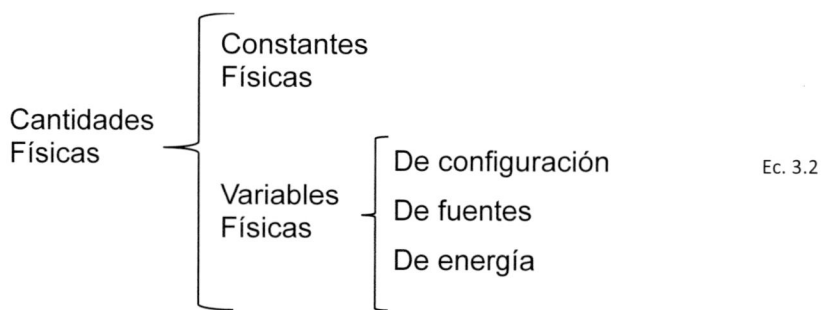

En la Formulación Finita cada elemento espacial tiene un dual y una orientación. Todos los elementos espaciales deben estar orientados, existiendo dos tipos de orientaciones:

Orientación interna. Los elementos espaciales están orientados sobre sí mismo. Se considera orientación positiva a aquella que se dirige sobre el elemento espacial.

Orientación externa. Los elementos espaciales se orientan en función de la dimensión donde están situados.

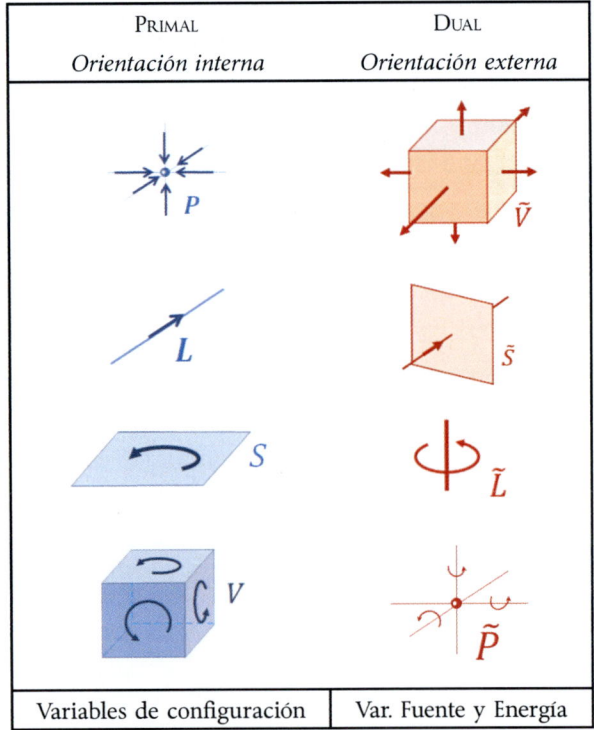

Figura 3-1. Primal y dual con orientación interna y externa.

En la Formulación Finita, al igual que se orienta el espacio, también se orienta el tiempo. El tiempo tiene instantes $(t, \tilde{t})$ e intervalos de tiempo $(T, \tilde{T})$.

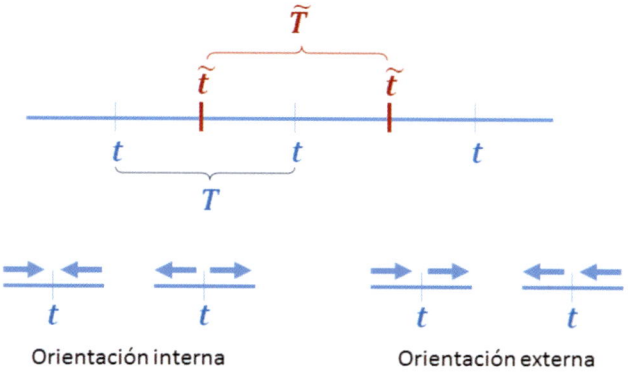

Orientación interna   Orientación externa

Figura 3-2. Orientación del tiempo en la Formulación Finita.

La celda. Llamada también simplex, simplejo en la versión hispanoamericana del español, es el elemento fundamental de la Formulación Finita. La formulación diferencial está asociada a un sistema de coordenadas espaciales y temporales, mientras que la Formulación Finita está asociada a tramos finitos del espacio y del tiempo. La Formulación Finita consta de variables globales vinculadas a dichos tramos. Estos son el punto, la línea, la superficie, el volumen, el instante y el intervalo de tiempo.

Acudiendo al álgebra topológica, esta utiliza los llamados complejos de celdas. Son figuras geométricas que pueden poseer vértices, aristas, caras y volúmenes. La celda puede tener dimensión cero (0-simplex), que equivale a un punto, nudo o vértice; dimensión uno (1-simplex), que equivale a un segmento o arista; dimensión dos (2-simplex), que equivale a una superficie o cara; y dimensión tres (3-simplex), que equivale a un volumen.

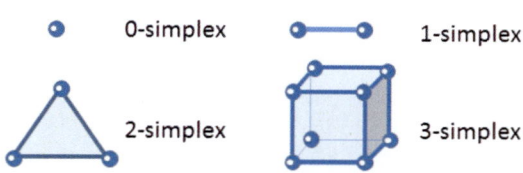

Figura 3-3. Complejo simplicial.

La Formulación Finita, al igual que la Integración Finita, posee un espacio primal y su respectivo dual. El espacio dual se construye a partir de los baricentros del primal. Para obtener el espacio dual se puede utilizar una división tipo Voronoi, pero debido a ciertos problemas que se pueden dar en las fronteras del recinto a discretizar (circuncentros fuera de la frontera), en esta obra se opta por utilizar el método de los baricentros. A cada 1-simplex primal le corresponde un 1-simplex dual, siendo ortogonales entre sí. Al igual sucede con los 2-simples y 3-simplex.

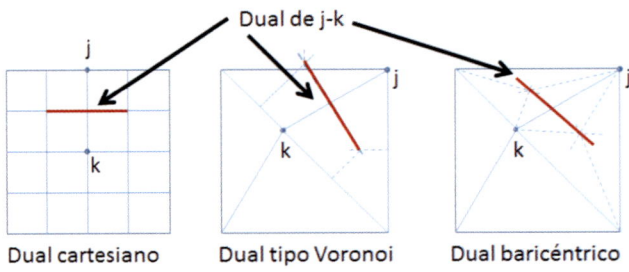

Figura 3-4. Dual cartesiano, tipo Voronoi y baricéntrico.

Cualquier figura geométrica puede ser espacio primal y dual en dos o tres dimensiones. Por ejemplo: líneas, triángulos, cuadrados, tetraedros, hexaedros, etcétera. Es habitual utilizar triángulos en dos dimensiones y tetraedros en tres dimensiones para estudiar cuerpos curvos, tal como son las máquinas eléctricas.

En la Formulación Finita se puede sustituir el concepto clásico de mallado (en inglés *mesh*) por el de celda (*cell-complex*) (Tonti, 2001a). La celda con orientación interna será la celda primal y la celda obtenida por la unión de baricentros será la celda dual, que tendrá orientación externa (Tonti, 2001ᵃ; 2013, pp. 69-75).

Las variables globales y la celda. Un requisito fundamental de la Formulación Finita es conocer en profundidad el fenómeno físico que se quiere modelar. Las variables físicas están asociadas a elementos geométricos. En cada campo físico a estudiar se determinará el tipo de variable. En este libro se estudiarán los diferentes campos físicos

que afectan a las máquinas eléctricas asíncronas en sus comporta-
mientos electromagnético y térmico. Como regla general se tendrá en
cuenta que: «Las variables fuentes irán en la celda dual con orientación externa y las variables de configuración irán en la celda primal
con orientación interna».

Campo térmico. Las variables globales son la energía interna y la
fuente de calor, asociadas a la celda dual. Los flujos de calor discurren por las caras de la celda dual. La temperatura es medida en el
vértice o nodo de la celda primal, o 0-simplex primal. La diferencia
de temperatura se mide entre dos nudos primales equivalentes a dos
baricentros duales. La línea que une estos dos baricentros constituye
la arista de la celda primal o 1-simplex primal. Como regla para el
campo térmico: «La fuente de calor y el flujo de calor se sitúan en
la celda dual. La temperatura en un punto primal y la diferencia de
temperatura en una línea primal».

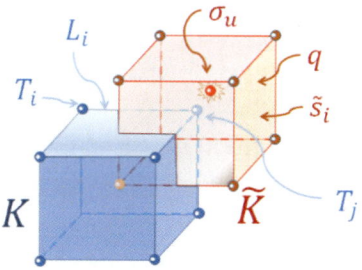

Figura 3-5. Campo térmico.

En la Figura 3-5, T_i y T_j son las temperaturas en los nudos i y j del
primal. La diferencia de temperatura entre i y j se mide en la arista
primal L_i. La fuente de calor σ_u se sitúa en la celda dual $\widetilde{K}$. El flujo
de calor q atraviesa la cara dual $\tilde{s}_i$.

Campo eléctrico. Las variables globales son el contenido de carga
eléctrica y el flujo eléctrico. Están asociadas a la celda dual y orientación saliente. El flujo eléctrico discurre por las caras de la celda dual.
El potencial eléctrico se mide en el baricentro de la celda dual. Dicho
baricentro es el vértice o nodo de la celda primal, o un 0-simplex

primal. La diferencia de potencial eléctrico o tensión se mide entre dos nudos primales equivalentes a dos baricentros duales. La línea que une estos dos baricentros constituye la arista de la celda primal o, de otra manera, 1-simplex primal. Como regla para el campo eléctrico: «El contenido de carga y el flujo eléctrico se sitúan en la celda dual. El potencial eléctrico en un punto primal y la diferencia de potencial o tensión se sitúa en las aristas de la celda primal».

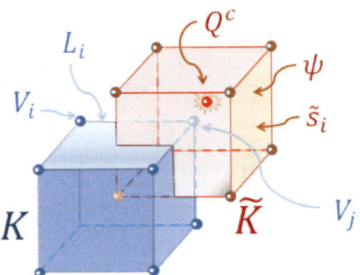

Figura 3-6. Campo eléctrico.

En la Figura 3-6, V_i y V_j son potenciales eléctricos en los nudos i y j del primal. La diferencia de potencial, o tensión U_{ij} entre V_i y V_j, se mide en la arista primal L_i. El contenido de carga eléctrica Q^c está situado en la celda dual $\widetilde{K}$. El flujo eléctrico ψ atraviesa la cara dual $\tilde{s}_i$.

Campo magnético. Para entender el campo magnético en la Formulación Finita hay que tener en cuenta el siguiente fenómeno físico. «La circulación de cargas eléctricas, o corriente eléctrica, da lugar a la aparición de campo magnético en el espacio circundante a dicha circulación».

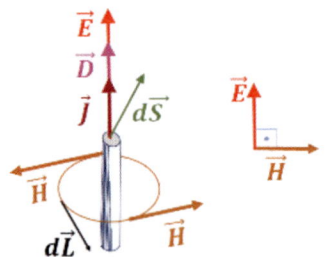

Figura 3-7. Campo eléctrico ortogonal
al magnético (material isótropo).

La fuerza magnetomotriz corresponde a la circulación del vector de campo magnético $\vec{H}$ a lo largo de la trayectoria L. Por lo tanto, aplicando la ley de Ampere:

$$F_m = \int_L \vec{H} \cdot d\vec{L} = \sum_{k=1}^{n} I_k \qquad \text{Ec. 3.3}$$

Pero la intensidad en cualquier conductor k se obtiene de la integración de la densidad de corriente J de dicho conductor en su sección transversal S.

$$I_k = \int_S \vec{J} \cdot d\vec{S} \qquad \text{Ec. 3.4}$$

Pasando de la formulación diferencial a la Formulación Finita, cualquier carga eléctrica está contenida en un espacio dual. La corriente eléctrica y la densidad de corriente eléctrica representan flujos de carga eléctrica atravesando la cara de la celda dual. Por lo tanto, la circulación del campo magnético estaría circunscrita a la circulación de dicho campo magnético en las aristas que delimitan dicha cara. Es decir, en el contorno $\partial \tilde{S}$, siguiendo la analogía de la ley de Ampere.

$$F_m[\partial \tilde{S}] = I[\tilde{S}] \qquad \text{Ec. 3.5}$$

Por otro lado, baste recordar que el flujo magnético se relaciona con la intensidad de campo magnético de la siguiente manera:

$$\phi = \int_S \vec{B} \cdot d\vec{S} = \int_S \mu \cdot \vec{H} \cdot d\vec{S} \qquad \text{Ec. 3.6}$$

Para poder definir el campo magnético en la Formulación Finita, según se observa en la Figura 3-8.

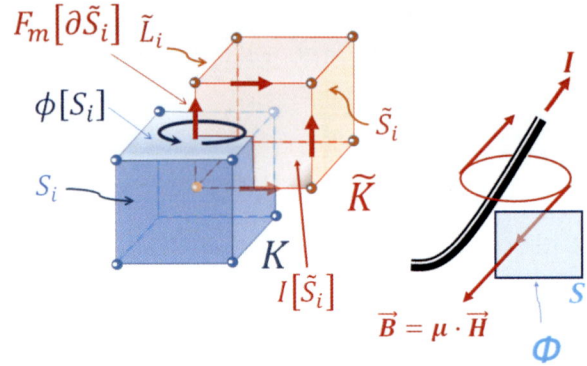

Figura 3-8. El campo magnético en la Formulación Finita.

Así, el flujo magnético $\phi[S]$ es una magnitud asociada a las caras primales, siendo una variable de configuración. Mientras, la fuerza magnetomotriz $F_m[\partial\tilde{S}]$ está asociada a las aristas del dual, siendo una variable fuente (Tonti, 2000a; 2000c).

3.2. Planteamiento del problema físico en la Formulación Finita

Para resolver cualquier problema físico, vinculado a un campo escalar o vectorial, mediante cantidades discretas, siendo la Formulación Finita un método más de resolución tal como explica Tonti (Tonti, 2001a; 2013, p. 273), se parte de alguna de las siguientes premisas:

- Se conoce la forma y dimensiones del problema.
- Se conoce la distribución espacial y temporal del campo.
- Se conoce la naturaleza de los materiales del dominio del campo.
- Se conocen las condiciones de contorno que afectan a las fuentes. externas al dominio del campo.

El objetivo es obtener la configuración espacial y temporal del campo. La ecuación fundamental del campo trata de relacionar la fuente con el potencial de dicho campo. La ecuación fundamental de campo se obtiene al relacionar ecuaciones de campo con ecuaciones constitutivas. Las ecuaciones de campo relacionan variables de configuración entre sí, así como también variables fuente entre sí. Las ecuaciones constitutivas relacionan las variables fuentes con las variables de configuración (ver Tonti, 2001ª; 2013, p. 8).

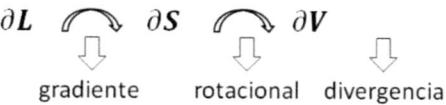

Figura 3-9 Proceso de co-contorno
(*coboundary process*).

3.3. Principios asociados a la Formulación Finita

Tonti establece dos principios fundamentales asociados a la Formulación Finita (Tonti, 2002a). A saber:

Primer Principio: «En cualquier teoría física las variables globales de configuración están asociadas a elementos de espacio y tiempo con orientación interna, mientras que las variables globales de fuente están asociadas con elementos de espacio y tiempo con orientación externa».

Segundo principio: «En cualquier teoría física, existen leyes físicas que enlazan elementos espaciotemporales orientados con otros referidos a su contorno orientado».

Las afirmaciones de Tonti se corroboran en la Topología Algebraica y, sobre todo, en el Cálculo Diferencial Exterior. Consecuencia de ello será la obtención de operador discretos que permiten establece relaciones entre elementos espaciotemporales siguiendo los principios anteriormente expuestos.

Observando la Figura 3-10 se explica el procedimiento para obtener la configuración espacial y temporal del campo a estudiar. Existe una relación con elementos geométricos de la celda y una perfecta dualidad en dicho procedimiento. En realidad, se representan ecuaciones topológicas que establecen las relaciones entre los elementos espaciotemporales, independientemente de su métrica.

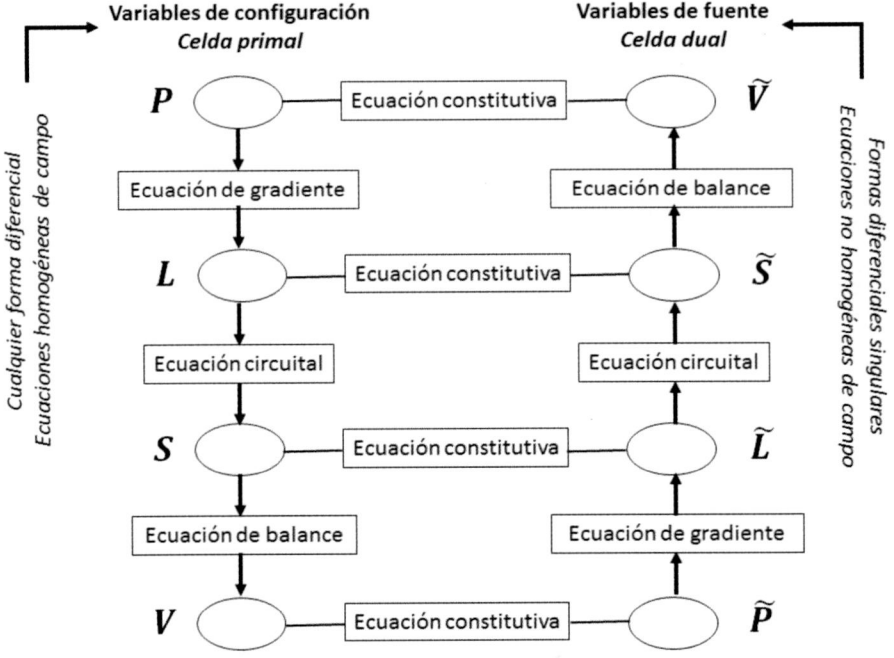

The Mathematical Structure of Classical and Relativistic Physics, Enzo Tonti, Birkhäuser, ISBN 978-1-4614-7421-0, pág. 8

Figura 3-10. Configuración espacial del campo.

En álgebra topológica, a este tipo de procedimientos se le conoce con el nombre de cocontorno (*coboundary process*). A través de estos procesos se desarrollan las operaciones de gradiente, rotacional y divergencia, tanto en forma continua como discreta (ver Figura 3-9).

3.4. Ecuaciones topológicas del electromagnetismo en su forma global

Las ecuaciones topológicas que se van a utilizar en el estudio de la máquina eléctrica asíncrona son las referidas al electromagnetismo. En especial electrodinámica.

Es de destacar que para ciertos estudios relacionados con la rigidez dieléctrica de los aislamientos eléctricos o para cierto tipo de núcleos ferromagnéticos basados en imanes permanentes, se debe utilizar la electroestática y la magneto estática, respectivamente.

Todo ello, a modo de resumen, se exponen las principales ecuaciones topológicas que rigen el campo electromagnético, desde el punto de vista de la Formulación Finita, en la Tabla 3-1.

Variables de configuración Espacio: orientación interna Tiempo: orientación externa		Variables de fuente Espacio: orientación externa Tiempo: orientación interna	
Función ficticia primal (*gauge*):	χ	Producción de carga eléctrica:	$Q^p = \int_T \int_{\bar{V}} \sigma \, dV \, dt$
Impulso de potencial eléctrico:	$\mathcal{V}_e = \int_{\bar{T}} v_e \, dt$	Contenido de carga eléctrica:	$Q^c = \int_{\bar{V}} \rho \, dV$
Potencial magnético escalar:	$a = \int_L \vec{A} \cdot \vec{t} \, dL$	Flujo de carga eléctrica:	$Q^f = \int_T \int_{\bar{S}} \vec{J} \, \vec{n} \, dS \, dt$
Impulso de fuerza electromotriz:	$\varepsilon = \int_{\bar{T}} \int_L \vec{E} \, \vec{t} \, dL \, dt$	Flujo eléctrico:	$\psi = \int_{\bar{S}} \vec{D} \, \vec{n} \, dS$
Flujo magnético:	$\phi = \int_S \vec{B} \, \vec{n} \, dS$	Impulso de fuerza magnetomotriz:	$\mathcal{F}_m = \int_T \int_{\bar{L}} \vec{H} \, \vec{t} \, dL \, dt$
Flujo de carga magnética:	$G^f = \int_{\bar{T}} \int_S \vec{J}_m \, \vec{n} \, dS \, dt$	Sin nombre:	$f = \int_{\bar{L}} \vec{F}_m \cdot \vec{t} \, dL$
Contenido de carga magnética:	$G^c = \int_V \rho_m \, dV$	Impulso de potencial magnético:	$\mathcal{V}_m = \int_T v_m \, dt$
Producción de carga magnética:	$G^p = \int_{\bar{T}} \int_V \sigma_m \, dV \, dt$	Función ficticia dual (*gauge*):	η
Variables globales. Unidades SI: weber		Variables globales. Unidades SI: culombio	

Tabla 3-1. Variables globales electromagnéticas
(Tonti, 2013, p. 295).

La piedra angular del electromagnetismo son las leyes de Maxwell. A continuación, se enuncian dichas leyes desde el punto de vista de la Formulación Finita.

3.4.1. Ley de Gauss para el campo eléctrico

La ley de Gauss para el campo eléctrico demuestra que el flujo de campo eléctrico a través de la superficie cerrada, que envuelve a la distribución de carga eléctrica, es causado por el contenido total de cargas en el interior de dicha superficie cerrada.

La distribución puede ser una distribución volumétrica de cargas eléctricas (ρ_V), una distribución superficial de cargas eléctricas (ρ_S), o una distribución lineal de cargas eléctricas (ρ_L).

De la ley de Gauss para el campo eléctrico se deduce que las líneas de dicho campo son abiertas.

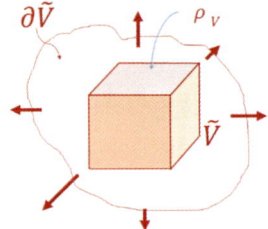

Figura 3-11. Ley de Gauss para
el campo eléctrico.

Formulación Finita: $\psi[t, \partial \tilde{V}] = Q^c[t, \tilde{V}]$

Formulación integral: $\displaystyle\int_{\partial \tilde{V}} \vec{D} \cdot \vec{n} \, dS = \int_{\tilde{V}} \rho_V \, dV$

Formulación diferencial: $\vec{\nabla} \cdot \vec{D} = \rho_V; \quad D = f(x, y, z, t)$

3.4.2. Ley de Gauss para el campo magnético

La ley de Gauss para el campo magnético determina que el flujo que atraviesa la superficie cerrada que contiene al volumen donde está la fuente de campo magnético (V) es de carácter solenoidal. Es decir, el número de líneas de campo entrantes es igual al número de líneas salientes, con lo cual el flujo magnético neto es nulo. De ello se deduce que las líneas de campo magnético son cerradas.

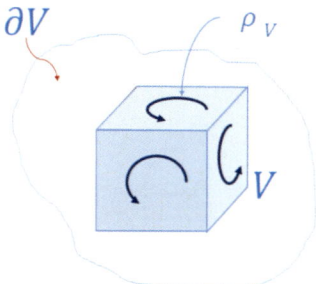

Figura 3-12. Ley de Gauss
para el campo magnético.

Formulación Finita: $\phi[\tilde{t}, \partial V] = 0$

Formulación integral: $\displaystyle\int_{\partial V} \vec{B} \cdot \vec{n}\, dS = 0$

Formulación diferencial: $\vec{\nabla} \cdot \vec{B} = 0; \quad B = f(x, y, z, t)$

3.4.3. Ley de Faraday-Lenz-Neumann

Esta ley permite establecer una relación entre campo eléctrico y campo magnético cuando este último campo varía en el tiempo.

Si en la superficie existente en los bordes interiores de un hilo conductor se producen variaciones temporales del campo magnético

61

que atraviesa dicha superficie, entonces, en los extremos de dicho hilo conductor, aparecerá una fuerza electromotriz inducida.

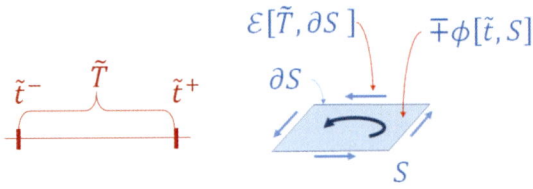

Figura 3-13. Ley de Faraday-Lenz-Neumann.

Formulación Finita: $\quad\quad\quad\quad\quad \mathcal{E}[\tilde{T}, \partial S] = -\{\phi[\tilde{t}^+, S] + \phi[\tilde{t}^-, S]\}$

Formulación integral: $\quad\quad\quad \int_{t^-}^{t^+} \int_{\partial S} (\vec{E} \cdot \vec{t} \, dl) \, dt = -\frac{\partial}{\partial t} \int_S \vec{B} \cdot \vec{n} \, dS$

Formulación diferencial: $\quad\quad \vec{\nabla} \times \vec{E} = -\frac{\partial \vec{B}}{\partial t}; \ B = f(x, y, z, t)$

Desde el punto de vista de la Formulación Finita el conductor está situado en el contorno (∂S) de la superficie (S) perteneciente al espacio primal K. dicha superficie (S) está siendo sometida a las variaciones de un flujo magnético (φ) en un determinado intervalo de tiempo $(\tilde{T})$. El intervalo de tiempo es dual, pues la fuente creadora de campo magnético son cargas eléctricas en movimiento. Un cambio de sentido del movimiento de dichas cargas eléctricas a través de las superficies duales implicaría un cambio de signo del flujo magnético que atraviesa la superficie primal.

3.4.4. Ley de Ampere-Maxwell

La ley de Ampere-Maxwell relaciona el campo magnético con la circulación de cargas eléctricas por un medio conductor.

Supongamos un conductor por el cual fluyen cargas eléctricas a lo largo del tiempo. Si esto es así, es evidente que existe una determinada producción de cargas eléctricas $Q^f[T, \tilde{S}]$, que se produce en un intervalo de tiempo T. Dichas cargas van a atravesar superficies del espacio dual (variable de fuente). Instante a instante, estas caras duales estarán sometidas a un flujo eléctrico $\psi[t, \tilde{S}]$. Tanto la producción de cargas como la variación del flujo eléctrico justifican la aparición del campo magnético $\mathcal{F}_m[T, \partial\tilde{S}]$. En la Formulación Finita dicho campo magnético estará expresado en forma de impulso de fuerza magnetomotriz $\mathcal{F}_m$.

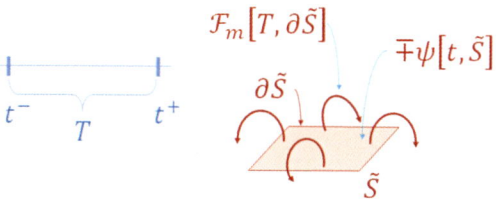

Figura 3-14. Ley de Ampere-Maxwell.

Formulación Finita:

$$\mathcal{F}_m[T, \partial\tilde{S}] = Q^f[T, \tilde{S}] + \{\psi[t^+, \tilde{S}] - \psi[t^-, \tilde{S}]\}$$

Formulación integral:

$$\int_{\partial\tilde{S}} \vec{H} \cdot \vec{t} \, dl = \int_{\tilde{S}} \vec{J} \cdot \vec{n} \, dS + \frac{\partial}{\partial t} \int_{\tilde{S}} \vec{D} \cdot \vec{n} \, dS$$

Formulación diferencial:

$$\vec{\nabla} \times \vec{H} = \vec{J} + \frac{\partial \vec{D}}{\partial t}; \quad D = f(x, y, z, t)$$

3.5. Ecuaciones constitutivas electromagnéticas

Las ecuaciones constitutivas electromagnéticas son las siguientes:

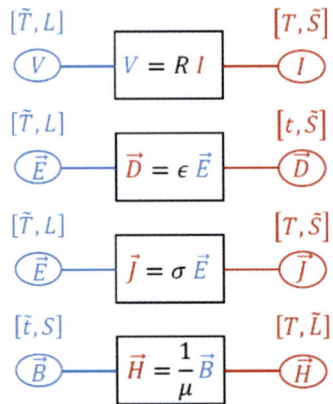

Figura 3-15. Ecuaciones constitutivas electromagnéticas.

Los parámetros R, σ, ε, μ van a definir al medio material por donde está discurriendo el campo electromagnético. La naturaleza matemática de dichos parámetros va a depender de cómo se comporte el campo en dicho material (constante, función o tensor).

Medio	Naturaleza matemática de R, σ, ε, μ
Isótropo y lineal	Constante
Isótropo y no lineal	Función dependiente: $R = f(\tau); \quad \sigma = f(E)$ $\epsilon = f(E); \quad \mu = f(H)$
Anisótropo, lineal	Tensor: $$\sigma^{\tau} = \begin{bmatrix} \sigma_{xx} & \sigma_{xy} & \sigma_{xz} \\ \sigma_{yx} & \sigma_{yy} & \sigma_{yz} \\ \sigma_{zx} & \sigma_{zy} & \sigma_{zz} \end{bmatrix}$$ $$\epsilon^{\tau} = \begin{bmatrix} \epsilon_{xx} & \epsilon_{xy} & \epsilon_{xz} \\ \epsilon_{yx} & \epsilon_{yy} & \epsilon_{yz} \\ \epsilon_{zx} & \epsilon_{zy} & \epsilon_{zz} \end{bmatrix} \quad \mu^{\tau} = \begin{bmatrix} \mu_{xx} & \mu_{xy} & \mu_{xz} \\ \mu_{yx} & \mu_{yy} & \mu_{yz} \\ \mu_{zx} & \mu_{zy} & \mu_{zz} \end{bmatrix}$$

Tabla 3-2. Parámetros de las ecuaciones constitutivas electromagnéticas.

En la Tabla 3-2 se explica cómo pueden los mismos parámetros de las ecuaciones constitutivas electromagnéticas adoptar diferente naturaleza matemática, según el tipo de material electromagnético a modelar. Nota: La resistencia eléctrica R es dependiente de la temperatura τ.

Cualquier dispositivo eléctrico, incluyendo las máquinas asíncronas, normalmente tiene un comportamiento no lineal. Por lo engorroso de los cálculos, se suele considerar un comportamiento lineal en ciertos tramos de su funcionamiento (linealización del funcionamiento). Así, lo normal es que los dieléctricos, entre ellos los aislamientos eléctricos de las máquinas, sufran polarizaciones de sus moléculas. Esto puede llevar a un estado de saturación y hacer que su comportamiento sea no lineal. Estos fenómenos son apreciables en máquinas eléctricas de alta tensión. De igual manera, los parámetros que afectarán a las corrientes, R y σ, tiene una notable dependencia de la temperatura, de ahí que, en ciertos rangos de funcionamiento, su comportamiento sea no lineal. Uno de los casos más notables en el funcionamiento de las máquinas eléctricas es la saturación de los núcleos ferromagnéticos. Normalmente, por cuestiones de optimización económica, las máquinas eléctricas se diseñan para trabajar en estado de saturación. La no linealidad del campo magnético en el entrehierro es manifiesta. Y, en el caso de los núcleos ferromagnéticos construidos con chapas laminadas en frío, se añade la circunstancia del desigual comportamiento del campo magnético según sea la dirección del mismo respecto a la orientación de los dominios magnéticos de la chapa, a la hora de esta laminarse en frío.

El objeto de este trabajo, en el caso de las ecuaciones constitutivas, no es modelar estos fenómenos. Se ha tratado de aplicar una simplificación de la realidad como es la de considerar dichos parámetros como constantes. Es decir, se desarrollan modelos matemáticos lineales de las máquinas, en especial de la máquina eléctrica asíncrona, objeto de estudio de este trabajo.

3.6. Diagrama de Tonti del electromagnetismo

Los diagramas de Tonti son una forma esquemática de representar un fenómeno físico y sus interacciones utilizando la Formulación Finita. El diagrama de Tonti del electromagnetismo es el siguiente:

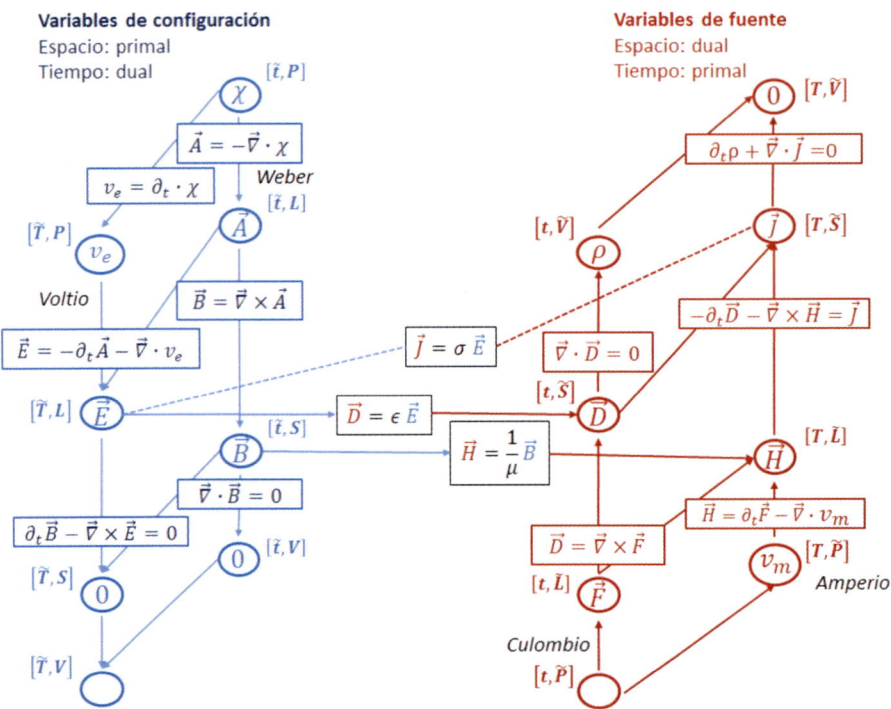

Figura 3-16. Diagrama del electromagnetismo
(Tonti, 2013, p. 312).

3.7. Ecuaciones térmicas en las máquinas eléctricas. Aplicación de la Formulación Finita

Los procesos de transferencia de calor y materia que se dan en una máquina eléctrica asíncrona se deben a múltiples motivos. A partir de las variables J o I, se pueden obtener algunas de las fuentes de calor de la máquina eléctrica asíncrona. Cabe recordar que las fuentes de calor en una máquina eléctrica son: el calor en los conductores debido al efecto Joule, la histéresis magnética y las corrientes parásitas en los núcleos ferromagnéticos y, por último, cualquier fricción de las partes móviles de la máquina. Nos hemos centrado, por ahora, en el cálculo de las corrientes parásitas, postergando a un futuro inmediato el estudio de las otras dos fuentes de calor: histéresis magnética y fricciones mecánicas. Nuestro interés en el estudio térmico de la máquina radica en la disminución del rendimiento de la misma, el empeoramiento de la transmisión de calor al aumentar el aislamiento eléctrico en los conductores y en las chapas de los núcleos ferromagnéticos y, en las últimas décadas, la aparición de corrientes de frecuencias muy por encima de los valores de la frecuencia nominal para las que fueron diseñadas. Esto último se debe a la aplicación de los ciclo-convertidores, fundamentalmente usados en el control de velocidad de la máquina.

La importancia del campo térmico en las máquinas eléctricas queda reflejada en la legislación internacional y nacional. Así la Norma UNE 60034-1:2011 hace referencia a los términos de funcionamiento de una máquina eléctrica, según la legislación española. Es de destacar en especial el apdo. 8, donde se detalla el funcionamiento térmico de estas; así como los ensayos que deben realizarse para que el funcionamiento sea el deseado.

En la norma UNE-EN-60034-11:2005, apdo. 5, p. 10, Tabla 1 y en el apdo. 6, p. 11, Tabla 2 muestran los rangos de temperaturas normalizadas dónde deben trabajar las máquinas eléctricas. Este será el marco de referencia, en cuanto a temperatura se refiere, donde se trabajará en este libro.

3.7.1. Parámetros electromagnéticos y térmicos dependientes de la temperatura

Son varios los parámetros electromagnéticos y térmicos que dependen de la temperatura. Es decir, sus valores varían al variar la temperatura del medio que los rodea.

Así, la conductividad eléctrica ρ varía en función de cómo varíe la temperatura τ. Una aproximación, de tipo polinomial, puede ser la siguiente:

$$\rho = \rho_{ref} \left[1\,(\Delta\tau)^0 + \alpha_{ref}\,(\Delta\tau)^1 + \beta_{ref}\,(\Delta\tau)^2 + \gamma_{ref}\,(\Delta\tau)^3 + \cdots \right] \qquad \text{Ec. 3.7}$$

Con valores aproximados para el cobre de $\rho_{ref} = 1{,}7 \cdot 10^{-8}\ \Omega$ m; $2{,}3 \cdot 10^{-2}$ K^{-1}; $\beta_{ref} = 2{,}2 \cdot 10^{-6}$ K^{-2}; $\gamma_{ref} = 2{,}9 \cdot 10^{-9}$ K^{-3} , $\Delta\tau$, es la variación de temperatura, medida en grados Kelvin (ver Chaboudez *et al.*, 1994; Dupre *et al.* 1998; Driesen, 2000).

Existe una proporcionalidad entre la conductividad térmica y la conductividad eléctrica, teniendo esta proporcionalidad un valor aproximado a 2,4 para los metales.

$$\frac{\lambda}{\sigma} \approx 2{,}4 \propto \tau \qquad \text{Ec. 3.8}$$

Las fuentes de calor en las máquinas eléctricas aparecen con ciertos fenómenos físicos que ocurren en el funcionamiento nominal de la máquina, agravándose algunos de ellos cuando el funcionamiento de la máquina es anómalo (cortocircuitos internos, sobretensiones de alimentación, frecuencias eléctricas muy diferentes a la nominal, sobrecarga mecánica, mal funcionamiento de los rodamientos o cojinetes, etcétera).

En la electrotecnia, a esta producción de energía calorífica se le conoce habitualmente con el nombre genérico de «pérdidas». Desde un punto de vista estrictamente físico no son pérdidas, sino transformaciones energéticas del tipo electromagnética a térmica, o mecánica a térmica. El término «pérdida» se acuña en ingeniería electrotécnica porque se trata de una pérdida de la utilidad económica de dicha energía. Esa energía disipada en forma de calor no tiene utilidad económica en la transformación energética que está realizando la máquina.

Las principales pérdidas que se producen en una máquina eléctrica son las siguientes:

- Pérdidas por efecto Joule.
- Pérdidas en los dieléctricos.
- Pérdidas en el hierro.
- Pérdidas mecánicas.

3.7.2. Pérdidas por efecto Joule

Las pérdidas por efecto Joule se produce cuando la corriente eléctrica circula por cualquier conductor. Debido a que la mayoría de las corrientes, en funcionamiento nominal, circulan por los devanados de las máquinas, estando estos habitualmente fabricados con cobre, dichas pérdidas reciben también el nombre de pérdidas en el cobre. En esta obra no se les dará esta denominación porque puede llevar a confusión. No solamente existen conductores fabricados con cobre o aluminio, sino que, últimamente se han incorporado nuevos materiales conductores a formar parte de los devanados, previéndose que en un futuro este proceso continúe. De ahí el obviar esta denominación habitual en la electrotecnia.

De una forma genérica, las pérdidas por efecto Joule responden a la siguiente expresión, en forma de fuente de calor (σ_u):

$$\sigma_{u,Jul} = \frac{J_{Total}^2}{\sigma} \qquad \text{Ec. 3.9}$$

Donde J_{Total} sería la corriente neta que afecta a toda la máquina en un instante dado y σ la conductividad eléctrica equivalente de la máquina. Es evidente que la corriente puede circular por cualquier material metálico de la máquina, pero eso sería en circunstancias anómalas. En régimen nominal, las corrientes circularán por lo que se denominará, de aquí en adelante, dominio conductor de la máquina Ω_c. Entonces, las pérdidas por efecto Joule corresponderían a la siguiente fuente de calor:

$$\sigma_{u,Jul,\Omega c} = \frac{1}{\Omega_c} \int_{\Omega c} \frac{J^2_{Total}}{\sigma} \, d\Omega \qquad \text{Ec. 3.10}$$

La densidad de corriente va a depender de la conductividad del conductor y de la tensión aplicada:

$$\sigma_{u,Jul,\Omega c} = \frac{1}{\Omega_c} \int_{\Omega c} \sigma \left(V_s + \frac{\partial A}{\partial t}\right)^2 d\Omega \qquad \text{Ec. 3.11}$$

V_s sería la tensión aplicada a la máquina, obtenida de una fuente externa. sería la fuerza electromotriz inducida en los conductores, creada por las variaciones temporales del campo magnético que está afectando a los mismos.

Para el caso de corrientes eléctricas de frecuencia constante, la expresión Ec. 3.11 se puede desarrollar en variable compleja:

$$\sigma_{u,Jul,\Omega c} = \frac{1}{\Omega_c} \int_{\Omega c} \sigma \, (V_s + j\omega A)(V_s^* - j\omega A^*) \, d\Omega \qquad \text{Ec. 3.12}$$

Como el proceso térmico desarrollado en Ec. 3.12, no va a permanecer estrictamente constante en el tiempo, entonces desarrollando dicha expresión para hacerla depender del tiempo queda como sigue:

$$\sigma_{u,Jul,\Omega c} = \frac{1}{\Omega_c} \iint_{T\,\Omega c} \sigma \left(V_s + j\omega A + \frac{\partial A}{\partial t}\right)\left(V_s^* - j\omega A^* + \frac{\partial A^*}{\partial t}\right) d\Omega \, dt \quad \text{Ec. 3.13}$$

Así se comprueba que las pérdidas debidas al efecto Joule van a depender de la naturaleza del conductor (, de las tensiones operantes y del tiempo que dure el proceso (). Hay otros autores que simplifican al máximo estas expresiones (Popova *et al.*, 2011). La complejidad de las expresiones que se quieran implementar dependerá de las necesidades del modelo a desarrollar.

3.7.3. Pérdidas en los dieléctricos

Es habitual en los cálculos eléctricos en baja tensión considerar a los aislamientos como dieléctricos perfectos. Pero, a medida que sube la tensión y, además, pudiera subir la frecuencia, comienza un fenómeno de polarización en ciclos de histéresis de las moléculas del material aislante. En máquinas eléctricas, el efecto de la frecuencia no va a ser muy significativo en los dieléctricos debido a los bajos valores de la frecuencia. En cambio, la tensión si va a jugar un papel muy importante en los transformadores, generadores y motores de alta tensión (Driesen, 2000).

A efectos de cálculo electromagnético, se suele olvidar, o en el mejor de los casos, despreciar el efecto que tiene el campo eléctrico creado por el desplazamiento (polarización) de las cargas eléctricas (). En esta obra se considerará despreciable. No obstante, se presenta un pequeño apunte para determinar cuánto pudieran representar estas pérdidas.

$$\sigma_{u,die,\Omega c} = \frac{1}{\Omega_c} \int_{\Omega_c} \omega\, \epsilon_{Re}\, tan(\delta_E)\, E^2\, d\Omega = \frac{1}{\Omega_c} \int_{\Omega_c} \omega\, \epsilon_{Im}\, E^2\, d\Omega \qquad \text{Ec. 3.14}$$

Siendo , término que se conoce con el nombre de «rigidez dieléctrica compleja». Al término se le conoce con el nombre de *«ángulo de pérdidas»*.

En la expresión Ec. 3.14 se comprueba el papel que juega la tensión, representada por el módulo del campo eléctrico (E), la frecuencia (ω) y la naturaleza del dieléctrico []. El ángulo de pérdidas representa el retraso que existe ente los fasores y .

3.7.4. Pérdidas en el hierro

Es la disipación de energía calorífica originada por ciertos fenómenos físicos que aparecen en los núcleos de las máquinas eléctricas. Estos fenómenos son los siguientes:

- Pérdidas por histéresis magnética.
- Pérdidas por corrientes parásitas.

La histéresis magnética en los núcleos puede tener dos orígenes, prevaleciendo uno más que el otro. A saber, la llamada histéresis alternativa aparece por el ciclo de tipo histérico al que se ven sometidos los núcleos cuando varía el campo magnético cíclicamente, aún en los casos donde dicho núcleo no tiene movimiento físico relativo, como pudieran ser los núcleos de los transformadores. La conocida como «histéresis rotativa» aparece cuando el núcleo ferromagnético de la máquina se ve sometido a movimientos cíclicos, aun con un campo magnético de tipo estacionario (Driesen, 2000).

En el caso de la máquina asíncrona de inducción se dan simultáneamente los dos tipos de histéresis, prevaleciendo la histéresis magnética alternativa sobre la rotativa.

La histéresis magnética consiste en un proceso cíclico de orientación de los dipolos magnéticos del material que está sometido a dicho campo magnético cambiante. A nivel atómico, significa una continua vibración mecánica de los spines de los electrones de valencia de los enlaces metálicos. Esto conlleva la producción de calor que medimos de forma macroscópica. Calor, que tal como se ha dicho, en el caso de las máquinas eléctricas, no produce utilidad económica.

Es de destacar que, salvo el caso de los transformadores estáticos, el calor producido por el ciclo de histéresis magnética en las máquinas rotativas se produce de la siguiente manera:

$$\sigma_{u,Hist}^{elip} = \sigma_{u,Hist}^{alt} + \sigma_{u,Hist}^{rot} \qquad \text{Ec. 3.15}$$

Esto será importante en la medida que se forma un área que abarca todo el ciclo. A medida que esta aumenta, las pérdidas serán mayores (Driesen, 2000).

Sobre la histéresis magnética se han propuesto multitud de modelos matemáticos para poder calcular sus efectos, en especial el calor generado por ella (Dupre *et al.*, 1998; Pruksanubal *et al.*, 2002).

Muchos de estos modelos requieren un alto costo computacional. El concepto de partida es la energía contenida en el área abarcada por el ciclo de histéresis magnética.

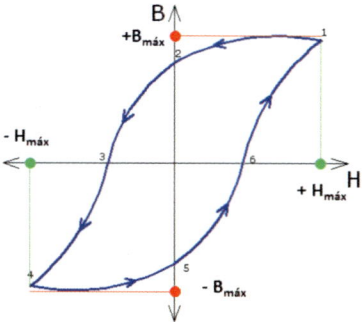

Figura 3-17. Ciclo de histéresis.

En la Figura 3-17, en el ciclo de histéresis, la energía disipada es proporcional al área 1-2-3-4-5-6 de B-H.

Como los núcleos son tridimensionales, entonces la energía será proporcional al volumen de material ferromagnético del núcleo.

$$\sigma_{u,Hist}^{elip} = V \cdot \oint \vec{H} \cdot d\vec{B}$$

Ec. 3.16

Como se observa, cuanto menos volumen de material haya, menos pérdidas por histéresis. Tal reducción no siempre es posible por motivos de diseño de la máquina. La otra solución sería, sin variar los valores de B_{max}, lograr que la superficie del ciclo se redujera. En esto se van a basar los diseñadores de máquinas eléctricas para cons-truirlas, así como los modelos matemáticos que lo expliquen.

Estos modelos matemáticos de la histéresis magnética van desde los más simples como el propuesto por Steinmetz en 1892, para de-terminar la potencia equivalente:

$$P_H = K_H f B_{máx}^{\alpha} V$$

Ec. 3.17

O bien, como otros autores (Vande Sande *et al.*, 2004; Vande Sande *et al.*, 2004; Cardelli, & Faba, 2014; Driesen, 2000), de los cuales destacamos el modelo de reluctividad compleja dependiente de la frecuencia de oscilación del campo magnético armónico:

$$\bar{H} = \left(v\, e^{j\omega}\right)\bar{B} = \left(v\, e^{j\theta_B}\right)\bar{B} = \bar{v}\, \bar{B} \qquad \text{Ec. 3.18}$$

Que desarrollándose en el modelo propuesto por Driesen (2000) se convierte en:

$$\sigma_{u,Hist}^{elip} = \frac{1}{T}\int_{T} \left(H\, B\, sen\theta_B H \cos\theta_B\, \frac{\partial B}{\partial \varphi_B} - H\, B\, sen\theta_B\, \frac{\partial B}{\partial \varphi_B}\right) dt \qquad \text{Ec. 3.19}$$

Por lo amplio y complejo, se abordará el estudio de las pérdidas producidas por la histéresis magnética.

Las pérdidas por corrientes parásitas reciben otras denominaciones como pueden ser corrientes de Foucault (escuela francesa) y corrientes Eddy (escuela anglosajona). Se utilizarán indistintamente estas denominaciones para referirnos a las mencionadas corrientes.

Quizás la mejor forma de definir estas corrientes sea la de *eddy currents*, pues se traducen aproximadamente como corrientes erráticas o corriente en remolino, definiéndose de forma muy gráfica este fenómeno.

Las corrientes de Foucault se producen en el interior de cualquier material conductor de la electricidad y que esté sometido a un campo magnético alterno. Es por ello por lo que cualquier metal que forma parte de la máquina eléctrica está sometido a este tipo de fenómeno. Estas corrientes se producen también en los conductores, por lo cual no es fácil distinguirlas respecto de las corrientes producidas por la aplicación de fuentes externas a los mismos.

Las corrientes de Foucault cobran importancia en los núcleos, pues no aportan una mejora a la máquina, produciendo, por el contrario, pérdidas en las mismas.

El modelo matemático más sencillo para determinar la potencia calorífica disipada por corrientes de Foucault es el propuesto por Steinmetz:

$$P_F = K_F \, f^2 \, B_{máx}^2 \, a^2 \, \sigma \, V \qquad \text{Ec. 3.20}$$

Donde a es el área transversal de la chapa aislada que forma parte de los núcleos de las máquinas eléctricas. Si a tendiese a cero, las pérdidas por corrientes de Foucault tenderían a desaparecer. Esto es lo que se intenta al laminar las chapas y aislarlas entre sí. Cuanto más delgada es la chapa del núcleo, menos pérdidas de Foucault. Por otro lado, empeorando la conductividad σ del acero ferromagnético, menos corrientes eddy habrá. Es por ello por lo que se le añade silicio al acero ferromagnético, su tenacidad disminuye, pero también disminuyen las pérdidas por Foucault.

Un modelo propuesto para calcular dichas pérdidas por corrientes de Foucault es el siguiente (Driesen, 2000):

$$\sigma_{u,Fou}^{alt} = \frac{\sigma \, a^2}{12} \frac{1}{T} \int_T \left(\frac{\partial B}{\partial t} \right)^2 dt \qquad \text{Ec. 3.21}$$

Si se perdiese el aislamiento entre las chapas, este calor aumentaría, aproximadamente, de la siguiente manera (Driesen, 2000):

$$\sigma_{u,Fou}^{alt} = \frac{\pi^2 \, \sigma \, a^2 \, f^2}{6} B_m^2 \qquad \text{Ec. 3.22}$$

Si el campo magnético está distorsionado con respecto a una onda senoidal, su contenido en armónicos contribuiría de la siguiente manera (Driesen, 2000):

$$\sigma_{u,Fou}^{alt} = \frac{\pi^2 \, \sigma \, a^2 \, f^2}{6} \sum_{ha=1}^{n} h_a^2 \, B_{máx,ha}^2 \qquad \text{Ec. 3.23}$$

Si se consideran las pérdidas de Foucault como pérdidas elípticas (Driesen, 2000), entonces:

$$\sigma_{u,Fou}^{alt} = \frac{\pi^2\,\sigma\,a^2\,f^2}{6} \sum_{ha=1}^{n} h_a^2 \left(B_{máx,ha}^2 + B_{mín,ha}^2 \right) \qquad \text{Ec. 3.24}$$

Solo se estudiarán los modelos de conductores donde aparecen corrientes inducidas. Estos conductores pueden ser devanados de la máquina, sometidos a campo magnético alternativo y conectados a fuentes externas, tanto de tensión como de corriente. Así mismo, se estudiarán modelos donde únicamente existirán corrientes de Foucault debidas a campos externos alternativos.

3.7.5. Pérdidas mecánicas

Las pérdidas mecánicas están asociadas a máquinas eléctricas rotativas. Estrictamente, las vibraciones de las chapas del núcleo, mayores o menores según el grado de acuñamiento, serían pérdidas mecánicas en las máquinas eléctricas. Por su dificultad para separarlas de las pérdidas en el hierro y en los devanados, se consideran incorporadas a ambos.

En las máquinas eléctricas rotativas, las pérdidas mecánicas consisten, básicamente, en fricciones en las partes móviles. A saber, fricciones de:

* Superficies externas del rotor y ventiladores solidarios al eje.
* Cojinetes de apoyo del eje rotórico con el estator.

El estudio de las pérdidas mecánicas no es objetivo de este libro.

3.8. Procesos de transmisión de calor y materia en las máquinas asíncronas

Estudiadas las fuentes de calor en las máquinas eléctricas en general y, en la máquina asíncrona en particular, cabe hacerse la pregunta: ¿Qué importancia tiene la producción de calor y su transmisión? La respuesta se ha dado casi de antemano en las normas UNE mencionadas. Se trata de mantener una temperatura dada de funcionamiento. Esto solo se consigue si hay equilibrio térmico:

$$q_{producido} = q_{transmitido} \;\Rightarrow\; Temperatura\; constante \qquad \text{Ec. 3.25}$$

Visto y comprendido el equilibrio térmico, es condición necesaria conocer los mecanismos de transmisión del calor. Los principales mecanismos de transmisión del calor son:

- Conducción.
- Convección.
- Radiación.

Sea cual sea el medio de evacuación del calor, este será transmitido siempre al ambiente que envuelve a la máquina. Los tres métodos anteriormente funcionan de forma pasiva o natural en la máquina eléctrica. Aun, a pesar de esto, el calor generado, sobre todo en el interior de la máquina, en la zona del entrehierro que comparten estator y rotor, es difícil de evacuar. Por todo ello se recurre a la evacuación forzada de este calor. En términos técnicos, a esta evacuación del calor generado en el interior de la máquina se le denomina *ventilación forzada*. Para llevarla a término se diseñan las máquinas con un ventilador solidario al eje de la misma. Al girar la máquina, el ventilador impulsa aire fresco desde el exterior al interior de la misma. Cada unidad de aire introducida en la máquina se caliente (evacúa el calor generado) y es desplazada de nuevo al exterior. Este flujo de masa transporta energía calorífica. A este tipo de máquinas se les denomina «autoventiladas». Aun así, hay regímenes de funcionamiento de la máquina que no permiten la evacuación necesaria de calor mediante el flujo de aire frío por su interior. Es entonces cuando se recurre a ventiladores externos a la máquina que permitan dicha ventilación. Este problema se agudiza con la mala utilización de reguladores de velocidad en máquinas auto-ventiladas, especialmente en las máquinas asíncronas. El aumento de temperatura fuera de las condiciones nominales de la máquina por una no adecuada ventilación mientras opera, se conoce con el término de «desclasamiento» de la máquina.

No se va a tener en cuenta la transferencia de masa que supone el aire impulsado al interior de la máquina asíncrona con objeto de refrigerarla.

3.8.1. Transmisión del calor por conducción

La conducción del calor es la modalidad de transmisión del calor que se ha estudiado en esta obra. La ecuación que rige la conducción de calor en sólidos en régimen dinámico es la siguiente:

$$\vec{\nabla} \cdot \left(-\lambda \cdot \vec{\nabla}\,\tau\right) + \rho\,C_p\,{}^{d\tau}\!/_{dt} = \dot{q} \qquad\qquad \text{Ec. 3.26}$$

Es la llamada ecuación de transmisión del calor de Fourier. Esta ecuación representa un balance de energía calorífica que depende del flujo neto de energía calorífica $\left\{\vec{\nabla} \cdot \left(-\lambda \cdot \vec{\nabla}\,\tau\right)\right\}$, la energía calorífica generada $\{\dot{q}\}$ y la energía calorífica almacenada en el material $\left\{\rho\,C_p\,{}^{d\tau}\!/_{dt}\right\}$.

Si se ha alcanzado un régimen estacionario, no habrá variaciones de temperatura, permaneciendo esta constante. Con lo que la Ec. 3.26 queda como sigue:

$$\vec{\nabla} \cdot \left(-\lambda \cdot \vec{\nabla}\,\tau\right) = \dot{q} \qquad\qquad \text{Ec. 3.27}$$

Esto indicaría una correcta ventilación si la temperatura permanece en el rango de valores normalizado. Caso contrario pudiera
ser que se haya conseguido alcanzar el equilibrio térmico con una
temperatura demasiado alta, fuera de norma.

Pudiera ser que nos interesara solamente analizar cómo se trasmite el calor a través de los materiales. Esto es sumamente importante
en los aislantes eléctricos, que, como tales, suelen ser también buenos
aislantes térmicos. Esto hace que se favorezca el aislamiento eléctrico,
pero empeore la transmisión del calor desde el elemento conductor
hacia el exterior. De igual manera, se puede estudiar cómo transmiten
calor las masas que constituyen el rotor y el estator.

Matemáticamente, para realizar lo anteriormente descrito, basta
con anular las fuentes de calor y solo considerar que se produce una
transmisión simple desde el foco caliente hacia el foco frío. Entonces
la expresión Ec. 3.27 queda como sigue:

$$\vec{\nabla} \cdot \left(-\lambda \cdot \vec{\nabla} \tau \right) = 0 \qquad \text{Ec. 3.28}$$

Desarrollada queda como una ecuación tipo Laplace:

$$-\lambda \left(\frac{\partial^2 \tau}{\partial x^2} + \frac{\partial^2 \tau}{\partial y^2} + \frac{\partial^2 \tau}{\partial z^2} \right) - \tau \left(\frac{\partial \lambda}{\partial x} + \frac{\partial \lambda}{\partial y} + \frac{\partial \lambda}{\partial z} \right) = 0 \qquad \text{Ec. 3.29}$$

Donde λ es el coeficiente de transmisión del calor o conductividad
térmica. La conductividad térmica puede permanecer constante o depender de la temperatura y las coordenadas del medio. Si el cuerpo
es isótropo, desde el punto de vista térmico, entonces la componente
$\left(\frac{\partial \lambda}{\partial x} + \frac{\partial \lambda}{\partial y} + \frac{\partial \lambda}{\partial z} \right) = 0$, con lo que:

$$-\lambda \left(\frac{\partial^2 \tau}{\partial x^2} + \frac{\partial^2 \tau}{\partial y^2} + \frac{\partial^2 \tau}{\partial z^2} \right) = 0 \qquad \text{Ec. 3.30}$$

Sería el caso más simple de transmisión de calor a considerar.

A lo largo de los anteriores desarrollos hemos de decir que el
papel que juega $\dot{q}$ es el de ser el calor producido por la fuente total
de generación de calor (histéresis alternativa, histéresis rotativa, his-

téresis elíptica, corriente de Foucault). La expresión Ec. 3.31 viene a simbolizar esto.

$$\dot{q} \propto \sigma_u = \sum \sigma_{u,k}^j \quad j = alt, rot, elip,..; k = Hist, Fou \qquad \text{Ec. 3.31}$$

Se ha de destacar que, en la transmisión de calor, sea cual sea su modo, en la frontera Γ (pared o superficie por donde cruza el flujo de calor) el cruce de dicha frontera se hará en dirección a la normal $\vec{n}$ a dicha superficie, siguiendo la condición de frontera de Neumann.

$$-\lambda \frac{\partial \tau}{\partial}\bigg]_{\Gamma_n} \cdot A = q_n \qquad \text{Ec. 3.32}$$

Es decir, se supone que el flujo de calor q_n atraviesa la pared Γ_n, de superficie A, en dirección de la normal $\vec{n}$ a dicha pared siguiendo el mayor gradiente de temperatura $\left(-\lambda \frac{\partial \tau}{\partial}\right)$. Es preciso aclarar que, matemáticamente, q_n es un escalar, pues $\left(-\lambda \frac{\partial \tau}{\partial}\bigg]_{\Gamma_n}\right) \cdot A\vec{n} = \vec{g} \, A\vec{n} = q_n$

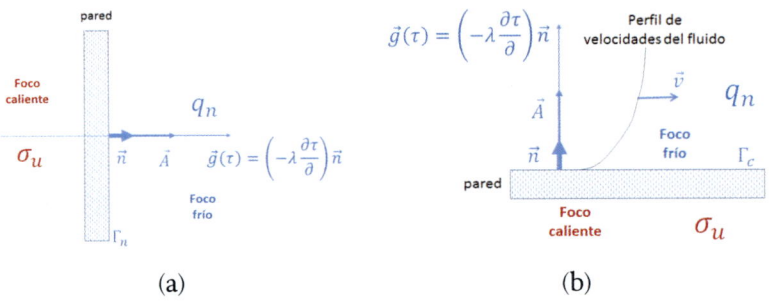

(a)   (b)

Figura 3-18. Transmisión del calor por conducción (a) y convección (b).

Esta introducción a la transmisión de calor por conducción, su cálculo y sus aplicaciones (extraído de Holman, 1999, pp.1-7, 51-67, 95-101, 109-132; Popescu *et al.*, March 26-27, 2015).

Solo se estudiará este tipo de transmisión de calor, en régimen dinámico y aplicado a la máquina asíncrona.

3.8.2. Transmisión del calor por convección

En la transmisión del calor por convección, el calor se transmite entre la pared convectiva Γ_c y un fluido que discurre tangente a la pared y a una determinada velocidad $\vec{v}$. Ver Figura 3-18 (b).

$$q_n = -\lambda \frac{\partial \tau}{\partial}\bigg]_{\Gamma_c} \cdot A = h_c A(\tau - \tau_\infty) \iff q_n = h_c A(\tau - \tau_\infty) \qquad \text{Ec. 3.33}$$

El flujo de calor depende del área A de la pared y de la diferencia de temperatura existente entre la temperatura de la pared τ y la temperatura del fluido τ_∞, existiendo un coeficiente h_c, llamado «coeficiente de convección».

En las máquinas eléctricas, la velocidad $\vec{v}$ del fluido, habitualmente aire, la impone el ventilador solidario al eje de la máquina, caso de las máquinas autoventiladas, o bien, mediante ventiladores externos auxiliares. La temperatura τ_∞ será la del ambiente que rodea a la máquina. τ será la temperatura que estabilizar mediante la ventilación hasta conseguir los valores normalizados. h_c dependerá de la superficie donde actúa el fluido. Así, en el caso de la máquina asíncrona de rotor bobina, el coeficiente de convección de la superficie rotórica será diferente que el de su superficie estatórica. De igual manera, no tendrá el mismo valor de coeficiente de convección la superficie rotórica de una máquina de jaula de ardilla. La morfología superficial de ambos tipos de máquina impondrá coeficientes de convección diferentes. Hay que recordar también que las aletas de refrigeración de la carcasa se ven sometidas a un proceso convectivo debido al aire circulante por ellas, normalmente impulsado por los ventiladores solidarios al eje rotórico.

No se va a estudiar el proceso convectivo de transmisión de calor. No obstante, existen trabajos a este respecto como el de (Howey *et al.*, 2012) que, aunque tratan del el proceso convectivo en el entrehierro de motores de imanes permanentes (PM), por su aplicabilidad a los motores de inducción, merece ser tenido en cuenta. Así mismo, es de destacar el trabajo de Jiang, & Jahns (2013), donde se estudia el proceso convectivo en estado permanente y transitorio, aportando además la técnica para estimar el parámetro convectivo de forma práctica en una máquina eléctrica prototipo.

La introducción a la transmisión de calor por convección (extraído de Holman, 1999, pp. 7-8, 149-158, 193-215; Popescu *et al.*, March 26-27, 2015).

3.8.3. Transmisión del calor por radiación

La energía calorífica se transmite en forma de onda, cuya longitud se sitúa entre el espectro infrarrojo y el espectro ultravioleta. El flujo de calor sigue la siguiente ley:

$$q_n = -\lambda \frac{\partial \tau}{\partial}\bigg]_{\Gamma_r} \cdot A = \varepsilon_e\, \sigma_{SB}\, A(\tau^4 - \tau_\infty^4) \quad \Leftrightarrow \quad q_n = \varepsilon_e\, \sigma_{SB}\, A(\tau^4 - \tau_\infty^4) \quad \text{Ec. 3.34}$$

Donde ε_e es el coeficiente de emisividad de la pared de radiación Γ_r, cuya superficie es A. La variable σ_{SB} es el coeficiente de Stefan-Boltzman.

Estrictamente hablando, no existe una transmisión de calor puramente radiante en las máquinas eléctricas. El caso más próximo sería el de los transformadores sin ventilación forzada. Aun así, el proceso no es una radiación pura pues existe un proceso convectivo natural en las aletas de refrigeración. En el caso de la máquina asíncrona se acercaría, aproximadamente, a un proceso de transmisión del calor por radiación cuando la máquina, aún caliente, se parase y se dejase enfriar en ausencia de fluidos refrigerantes internos y externos.

No se abordará en ese trabajo el estudio del proceso de transmisión de calor por radiación.

Se ha de desatacar, a este respecto, el trabajo de Boglietti *et al.* (2009), que, utilizando redes resistivas para modelar térmicamente a la máquina eléctrica, aporta una expresión para calcular la resistencia equivalente a la radiación térmica en una máquina eléctrica.

La introducción a la transmisión de calor por radiación (extraído de Holman, 1999, pp. 9, 271-276; Popescu *et al.*, March 26-27, 2015).

3.9. La transferencia de calor por conducción en la Formulación Finita

La ecuación de transmisión del calor por conducción (Ec. 3.26), en términos de Formulación Finita, queda como sigue:

$$q[T,\tilde{S}] + \sigma_u[T,\tilde{V}] = u[t^+,\tilde{V}] - u[t^-,\tilde{V}]$$

Ec. 3.35

Análogamente, el flujo neto de energía calorífica es $\{q[T,\tilde{S}]\}$, la energía calorífica generada es $\{\sigma_u[T,\tilde{V}]\}$ y la energía calorífica almacenada en el material es $\{u[t^+,\tilde{V}] - u[t^-,\tilde{V}]\}$.

Son variables de fuente. Por lo tanto, están referidas a elementos espaciales duales y a elementos de tiempo primales. Se supone que las fuentes de calor están contenidas en volúmenes duales ($\tilde{V}$) y que el flujo de calor atraviesa las paredes de la celda dual ($\tilde{S}$ o bien $\partial \tilde{V}$, que es lo mismo).

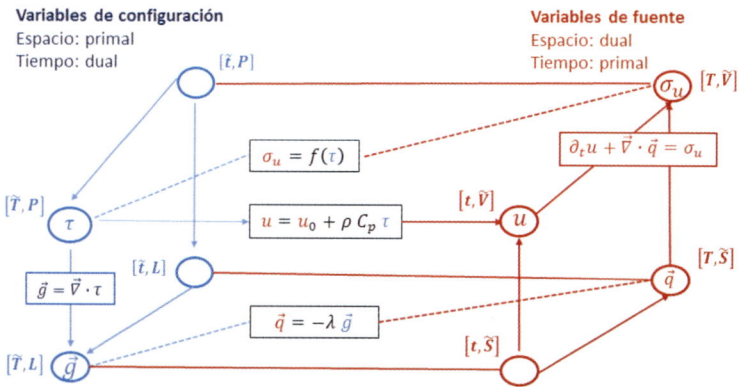

Figura 3-19. Diagrama de transmisión del calor
(Tonti, 2013, p. 398).

3.10. Ecuaciones topológicas de la transferencia de calor

La temperatura es una variable que define cómo es el campo térmico. Esto hace que sea una variable de configuración asignada a un punto o nudo primal. Físicamente, lo medible son las diferencias de temperaturas (gradientes). Estos irán asociados a las líneas o aristas del espacio primal, siendo pues variables de configuración.

El calor se transmite desde un foco caliente a uno frío, estando el dispositivo analizado inmerso en este flujo calorífico. Lo así definido sería una conducción simple de calor. La fuente sería el calor $q[T,\tilde{S}]$ transmitido, constituyéndose en variable de fuente, y, por lo tanto, ubicada en el subespacio dual. Si el material del dispositivo analizado, por algún motivo a nivel fisicoquímico alterase su energía interna, entonces se constituiría en una nueva fuente de calor $\{u[t^+,\tilde{V}] - u[t^-,\tilde{V}]\}$. Por último, el dispositivo analizado pudiera poseer sus propias fuentes de calor $\sigma_u[T,\tilde{V}]$, entonces también estas serían variables de fuente ubicadas en el dual. Para formarse mejor una idea de este ordenamiento ver la Figura 3-19.

3.11. Ecuaciones constitutivas de la transferencia de calor

Autores como Alotto *et al.* (2008), Bullo *et al.* (2006a, 2006b, 2006c) y Tonti (2013) proponen diversos tipos de ecuaciones constitutivas. En este apartado de exponen unas ecuaciones constitutivas térmicas genéricas que permitan entender el diagrama de Tonti referido a la transmisión del calor en sólidos, que será el caso de estudio.

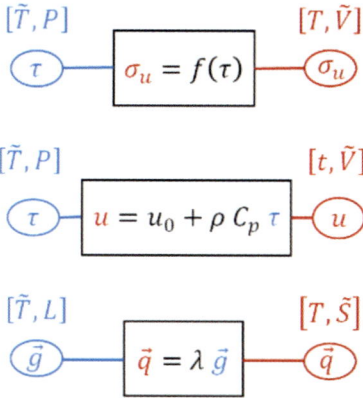

Figura 3-20. Ecuaciones constitutivas térmicas.

La primera ecuación constitutiva, Figura 3-20, parte superior, relaciona una fuente de calor con la temperatura. Esto sucede cuando la propia fuente de calor depende de la temperatura. Este caso no es apreciable en máquinas eléctricas, pero sí en muchos procesos físicos que aparecen en los dispositivos semiconductores.

La segunda ecuación constitutiva, Figura 3-20, parte media, relaciona una fuente de calor con la temperatura. En este caso, es la energía interna del material u que se ve modificada con la temperatura τ.

La tercera ecuación constitutiva, Figura 3-20, parte inferior, el calor $\vec{q}$ se relaciona con el gradiente de temperatura $\vec{g}$ mediante el coeficiente de transmisión del calor por conducción λ.

Proponemos una nueva ecuación constitutiva para la transmisión por conducción. Por la importancia de esta aportación, este tema será tratado en capítulos posteriores con mayor amplitud.

3.12. Conclusiones

Al usar la Formulación Finita, se cuenta con un nuevo marco teórico alternativo a la formulación diferencial e integral aplicado al campo electromagnético y a la conducción del calor.

Se ha particularizado la Formulación Finita de las ecuaciones electromagnéticas y térmicas para aplicarlas al funcionamiento de la máquina eléctrica asíncrona.

Bibliografía

Alotto, P.; Bullo, M.; Guarnieri, M., & Moro, F. (2008). A coupled thermo-electromagnetic formulation based on the cell method. *Magnetics, IEEE Transactions on*, 44(6), pp. 702-705.

Boglietti, A. y otros (2009). Evolution and Modern Approaches for Thermal Analysis of Electrical Machines. *Industrial Electronics, IEEE Transactions on*, March, 56(3), pp. 871-882.

Bullo, M.; D'Ambrosio, V.; Dughiero, F., & Guarnieri, M. (2006c). *A 3D Cell Method Formulation for Coupled Electric and Thermal Problems*. Miami, Fl., IEEE, pp. 7-7.

Bullo, M.; D'Ambrosio, V.; Dughiero, F., & Guarnieri, M. (2006ª). Coupled electrical and thermal transient conduction problems with a quadratic interpolation cell method approach. *Magnetics, IEEE Transactions on*, April, 42(4), pp. 1003-1006.

Bullo, M.; Dughiero, F.; Guarnieri, M., & Tittonel, E. (2006b). Nonlinear coupled thermo-electromagnetic problems with the cell method. *Magnetics, IEEE Transactions on*, April, 42(4), pp. 991-994.

Cardelli, E., & Faba, A. (2014). A Benchmark Problem of Vector Magnetic Hysteresis for Numerical Models. *Magnetics, IEEE Transactions on*, Feb, 50(2), pp. 1049-1052.

Chaboudez, C. y otros (19949. Numerical modelling of induction heating of long workpieces. *Magnetics, IEEE Transactions on*, Nov, 30(6), pp. 5028-5037.

Driesen, J. (2000). *Coupled Electromagnetic-Thermal Problems in Electrical Energy Transducers (PhD Thesis)*. Katholieke Universiteit Leuven ed. Kardinaal Mercielaan 94-3001. Leuven (Haverlee): Katholieke Universiteit Leuven.

Dupre, L.; Keer, R. V., & Melkebeek, J. (1998). A computational model for the iron losses in rotating electrical machines. *International Journal of Engineering Science*, 36(7), pp. 699-709.

Holman, J. P. (1999). *Transferencia de Calor.* Octave en inglés. Primera en español ed. Madrdi, España: Mc Graw Hill.

Howey, D.; Childs, P., & Holmes, A. (2012). Air-Gap Convection in Rotating Electrical Machines. *Industrial Electronics, IEEE Transactions on*, March, 59(3), pp. 1367-1375.

Jiang, W., & Jahns, T. (2013). *Coupled electromagnetic-thermal analysis of electric machines including transient operation based on finite element techniques.* s.l., IEEE, pp. 4356-4363.

Popescu, M. y otros, March 26-27 (2015). *Modern heat extraction systems for electrical machines - A review.* Torino, Castello del Valentino, Italy, IEEE, pp. 289-296.

Popova, L.; Nerg, J., & Pyrhonen, J. (2011). *Combined Electromagnetic and thermal design platform for totally enclosed induction machines.* Bologna, Italy, IEEE, pp. 153-158.

Pruksanubal, P.; Binner, A., & Gonschorek, K. (2002). *Modelling of magnetic hysteresis using Cauchy distribution.* Beijing, China, IEEE, pp. 446-449.

Tonti, E. (1995). On the geometrical structure of electromagnetism. *Gravitation, Electromagnetism and Geometrical Structures, for the 80th birthday of A. Lichnerowicz*, pp. 281-308.

Tonti, E. (2000a). *Formulazione finita dell'elettromagnetismo*, Udine, Italia: Universita degli Studi di Udine.

Tonti, E., (2000b). Formulazione finita delle equazioni di campo: Il Metodo delle Celle. *Atti del XIII Convegno Italiano di Meccanica Computazionale, Brescia, Italy,* Noovember.

Tonti, E. (2000c). *Formulazione Finita dell'Elettromagnetismo partendo dai fatti sperimentali,* Udine, Italia: Universita degli Studi di Udine.

Tonti, E. (2001a). A direct discrete formulation of field laws: The cell method. *CMES- Computer Modeling in Engineering and Sciences*, 2(2), pp. 237-258.

Tonti, E. (2002a). Finite formulation of electromagnetic field. *IEEE Transactions on Magnetics*, 38(2), pp. 333-336.

Tonti, E. (2002b). Finite formulation of electromagnetic field. *IEEE Transactions on Magnetics,* 38(2), pp. 333-336.

Tonti, E. (2013). *The Mathematical Structure of Classical and Relativistic Physics.* first ed. London, UK: Birkhaüser.

Vande Sande, H.; Henrotte, F., & Hameyer, K. (2004). The Newton-Raphson method for solving non-linear and anisotropic time-harmonic problems. *COMPEL-The international journal for computation and mathematics in electrical and electronic engineering,* 23(4), pp. 950-958.

Weiland, M. C. T. (2001). Discrete electromagnetism with the finite integration technique. *Progress In Electromagnetics Research,* Volumen 32, pp. 65-87.

Capítulo 4

El Método de la Celda aplicado al electromagnetismo y la conducción térmica

4.1. Introducción

El Método de la Celda es el método numérico para llevar a términos de cálculo lo expresado en la Formulación Finita.

La conexión entre la Topología, el Álgebra y el Cálculo es intrínseca al Método de la Celda.

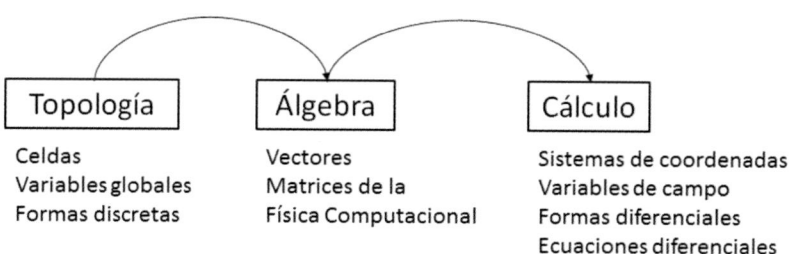

Figura 4-1. Relación entre la topología, el álgebra y el cálculo.

Los fundamentos de este tipos de métodos de cálculo numérico están en el Cálculo Exterior de las Forma Diferenciales (Desbrun *et al.*, 2008). La aplicación del Cálculo Diferencial Externo ha mejorado muchos métodos numéricos utilizados en la Física y la Ingeniería, evitando con ello errores en las soluciones globales del problema con estados de las soluciones locales bien estructurados (Desbrun *et al.*, 2008, pp. 288-289).

4.2. Generalidades

Se enunciarán una serie de conceptos claves para poder comprender en que consiste el método numérico de resolución de ecuaciones diferenciales en derivadas parciales conocido como «Método de la Celda».

4.2.1. Concepto de celda

La celda o complejo simplicial es el elemento mínimo para aplicar el Método de la Celda en la Formulación Finita. De aquí en adelante, para simplificar se empleará el acrónimo FF-MC para referirse a la Formulación Finita y el Método de la Celda.

La celda puede ser del tipo 1-simplex, 2-simplex o 3-simplex. Se recuerda que el 0-simplex es referido al punto geométrico. Ver el capítulo 3.

Para profundizar en aspectos topológicos del significado de la celda es recomendable leer a Desbrun *et al.* (2008), pp. 295-297, por su sencillez y didáctica en la explicación de este concepto topológico.

4.2.2. Mallado estructurado y no estructurado

Cuando un dominio continuo se discretiza, se puede hacer de diversas maneras. Sea cual sea la forma de discretización, esta discretización consiste en fragmentar el domino continuo en celdas, utilizando para ello diversas formas geométricas asimilables a los complejos simpliciales. Si las celdas son ortogonales entre sí, entonces a estos mallados se les denomina *mallados estructurados*. Cuando las celdas no son ortogonales entre sí, a estos mallados se les denomina «mallados no estructurados».

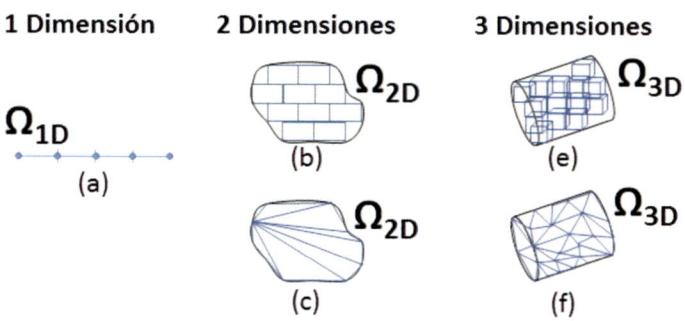

Figura 4-2. Mallados estructurados y no estructurados.

En la Figura 4-2 se aprecian mallados estructurados en dos dimensiones (b) y en tres dimensiones (e), así como mallados no estructurados (c) y (f). Para el mismo dominio bidimensional Ω_{2D} se comprueba que al utilizar rectángulos (b) el error es mucho mayor en la frontera que cuando se utilizan triángulos (c). De igual manera sucede en el dominio Ω_{3D} utilizando celdas hexaédricas (e) frente a celdas tetraédricas (f).

Cada problema y cada contorno lleva una celda adecuada. Así, en las máquinas eléctricas, por sus geometrías cóncavas y convexas, tanto tridimensionales como bidimensionales, las celdas que mejor se ajustan a los dominios a estudiar son las celdas tetraédricas y las celdas triangulares, respectivamente.

El estudio del mallado óptimo para un dominio determinado se sale del ámbito de este trabajo. Para realizar los mallados estudiados se ha recurrido a malladores como el GMSH (Geuzaine, & Remacle, 2009) o a programas que tienen sus propios malladores como el FEMM (Meeker, 2009). Ambos programas son de uso libre.

4.2.3. Celda tetraédrica y celda triangular

Para poder aplicar el Método de la Celda, MC de aquí en adelante, así como otros métodos numéricos, es necesario que la celda y sus elementos estén orientados (orientación externa e interna citadas en el capítulo 3). A lo largo del presente texto, la celda que se va a utilizar, en el caso tridimensional, es el tetraedro; siendo el triángulo utilizado en el caso bidimensional. En la Figura 4-3 se muestran las celdas primales y duales utilizadas en dos y tres dimensiones.

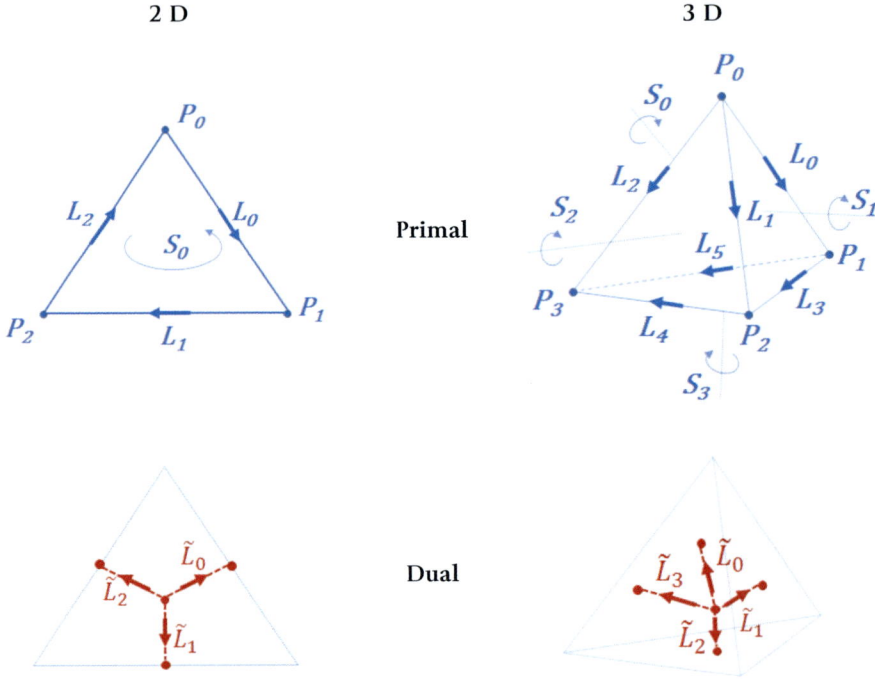

Figura 4-3. Celdas primales y duales en 2D
(triángulos) y en 3D (tetraedros).

Para las superficies se considera que la orientación es positiva cuando su sentido es antihorario y negativa cuando el sentido es, al contrario. La numeración de los elementos de la celda es arbitraria. Se ha escogido el subíndice inicial cero por motivos prácticos, ya que los contadores en el lenguaje de programación C⁺⁺ se inician en cero. Siguiendo la notación topológica, la Figura 4-3 se puede enunciar de la siguiente manera:

2D primal	2D dual	3D primal	3D dual
$P \stackrel{\text{def}}{=} \{n_0, n_1, n_2\}$	$\tilde{P} \stackrel{\text{def}}{=} \{\tilde{n}_0, \tilde{n}_1, \tilde{n}_2\}$	$P \stackrel{\text{def}}{=} \{n_0, n_1, n_2, n_3\}$	$\tilde{P} \stackrel{\text{def}}{=} \{\tilde{n}_0, \tilde{n}_1, \tilde{n}_2, \tilde{n}_3\}$
$L \stackrel{\text{def}}{=} \{L_0, L_1, L_2\}$	$\tilde{L} \stackrel{\text{def}}{=} \{\tilde{L}_0, \tilde{L}_1, \tilde{L}_2\}$	$L \stackrel{\text{def}}{=} \{L_0, L_1, L_2, L_3\}$	$\tilde{L} \stackrel{\text{def}}{=} \{\tilde{L}_0, \tilde{L}_1, \tilde{L}_2, \tilde{L}_3\}$
$S \stackrel{\text{def}}{=} \{S_0\}$	$\tilde{S} \stackrel{\text{def}}{=} \{\tilde{S}_0\}$	$S \stackrel{\text{def}}{=} \{S_0, S_1, S_2, S_3\}$	$\tilde{S} \stackrel{\text{def}}{=} \{\tilde{S}_0, \tilde{S}_1, \tilde{S}_2, \tilde{S}_3\}$
$V \stackrel{\text{def}}{=} \{\varnothing\}$	$\tilde{V} \stackrel{\text{def}}{=} \{\varnothing\}$	$V \stackrel{\text{def}}{=} \{V_1\}$	$\tilde{V} \stackrel{\text{def}}{=} \{\tilde{V}_1\}$

Tabla 4-1. Notación topológica de
celda primal y dual en 2D y 3D.

En las celdas tetraédricas, las líneas de las subceldas duales se obtienen uniendo los baricentros de las caras primales con el baricentro del volumen dual. En las celdas triangulares, los baricentros de las subceldas duales se obtienen uniendo el baricentro del triángulo primal con el baricentro de la arista dual, que corresponde con el punto medio de dicha arista. La expresión Ec. 4.1 se utiliza para calcular el baricentro del tetraedro (B_T) y la expresión Ec. 4.2 para el calcular el baricentro de un triángulo en tres dimensiones (B_{3t}). Sí el triángulo está en dos dimensiones, la expresión Ec. 4.3 sería la utilizada para el cálculo del baricentro de dicho triángulo (B_{2t}).

$$B_T(x, y, z) = \left(\frac{1}{4} \cdot \sum_{k=1}^{4} x_k, \frac{1}{4} \cdot \sum_{k=1}^{4} y_k, \frac{1}{4} \cdot \sum_{k=1}^{4} z_k \right) \qquad \text{Ec. 4.1}$$

$$B_{3t}(x, y, z) = \left(\frac{1}{3} \cdot \sum_{k=1}^{3} x_k, \frac{1}{3} \cdot \sum_{k=1}^{3} y_k, \frac{1}{3} \cdot \sum_{k=1}^{3} z_k \right) \qquad \text{Ec. 4.2}$$

$$B_{2t}(x, y) = \left(\frac{1}{3} \cdot \sum_{k=1}^{3} x_k, \frac{1}{3} \cdot \sum_{k=1}^{3} y_k \right) \qquad \text{Ec. 4.3}$$

Así, $P_k(x_k, y_k, z_k)$ son las coordenadas de los nudos de un tetraedro o un triángulo, según corresponda.

Analíticamente se considera que una superficie en $\mathbb{R}^2$, o un volumen en $\mathbb{R}^2$, están orientados positivamente si las expresiones S y V de Ec. 4.4, respectivamente, son mayores que cero.

$$S = \frac{1}{2!} \cdot det(n_i, n_j, n_i, [1]) = \frac{1}{2} \cdot \begin{vmatrix} x_0 & y_0 & 1 \\ x_1 & y_1 & 1 \\ x_2 & y_2 & 1 \end{vmatrix} > 0$$

Ec. 4.4

$$V = \frac{1}{3!} \cdot det(n_i, n_j, n_i, n_k, [1]) = \frac{1}{6} \cdot \begin{vmatrix} x_0 & y_0 & z_0 & 1 \\ x_1 & y_1 & z_1 & 1 \\ x_2 & y_2 & z_2 & 1 \\ x_3 & y_3 & z_3 & 1 \end{vmatrix} > 0$$

En el código de programación donde se implemente estas expresiones, una vez determinado la orientación negativa, si la hubiere, simplemente con permutar dos filas o columnas, la celda quedaría orientada positivamente, siendo este el objetivo. Así mismo, una vez positivado, el valor numérico de S o de V será utilizado en cálculos posteriores en el MC.

4.2.4. Modo local y modo global

En el MC, prescindiendo de la necesidad del cálculo de las coordenadas absolutas del mallado (coordenadas cartesianas), el mallado en sí mismo no lleva métrica alguna, pues sus elementos realmente son etiquetas asociadas a las coordenadas de los nudos: etiqueta $\rightarrow$ n_k (x_k, y_k, z_k). Entonces cada celda estará referida únicamente por sus etiquetas: triángulo $\rightarrow$ $(n_i\, n_j\, n_k)$; tetraedro $\rightarrow$ $(n_i\, n_j\, n_k\, n_m)$.

El dominio que afecta al problema a estudiar lo denominaremos Ω_G. El mallado se hace sobre este dominio Ω_G. Este contendrá un número finito de celdas, triángulos o tetraedros según sea la dimensión. Si se ejecutan todos los cálculos sobre el número total de celdas simultáneamente, entonces se dice que se hacen los cálculos en *modo global*. Si, por el contrario, los cálculos se realizan celda a celda, para, una vez terminados, incorporarlos a una matriz global que interrelaciona a todo el dominio Ω_G, entonces se dirá que los cálculos han sido realizados en *modo local*.

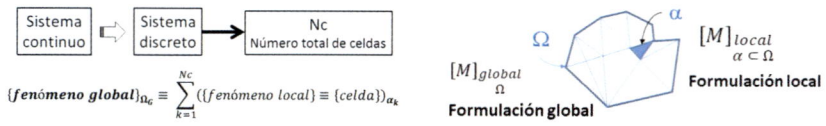

Figura 4-4. Modo local y modo global.

Normalmente se trabaja en modo local, ya que el modo global requiere una gran capacidad computacional (memoria física del ordenador). Siendo esto así, la discretización conlleva un ordenamiento de los elementos de la celda para poder trabajar en modo local y evitar duplicidades erróneas a la hora de ensamblar el modo local en el modo global.

4.2.5. Ordenamiento de los elementos de las celdas en el dominio discretizado

El espacio continuo por estudiar se discretiza con una herramienta adecuada (mallador). Con este procedimiento se obtienen los nudos o vértices, que son las entidades fundamentales, y las relaciones entre ellos (tetraedros o triángulos, o los elementos geométricos que se hayan utilizado para mallar). A partir de estos datos se obtienen las aristas, superficies y volúmenes. Si los nudos tienen etiquetas de asignación, entonces se pueden formar celdas tipo. En la Figura 4-5 se muestra la obtención de las entidades a partir de dos tetraedros.

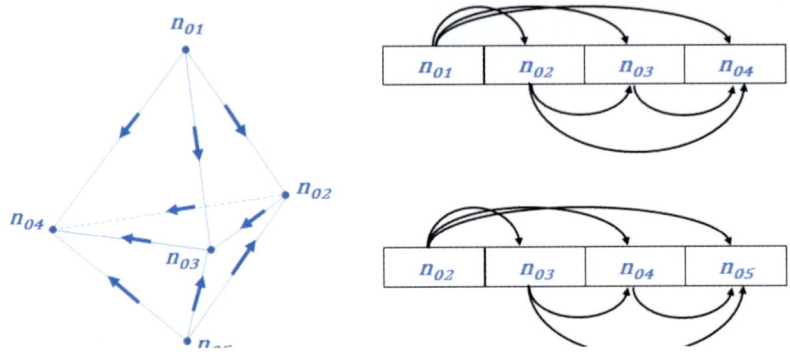

Figura 4-5. Dos tetraedros que comparten
una cara, tres aristas y 3 nudos.

Los malladores, en este caso el GMSH, aportan una serie de entidades: etiquetas de nudos y aristas, coordenadas cartesianas de los nodos, número de nudos, etiquetas de los tetraedros (o triángulos, cuadrángulos, etcétera; según sea elemento geométrico utilizado por el mallador). A partir de estos datos, y mediante programas específicos, se obtienen los ficheros de datos que pretendemos. Un archivo tipo es el que se muestra en la Tabla 4-2. En ella se reflejan los datos obtenidos de los tetraedros de la Figura 4-5, siguiendo la secuencia que se indica a la derecha de la misma figura.

Tetra-edro	nudos	Aristas T_0	nudos	Aristas T_{10}	nudos	Caras T_0	nudos	Caras T_{10}	nudos
T_0	$n_{01}, n_{02}, n_{03}, n_{04}$	a_0	n_{01}, n_{02}	a_0	n_{02}, n_{03}	s_0	n_{01}, n_{02}, n_{04}	s_4	n_{02}, n_{03}, n_{05}
. . .		a_1	n_{01}, n_{03}	a_5	n_{02}, n_{04}	s_1	n_{01}, n_{03}, n_{02}	s_5	n_{03}, n_{04}, n_{05}
T_{10}	$n_{02}, n_{03}, n_{04}, n_{05}$	a_2	n_{01}, n_{04}	a_7	n_{02}, n_{05}	s_2	n_{01}, n_{04}, n_{03}	s_6	n_{02}, n_{05}, n_{04}
. . .		a_3	n_{02}, n_{03}	a_8	n_{03}, n_{04}	s_3	n_{02}, n_{03}, n_{04}	s_3	n_{02}, n_{03}, n_{04}
. . .		a_4	n_{03}, n_{04}	a_4	n_{04}, n_{05}				
		a_5	n_{02}, n_{04}	a_{10}	n_{03}, n_{05}				

Tabla 4-2. Almacenamiento de datos de
una discretización de un dominio.

Observando la tabla, las aristas a_0, a_4 y a_5 son aristas compartidas por los dos tetraedros. La cara s_3 es una cara compartida por los tetraedros. Los nudos n_{02}, n_{03} y n_{04} son compartidos por ambos tetraedros. Con objeto de no acumular errores, tanto si se trabaja en modo local, como si se trabaja en modo global, en el conjunto de datos finales, las repeticiones de elementos, aristas y caras, deben eliminarse, solo dejando una en la orientación inicial. Este proceso no es sencillo, pues a medida que aumenta la dimensión del elemento, aumenta las combinaciones para determinar si está repetido o no. Esto conlleva algoritmos de ordenamiento, clasificación y eliminación que tienen un coste computacional relativamente alto (Simón-Rodríguez *et al.*, 2011; González-Domínguez, & Monzón Verona, 2013). Algoritmos que mejoran cuando se utilizan lenguajes como el C++, y que empeoran con aplicaciones interpretadas como Octave® o Matlab®.

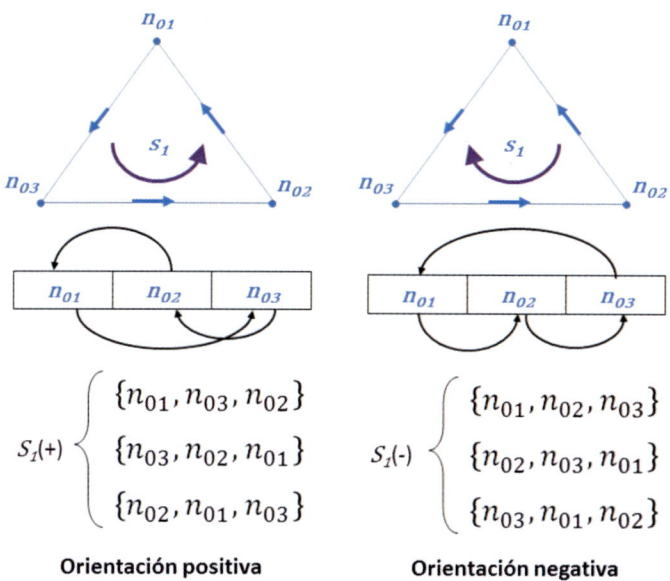

Figura 4-6. Orientación positiva o negativa de una superficie.

La orientación de los elementos de la celda es uno de los aspectos más importantes para tener en cuenta en el FF-MC. Según sea la secuencia de lectura de los nudos en el archivo informático, y siempre que se mantenga el mismo criterio, se pueden establecer orientaciones de los elementos con relativa facilidad. En la Figura 4-6 se muestra cómo se obtiene una orientación positiva o negativa de una superficie. Se hace notar que la permutación de un elemento cambia el signo de la orientación de orden superior. Así, si permutamos dos nudos, cambia la orientación de la arista, con lo cual cambia la orientación de la cara.

4.2.6. El proceso de eliminación de entidades del mallado repetidas

El proceso de eliminación de aristas y caras repetidas consiste en un ordenamiento previo de dichas entidades. Cuando se comprueba que existen repeticiones del elemento (arista o cara), se procede a su eliminación. Una vez que ha concluido este proceso, el archivo, con los elementos ordenados y sin repetición, tiene que ser topológicamente equivalente al archivo original.

¿Cómo se puede comprobar la equivalencia topológica entre el archivo original y el modificado?

La solución está en recurrir a la Fórmula de Euler-Poincaré Extendida:

$$N_n - N_a + N_s - (N_b - N_s) = 2 \cdot (N_c - Ge) \qquad \text{Ec. 4.5}$$

Donde N_n es el número de nudos, N_a es el número de aristas, N_s es el número de caras, N_b es el número de bucles que se pueden realizar sobre el objeto, N_c es el número de conchas o superficies cerradas que definen al objeto y Ge es el número de agujeros topológicos del objeto.

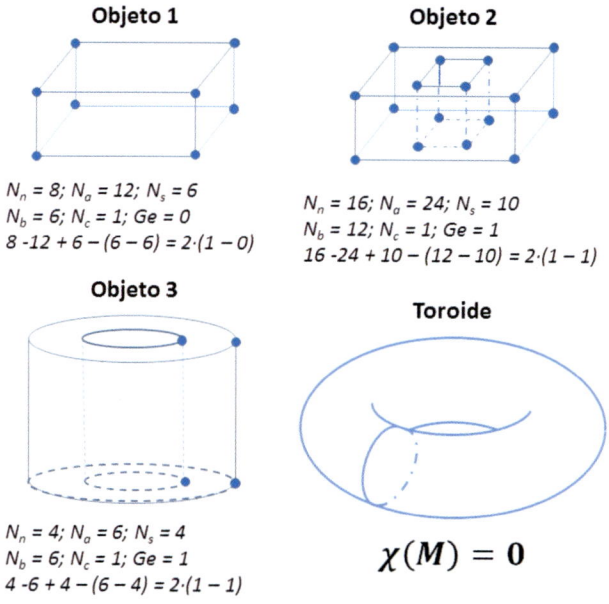

Objeto 1

$N_n = 8$; $N_a = 12$; $N_s = 6$
$N_b = 6$; $N_c = 1$; $Ge = 0$
$8 - 12 + 6 - (6 - 6) = 2 \cdot (1 - 0)$

Objeto 2

$N_n = 16$; $N_a = 24$; $N_s = 10$
$N_b = 12$; $N_c = 1$; $Ge = 1$
$16 - 24 + 10 - (12 - 10) = 2 \cdot (1 - 1)$

Objeto 3

$N_n = 4$; $N_a = 6$; $N_s = 4$
$N_b = 6$; $N_c = 1$; $Ge = 1$
$4 - 6 + 4 - (6 - 4) = 2 \cdot (1 - 1)$

Toroide

$$\chi(M) = 0$$

Figura 4-7. Característica de Euler-Poincaré.

Cuando se aplica la fórmula de Euler-Poincaré a los objetos de la Figura 4-7, se observa que todos aquellos que tienen un agujero topológico, objeto 2, objeto 3 y toroide tienen la segunda parte de la fórmula igual a cero. A este segundo miembro $\chi(M) = 2 \cdot (N_c - Ge)$ se le denomina «característica de Euler».

La consecuencia de esto es inmediata: «Cualquier objeto topológico con un solo agujero y formado por una sola superficie cerrada, sea de la forma que sea el volumen formado, tiene la misma característica de Euler». Esto se utilizará para confirmar que cualquier objeto que discreticemos, al ordenar y eliminar elementos de celda duplicados, debe tener la misma característica de Euler.

Un caso especial lo constituye la geometría bidimensional, donde la fórmula de Euler-Poincaré Extendida es:

$$N_n - N_a + N_s = 1 \cdot (1 + Ge) \qquad \text{Ec. 4.6}$$

No obstante, desde un punto de vista práctico se puede recurrir a una forma simplificada de la fórmula de Euler-Poincaré extendida, como es el desarrollo de la misma mediante polinomios de números de Betti.

$$b_0 - b_1 + b_2 - b_3 + \cdots \mp b_n = \chi(M)$$

Ec. 4.7

En las máquinas eléctricas, la dimensión es a lo sumo $\mathbb{R}^3$. Entonces, la expresión Ec. 4.7 queda reducida a:

$$N_n - N_a + N_s - N_v = \chi(M)$$

Ec. 4.8

Donde N_v es el número de volúmenes. En esta condición, para tres dimensiones, la característica de Euler será $\chi(M) = 1 \cdot (1 - Ge)$, mientras que para dos dimensiones será $\chi(M) = 2 \cdot (1 - Ge)$. Dicho lo cual, las expresiones a emplear en este texto serán:

3D → $\qquad N_n - N_a + N_s - N_v = 1 \cdot (1 - Ge)$

Ec. 4.9

2D → $\qquad N_n - N_a + N_s = 2 \cdot (1 - Ge)$

Si nos ceñimos a la topología de la máquina eléctrica asíncrona, los objetos topológicos principales tienen un agujero (estator) o cero agujero (rotor). Esto nos lleva a que la característica de Euler tome los valores $\chi(M) = 1 \cdot (1 - 1) = 0$, o bien que valga $\chi(M) = 1 \cdot (1 - 0) = 1$ (Simón-Rodríguez et al., 2011). Su aplicación a la discretización de las máquinas eléctricas se puede observar en la Figura 4-8.

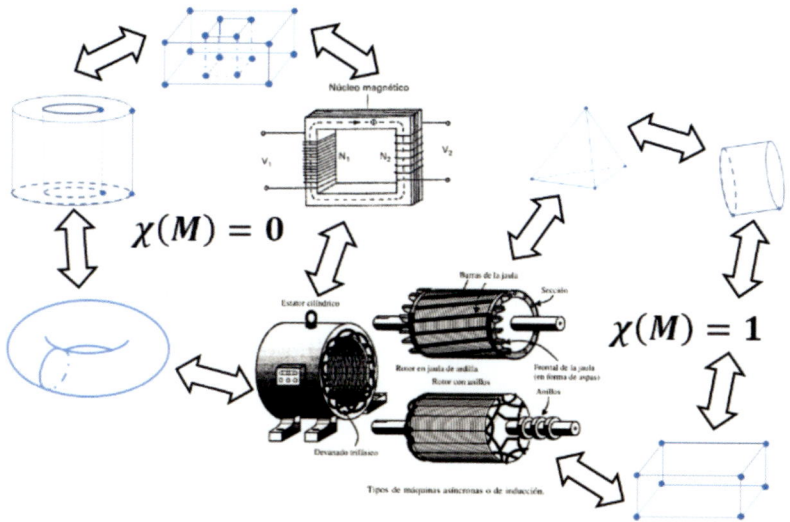

$\chi(M) = 0$

$\chi(M) = 1$

Figura 4-8. Característica de Euler y
discretización en máquinas asíncronas.

4.2.7. Matrices de incidencia. Operadores discretos de gradiente, rotacional y divergencia

Antes de explicar el proceso de construcción de los operadores gradiente, rotacional y divergencia, conviene hacer una breve introducción de ciertos conceptos del Álgebra Topológica.

Se denomina *p-celda* a una celda de dimensión $dim = \{0, 1, 2, 3\}$. Las variables físicas están asociadas a un conjunto de p-celdas denominado *p-cadena*. El llamado proceso de *co-contorno* consiste en aumentar o disminuir la dimensión de la p-cadena. Para llevarlo a cabo se utiliza el operador co-contorno ∂. El proceso de co-contorno sería el siguiente:

Gráficamente el proceso co-contorno sería aumentar de dimensión a la celda de cálculo (Desbrun *et al.*, 2008, pp. 296-299, 302-303). Se muestra claramente en la Figura 4-9.

$$0 \xrightarrow{\partial} C^0 \xrightarrow{\partial} C^1 \xrightarrow{\partial} C^2 \xrightarrow{\partial} C^3 \xrightarrow{\partial} 0$$

Ec. 4.10

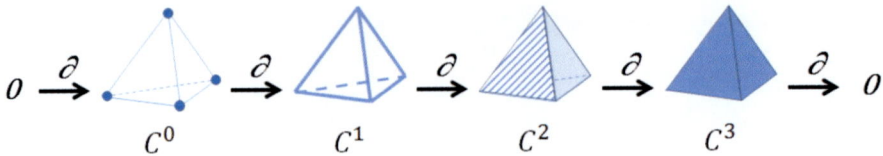

$$0 \xrightarrow{\partial} \bullet \quad C^0 \qquad \xrightarrow{\partial} \quad C^1 \qquad \xrightarrow{\partial} \quad C^2 \qquad \xrightarrow{\partial} \quad C^3 \xrightarrow{\partial} 0$$

Figura 4-9. Proceso de co-contorno desde
el punto de vista gráfico.

En el álgebra topológica, cada operador de co-contorno ∂, que permite pasar de dimensión a una p-cadena $C^p \rightarrow C^{p+1}$ está asociado a una expresión matricial.

Concretando, cuando se aplica un operador como el gradiente, se hace sobre una función escalar (punto), obteniéndose un campo vectorial que sigue las trayectorias de máxima variación (línea). Si a este campo vectorial obtenido se le aplica el rotacional, da lugar a la aparición de circulaciones de dicho campo en los bordes del plano donde dicho campo circula (superficie). Si sobre dicho campo vectorial se aplica la divergencia, lo obtenido será un escalar (punto) indicando la existencia de fuente, sumidero o un simple cruce del campo por el volumen que encierra a dicho campo.

Haciendo una mezcla entre el álgebra topológica y el cálculo diferencial, se puede obtener una expresión como la de Ec. 4.11 que permite aclarar estos conceptos, ya que en la ingeniería prevalece la formación diferencial frente a la formación topológica.

$$rot(\vec{\varepsilon}) \overset{\text{def}}{=} \vec{\nabla} \times \vec{\varepsilon} = \lim_{\Delta S \to 0} \frac{\oint_L \vec{\varepsilon}\, d\vec{L}}{\Delta S}$$

$$0 \xrightarrow{\partial} C^0 \xrightarrow{\partial} C^1 \xrightarrow{\partial} C^2 \xrightarrow{\partial} C^3 \xrightarrow{\partial} 0 \qquad \text{Ec. 4.11}$$

$$grad(f) \overset{\text{def}}{=} \vec{\nabla} f$$

$$div(\vec{\gamma}) \overset{\text{def}}{=} \vec{\nabla} \cdot \vec{\gamma} = \lim_{\Delta V \to 0} \frac{\oint_S \vec{\gamma}\, d\vec{S}}{\Delta V}$$

De forma inmediata e intuitiva, se aprecia que el operador gradiente debería relacionar nudos con aristas, el operador discreto rotacional relacionaría aristas con superficies y el operador discreto divergencia relacionaría superficies con volúmenes.

Al estar todos los elementos de la celda orientados, esto debe reflejarse en la relación de pertenencia entre elementos.

Existen diversos operadores que permiten las operaciones de co-contorno. En el Cálculo Diferencial Discreto se utiliza el operador ** de Hodge* (Desbrun *et al.*, 2008, pp. 311-313).

Los operadores discretos que utiliza la FF-MC son las matrices de incidencia (Tonti, 2013, pp. 431-436, 464).

Existen trabajos antiguos (Kaplan, & Murnaghan, 1930) tratando de relacionar el Cálculo Diferencial con el Álgebra Lineal. Pero es a finales de los años sesenta del siglo XX, con los trabajos de Branin (Branin, 1964; Branin, April, 1966), cuando se empieza a sistematizar el uso del álgebra topológica en la resolución de problemas electromagnéticos.

Observando la Figura 4-10, se puede entender la construcción de las matrices de incidencia, de las cuales hace uso el MC.

El signo ± indica la orientación del elemento. La pertenencia de un elemento de dimensión menor a otro, de dimensión mayor, se indica con ±1, cuando pertenece, y con 0 cuando no pertenece.

PRIMAL		DUAL

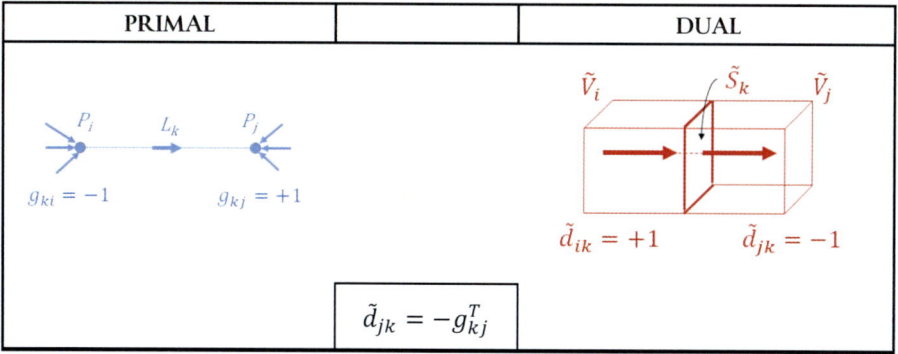

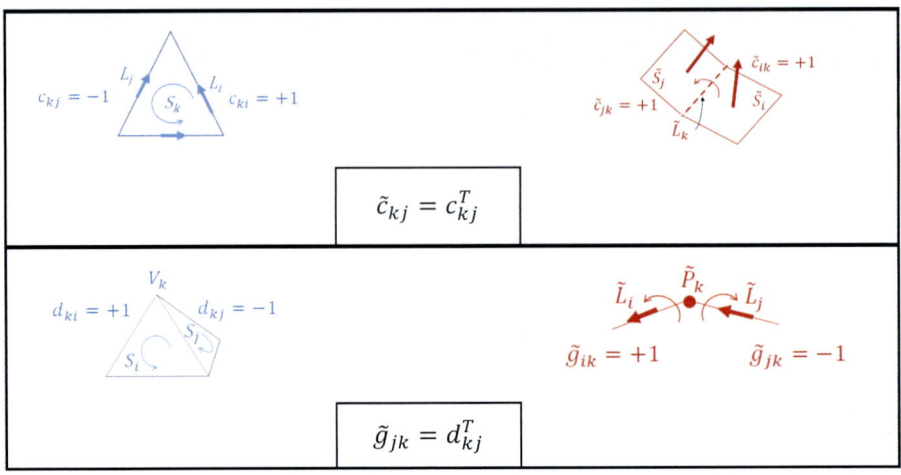

Figura 4-10. Operadores discretos del primal y dual
(adaptado de Alotto *et al.*, 2013).

Así, la matriz equivalente al operador discreto gradiente es una matriz de incidencias aristas (filas) y nudos (columnas), cuyos valores pueden ser (-1, 0, +1).

$$[G] = \begin{bmatrix} 0 & \cdots & \cdots & 0 \\ -1 & \ddots & \cdots & 1 \\ \vdots & \vdots & \ddots & \vdots \\ 1 & \cdots & \cdots & -1 \end{bmatrix}$$

Ec. 4.12

La matriz equivalente al operador discreto rotacional es una matriz de incidencias caras (filas) y aristas (columnas), cuyos valores pueden ser (-1, 0, +1).

$$[C] = \begin{bmatrix} 0 & \cdots & \cdots & 0 \\ -1 & \ddots & \cdots & 1 \\ \vdots & \vdots & \ddots & \vdots \\ 1 & \cdots & \cdots & -1 \end{bmatrix}$$

Ec. 4.13

El operador discreto divergencia se construye a partir de una matriz de incidencias volúmenes (filas) y caras (columnas), cuyos valores pueden ser (-1, 0, +1).

$$[D] = \begin{bmatrix} 0 & \cdots & \cdots & 0 \\ -1 & \ddots & \cdots & 1 \\ \vdots & \vdots & \ddots & \vdots \\ 1 & \cdots & \cdots & -1 \end{bmatrix}$$

Ec. 4.14

En el texto se ha utilizado un tetraedro y un triángulo de referencia. Dicha elección es arbitraria. Se han obtenido sus respectivos operadores discretos.

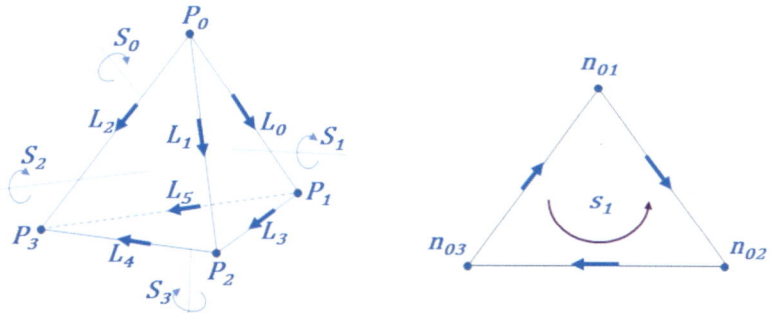

Figura 4-11. Tetraedro y triángulo de
referencia utilizado en este texto.

Siguiendo las reglas de construcción anteriormente expuestas, los resultados obtenidos han sido los siguientes para:

Tetraedro		Triángulo
$[G] = \begin{bmatrix} -1 & 1 & 0 & 0 \\ -1 & 0 & 1 & 0 \\ -1 & 0 & 0 & 1 \\ 0 & -1 & 1 & 0 \\ 0 & 0 & -1 & 1 \\ 0 & -1 & 0 & 1 \end{bmatrix}$	Gradiente	$[G] = \begin{bmatrix} -1 & 1 & 0 \\ 0 & -1 & 1 \\ -1 & 0 & 1 \end{bmatrix}$
$[C] = \begin{bmatrix} 1 & 0 & -1 & 0 & 0 & 1 \\ -1 & 1 & 0 & -1 & 0 & 0 \\ 0 & -1 & 1 & 0 & -1 & 0 \\ 0 & 0 & 0 & 1 & 1 & -1 \end{bmatrix}$	Rotacional	$[C] = \begin{bmatrix} -1 & -1 & 1 \end{bmatrix}$
$[D] = \begin{bmatrix} 1 & 1 & 1 & 1 \end{bmatrix}$	Divergencia	*No se utiliza*

Figura 4-12. Operadores discretos para
tetraedro y triángulo de referencia.

4.3. Operadores discretos de gradiente, rotacional y divergencia en el primal y el dual

Observando la Figura 4-10, y siguiendo la metodología anteriormente expuesta, se establecen las siguientes relaciones entre operadores discretos del primal y del dual:

$$[\tilde{D}] = -[G]^T \qquad [\tilde{C}] = [C]^T \qquad [\tilde{G}] = [D]^T \qquad \text{Ec. 4.15}$$

Esta relaciones son fundamentales, pues su cálculo, sobre todo los de los operadores de divergencia consumen un tiempo excesivo, siendo más útil recurrir a estas relaciones que calcularlos directamente (González-Domínguez, & Monzón Verona, 2013). Al igual que los operadores diferenciales aplicados a las variables de campo, los discretos cumplen las mismas reglas a continuación expuestas.

$$[C] \cdot [G] = [0] \quad \Leftrightarrow \quad \vec{\nabla} \times \vec{\nabla} \cdot \equiv 0$$

$$\text{Ec. 4.16}$$

$$[D] \cdot [C] = [0] \quad \Leftrightarrow \quad \vec{\nabla} \cdot \vec{\nabla} \times \equiv 0$$

Estas relaciones cobran especial importancia a la hora de comprobar que los operadores discretos han sido correctamente ensamblados, sobre todo si se utiliza la formulación global (González-Domínguez, & Monzón Verona, 2013).

4.4. Método de la Celda y campo electromagnético

Existen diversas formas de llegar a expresiones matriciales de las variables globales del campo electromagnético que se utilizan en la FF-MC. Como el ámbito de esta obra es el análisis electromagnético de una máquina eléctrica asíncrona, nos ceñiremos a los clásicos esquemas A-V, o bien, A-χ.

Si se quiere diseñar una máquina eléctrica a partir de las ecuaciones de Maxwell, el esquema a seguir es el expuesto en la Figura 4-13.

Para facilitar la aplicación del MC en el esquema A-V, se compara la formulación diferencial con variables de campo frente a la FF-MC con variables globales, analizándose cada una de las leyes de Maxwell que van a ser empleadas.

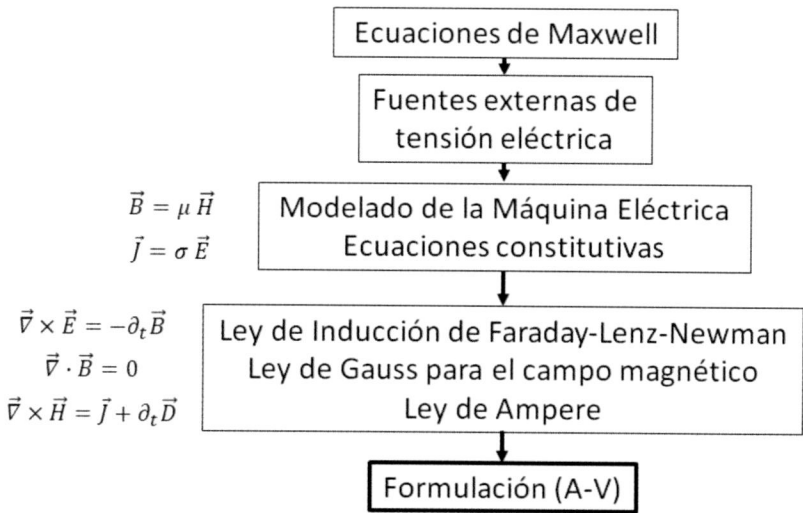

Figura 4-13. Diseño de una máquina
eléctrica con formulación (A-V).

4.4.1. Ley de Gauss del campo magnético con FF-MC

En términos comparativos la ley se enuncia de la siguiente manera:

Formulación diferencial	FF-MC
$\vec{\nabla} \cdot \vec{B} = 0$	$[D][\phi] = [D][C][a]$
$\vec{B} = \vec{\nabla} \times \vec{A}$	$[\phi] = [C][a]$

Tabla 4-3. Ley de Gauss del campo magnético.

El vector potencial magnético $\vec{A}$ es una magnitud comodín o ficticia (gauge). Proviene de considerar que el vector inducción magnética es una circulación del vector potencial magnético. Se sabe que $\vec{\nabla} \cdot \vec{B} = 0$, en forma diferencial, es lo mismo que $\oint_S \vec{B} \cdot d\vec{S} = 0$, en forma integral. Entonces, aplicando el teorema de Stockes, deberá existir un vector tal que $\oint_S \vec{B} \cdot d\vec{S} = \oint_L \vec{A} \cdot d\vec{L}$.. Como el vector potencial magnético se asocia a una circulación en línea cerrada y la densidad de flujo a una superficie, entonces: $\oint_S (\vec{A} \times d\vec{L}) \cdot d\vec{S} = \oint_L \vec{A} \cdot d\vec{L}$. Por lo tanto, $\vec{B} = \vec{\nabla} \times \vec{A}$.

En la FF, el flujo magnético es una variable de configuración asociada a las caras primales de la celda. Se supone que la fuente de campo magnético está situada en el dual. Si el flujo magnético se vincula con una superficie primal (S), el dual de esta será una línea ($\tilde{L}$). La circulación de una magnitud en esta línea dará lugar al flujo magnético. Al usarse magnitudes globales, el camino para encontrarla no será directo. Se puede obtener una magnitud magnética global que refleje esta circulación. Esta magnitud global será el potencial magnético escalar obtenido de la circulación del potencial magnético vectorial: $a = \int_{\tilde{L}} \vec{A} \cdot d\vec{L}$. Por otro lado, se sabe que la ecuación constitutiva $\vec{H} = \frac{1}{\mu}\vec{B}$, en variables de campo, se puede adaptar a variables globales $\frac{F_m}{L} = \frac{1}{\mu} \cdot \frac{\phi}{S} \rightarrow F_m = \frac{1}{\mu} \cdot \frac{L}{S}\phi$. La variable global fuerza magnetomotriz F_m se ha podido relacionar con la variable global flujo ϕ. El potencial magnético escalar a se situará en las aristas primales. La circulación del potencial magnético (rotacional) dará lugar al flujo en las caras primales, siempre y cuando haya fuerza magnetomotriz en las aristas duales (Feliziani *et al.*, 2008).

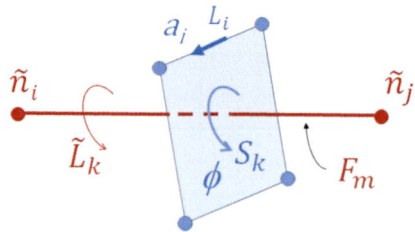

Figura 4-14. Potencial magnético escalar en FF-MC.

De tal manera que lo que se obtendría en términos MC sería:

$$[\phi] = [C][a]$$

Con lo expuesto en Ec. 4.16 se verifica que:

$$[D][\phi] = [D]\{[C][a]\} = \{[D][C]\}[a] = \{0\}[a] = \{0\} \text{ c.q.d.}$$

Ec. 4.18

Se verifica el comportamiento solenoidal del campo magnético en la FF-MC (Trevisan, 2002; Marrone *et al.*, 2002; Repetto, & Trevisan, 2003; Giuffrida *et al.*, 2006; Feliziani *et al.*, 2008).

4.4.2. Ley de Ampere del campo magnético con FF-MC

La ley de Ampere desarrollada en forma diferencial sería $\vec{\nabla} \times \vec{H} = \vec{J} + \partial_t \vec{D}$. Teniendo en cuenta la relación constitutiva $\vec{B} = \mu \vec{H} \implies \vec{H} = {}^1\!/_\mu \vec{B} = v\vec{B}$, entonces, al sustituir, dicha ley queda como sigue: $\vec{\nabla} \times (v\vec{B}) = \vec{J} + \partial_t \vec{D}$. Recordando la existencia del vector potencial magnético, entonces: $\vec{\nabla} \times (v \vec{\nabla} \times \vec{A}) = \vec{J} + \partial_t \vec{D}$.

El término $\partial_t \vec{D}$ representa la tensión que aparece al polarizarse eléctricamente las moléculas, siempre y cuando varíe esta polarización en el tiempo. Esto es importante en la alta tensión y a frecuencias muy elevadas. En máquinas eléctricas, normalmente funcionando a baja tensión y frecuencia, este término se puede despreciar. Dicho esto, la ley de Ampere quedaría de la siguiente manera:

$$\vec{\nabla} \times (v \vec{\nabla} \times \vec{A}) = \vec{J}$$

Ec. 4.19

Por otro lado, en cuanto a campo eléctrico se refiere, la intensidad del campo eléctrico sigue la siguiente ley:

$$\vec{E} = -\partial_t \vec{A} - \vec{\nabla} v$$

Ec. 4.20

Donde $\vec{\nabla}v$ es la tensión eléctrica que proviene de las fuentes externas a la máquina. La tensión $\partial_t \vec{A}$ se debe a variaciones del campo magnético que rodea a la máquina y a la circulación de corrientes no estacionarias en la máquina.

Partiendo de la relación constitutiva $\vec{J} = \sigma\vec{E}$, sustituyendo en Ec. 4.20, se obtiene la siguiente expresión: $\vec{J} = \sigma\left(-\partial_t \vec{A} - \vec{\nabla}v\right)$. Si se vuelve a sustituir en Ec. 4.19, se obtiene la expresión siguiente:

$$\vec{\nabla} \times \left(v\vec{\nabla} \times \vec{A}\right) = \sigma\left(-\partial_t \vec{A} - \vec{\nabla}v\right) \qquad \text{Ec. 4.21}$$

La expresión Ec. 4.21 sería la formulación (A,V), en forma diferencial, de la ley de Ampere. Para realizar lo mismo en la FF-MC, se procede como a continuación se indica.

$$\left(v\vec{\nabla} \times \vec{A}\right) \iff [M_v][C][a] \qquad \text{Ec. 4.22}$$

El término $[M_v][C][a]$ pertenece al primal. Por otro lado, volviendo a hacer uso de la formulación diferencial, observando lo indicado en la Tabla 4-4, ahora se trata de buscar la equivalencia del segundo miembro de Ec. 4.21 en la FF-MC. Para ello contamos con términos ya desarrollados. Así:

$$\vec{J} = \sigma\left(-\partial_t \vec{A} - \vec{\nabla}v\right) \iff [\tilde{I}] = -[M_\sigma]\left\{\frac{d[a]}{dt} + [G][v]\right\} \qquad \text{Ec. 4.23}$$

Si al segundo miembro de Ec. 4.22, se le aplicase un rotacional, nos indicaría que el campo magnético tiene una circulación no nula y esta estaría originada por corrientes eléctricas

$$[\tilde{C}]\{[M_v][C][a]\} = [\tilde{I}] \qquad \text{Ec. 4.24}$$

Igualando las expresiones de la corriente obtenidas en Ec. 4.23 y en Ec. 4.24, se obtiene que:

$$[\tilde{C}]\{[M_\nu][C][a]\} = -[M_\sigma]\left\{\frac{d[a]}{dt} + [G][v]\right\}$$

Ec. 4.25

Recordando que $[\tilde{C}] = [C]^T$, entonces sustituyendo en Ec. 4.25, obtenemos la siguiente expresión:

$$[C]^T\{[M_\nu][C][a]\} = -[M_\sigma]\left\{\frac{d[a]}{dt} + [G][v]\right\}$$

Ec. 4.26

Que corresponde con la expresión de la ley de Ampere en la formulación (a, (a, v)) en MC, que es equivalente a la formulación (A-V) en la formulación diferencial (Trevisan, 2002; Marrone *et al.*, 2002; Repetto, & Trevisan, 2003; Giuffrida *et al.*, 2006; Feliziani *et al.*, 2008).

$\vec{\nabla} \times (\nu \vec{\nabla} \times \vec{A})$	$= \vec{J}$	$\int_{\tilde{L}} \vec{H}\, d\vec{L}$
$\vec{\nabla} \times (\nu \vec{B})$	$= \vec{J}$	
$\vec{\nabla} \times (\nu \vec{H})$	$= \vec{J}$	
Término magnético perteneciente al dual	Término eléctrico perteneciente al dual	

Tabla 4-4. Congruencias duales de
campo magnético y campo eléctrico.

Nota: La corriente se obtiene de la integración de todas las densidades de corrientes $\vec{J}_k$ en las superficies $\tilde{S}_k$. Por lo tanto, la corriente $\tilde{I}$, aparte de ser una magnitud global, su naturaleza es escalar $I = \int_s \vec{J}_k \cdot d\tilde{S}_k$.

4.4.3. Ley de Faraday-Lenz-Newman
para la inducción en la FF-MC

La ley de Faraday-Lenz-Newman dice que $\vec{\nabla} \times \vec{E} = -\partial_t \vec{B}$, indicándonos que la circulación del campo eléctrico va a depender de las variaciones temporales del campo magnético. Como la densidad de campo magnético puede ser sustituida por la rotación del vector potencial magnético, entonces la ley de Faraday-Lenz-Newman pasa a tomar la siguiente forma:

$$\vec{\nabla} \times \vec{E} = -\partial_t \left(\vec{\nabla} \times \vec{A}\right) = \vec{\nabla} \times \left(-\partial_t \vec{A}\right) \qquad \text{Ec. 4.27}$$

Este cambio es factible puesto que el operador rotacional $(\vec{\nabla} \times)$, entonces sustituyendo en Ec. 4.25, obtenemos la siguien depende de coordenadas únicamente espaciales, mientras que el operador derivada temporal ∂_t solo lo es del tiempo.

Observando la expresión Ec. 4.27, por analogía, se concluye que:

$$\vec{E} = -\partial_t \vec{A} \qquad \text{Ec. 4.28}$$

Ahora bien, sean dos vectores cualquiera $\vec{X}$ e $\vec{Y}$, tal que $\vec{\nabla} \times \vec{X} = \vec{\nabla} \times \left(-\partial_t \vec{Y}\right)$. Comparando, se concluye que $\vec{X} = -\partial_t \vec{Y}$. Supongamos que añadimos una función escalar f tal que: $\vec{X} = -\partial_t \vec{Y} - \vec{\nabla}f$. Entonces .

Pero $\vec{\nabla} \times \vec{X} = \vec{\nabla} \times \left(-\partial_t \vec{Y}\right) + \vec{\nabla} \times \left(-\vec{\nabla}f\right)$, que es lo mismo que $\vec{\nabla} \times \vec{X} = \vec{\nabla} \times \left(-\partial_t \vec{Y}\right)$, puesto $\vec{\nabla} \times \left(-\vec{\nabla}f\right) = 0$, recordando que el rotacional del gradiente es nulo. Así pues, el añadir la función escalar f no modifica el resultado final. Esto es lo que se hará en la expresión Ec. 4.28.

$$\vec{E} = -\partial_t \vec{A} = -\partial_t \vec{A} - \vec{\nabla}v \qquad \text{Ec. 4.29}$$

Sustituyendo Ec. 4.29 en el segundo miembro de Ec. 4.27, se obtiene:

$$\vec{\nabla} \times \vec{E} = \vec{\nabla} \times \left(-\partial_t \vec{A}\right) - \vec{\nabla} \times \left(\vec{\nabla}v\right) \qquad \text{Ec. 4.30}$$

Esta es la forma en que queda la ley de Faraday-Lenz-Newman en la formulación (A-V).

Como en FF-MC solo se utilizan variables globales, la rotación del campo eléctrico será sustituida por la fuerza electromotriz U_e, quedando de la siguiente manera:

$$[C][U_e] = [C]\left\{-\frac{d[a]}{dt} - [G][v]\right\} \qquad \text{Ec. 4.31}$$

Que es la formulación (a, v) en el MC (Trevisan, 2002; Marrone *et al.*, 2002; Repetto, & Trevisan, 2003; Giuffrida *et al.*, 2006; Feliziani *et al.*, 2008).

4.4.4. La Formulación A-χ en la FF-MC

La formulación A-χ trata de dejar todos los segundos miembros de la s ecuaciones en términos estrictamente magnéticos. Así, si tomamos la ley de Faraday-Lenz-Newman de la Ec. 4.31, y basándonos en lo expuesto anteriormente acerca de las funciones potenciales, entonces recurrimos a una función de potencial magnético ficticia o gauge, la cual denominaremos χ. Así mismo, la derivada temporal de una función escalar sigue siendo una función escalar. Por lo tanto sustituyendo $\partial_t\chi$ por el potencial eléctrico v, la Ec. 4.31 se convierte en:

$$[C][U_e] = [C]\left\{-\frac{d[a]}{dt} - [G]\frac{d[\chi]}{dt}\right\} \qquad \text{Ec. 4.32}$$

El término $\partial_t\chi$ indica que las variaciones temporales del potencial magnético contribuyen a la creación de fuerza electromotriz, pues son equivalentes a un potencial eléctrico.

Figura 4-15. Comparación entre
potencial magnético y eléctrico.

4.4.5. Motivación de la formulación
(a, (a-v)) y (a, χ) en la FF-MC

La elección de la formulación (a, (a-v)) o de la formulación (a, χ)
obedece a criterios de cálculo numérico. Estos criterios son:

- Si se utiliza (a, (a-v)), la matriz global del sistema no sería simétrica.
- Si se utiliza (a, χ), la matriz global del sistema sería simétrica.

El objeto de hacer que las matrices locales $[M_v]$ y $[M_\sigma]$ sean simétricas es lograr que la matriz global de sistema también lo sea.

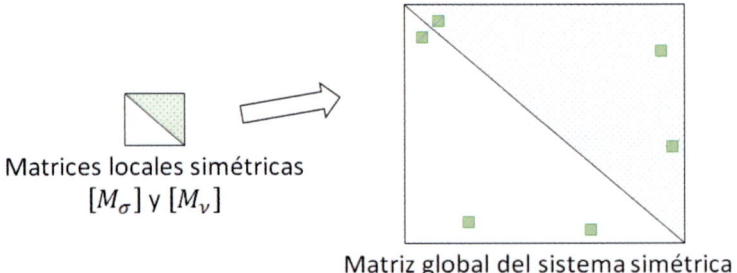

Matrices locales simétricas
$[M_\sigma]$ y $[M_v]$

Matriz global del sistema simétrica

Figura 4-16. Matriz local y global
simétricas con formulación (a, χ).

La importancia de la simetría de las matrices constitutivas $[M_v]$ y
$[M_\sigma]$ (se puede consultar en Trevisan, 2002; Bettini, & Trevisan, 2003;
Specogna, & Trevisan, 2005; Trevisan, & Kettunen, 2006; Codecasa, &
Trevisan, 2006; Alotto *et al.*, 2010).

Por último, lo que se expuso para el diseño de una máquina utilizando la formulación A-V, en forma diferencial, en la Figura 4-13, ha quedado transformado en la formulación (a,(a, v)) para la FF-MC.

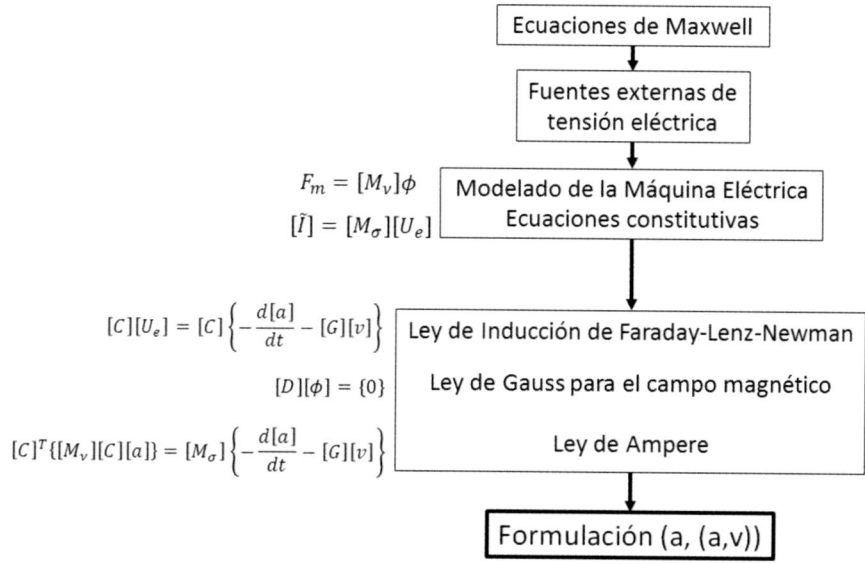

Figura 4-17. Diseño de una máquina
eléctrica con formulación (a, (a,v)).

4.5. Método de la Celda y campo térmico

El campo térmico, tanto vectorial como escalar, desde un punto de vista matemático, es mucho menos restrictivo que el campo electromagnético.

El campo térmico, en la FF-MC, su formulación sigue las siguientes reglas:

- Las temperaturas se asignan a los nudos primales, pues son variables de configuración.
- La diferencia de temperaturas se obtiene a partir de una operación de diferencias o gradiente, asignándose dichas diferencias

de temperatura a las aristas primales. Las diferencias de temperatura se consideran variables de configuración.

- Las fuentes de calor están en los volúmenes duales, pues son variables de fuente.
- El flujo de calor atraviesa las superficies de los volúmenes duales. El flujo de calor es una variable de fuente.

El análisis que se va a hacer en esta obra es el de una transmisión de calor por conducción, excluyéndose la transmisión de calor por convección y por radiación. Se parte de una situación de equilibrio, donde el calor que entra es igual al calor que sale más el posible calor generado en el interior del cuerpo, que es máquina eléctrica asíncrona en nuestro caso.

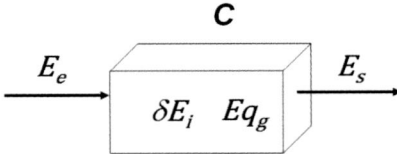

Figura 4-18. Transmisión de calor en un cuerpo.

El balance de energía debe ser $E_e \propto E_s$. Se pueden dar varios casos. Si $E_e = E_s$ estaríamos ante un caso de transmisión pura de calor (no se gana ni pierde temperatura, es un proceso estacionario). Si $E_e > E_s$ estamos ante un enfriamiento del cuerpo, no es el caso de una máquina eléctrica. Entonces, el caso de la máquina eléctrica coincide con $E_e < E_s$. La explicación de este hecho es la siguiente:

$$E_e + Eq_g - E_s = \delta E_i \qquad \text{Ec. 4.33}$$

Que viene a decir que, conocida la energía calorífica trasmitida desde el exterior hacia el cuerpo E_e, conocida la energía generada en el interior del cuerpo Eq_g, y medida la energía de salida del cuerpo E_s, si el balance no es cero, se debe a una variación de su energía interna δE_i. Esta energía interna se relaciona con la capacidad que tienen los materiales del cuerpo para almacenar energía a lo largo de un tiempo determinado (Holman, 1999; pp. 1-7, 18-28). La ecuación analítica que explica este balance de energía es la ecuación de transmisión del calor:

$$\vec{\nabla} \cdot \left(-\lambda \cdot \vec{\nabla} \tau \right) + \rho \, C_p \, \dfrac{d\tau}{dt} = \dot{q} \qquad \text{Ec. 4.34}$$

En el capítulo 3 se han desarrollado las bases teóricas de este tema con la amplitud requerida para el objeto de este trabajo. Es por ello por lo que, aprovechando los mecanismos explicados del MC aplicados al campo electromagnético, pasaremos directamente a aplicarlos al campo térmico. Fraccionando la Ec. 3.26 en cada una de sus componentes, las iremos trasladando a los términos del MC.

La transmisión de calor por conducción $\dot{q}_\lambda = \vec{\nabla} \cdot \left(-\lambda \cdot \vec{\nabla} \tau \right)$, tipo Fourier, se correspondería en la FF-MC con la expresión siguiente:

$$\dot{q}_\lambda \equiv \left[\tilde{D} \right] \{ -[M_\lambda][C][\tau] \} \qquad \text{Ec. 4.35}$$

¿Por qué se le aplica una divergencia dual $\left[\tilde{D} \right]$? La explicación es sencilla: lo contenido en el paréntesis es una cantidad de calor, variable fuente, luego estará en el dual. Para ver esto más claro, volvamos a la formulación diferencial:

$$\vec{q} = -\lambda \cdot \vec{\nabla} \tau \qquad \text{Ec. 4.36}$$

El vector $\vec{q}$ representa el calor que fluye en la dirección de la normal $\vec{n}$ siguiendo el gradiente de temperatura $\vec{\nabla}$ y las condiciones impuestas por la conductividad térmica λ. El signo menos indica que va de foco caliente a foco frío (opuesto a la máxima variación). Así pues, $\vec{q}$ es la fuente del campo térmico. El aplicarle la divergencia tiene el significado de determinar si existe una fuente de calor. Evidentemente, si existe debe dar un valor distinto de cero. Cuando la divergencia es nula se está en una transmisión simple de calor. El valor $\dot{q}_\lambda$ se correspondería con la energía calorífica transmitida.

La matriz $[M_\lambda]$ es la parte más importante de esta parte de la Ec. 4.35. La determinación de las componentes de $[M_\lambda]$ constituye la clave del éxito del modelo a diseñar. En este texto se han desarrollado dos propuestas de construcción de la matriz de conductividad térmica que se detallarán en capítulos siguientes.

Aquí cabría hacer una valoración muy positiva de la Formulación Finita. En la literatura de formulación diferencial no se aclara bien el concepto de calor o energía calorífica, flujo térmico y densidad de flujo térmico. El calor o energía calorífica se trasmite a través de superficies que envuelven a la fuente calorífica $(\dot{q}_\lambda, \dot{q}, U)$. El flujo de calor pasaría a través de una superficie $q = -\lambda \cdot \vec{A} \cdot \vec{\nabla} \tau$, ya que $\vec{A} = A \, \vec{n}$. Por lo tanto, q tiene el carácter de flujo (escalar). Y lo que normalmente aparece en la bibliografía como $\vec{q}$ tiene el carácter de densidad de flujo de calor, pues $\vec{q} = \frac{\dot{q}}{A} \vec{n}$. Estas dudas quedan aclaradas en la Formulación Finita, pues el calor es $Q[T, \tilde{S}]$, el flujo de calor es $\phi[T, \tilde{S}]$ y la densidad de calor es $q[T, \tilde{S}]$ (Tonti, 2013, pp. 387-388).

El término $\dot{q}$ corresponde a todas las posibles fuentes de energía calorífica que pueda tener la máquina: efecto Joule, histéresis magnética, corrientes parásitas y fricciones mecánicas. En el MC se adoptará la expresión $[W]$.

El término $\left\{ \rho \, C_p \, \frac{d\tau}{dt} \right\}$ se corresponde con la variación de energía interna en los materiales que constituyen la máquina eléctrica. En terminología de MC esta componente de la ecuación se expresa de la siguiente manera: $\left\{ [M_{Cp}] \, \frac{d\tau}{dt} \right\}$

Así pues, la expresión Ec. 3.26 , expresada en formulación diferencial, pasa a expresarse en la FF-MC de la siguiente manera:

$$[\tilde{D}]\{-[M_\lambda][G][\tau]\} + [M_{Cp}] \, \frac{d\tau}{dt} = [W] \qquad \text{Ec. 4.37}$$

Como conviene dejar todos los términos en operadores duales o primales, aprovechando las relaciones entre operadores primales y duales anteriormente explicadas, $[\tilde{D}] = -[G]^T$, la Ec. 4.37 pasa a ser:

$$[G]^T\{[M_\lambda][G][\tau]\} + [M_{Cp}] \, \frac{d\tau}{dt} = [W] \qquad \text{Ec. 4.38}$$

Toda esta ecuación viene dada en [W·m⁻³], ya que son energía contenidas en un volumen.

4.6. El sistema de ecuaciones lineales electromagnéticas a partir del MC en formulación (a, (a,v))

El MC ha permitido la construcción de un sistema de ecuaciones lineales, tipo $[A][x] = [b]$, para resolver el problema electromagnético en una formulación global. La solución del vector de incógnitas permitirá obtener los valores de los potenciales escalares magnéticos y eléctricos:

$$[x] = \begin{bmatrix} [a]_{na \times 1} \\ [v]_{nn \times 1} \end{bmatrix}_{(na+nn) \times 1}$$

Ec. 4.39

El vector de constantes sería:

$$[b] = \begin{bmatrix} [I]_{na \times 1} \\ [0]_{nn \times 1} \end{bmatrix}_{(na+nn) \times 1}$$

Ec. 4.40

La matriz de coeficientes sería una matriz de bloques tal que:

$$[A] = \begin{bmatrix} [C^T M_v C]_{na \times na} & \dfrac{d}{dt}[M_\sigma G]_{na \times nn} \\ -\dfrac{d}{dt}[G^T M_\sigma]_{na \times na} & -\dfrac{d}{dt}[G^T M_\sigma G]_{nn \times nn} \end{bmatrix}_{(na+nn) \times (na+nn)}$$

Ec. 4.41

Las corrientes $[I]$ están asociadas a las superficies duales. Para el caso de la máquina eléctrica asíncrona, se refiere a las corrientes estatóricas procedentes de fuentes externas y que se localizan en los devanados estatóricos, Figura 4-19. Estas corrientes se calculan por integración de las densidades de corriente $\vec{J}_k$ de las superficies duales $\tilde{S}_k$, debiendo cumplir la condición de continuidad $\tilde{D}(\tilde{I})$ (ver Simón-Rodríguez *et al.*, 2015).

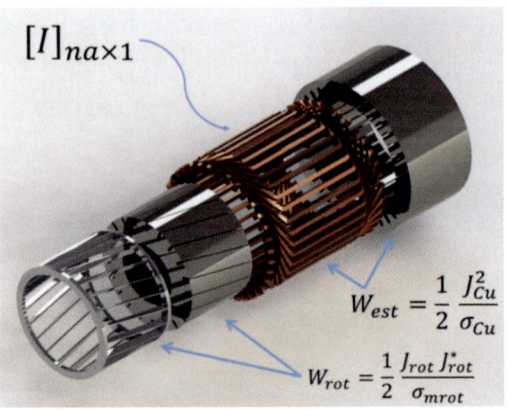

Figura 4-19. Potencias caloríficas estatórica y rotórica.

Una vez obtenido el vector de incógnitas $[x]$, la pregunta que cabe hacerse es: ¿Cuál es el motivo de calcular los potenciales a_i y v_i? La respuesta es: obtener los valores de campo $\vec{B}$ y $\vec{E}$. A este procedimiento se le denomina «postprocesado».

El sistema global anterior se ha obtenido mediante el ensamble de las matrices locales en la matriz global. Ahora, con el postprocesado, el camino es inverso. Cada a_i y v_i corresponden a las respectivas aristas y nudos de las celdas. Habrá que postprocesar cada celda individualmente, colocándoles sus seis potenciales magnéticos escalares a, ya que son seis aristas de cada tetraedro, y sus cuatro potenciales eléctricos v, por los cuatro nudos respectivos del tetraedro.

El vector densidad de flujo magnético $\vec{B}$ está vinculado a coordenadas espaciales y temporales. Recordemos que el flujo magnético en una celda se puede obtener de la siguiente manera:

$$[C]_{4\times6} \cdot [a]_{6\times1} = [\Phi]_{4\times1}$$

Ec. 4.42

$$[\Phi] = [\Phi_0 \ \Phi_1 \ \Phi_2 \ \Phi_3]^T$$

Observando la Figura 4-20(a) y haciendo cumplir la ley de Gauss para el campo magnético, $\Phi_0 + \Phi_1 + \Phi_2 + \Phi_3 = 0$, la única forma de que se cumpla es que uno de los flujos Φ_i sea combinación lineal de los otros tres. En el caso de la Figura 4-20(a), se observa que el flujo

Φ_2 tiene una orientación entrante respecto de su cara y los otros tres la tienen saliente. La consecencia práctica es que la restitución de los $\vec{B}_i$ solo se podrá hacer con tres de las componentes del flujo, siendo la cuarta combinación lineal de las otras tres.

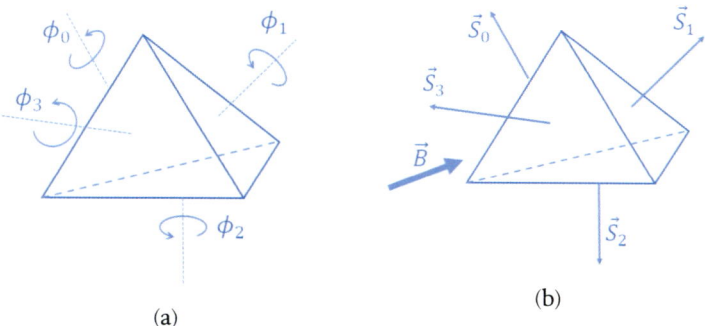

(a)

(b)

Figura 4-20. (a) Flujo de campo magnético.

En la Figura 4-20, en (a) se aprecia, que en el flujo de la celda, uno de ellos es combinación lineal de los otros tres. En (b) se indica la hipótesis de que el campo magnético es uniforme en toda la celda.

La hipótesis de partida es considerar la densidad de flujo magnético uniforme en la celda, Figura 4-20(b). Esto permite que el flujo de cada cara k sea $\phi_k = \vec{B} \cdot \vec{S}_k$. Los vectores que definen a las caras son del tipo $\vec{S}_k = S_{kx}\vec{\imath} + S_{kx}\vec{\jmath} + S_{kx}\vec{k}$, entonces se puede montar el siguiente sistema de ecuaciones:

$$\begin{bmatrix} \Phi_0 \\ \Phi_1 \\ \Phi_2 \end{bmatrix} \begin{bmatrix} S_{0x} & S_{0y} & S_{0z} \\ S_{1x} & S_{1y} & S_{1z} \\ S_{2x} & S_{2y} & S_{2z} \end{bmatrix} \begin{bmatrix} B_x \\ B_y \\ B_z \end{bmatrix} \Rightarrow \begin{bmatrix} B_x \\ B_y \\ B_z \end{bmatrix} = \begin{bmatrix} S_{0x} & S_{0y} & S_{0z} \\ S_{1x} & S_{1y} & S_{1z} \\ S_{2x} & S_{2y} & S_{2z} \end{bmatrix}^{-1} \begin{bmatrix} \Phi_0 \\ \Phi_1 \\ \Phi_2 \end{bmatrix} \qquad \text{Ec. 4.43}$$

El postprocesado, que se ha utilizado, ha sido bajo el entorno GMSH. Este entorno tiene la particularidad de utilizar variables de campo y asignarlas a los nudos. Bajo la hipótesis de uniformidad, se puede asignar el valor de la densidad de flujo magnético, anteriormente calculada, a los cuatro nudos por igual. Pero para aumentar la precisión del cálculo, se recurre a una técnica de refinado, denominada *superconvergencia*, consistente en promediar todos los valores del campo, que se han obtenido para un mismo nudo en cada una de las celdas que comparten dicho nudo, minimizándose el error cometido.

El siguiente reto consiste en obtener el valor del campo eléctrico $\vec{E}$. En este libro se ha adoptado un régimen armónico de corrientes para hacer los experimentos numéricos. Por lo tanto, el operador d_t pasa a ser $j\omega$. De esta manera, la tensión inducida en la formulación global quedaría así:

$$[U]_{na\times1}^{G} = -j\omega[a]_{na\times1}^{G} - \{[G][v]\}_{na\times1}^{G} \qquad \text{Ec. 4.44}$$

Si se utilizase el vector de potenciales eléctricos $[v]$, ver Ec. 4.31. Teniendo esto en cuenta, la formulación local sería:

$$[U]_{6\times1}^{L} = -j\omega[a]_{6\times1}^{L} - \{[G][v]\}_{6\times1}^{L} \qquad \text{Ec. 4.45}$$

De otra forma, si se utiliza la formulación (a, (a, χ)), ver Ec. 4.32,entonces:

$$[U]_{na\times1}^{G} = -j\omega[a]_{na\times1}^{G} - j\omega\{[G][\chi]\}_{na\times1}^{G} \qquad \text{Ec. 4.46}$$

El campo eléctrico $\vec{E}$ se debe tomar como una función de campo afín. Para ello se recurre a las funciones de Whitney de orden uno W_i^1, asociadas a las aristas del tetraedro, siendo el campo eléctrico afín en la celda el siguiente:

$$\vec{E}_{k=1,...,4} = \sum_{i=1}^{6} \vec{W}_i^1 \, U_i \qquad \text{Ec. 4.47}$$

El postprocesado, en GMSH, se asignarán estos valores de campo a cada nudo k del tetraedro. Una vez obtenido el valor del campo eléctrico, se procederá a obtener la densidad de corriente:

$$\vec{J}_{k=1,...,4} = \sigma \sum_{i=1}^{6} \vec{W}_i^1 \, U_i \qquad \text{Ec. 4.48}$$

Las densidades de corriente J permitirán calcular el calor que producen los fenómenos de Joule y de Foucault en la máquina asíncrona. En la ecuación de transmisión de calor, Ec. 4.38, será el término [W]. Los valores de [W], a partir de las densidades de corriente, los obtendremos de las siguientes expresiones:

$$\text{Rotor} \rightarrow \quad W_{rot} = \frac{1}{2} \frac{J_{rot} J_{rot}^*}{\sigma_{mrot}}$$

Ec. 4.49

$$\text{Estator} \rightarrow \quad W_{est} = \frac{1}{2} \frac{J_{Cu}^2}{\sigma_{Cu}}$$

Siendo W_{rot} el calor generado en el rotor por las corrientes parásitas, en [W·m^{-3}]; J_{rot} es la densidad de corriente en el rotor, en [A·m^{-2}]; J_{rot}^* es el conjugado de J_{rot}, en [A·m^{-2}]; σ_{mrot} es la conductividad eléctrica del material rotórico, en [Ω^{-1}·m^{-1}]; W_{est} es el calor generado en los conductores del estator, en [W·m^{-3}]; J_{Cu} es la densidad de corriente de los devanados estatóricos, en [A·m^{-2}]; σ_{Cu} es la conductividad de los devanados estatóricos, en [Ω^{-1}·m^{-1}] (ver Lefik, & Komeza, 2008; Komeza et al., 2010). Ver Figura 4-19.

Una vez obtenidas las fuentes de calor [W] y las matrices térmicas $[M_\lambda]$ y $[M_{Cp}]$, se procede a resolver la ecuación diferencial planteada en Ec. 4.38. Para ello se utiliza el método de Crank-Nicolson con un tipo Euler implícito (Bullo et al., 2007; Delprete et al., 10-13 Settembre 2008; Alotto et al., 2008; Delprete et al., 2010).

El objetivo es obtener el vector de temperaturas $\tau = [\tau_0, \cdots , \tau_{nn}]^T$. Estas temperaturas serán obtenidas en diversos experimentos numéricos que se proponen en esta obra. Con ellas validaremos la metodología FF-CM frente a otras temperaturas obtenidas en esos mismos experimentos, pero mediante el Método de los Elementos Finitos.

4.7. Conclusiones

Se ha explicado el Método de la Celda y su adaptación a las ecuaciones electromagnéticas y térmicas formuladas bajo la teoría de la Formulación Finita.

Se ha particularizado dichas ecuaciones la formulación (a, (a, v)), y, además, se ha matizado que significa físicamente cada miembro de dichas ecuaciones cuando están aplicadas al funcionamiento de una máquina eléctrica asíncrona.

Bibliografía

Alotto, P.; Bullo, M.; Guarnieri, M., & Moro, F. (2008). A Coupled Thermo-Electromagnetic Formulation Based on the Cell Method. *Magnetics, IEEE Transactions on,* June, 44(6), pp. 702-705.

Alotto, P.; Freschi, F., & Repetto, M. (2010). Multiphysics Problems via the Cell Method: The Role of Tonti Diagrams. *Magnetics, IEEE Transactions on,* Aug, 46(8), pp. 2959-2962.

Alotto, P.; Freschi, F.; Repetto, M., & Rosso, C. (2013). *The Cell Method for Electrical Engineering and Multiphysics Problems: An Introduction.* Primera ed. London, UK: Springer Science & Business Media.

Bettini, P., & Trevisan, F. (2003). Electrostatic analysis for plane problems with finite formulation. *Magnetics, IEEE Transactions on,* May, 39(3), pp. 1127-1130.

Branin, F. H.; April (1966). *The algebraic-topological basis for network analogies and the vector calculus.* Brooklyn, New York, USA, Polytechnic Institute of Brooklyn, pp. 453-491.

Branin, J. F. H. (1964). *D-C and Transient Analysis of Networks Using a Digital Computer.* New York, NY, USA, ACM, pp. 4.1-4.23.

Bullo, M.; D'Ambrosio, V.; Dughiero, F., & Guarnieri, M. (2007). A 3-D Cell Method Formulation for Coupled Electric and Thermal Problems. *Magnetics, IEEE Transactions on,* April, 43(4), pp. 1197-1200.

Codecasa, L., & Trevisan, F. (2006). Piecewise uniform bases and energetic approach for discrete constitutive matrices in electromagnetic problems. *International Journal for Numerical Methods in Engineering*, 65(4), pp. 548-565.

Delprete, C.; Freschi, F.; Repetto, M., & Rosso, C. (10-13 Settembre 2008). *Metodo delle celle e approccio Multiphisics: applicazione alla termomeccanica.* s.l., AIAS - Associazione Italiana per L'Analisi delle Sollecitazioni.

Delprete, C.; Freschi, F.; Repetto, M., & Rosso, C. (2010). Experimental validation of a numerical multiphysics technique for electro thermo mechanical problem. *COMPEL - The international journal for computation and mathematics in electrical and electronic engineering*, 29(6), pp. 1642-1652.

Desbrun, M.; Kanso, E., & Tong, Y. (2008). Discrete differential forms for computational modeling. En: P. S. J. M. S. G. M. Z. Alexander I. Bobenko, ed. *Discrete differential geometry*. Berlin, Germany: Springer, pp. 287-324.

Feliziani, M. y otros (2008). Educational value of the algebraic numerical methods in electromagnetism. *COMPEL-The international journal for computation and mathematics in electrical and electronic engineering*, 27(6), pp. 1343-1357.

Geuzaine, C., & Remacle, J.-F. (2009). Gmsh: A 3-D finite element mesh generator with built-in pre- and post-processing facilities. *International Journal for Numerical Methods in Engineering*, 79(11), pp. 1309-1331.

Giuffrida, C.; Gruosso, G., & Repetto, M. (2006). Finite formulation of nonlinear magnetostatics with Integral boundary conditions. *Magnetics, IEEE Transactions on*, May, 42(5), pp. 1503-1511.

González-Domínguez, P. I., & Monzón Verona, J. M. (2013). *Contribution to improvement of the computing times for G, C, D matrix in the Cell Method.* Las Palmas de Gran Canaria, España, EUROGEN 2013, Universidad de Las Palmas de Gran Canaria, pp. 201-203.

Holman, J. P. (1999). *Transferencia de Calor.* Octava en inglés. Primera en español ed. Madrid, España: Mc Graw Hill.

Kaplan, C., & Murnaghan, F. D. (1930). On the Fundamental Constitutive Equations in Electromagnetic Theory. *Phys. Rev.*, Apr, Volumen 35, pp. 763-777.

Komeza, K.; Fernandez, X. M. L., & Lefik, M. (2010). Computer modelling of 3D transient thermal field coupled with electromagnetic field in three-phase induction motor on load. *COMPEL - The international journal for computation and mathematics in electrical and electronic engineering,* 29(4), pp. 974-983.

Lefik, M., & Komeza, K. (2008). Computer modelling of 3D transient thermal field coupled with electromagnetic field in one phase induction motor with locked rotor. *COMPEL - The international journal for computation and mathematics in electrical and electronic engineering,* 27(4), pp. 861-868.

Marrone, M.; Rodríguez-Esquerre, V., & Hernandez-Figueroa, H. (2002). Novel numerical method for the analysis of 2D photonic crystals: the cell method. *Optics express,* 10(22), pp. 1299-1304.

Meeker, D. (2009). Finite Element Method Magnetics User's Manual, 2010. *Version,* Volumen 4, p. 25.

Repetto, M., & Trevisan, F. (2003). 3-D magnetostatic with the finite formulation. *IEEE transactions on magnetics,* 39(3), pp. 1135-1138.

Simón-Rodríguez, L. y otros (2015). *La Matriz Fundamental de Bucles B en el Método de la Celda. Aplicación a un Problema Electromagnético de Corrientes Inducidas en 3D.* Cartagena de Indias, Colombia, CAIP 2015 - 12° Congreso Interamericano de Computación Aplicada a la Ingeniería de Procesos.

Simón-Rodríguez, L.; P., G. D., & J. M., M. V. (2011). *Computational Geometry applied to Finite Formulation.* Funchal, Madeira, Portugal, ISEF 2011 - XV International Symposium on Electromagnetic Fields in Mechatronics, Electrical and Electronic Engineering.

Specogna, R., & Trevisan, F. (2005). Discrete constitutive equations in A-Chi geometric eddy-current formulation. *IEEE Trans. Magn,* 41(4), pp. 1259-1263.

Tonti, E. (2013). *The Mathematical Structure of Classical and Relativistic Physics.* first ed. Londo, UK: Birkhaüser.

Trevisan, F. (2002). Plane Magnetic Field Analysis with the Finite Formulation.

Trevisan, F., & Kettunen, L. (2006). Geometric interpretation of finite-dimensional eddy-current formulations. *International Journal for Numerical Methods in Engineering,* 67(13), pp. 1888-1908.

Capítulo 5

Matrices constitutivas $[M_u]$ y $[M_\sigma]$

5.1. Introducción

Tanto en la Formulación Finita y en el Método de la Celda, el concepto de ecuación constitutiva es uno de los pilares fundamentales. No solamente porque es el nexo de unión entre variables de configuración y variables de fuente, sino que, además, es donde queda reflejado el comportamiento de la materia cuando es atravesada por los diferentes campos que se están estudiando.

En el Método de la Celda, el papel fundamental corre a cargo de la *matriz constitutiva*. Es ella la que define el comportamiento del material cuando este es atravesado por un campo.

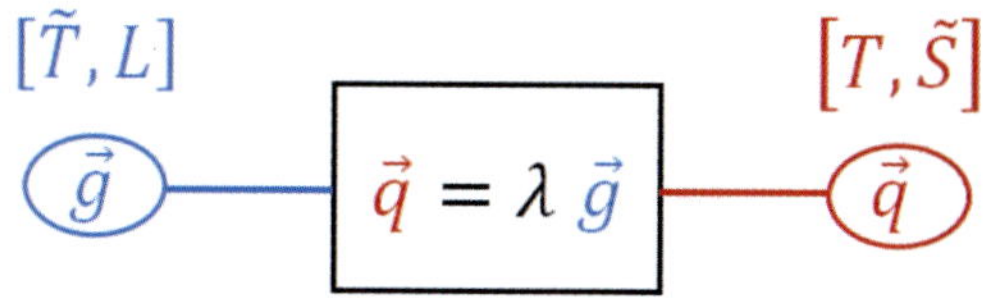

$$[\tilde{T}, L] \qquad\qquad [T, \tilde{S}]$$

$$\vec{g} \;\text{———}\; \boxed{\vec{q} = \lambda\, \vec{g}} \;\text{———}\; \vec{q}$$

$$\left[V_{fuente}\right] = \left[M_{constitutiva}\right]\left[V_{configuración}\right]$$

Figura 5-1. Concepto de ecuación y matriz constitutiva.

5.2. Generalidades

Tanto en la formulación diferencial como en la FF-MC existe el concepto de ecuación constitutiva. En el MC, donde la ecuación constitutiva está formada por un sistema matricial de ecuaciones, es donde aparece la matriz constitutiva. La matriz que va a enlazar la matriz de las variables de fuente con la matriz de las variables de configuración será la matriz constitutiva.

En esta obra trataremos las matrices constitutivas magnética, eléctrica y las del fenómeno de transmisión de calor por conducción.

Se ha estado observando en los capítulos 3 y 4 que deben existir propiedades de tipo geométrico y del material, por donde discurre el campo, que permiten establecer la relación entre variables de configuración y variables de fuente.

Estas propiedades, sobre todo las geométricas, dependerán del tipo de celda utilizada.

En el Método de la Celda hay dos grandes estilos de calcular las matrices constitutivas.

Un estilo es mantener, separadamente, los cálculos que hayan de hacerse en el dual de los que hayan de hacerse en el primal, construyendo las matrices constitutivas con magnitudes de ambos subespacios. A esta escuela pertenecen autores como Specogna, Trevisan, Kettunen, Repetto, entre otros.

Otro estilo de cálculo consiste en proyectar las magnitudes duales en el primal utilizando las relaciones geométricas adecuadas. Una vez hecho esto, se procede a trabajar con las magnitudes primales —magnitudes de configuración— y las magnitudes proyectadas del dual en el primal. A partir de estas relaciones se construyen las matrices constitutivas. A esta escuela pertenecen autores como Tonti y Marrone, entre otros.

Salvo que se indique lo contrario, en esta obra se trabajará cada variable en su correspondiente espacio dual y primal, sin recurrir a proyección alguna.

5.3. Matriz constitutiva magnética [M$_v$]

En el MC, la matriz constitutiva magnética permitirá relacionar la variable de configuración ϕ, flujo magnético, con la variable de fuente $\mathcal{F}_m$, fuerza magnetomotriz, de la siguiente manera:

$$[\mathcal{F}_m]^L_{4\times1} = [M_v]^L_{4\times4} \, [\phi]^L_{4\times1}$$

Ec. 5.1

El superíndice L indica que es una matriz de celda, o que se está trabajando en el modo local.

El equivalente de esta ecuación constitutiva en la formulación diferencial sería:

$$\vec{H} = \frac{1}{\mu}\,\vec{B} = v\,\vec{B}$$

Ec. 5.2

Se utiliza el tetraedro como celda. Para un determinado tetraedro V_k por sus semiaristas duales circula la $\mathcal{F}_{mi}$, con $i = (0, 1, 2, 3)$, Figura 5-2(b). Esto dará lugar a la aparición de un flujo φj en cada cara primal $j = (0, 1, 2, 3)$, Figura 5-2 (a).

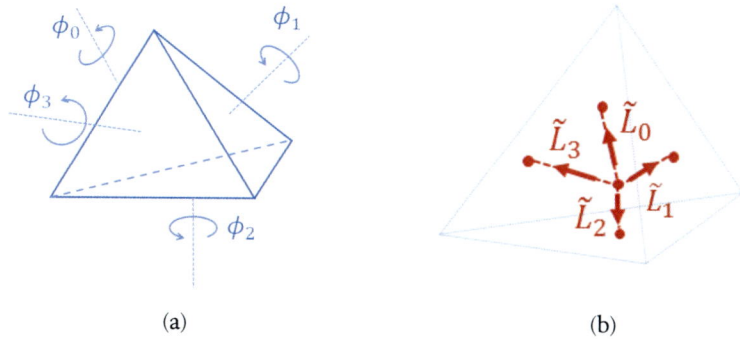

(a)   (b)

Figura 5-2. (a) Flujo magnético en caras primales.
(b) Semiaristas duales.

Se considera que el campo magnético es uniforme en el interior de la celda. Se considera que el material de la celda es isótropo y lineal. Pudiera no serlo, pero ese no es el objeto de este trabajo.

La ley de Gauss del campo magnético debe cumplirse. Por lo tanto:

$$\phi_0 + \phi_1 + \phi_2 + \phi_3 = 0 \qquad \text{Ec. 5.3}$$

Si ha de verificarse lo expuesto en Ec. 5.3 , junto con lo que se observa en la Figura 5-2(a), entonces uno de los flujos es combinación lineal de los otros tres. En este ejemplo es el flujo dos. Pero puede hacerse cualquier combinación lineal arbitraria. Proponemos al flujo tres como combinación lineal de los otros.

$$\phi_3 = -\phi_0 - \phi_1 - \phi_2 \qquad \text{Ec. 5.4}$$

Considerando que:

$$\phi_j = \vec{B} \cdot \vec{S} = B_x\, S_{jx} + B_y\, S_{jy} + B_z\, S_{jz} \qquad \text{Ec. 5.5}$$

Desarrollando los términos de flujo como productos matriciales de columnas por filas puesto que se supone que la incógnita es $\vec{B}$, entonces:

$$\phi_0 = \begin{bmatrix} B_x \\ B_y \\ B_z \end{bmatrix} \begin{bmatrix} S_{0x} & S_{0y} & S_{0z} \end{bmatrix}$$

$$\phi_1 = \begin{bmatrix} B_x \\ B_y \\ B_z \end{bmatrix} \begin{bmatrix} S_{1x} & S_{1y} & S_{1z} \end{bmatrix} \qquad \text{Ec. 5.6}$$

$$\phi_2 = \begin{bmatrix} B_x \\ B_y \\ B_z \end{bmatrix} \begin{bmatrix} S_{2x} & S_{2y} & S_{2z} \end{bmatrix}$$

Cuando se realiza una simulación, no se sabe a priori que cara del tetraedro se va a enfrentar con el campo magnético para producir la mayor incidencia (mayor flujo). Para resolver esto, en el caso del tetraedro utilizado como celda, se hacen cuatro supuestos.

Supuesto 1:
La celda se enfrenta al campo por la cara 0.

$$\phi_0 = -\vec{B} \cdot \vec{S}_0 \qquad\qquad \phi_1 = \vec{B} \cdot \vec{S}_1$$

$$\phi_2 = \vec{B} \cdot \vec{S}_2 \qquad\qquad \phi_3 = \vec{B} \cdot \vec{S}_3$$

$$\phi_0 = \phi_1 + \phi_2 + \phi_3$$

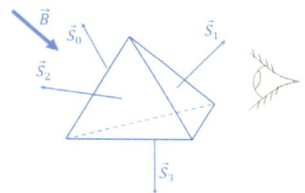

Supuesto 2:
La celda se enfrenta al campo por la cara 1.

$$\phi_0 = \vec{B} \cdot \vec{S}_0 \qquad\qquad \phi_1 = -\vec{B} \cdot \vec{S}_1$$

$$\phi_2 = \vec{B} \cdot \vec{S}_2 \qquad\qquad \phi_3 = \vec{B} \cdot \vec{S}_3$$

$$\phi_1 = \phi_0 + \phi_2 + \phi_3$$

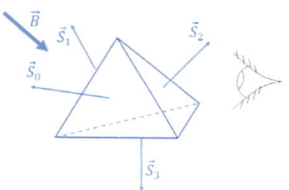

Supuesto 3:
La celda se enfrenta al campo por la cara 2.

$$\phi_0 = \vec{B} \cdot \vec{S}_0 \qquad\qquad \phi_1 = \vec{B} \cdot \vec{S}_1$$

$$\phi_2 = -\vec{B} \cdot \vec{S}_2 \qquad\qquad \phi_3 = \vec{B} \cdot \vec{S}_3$$

$$\phi_2 = \phi_0 + \phi_1 + \phi_3$$

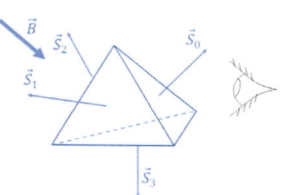

Supuesto 4:
La celda se enfrenta al campo por la cara 3.

$$\phi_0 = \vec{B} \cdot \vec{S}_0 \qquad\qquad \phi_1 = \vec{B} \cdot \vec{S}_1$$

$$\phi_2 = \vec{B} \cdot \vec{S}_2 \qquad\qquad \phi_3 = -\vec{B} \cdot \vec{S}_3$$

$$\phi_3 = \phi_0 + \phi_1 + \phi_2$$

Debido a la amplitud del desarrollo, solo se desarrolla el supuesto 1. Los otros supuestos tienen desarrollos análogos.

$$\phi_0 = \phi_1 + \phi_2 + \phi_3 \qquad\qquad \text{Ec. 5.7}$$

Desarrollando:

$$\phi_0 = \begin{bmatrix} B_x \\ B_y \\ B_z \end{bmatrix}\begin{bmatrix} S_{1x} \\ S_{1y} \\ S_{1z} \end{bmatrix}^T + \begin{bmatrix} B_x \\ B_y \\ B_z \end{bmatrix}\begin{bmatrix} S_{2x} \\ S_{2y} \\ S_{2z} \end{bmatrix}^T + \begin{bmatrix} B_x \\ B_y \\ B_z \end{bmatrix}\begin{bmatrix} S_{3x} \\ S_{3y} \\ S_{3z} \end{bmatrix}^T \qquad \text{Ec. 5.8}$$

$$\begin{bmatrix} \phi_1 \\ \phi_2 \\ \phi_3 \end{bmatrix} = \begin{bmatrix} S_{1x} & S_{1y} & S_{1z} \\ S_{2x} & S_{2y} & S_{2z} \\ S_{3x} & S_{3y} & S_{3z} \end{bmatrix}\begin{bmatrix} B_x \\ B_y \\ B_z \end{bmatrix} \qquad \text{Ec. 5.9}$$

Luego:

$$\begin{bmatrix} B_x \\ B_y \\ B_z \end{bmatrix} = \begin{bmatrix} S_{1x} & S_{1y} & S_{1z} \\ S_{2x} & S_{2y} & S_{2z} \\ S_{3x} & S_{3y} & S_{3z} \end{bmatrix}^{-1}\begin{bmatrix} \phi_1 \\ \phi_2 \\ \phi_3 \end{bmatrix} \equiv [B] = [S_a][\phi_a] \qquad \text{Ec. 5.10}$$

Siguiendo los mismos procedimientos para los supuestos 2, 3 y 4:

$$\begin{bmatrix} B_x \\ B_y \\ B_z \end{bmatrix} = \begin{bmatrix} S_{0x} & S_{0y} & S_{0z} \\ S_{2x} & S_{2y} & S_{2z} \\ S_{3x} & S_{3y} & S_{3z} \end{bmatrix}^{-1} \begin{bmatrix} \phi_0 \\ \phi_2 \\ \phi_3 \end{bmatrix} \equiv [B] = [S_b][\phi_b] \qquad \text{Ec. 5.11}$$

$$\begin{bmatrix} B_x \\ B_y \\ B_z \end{bmatrix} = \begin{bmatrix} S_{0x} & S_{0y} & S_{0z} \\ S_{1x} & S_{1y} & S_{1z} \\ S_{3x} & S_{3y} & S_{3z} \end{bmatrix}^{-1} \begin{bmatrix} \phi_0 \\ \phi_1 \\ \phi_3 \end{bmatrix} \equiv [B] = [S_c][\phi_c] \qquad \text{Ec. 5.12}$$

$$\begin{bmatrix} B_x \\ B_y \\ B_z \end{bmatrix} = \begin{bmatrix} S_{0x} & S_{0y} & S_{0z} \\ S_{1x} & S_{1y} & S_{1z} \\ S_{2x} & S_{2y} & S_{2z} \end{bmatrix}^{-1} \begin{bmatrix} \phi_0 \\ \phi_1 \\ \phi_2 \end{bmatrix} \equiv [B] = [S_d][\phi_d] \qquad \text{Ec. 5.13}$$

Como existe una combinación lineal con las expresiones de los flujos, para poderla salvar, procedemos de la siguiente manera para el supuesto 1:

$$[S_a] = \begin{bmatrix} S_{1x} & S_{1y} & S_{1z} \\ S_{2x} & S_{2y} & S_{2z} \\ S_{3x} & S_{3y} & S_{3z} \end{bmatrix}^{-1} = \begin{bmatrix} S_{a11} & S_{a12} & S_{a13} \\ S_{a21} & S_{a22} & S_{a23} \\ S_{a31} & S_{a32} & S_{a33} \end{bmatrix} \qquad \text{Ec. 5.14}$$

Colocando adecuadamente vectores columna nulos, podemos expresar que las densidades de flujo son función de todos los flujos en cada supuesto.

Supuesto 1

$$\begin{bmatrix} B_x \\ B_y \\ B_z \end{bmatrix} = \begin{bmatrix} 0 & S_{a11} & S_{a12} & S_{a13} \\ 0 & S_{a21} & S_{a22} & S_{a23} \\ 0 & S_{a31} & S_{a32} & S_{a33} \end{bmatrix} \begin{bmatrix} \phi_0 \\ \phi_1 \\ \phi_2 \\ \phi_3 \end{bmatrix} \equiv [B] = [S_{aa}][\phi_T] \qquad \text{Ec. 5.15}$$

Supuesto 2

$$\begin{bmatrix} B_x \\ B_y \\ B_z \end{bmatrix} = \begin{bmatrix} S_{b11} & 0 & S_{b12} & S_{b13} \\ S_{b21} & 0 & S_{b22} & S_{b23} \\ S_{b31} & 0 & S_{b32} & S_{b33} \end{bmatrix} \begin{bmatrix} \phi_0 \\ \phi_1 \\ \phi_2 \\ \phi_3 \end{bmatrix} \equiv [B] = [S_{ba}][\phi_T] \qquad \text{Ec. 5.16}$$

Supuesto 3

$$\begin{bmatrix} B_x \\ B_y \\ B_z \end{bmatrix} = \begin{bmatrix} S_{c11} & S_{c12} & 0 & S_{c13} \\ S_{c21} & S_{c22} & 0 & S_{c23} \\ S_{c31} & S_{c32} & 0 & S_{c33} \end{bmatrix} \begin{bmatrix} \phi_0 \\ \phi_1 \\ \phi_2 \\ \phi_3 \end{bmatrix} \equiv [B] = [S_{ca}][\phi_T] \qquad \text{Ec. 5.17}$$

Supuesto 4

$$\begin{bmatrix} B_x \\ B_y \\ B_z \end{bmatrix} = \begin{bmatrix} S_{d11} & S_{d12} & S_{d13} & 0 \\ S_{d21} & S_{d22} & S_{d23} & 0 \\ S_{d31} & S_{d32} & S_{d33} & 0 \end{bmatrix} \begin{bmatrix} \phi_0 \\ \phi_1 \\ \phi_2 \\ \phi_3 \end{bmatrix} \equiv [B] = [S_{da}][\phi_T] \qquad \text{Ec. 5.18}$$

Como se pueden haber estado acumulando errores, entonces:

$$[B] \cong [S_{aa}][\phi_T] \cong [S_{ba}][\phi_T] \cong [S_{ca}][\phi_T] \cong [S_{da}][\phi_T] \qquad \text{Ec. 5.19}$$

Convendría minimizar estos posibles errores. El procedimiento será el siguiente:

$$[B] = [\varpi][\phi_T] \qquad \text{Ec. 5.20}$$

Siendo:

$$[\varpi] = \frac{1}{4} \begin{bmatrix} \varpi_{00} & \varpi_{01} & \varpi_{02} & \varpi_{03} \\ \varpi_{10} & \varpi_{11} & \varpi_{12} & \varpi_{13} \\ \varpi_{20} & \varpi_{21} & \varpi_{22} & \varpi_{23} \end{bmatrix} \qquad \text{Ec. 5.21}$$

Obteniéndose cada ϖ_{ik} de la siguiente expresión:

$$\varpi_{ik} = \sum_{\substack{j=a,b,c,d \\ i=0,1,2 \\ k=0,1,2,3}} S_{ja} \qquad \text{Ec. 5.22}$$

Una vez obtenido el campo $\vec{B}$, se puede obtener el valor de $\vec{H}$ mediante su relación constitutiva: $\vec{H} = {}^1/_\mu \vec{B} = v\vec{B}$.

Pero la FF utiliza variables globales. En ese caso la relación sería: $\mathcal{F}_{mi} = M_\upsilon \phi$.

El objetivo será determinar el valor de M_υ. Para ello se parte de que:

$$\mathcal{F}_m = \int_L \vec{H} \cdot d\vec{L}$$

Ec. 5.23

Está circulaciones del campo se efectuarán en las semiaristas duales de la celda.

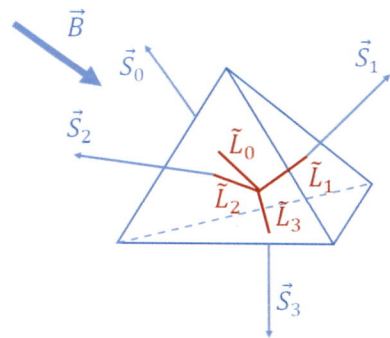

Figura 5-3. Celda con semiaristas duales.

Las circulaciones de estas fuerzas magnetomotrices, $i = (0, 1, 2, 3)$, serán:

$$\mathcal{F}_{mi} = \tilde{\vec{L}}_i \cdot \vec{H} = \left(\tilde{L}_{ix}\vec{\imath} + \tilde{L}_{ix}\vec{\jmath} + \tilde{L}_{ix}\vec{k} \right) \cdot \left(H_{ix}\vec{\imath} + H_{ix}\vec{\jmath} + H_{ix}\vec{k} \right)$$

Ec. 5.24

Las aristas duales $\tilde{\vec{L}}_i$ están definidas como vectores de posición en la celda. El producto vectorial $\tilde{\vec{L}}_i \cdot \vec{H}$ se puede considerar como variable global, pues es un escalar. En forma matricial, el conjunto de fuerzas magnetomotrices en la celda sería:

135

$$
\begin{bmatrix} \mathcal{F}_{m0} \\ \mathcal{F}_{m1} \\ \mathcal{F}_{m2} \\ \mathcal{F}_{m3} \end{bmatrix} = \begin{bmatrix} \tilde{L}_{0x} & \tilde{L}_{0y} & \tilde{L}_{0z} \\ \tilde{L}_{1x} & \tilde{L}_{1y} & \tilde{L}_{1z} \\ \tilde{L}_{2x} & \tilde{L}_{2y} & \tilde{L}_{2z} \\ \tilde{L}_{3x} & \tilde{L}_{3y} & \tilde{L}_{3z} \end{bmatrix} \begin{bmatrix} H_x \\ H_y \\ H_z \end{bmatrix}
$$

Ec. 5.25

$$
[\mathcal{F}_m] = [\tilde{L}]\,[H]
$$

Ec. 5.26

Pero:

$$
[H]_{3\times1} = v[B]_{3\times1} = v[\varpi]_{3\times4}[\phi]_{4\times1}
$$

Ec. 5.27

Luego, sustituyendo la Ec. 5.27 en Ec. 5.26:

$$
[\mathcal{F}_m]_{4\times1} = [\tilde{L}]_{4\times3}\, v[\varpi]_{3\times4}[\phi]_{4\times1}
$$

Ec. 5.28

Se concluye pues que:

$$
[M_v]_{4\times4} = v[\tilde{L}]_{4\times3}\,[\varpi]_{3\times4}
$$

Ec. 5.29

A este método de obtener la matriz constitutiva magnética $[M_v]$ se le denomina *método geométrico*. Para profundizar en este tema se recomienda leer a Repetto, & Trevisan (2004).

Existe otra forma de construir la matriz $[M_v]$ con un campo magnético afín obtenido por la aplicación de funciones de Whitney de orden 1 (Trevisan, & Kettunen, 2006). La matriz obtenida tiene la forma siguiente:

$$
[M_v]_{4\times4}^{(\tilde{n})} = v\,\tilde{\tilde{L}}_i\, W_{f_j}^1\,(\tilde{n})
$$

Ec. 5.30

La matriz $[M_v]$, en su desarrollo geométrico, puede ser consulta en Trevisan (2002). No se detalla el desarrollo matemático para llegar a ella, pero sí existe la suficiente información como para desarrollarlo, tal como anteriormente se ha hecho. Así mismo, se advierte del inconveniente que tiene la matriz de reluctividad: no es simétrica. Esto se corrige en la formulación global, pues al realizar la operación $[\tilde{C}][M_v][C] = [C^T][M_v][C]$, la matriz local resultante si es simétrica, que es objetivo para poderse ensamblar en la matriz global.

Existe otro trabajo de Marrone (2004) donde adecua para operar con Diferencias Finitas y con el Método de los Elementos Finitos. Esto demuestra la versatilidad del Método de la Celda.

5.4. Matriz constitutiva eléctrica [M$_\sigma$]

La matriz constitutiva eléctrica $[M_\sigma]$ será la encargada de relacionar la variable de configuración tensión eléctrica U con la variable de fuente intensidad eléctrica I, de la manera siguiente:

$$[I] = [M_\sigma][U]$$

Ec. 5.31

Para comprender la génesis de esta matriz constitutiva hay que recordar que las densidades de corriente eléctrica $\vec{J}$ están asociadas a las seis semicaras duales de la celda.

Estas semicaras duales aportarán la corriente de la celda, pero la totalidad de la corriente que aporte el complejo dual será la suma de las corrientes aportadas por las celdas adyacentes a la estudiada.

En la Figura 5-4 se observan dos espacios duales. La Figura 5-4(a) correspondería a un espacio dual tridimensional. Las densidades de corriente irían en las semisuperficies duales $\tilde{S}_i$ y $\tilde{S}_j$. En la Figura 5-4(b), se muestra un dominio bidimensional, cuyas celdas son triángulos.

Por motivos de claridad en la explicación, se escoge el dominio bidimensional, entendiéndose que en el caso tridimensional sucede de manera análoga.

Escojamos el punto primal P_k. Existen una serie de semisuperficies duales ($\tilde{S}_a$, $\tilde{S}_b$, $\tilde{S}_c$) que comparten este punto P_k.

Serán las densidades de corrientes, asociadas a las semisuperficies duales, las que aporten la corriente total del dual estudiado en Figura 5-4(b).

Por analogía, en tres dimensiones, el papel que juega el punto P_k, lo jugará la arista a_k. Formándose la superficie dual con las semisuperficies duales que comparten la arista a_k.

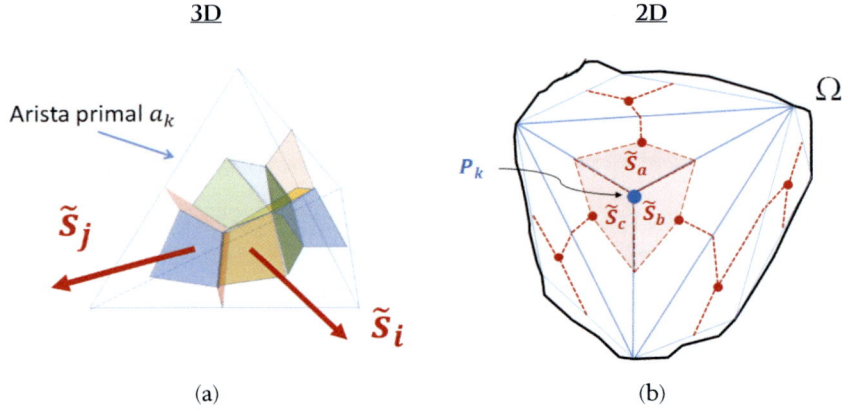

Figura 5-4. Caras duales en tres y dos dimensiones.

Hay dos criterios para situar en vector de densidades de corriente $\vec{J}$:
Situar el vector $\vec{J}_k$ en el baricentro de la cara ($B_{\tilde{S}k}$).

Calcular una densidad de corriente, mediante un campo afín obtenido con funciones de Whitney de orden uno, y situarla en el baricentro promedio de las caras duales (ñ).

En cuanto a baricentros se trata, en el complejo dual se hallan los baricentros de las caras duales $B_{\tilde{S}k}$, los baricentros de la celda primal B_T y el promedio de los baricentros de las caras duales ñ.

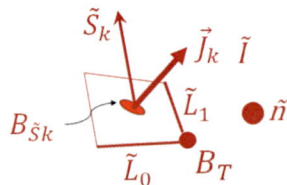

Figura 5-5. Baricentros en el tetraedro.

En la Figura 5-5, se muestran una serie de baricentros. El baricentro del tetraedro es $B_{\rm T}$. El baricentro de la cara dual es $B_{\tilde{S}k}$ y el promedio de los baricentros de las caras duales es ñ.

El promedio de los baricentros de las caras duales ñ se determina mediante la siguiente expresión:

$$\tilde{n} = \left(\frac{1}{6}\sum_{k=0}^{5} \tilde{S}_{kx}, \frac{1}{6}\sum_{k=0}^{5} \tilde{S}_{ky}, \frac{1}{6}\sum_{k=0}^{5} \tilde{S}_{kz} \right)$$

Ec. 5.32

En esta obra se utilizará el baricentro (ñ).

La corriente en una semicara del dual sería el producto vectorial $I_k = \vec{J}(B_{\tilde{S}k}) \cdot \vec{\tilde{S}}_k$. Por lo tanto, en todo el dual sería $I = \int_{\tilde{S}} \vec{J} \cdot d\vec{S}$.

Aplicando las funciones de Whitney de orden 1 en la arista primal j, se puede crear un campo eléctrico afín $E_j = W_j^1(B_{\tilde{S}i})$. Siendo $W_j^1(B_{\tilde{S}i})$ la función de Whitney de orden 1 para la arista primal j y evaluada en el baricentro de la cara primal i.

Cada elemento de la matriz de conductividad eléctrica $[M_\sigma]$, según Specogna, & Trevisan (2005), se puede obtener mediante la expresión siguiente:

$$\sigma_{ij} = \sigma\, \vec{\tilde{S}}_i \cdot \vec{W}_j^1(B_{\tilde{S}i}) \quad i,j = (0, \cdots, 5)$$

Ec. 5.33

Pero Specogna, & Trevisan (2005) demuestran que se puede obtener una matriz de conductancia por otra vía más geométrica que la anterior. Proponen una matriz de conductancia eléctrica cuyos elementos sean se obtengan de la siguiente manera:

$$\sigma_{ij} = \frac{\sigma}{V_T}\, \vec{\tilde{S}}_i \cdot \vec{\tilde{S}}_j \quad i,j = (0, \cdots, 5)$$

Ec. 5.34

Si se desarrolla dicha matriz, su aspecto es el siguiente:

$$[M_\sigma] = \frac{\sigma}{V_T} \begin{bmatrix} \vec{\tilde{S}}_0\vec{\tilde{S}}_0 & \cdots & \cdots & \cdots & \cdots & \vec{\tilde{S}}_0\vec{\tilde{S}}_5 \\ \vdots & \ddots & & & & \vdots \\ \vdots & & \vec{\tilde{S}}_2\vec{\tilde{S}}_2 & & & \vdots \\ \vdots & & & \ddots & & \vdots \\ \vdots & & & & \ddots & \vdots \\ \vec{\tilde{S}}_5\vec{\tilde{S}}_0 & \cdots & \cdots & \cdots & \cdots & \vec{\tilde{S}}_5\vec{\tilde{S}}_5 \end{bmatrix}_{6\times6}$$

Ec. 5.35

Esta matriz garantiza siempre su simetría. El procedimiento para construirla imposibilita que se sea singular, pues no existe ninguna cara dual de valor nulo.

En realidad, desde el punto de vista matemático, lo que logra Specogna, & Trevisan (2005) con esta operación es forzar la simetría de la matriz obtenida, en este caso, $[M_\sigma]$.

Esto se puede entender si se parte de la base que una matriz simétrica se puede obtener de la siguiente manera:

$$[B]_{simétrica} = [A]_{no\ simétrica} \cdot [A]^T_{no\ simétrica}$$

Ec. 5.36

Teniendo esto en cuenta, la matriz de vectores de las caras duales, componente por componente, sería así:

$$[\tilde{S}] = \begin{bmatrix} \tilde{S}_{0x} & \tilde{S}_{0y} & \tilde{S}_{0z} \\ \tilde{S}_{1x} & \tilde{S}_{1y} & \tilde{S}_{1z} \\ \tilde{S}_{2x} & \tilde{S}_{2y} & \tilde{S}_{2z} \\ \tilde{S}_{3x} & \tilde{S}_{3y} & \tilde{S}_{3z} \\ \tilde{S}_{4x} & \tilde{S}_{4y} & \tilde{S}_{4z} \\ \tilde{S}_{5x} & \tilde{S}_{5y} & \tilde{S}_{5z} \end{bmatrix}_{6\times3} \quad y \quad [\tilde{S}]^T = \begin{bmatrix} \tilde{S}_{0x} & \tilde{S}_{1x} & \tilde{S}_{2x} & \tilde{S}_{3x} & \tilde{S}_{4x} & \tilde{S}_{5x} \\ \tilde{S}_{0y} & \tilde{S}_{1y} & \tilde{S}_{2y} & \tilde{S}_{3y} & \tilde{S}_{4y} & \tilde{S}_{5y} \\ \tilde{S}_{0z} & \tilde{S}_{1z} & \tilde{S}_{2z} & \tilde{S}_{3z} & \tilde{S}_{4z} & \tilde{S}_{5z} \end{bmatrix}_{6\times3}$$

Ec. 5.37

Operando:

$$[\tilde{S}] \cdot [\tilde{S}]^T = \begin{bmatrix} \vec{\tilde{S}}_0\vec{\tilde{S}}_0 & \cdots & \cdots & \cdots & \cdots & \vec{\tilde{S}}_0\vec{\tilde{S}}_5 \\ \vdots & \ddots & & & & \vdots \\ \vdots & & \vec{\tilde{S}}_2\vec{\tilde{S}}_2 & & & \vdots \\ \vdots & & & \ddots & & \vdots \\ \vdots & & & & \ddots & \vdots \\ \vec{\tilde{S}}_5\vec{\tilde{S}}_0 & \cdots & \cdots & \cdots & \cdots & \vec{\tilde{S}}_5\vec{\tilde{S}}_5 \end{bmatrix}_{6\times6}$$

Ec. 5.38

Tal como demuestran Specogna, & Trevisan (2005), esto es posible porque la obtención de un campo eléctrico afín mediante la utilización de las funciones de Whitney de orden 1, evaluadas en la arista j con respecto al baricentro ñ, sería lo mismo que:

$$\sigma_{ij} = \sigma\, \vec{\tilde{S}}_i \cdot \vec{W}_j^1\,(\tilde{n}) = \sigma\, \vec{\tilde{S}}_i \cdot \frac{1}{V_T}\vec{\tilde{S}}_j \quad i,j = (0,\cdots,5)$$

Ec. 5.39

Ya que $\vec{W}_j^1\,(\tilde{n}) = \frac{1}{V_T}\vec{\tilde{S}}_j$. A lo largo de experimentos numéricos hechos en este trabajo, se ha comprobado que ambas propuestas son válidas.

5.5. Conclusiones

En este trabajo se han probado los tipos de matrices constitutivas propuestos en la literatura al respecto. Su validez ha quedado demostrada.

La elección de cada una de ellas dependerá de la dificultad de cálculo, en cuanto a costo computacional se refiere.

Hay modelos, como los basados en las funciones de Whitney, que tienen un buen resultado en cuanto a precisión se refiere. Pero, cuando los mallados son muy densos, es obvio que se ralentice el proceso, pues la construcción de las funciones de Whitney puede ser laboriosa.

En cambio, con la propuesta hecha en Ec. 5.35, el cálculo se acelera. Esto se evidencia viendo que los vectores que definen a las aristas duales tienen que ser calculados para todas las propuestas hechas. Una vez calculados, basta con realizar los productos escalares que se indican y construir la matriz, consiguiendo un notable ahorro de tiempo.

Es de destacar que las matrices no son simétricas, pero al operarlas, en el MC, siguiendo el criterio , se vuelven simétricas y semidefinidas (Specogna, & Trevisan, 2005).

En cambio las matrices garantizan, desde la formulación local, su simetría, sobre todo la propuesta en Ec. 5.35.

Bibliografía

Marrone, M. (2004). Properties of constitutive matrices for electrostatic and magnetostatic problems. *Magnetics, IEEE Transactions on,* May, 40(3), pp. 1516-1520.

Repetto, M., & Trevisan, F. (2004). Global formulation of 3D magnetostatics using flux and gauged potentials. *International Journal for Numerical Methods in Engineering,* 60(4), pp. 755-772.

Specogna, R., & Trevisan, F. (2005). Discrete constitutive equations in A-Chi geometric eddy-current formulation. *IEEE Trans. Magn,* 41(4), pp. 1259-1263.

Trevisan, F. (2002). The Cell method for the analysis of 3D static and quasi-static magnetic fields. *Journal of Computational Physics (Elsevier Preprint).*

Trevisan, F., & Kettunen, L. (2006). Geometric interpretation of finite-dimensional eddy-current formulations. *International Journal for Numerical Methods in Engineering,* 67(13), pp. 1888-1908.

Capítulo 6

Matrices constitutivas térmicas. Varias aportaciones a la ecuación de transmisión de calor

6.1. Introducción

Recordando la ecuación de transmisión del calor en la FF-MC, cuya expresión es:

$$[G]^T\{[M_\lambda][G][\tau]\} + [M_{Cp}]\,{}^{d\tau}/_{dt} = [W]$$

Ec. 6.1

Se puede observar que existen dos ecuaciones constitutivas $[M_\lambda]$ y $[M_{Cp}]$. La matriz constitutiva $[M_\lambda]$ pertenece a la componente de transmisión de calor de la ecuación de Fourier. Mientras, la matriz constitutiva $[M_{Cp}]$ pertenece a transmisión de calor con el cambio de temperatura, entendiéndose como la capacidad que tiene el cuerpo para almacenar energía calorífica. En el caso de este libro correspondería a la capacidad que tiene la máquina asíncrona para almacenar el calor generado en su interior.

Ambas matrices indican la dependencia de las características físicas de los materiales de los cuales está hecha la máquina asíncrona. Estas características van a ser la conductividad térmica (λ), el calor específico del material (C_p) y la densidad del mismo (ρ).

143

6.2. Transmisión de calor en la máquina asíncrona

El tratamiento que se hace de la ecuación de Fourier de transmisión del calor en la FF-MC es el que halla en los trabajos de Bullo *et al.* (2006ª; 2006b; 2007), tanto si es en dos como en tres dimensiones. Estos autores pasan la celda de coordenadas generales cartesianas absolutas a coordenadas locales normalizadas, referido el origen en uno de los vértices del tetraedro.

Esto conlleva que, cada celda, cuando se calcule en modo local, deba sus coordenadas absolutas ser convertidas en coordenadas locales normalizadas. Una vez terminados los cálculos, cuando los datos calculados en modo local deban ser ensamblados en las matrices globales, previamente deben ser convertidos a coordenadas absolutas, que son a las que está referido el modo global.

Este proceso de conversiones en ambos sentidos tiene un coste computacional que se debe pagar.

Los autores Bullo *et al.*, 2006ª, 2006b, 2007) utilizan indistintamente modelos de distribución de temperaturas basados en interpolaciones lineales o en interpolaciones cuadráticas. Se debe tener en cuenta que una interpolación cuadrática consume más recursos del ordenador, pero es más precisa que una interpolación lineal. El hecho de ser cuadrática disminuye los errores al multiplicarse los valores aproximado por si mismos (elevar al cuadrado).

Otros autores recurren a buscar simetrías en el objeto o máquina a analizar. Escogen una distribución simétrica siguiendo un eje de revolución, o bien una simetría plana; con lo cual el problema queda reducido a un dominio bidimensional. Si el fenómeno térmico se comporta igual a lo largo del eje de simetría escogido, los resultados se restituirán, de igual manera, a lo largo del mencionado eje.

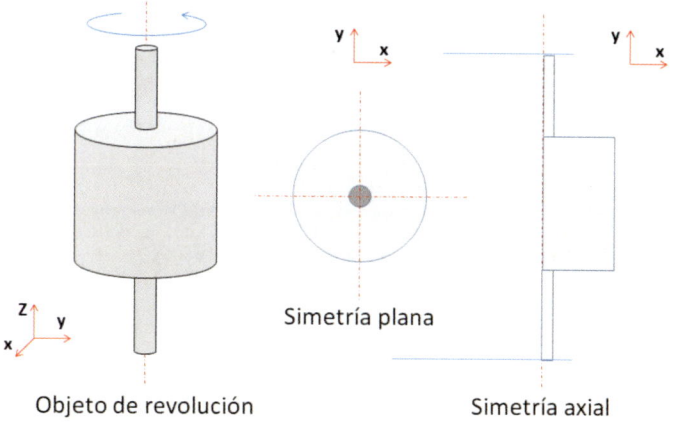

Figura 6-1. Simetría plana y axial de un cuerpo de revolución.

Entre los autores que siguen esta técnica está Enzo Tonti (2000, 2001). Utiliza distribuciones de temperatura de interpolación cuadrática. Aparte de esto, todas las variables del dual son proyectadas geométricamente al primal, ciñéndose todos los cálculos al espacio primal. También recurre a crear un sistema de coordenadas locales, en este caso sobre un vértice de referencia en el triángulo, que va a ser la celda por utilizar debido a la distribución, con simetría plana, utilizada.

En la máquina eléctrica asíncrona no se puede utilizar una distribución, axial o plana, de temperaturas. Cabría pensar en el rotor de jaula de ardilla. En este caso, las fuentes de calor están prácticamente situadas en el volumen que ocupa el mismo. Exceptuaríamos los segmentos anterior y posterior del eje, donde pudiera aparecer calor como consecuencia de corrientes inducidas en los mismos. El resto, en sí mismo, pudiera dar la apariencia de tener simetría axial o plana. La jaula y el núcleo ferromagnético ocupan el mismo volumen con una simetría parecida, la de un cilindro.

Figura 6-2. Rotor de jaula de ardilla (catálogo comercial).

Esto es restrictivo, pues el mismo razonamiento no se puede aplicar para una máquina asíncrona de rotor bobinado. Al menos las cabezas de bobinas rotórica no cumplirían con estas simetrías. Añadiendo, además, que los fenómenos electromagnéticos y térmicos son diferentes en las cabezas de bobina que en la parte cilíndrica del rotor.

Destacaríamos entre otras diferencias las siguientes:

- El volumen que rodea a las cabezas de bobinas rotóricas es, normalmente, aire.
- Las cabezas de bobinas rotóricas no están afectadas directamente por los fenómenos térmicos originados por la histéresis magnética y las corrientes de Foucault que aparecen en el núcleo rotórico.
- La capacidad de almacenar energía calorífica es mucho menor que en la parte cilíndrica del rotor, pues mientras este está compuesto por acero ferromagnético, acero estructural (eje), material aislante y cobre; las cabezas de bobina solo están formadas por cobre y material aislante.

Figura 6-3. Cabezas de bobina (catálogo comercial).

En la Figura 6-3, las flecha rojiblancas señalan las cabezas de bobina en un rotor bobinado de una máquina eléctrica asíncrona.

Se ha de señalar que una de las fuentes de calor que existe en el rotor son las fricciones mecánicas, las cuales transmiten calor al rotor. Son de especial importancia las generadas por las fricciones en los cojinetes.

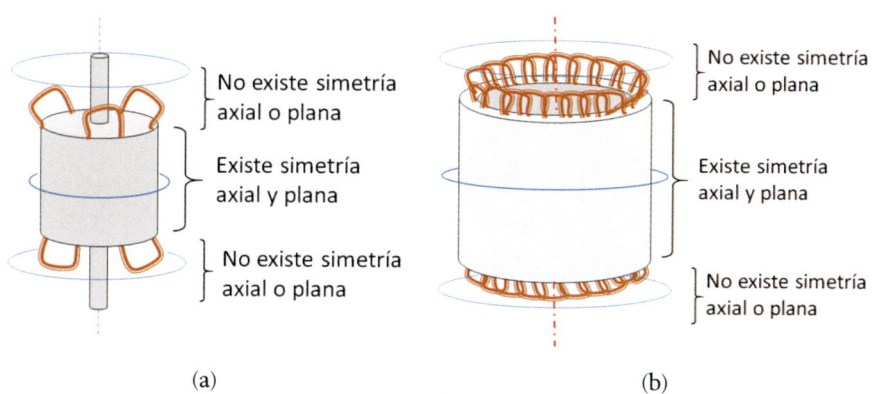

(a)   (b)

Figura 6-4. Máquina asíncrona de rotor
bobinado (a) y estator (b).

En caso del estator predomina, como fuente de calor, el efecto Joule en los conductores, por los cuales discurren las corrientes procedentes de la fuente energía eléctrica situada en el exterior de la máquina eléctrica. También existen otras fuentes de calor, como son los fenómenos de histéresis magnética y las corrientes de Foucault. Descartamos el calor transmitido por los escudos anterior y posterior y generado por la fricción del eje en los rodamientos, pues no es objeto de este trabajo. El estator, compartido por ambos tipos de máquinas, se podría hablar de simetría axial o simetría plana en la zona del entrehierro, encontrándonos con el mismo problema cuando se llegase a la zona de las cabezas de bobinas, anterior y posterior del estator.

Esta fue una de las causas, entre otras, para descartar como línea de actuación, en este trabajo, el buscar reducciones de objetos a simetría axiales o planas.

Por lo tanto, la única forma de resolver este inconveniente es desarrollar la FF-MC en dominios tridimensionales.

Con lo expuesto anteriormente, debemos descartar las simetrías axiales y planas, y, si se pudiera, evitar cambios de coordenadas y proyección del subespacio dual al primal, con el consiguiente ahorro de memoria y tiempo computacional.

La hipótesis de trabajo fue: ¿Existe algún camino que pueda cumplir todos los requisitos que queremos? A continuación, se intenta dar respuesta a esta pregunta.

6.3. La $[M_\lambda]$ adaptada de $[M_\sigma]$. Una aportación

El primer paso por dar es trabajar de forma separada la ecuación de conducción de calor. Concretemos esta ecuación en la máquina eléctrica asíncrona.

Ley de transmisión del calor de Fourier a través del rotor, entrehierro y estator:

$$[G]^T \{[M_\lambda][G][\tau]\}$$

Ec. 6.2

Fuentes de calor por efecto Joule, histéresis magnética y corrientes de Foucault:

$$[W] \qquad\qquad \text{Ec. 6.3}$$

Cambios en la energía interna dependiendo de los materiales constructivos:

$$[M_{Cp}] \, {d\tau}/{dt} \qquad\qquad \text{Ec. 6.4}$$

Observamos que la ley de Fourier de conducción de calor tiene una analogía con la ley de conducción de la corriente eléctrica:

Conducción de calor	Corriente eléctrica
$[\tilde{D}]\{-[M_\lambda][G][\tau]\} = [q_\lambda]$	$[\tilde{D}]\{[M_\sigma][G][v]\} = [0]$

Tabla 6-1. Conducción térmica y conducción eléctrica (I).

Son fenómenos físicos que presentan ciertas analogías. La aplicación de la divergencia a un cuerpo, en el cual existe un campo de temperaturas, nos indicará si existen fuente de calor positivo o negativo (frío). Solo indicaría cero cuando se estuviera ante un cuerpo que se limita a conducir calor, únicamente. En este caso, la distribución de temperaturas se mantiene estacionaria a lo largo del tiempo.

En cambio, en el fenómeno de conducción eléctrica, hay que tener en cuenta que la aplicación de la divergencia a la ley de Ohm: $[M_\sigma][G][v] = [I]$, no puede dar un valor distinto de cero, pues incumpliría la ley de continuidad, o ley de Kirchhoff, si estuviésemos aplicando la teoría de circuitos lineales.

Pero una cosa es cierta, si operamos con la divergencia dual y buscamos su equivalente primal, entonces lo expuesto en la Tabla 6-1 pasa a ser:

Conducción de calor	Corriente eléctrica
$-[G]^T\{-[M_\lambda][G][\tau]\} = [q_\lambda]$	$-[G]^T\{[M_\sigma][G][v]\} = [0]$

Tabla 6-2. Conducción térmica y conducción eléctrica (II).

Salvo el cambio de signo y de operador, el resto permanece inalterado en ambas expresiones. Esto nos lleva a pensar que, operativamente, existe la siguiente analogía:

$$[M_\lambda] \Leftrightarrow [M_\sigma]$$

Ec. 6.5

Por lo tanto, bajo la hipótesis de que pudiera existir tal equivalencia en la FF-MC, tomando la expresión propuesta por Specogna, & Trevisan (2005), diremos que:

$$\frac{\lambda}{V_T} \begin{bmatrix} \vec{S}_0\vec{S}_0 & \cdots & \cdots & \cdots & \cdots & \vec{S}_0\vec{S}_5 \\ \vdots & \ddots & & & & \vdots \\ \vdots & & \vec{S}_2\vec{S}_2 & & & \vdots \\ \vdots & & & \ddots & & \vdots \\ \vdots & & & & \ddots & \vdots \\ \vec{S}_5\vec{S}_0 & \cdots & \cdots & \cdots & \cdots & \vec{S}_5\vec{S}_5 \end{bmatrix}_{6\times6} \Leftrightarrow \frac{\sigma}{V_T} \begin{bmatrix} \vec{S}_0\vec{S}_0 & \cdots & \cdots & \cdots & \cdots & \vec{S}_0\vec{S}_5 \\ \vdots & \ddots & & & & \vdots \\ \vdots & & \vec{S}_2\vec{S}_2 & & & \vdots \\ \vdots & & & \ddots & & \vdots \\ \vdots & & & & \ddots & \vdots \\ \vec{S}_5\vec{S}_0 & \cdots & \cdots & \cdots & \cdots & \vec{S}_5\vec{S}_5 \end{bmatrix}_{6\times6}$$

Ec. 6.6

Puede parecer un hecho trivial, pero creemos que no lo es. Y no lo es por una sencilla razón. Sea como fuere, cuando se han de realizar cálculos térmicos a partir de fenómenos electromagnéticos, la matriz $[M_\sigma]$ habrá de calcularse obligatoriamente. Entonces, ¿por qué calcular dos veces lo mismo?

Las matrices $[M_\lambda]$ y $[M_\sigma]$ topológicamente son iguales: $\lambda \left(\frac{1}{V_t}\vec{S}_i\vec{S}_j\right) \Leftrightarrow \sigma \left(\frac{1}{V_t}\vec{S}_i\vec{S}_j\right)$.

Para confirmar si esta suposición tiene validez, se diseñaron una serie de experimentos, que fueron contrastados con resultados cuya validez está asegurada, como pueden ser expresiones analíticas y *software* de reconocido prestigio. Este *software* está basado en el Método de los Elementos Finitos, tanto en dos como en tres dimensiones.

Los experimentos partieron de un supuesto de conducción pura de calor, en ausencia de fuentes internas de calor y temperaturas estacionarias:

$$[M_\lambda][G][\tau] = [q_\lambda]$$

Ec. 6.7

Se establecieron unas condiciones de contorno, tipo Dirichlet, donde se fijaron dos temperaturas, T_1 y T_2, en dos caras del cuerpo, considerándose el resto de las caras, que no eran atravesadas por el flujo de calor, como aislantes perfectos. El diseño tipo es el que se muestra en Figura 6-5. Los experimentos numéricos se llevaron a cabo en dos y tres dimensiones, con varios materiales de conductividades térmicas diferentes.

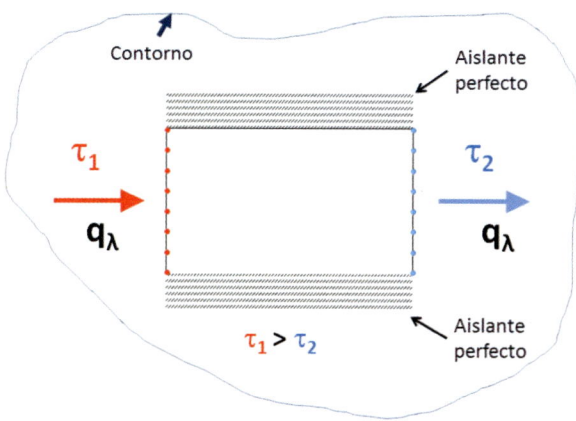

Figura 6-5. Modelo para transmisión de calor con $[M_\lambda]$.

En la Figura 6-5, se expone uno de los modelos matemáticos que se utilizó para comprobar la validez de la matriz constitutiva de transmisión de calor con $[M_\lambda]$. El análisis de los resultados obtenidos en los experimentos numéricos, los cuales se expondrán en capítulos posteriores, nos lleva a pensar que esta hipótesis es perfectamente válida.

Aun así, pudiendo pensar que tales suposiciones no fuesen correctas, hemos ideado una alternativa a la solución planteada.

6.4. Otra propuesta: la matriz $[M_\tau]$

Los resultados obtenidos con la matriz adaptada de la propuesta por Specogna, & Trevisan (2005) fueron lo suficientemente buenos, aunque pudiera ser que no fuesen correctos del todo, o bien tuviesen singularidades que no se apreciaran en los diferentes experimentos que se llevaron a cabo.

Basados en estos supuestos, se diseñó una nueva matriz de conductividades térmicas.

Se parte que la temperatura se distribuye siguiendo una función lineal que depende de las coordenadas espaciales:

$$\tau_i(x, y, z) = g_x\, x + g_y\, y + g_z\, z + a \qquad \text{Ec. 6.8}$$

Tal que los nudos de la celda, tetraedro, tengan las siguientes temperaturas:

$$
\begin{aligned}
\tau_0 &= g_x\, x_0 + g_y\, y_0 + g_z\, z_0 + a \\
\tau_1 &= g_x\, x_1 + g_y\, y_1 + g_z\, z_1 + a \\
\tau_2 &= g_x\, x_2 + g_y\, y_2 + g_z\, z_2 + a \\
\tau_3 &= g_x\, x_3 + g_y\, y_3 + g_z\, z_3 + a
\end{aligned}
\qquad \text{Ec. 6.9}
$$

El sistema de ecuaciones a resolver sería:

$$
\begin{bmatrix}
x_0 & y_0 & z_0 & 1 \\
x_1 & y_1 & z_1 & 1 \\
x_2 & y_2 & z_2 & 1 \\
x_3 & y_3 & z_3 & 1
\end{bmatrix}
\begin{bmatrix}
g_x \\ g_y \\ g_z \\ a
\end{bmatrix}
=
\begin{bmatrix}
\tau_0 \\ \tau_1 \\ \tau_2 \\ \tau_3
\end{bmatrix}
\qquad \text{Ec. 6.10}
$$

$$[B]_{4\times4}[Ga]_{4\times1} = [\tau]_{4\times1} \qquad \text{Ec. 6.11}$$

No se calcula el término a pues: $\partial a/\partial x = 0$; $\partial a/\partial y = 0$; $\partial a/\partial z = 0$. En el *Anexo 1* se calculan los términos $g_x,\ g_y,\ g_z$.

Entonces, al aplicar el gradiente a la expresión de la distribución espacial de temperaturas expuesta en Ec. 6.8, se obtiene lo siguiente:

$$\vec{\nabla} \cdot \tau_i(x, y, z) = g_x\, \vec{\imath} + g_y\, \vec{\jmath} + g_z\, \vec{k} \qquad \text{Ec. 6.12}$$

Utilizando la matriz , que hemos asimilado a una conducción eléctrica y que, supuestamente damos por válida, entonces podemos decir que el calor transmitido utilizando esta matriz es:

$$[Q]_{6\times1} = [M_\lambda]_{6\times6}[G]_{6\times4}[\tau]_{4\times1}$$

Ec. 6.13

Supongamos que existiese una matriz $[A_\tau]$ tal que:

$$[M_\lambda]_{6\times6} = [\tilde{S}]_{6\times3}[A_\tau]_{3\times6}$$

Ec. 6.14

Siendo $[\tilde{S}]$ la matriz de caras duales de la celda:

$$\tilde{S}_i = \tilde{S}_{ix}\,\vec{i} + \tilde{S}_{iy}\,\vec{j} + \tilde{S}_{iz}\,\vec{k} \quad i = (0,....,5)$$

Ec. 6.15

Si denominamos:

$$[q]_{3\times1} = -\lambda \begin{bmatrix} g_x \\ g_y \\ g_z \end{bmatrix}_{3\times1} = -\lambda\,[gradT]_{3\times1}$$

Ec. 6.16

Con lo que:

$$[Q']_{6\times1} = -\lambda[\tilde{S}]_{6\times3}\,[gradT]_{3\times1}$$

Ec. 6.17

Supongamos también que:

$$[q]_{3\times1} = [A_\tau]_{3\times6}[G]_{6\times4}[\tau]_{4\times1}$$

Ec. 6.18

Llamando $[X]_{6\times1} = [G]_{6\times4}[\tau]_{4\times1}$, entonces por dos caminos diferentes se debe llegar al mismo resultado:

$$[Q']_{6\times1} = [Q]_{6\times1}$$

Ec. 6.19

Sustituyendo:

$$-\lambda \left[\tilde{S}\right]_{6\times3}[gradT]_{3\times1} = [M_\lambda]_{6\times6}[G]_{6\times4}[\tau]_{4\times1} \qquad \text{Ec. 6.20}$$

Volviendo a sustituir la matriz $[X]_{6\times1}$ y el valor dado a $[M_\lambda]$ en la expresión Ec. 6.14, entonces:

$$-\lambda \left[\tilde{S}\right]_{6\times3}[gradT]_{3\times1} = \left[\tilde{S}\right]_{6\times3}[A_\tau]_{3\times6}[X]_{6\times1} \qquad \text{Ec. 6.21}$$

Simplificando el término $\left[\tilde{S}\right]$, queda:

$$-\lambda [gradT]_{3\times1} = [A_\tau]_{3\times6}[X]_{6\times1} \qquad \text{Ec. 6.22}$$

Tenemos un sistema de ecuaciones resoluble:

$$[X] = [G]\,[\tau] = \begin{bmatrix} -1 & 1 & 0 & 0 \\ -1 & 0 & 1 & 0 \\ -1 & 0 & 0 & 1 \\ 0 & -1 & 1 & 0 \\ 0 & 0 & -1 & 1 \\ 0 & -1 & 0 & 1 \end{bmatrix} \begin{bmatrix} \tau_0 \\ \tau_1 \\ \tau_2 \\ \tau_3 \end{bmatrix} \qquad \text{Ec. 6.23}$$

$$[X] = \begin{bmatrix} -\tau_0 + \tau_1 \\ -\tau_0 + \tau_2 \\ -\tau_0 + \tau_3 \\ -\tau_1 + \tau_2 \\ -\tau_2 + \tau_3 \\ -\tau_1 + \tau_3 \end{bmatrix}_{6\times1} = \begin{bmatrix} x_0 \\ x_1 \\ x_2 \\ x_3 \\ x_4 \\ x_5 \end{bmatrix}_{6\times1} \qquad \text{Ec. 6.24}$$

$$[A_\tau][X] = \begin{bmatrix} A_{00} & A_{01} & A_{02} & A_{03} & A_{04} & A_{05} \\ A_{10} & A_{11} & A_{12} & A_{13} & A_{14} & A_{15} \\ A_{20} & A_{21} & A_{22} & A_{23} & A_{24} & A_{25} \end{bmatrix}_{3\times6} \begin{bmatrix} x_0 \\ x_1 \\ x_2 \\ x_3 \\ x_4 \\ x_5 \end{bmatrix}_{6\times1} \qquad \text{Ec. 6.25}$$

$$-\lambda \begin{bmatrix} g_x \\ g_y \\ g_z \end{bmatrix}_{3\times1} = \begin{bmatrix} A_{00} & A_{01} & A_{02} & A_{03} & A_{04} & A_{05} \\ A_{10} & A_{11} & A_{12} & A_{13} & A_{14} & A_{15} \\ A_{20} & A_{21} & A_{22} & A_{23} & A_{24} & A_{25} \end{bmatrix}_{3\times6} \begin{bmatrix} x_0 \\ x_1 \\ x_2 \\ x_3 \\ x_4 \\ x_5 \end{bmatrix}_{6\times1} \qquad \text{Ec. 6.26}$$

Por lo amplio del desarrollo de Ec. 6.26, el cálculo de la matriz $[A_\tau]$ se explica en el Anexo 1.

Una vez calculados los términos $A_{\tau ij}$, pasamos a exponerlos:

$$[A_\tau] = \frac{\lambda}{\Delta} \begin{bmatrix} (y_3 z_2 - y_2 z_3) & (y_1 z_3 - y_3 z_1) & (y_2 z_1 - y_1 z_2) & (y_3 z_0 - y_0 z_3) & (y_1 z_0 - y_0 z_1) & (y_0 2 - y_2 z_0) \\ (x_2 z_3 - x_3 z_2) & (x_3 z_1 - x_1 z_3) & (x_1 z_2 - x_2 z_1) & (x_0 z_3 - x_3 z_0) & (x_0 z_1 - x_1 z_0) & (x_2 z_0 - x_0 z_2) \\ (x_3 y_2 - x_2 y_3) & (x_1 y_3 - x_3 y_1) & (x_2 y_1 - x_1 y_2) & (x_3 y_0 - x_0 y_3) & (x_1 y_0 - x_0 y_1) & (x_0 y_2 - x_2 y_0) \end{bmatrix} \qquad \text{Ec. 6.27}$$

Donde Δ es el determinante del sistema de ecuaciones definido en Ec. 6.10.

Se muestra que nuestra matriz es más complicada de operar que la propuesta por Specogna, & Trevisan (2005).

$$[M_\tau] = [\tilde{s}][A_\tau] \qquad \text{Ec. 6.28}$$

Queda evidenciado en los experimentos numéricos que existe más de una forma de construir las matrices constitutivas.

6.5. La matriz constitutiva $[M_\lambda]^{2D}$ para dominios bidimensionales

Si bien hemos advertido que, en este trabajo, no se han tratado los cuerpos tridimensionales con reducciones a simetrías axiales o a simetrías planas, conviene destacar lo siguiente. Existen problemas físicos que, en sí mismo, deben ser tratados como un dominio bidimensional, tengan o no simetría.

Concretando para el caso de las máquinas eléctricas asíncronas, el tratamiento de cualquier fenómeno superficial debe ser hecho en un dominio bidimensional. Como caso práctico, supongamos un estudio de la distribución de temperatura en los aislamientos —carlite— utilizados en las chapas de los núcleos ferromagnéticos (Evans, & Von Holle, 1979). Si se tratase como un problema tridimensional, el modelado del baño de carlite en tres dimensiones tendría que ser muy denso comparado con el espesor de la chapa. Esto lejos de facilitar el procesado de datos, lo empeora, pues el mallado tridimensional del baño debe ser más denso que el de la chapa. Como de lo que se trata es de estudiar la distribución de temperaturas, no apartamos nada a la solución. Al contrario, bajamos el rendimiento computacional de la misma.

En cambio, si optamos por un dominio bidimensional para estudiar la distribución de temperaturas, esto hará que el gasto computacional, innecesario en tres dimensiones, lo empleemos en aumentar la densidad del mallado bidimensional. Este hecho hará que la solución gane en precisión. A más densidad de mallado, mayor número de nudos, mejor interpolación de los valores de temperatura a averiguar.

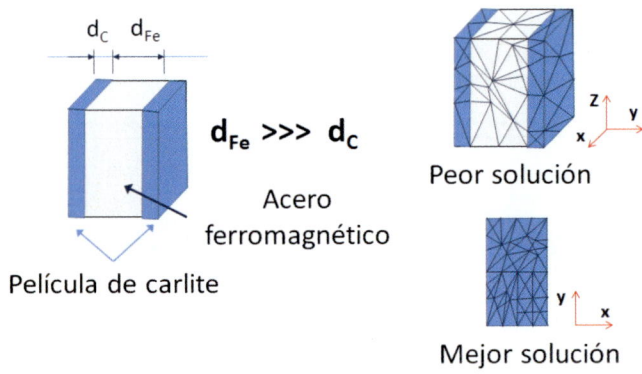

Figura 6-6. Distribuciones superficiales de temperatura.

Esto nos lleva a desarrollar la matriz propuesta y adaptada de la que propone Specogna, & Trevisan (2005) aplicada a la conducción térmica para un dominio bidimensional.

En la bibliografía consultada en FF-MC, no aparece una matriz de conductividad térmica basada en los baricentros de las caras duales. Los modelos que aparecen están basados en proyecciones a las caras primales o se consideran extrusiones cuando se hacen análisis con simetría axial. Por ello hemos decidido desarrollar el mismo procedimiento que se hizo en tres dimensiones, pero ahora de forma bidimensional.

Para ello adoptamos los parámetros primales y duales para la celda triangular siguiente:

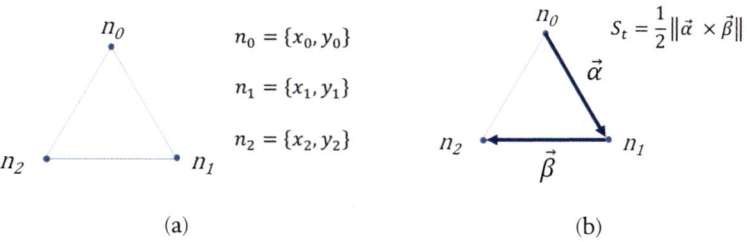

(a)   (b)

Figura 6-7. Celda triangular de referencia.

En la Figura 6-7, en (a) se indica cual es la celda de referencia bidimensional. En este caso es un triángulo. En (b) se explica cómo se obtiene la superficie del triángulo como la mitad del módulo del producto vectorial de dos vectores que describen sus lados.

En un triángulo, el subespacio dual está referido a las líneas que unen el baricentro del triángulo con las medianas de los lados del triángulo. Así mismo, todas las aristas, tanto primales como duales, deberán estar orientadas.

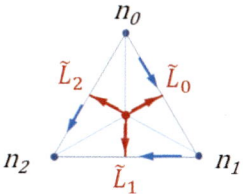

Figura 6-8. Celda triangular con sus
respectivas aristas duales.

Procediendo de manera análoga a lo realizado en los dominios tri-dimensionales, tenemos que, en dominios bidimensionales, la matriz de conductancias térmicas es:

$$[M_\lambda]^{2D} = \frac{\lambda}{S_t} \begin{bmatrix} \tilde{L}_0 & \tilde{L}_1 & \tilde{L}_2 \end{bmatrix} \begin{bmatrix} \tilde{\tilde{L}}_0 \\ \tilde{\tilde{L}}_1 \\ \tilde{\tilde{L}}_2 \end{bmatrix}$$

Ec. 6.29

157

Desarrollando el producto vectorial entre los vectores que definen a las aristas duales, se obtiene la siguiente expresión para la matriz de conductancias térmicas bidimensionales:

$$[M_\lambda]^{2D} = \frac{\lambda}{S_t} \begin{bmatrix} \tilde{\vec{L}}_0 \cdot \tilde{\vec{L}}_0 & \tilde{\vec{L}}_0 \cdot \tilde{\vec{L}}_1 & \tilde{\vec{L}}_0 \cdot \tilde{\vec{L}}_2 \\ \tilde{\vec{L}}_1 \cdot \tilde{\vec{L}}_0 & \tilde{\vec{L}}_1 \cdot \tilde{\vec{L}}_1 & \tilde{\vec{L}}_1 \cdot \tilde{\vec{L}}_2 \\ \tilde{\vec{L}}_2 \cdot \tilde{\vec{L}}_0 & \tilde{\vec{L}}_2 \cdot \tilde{\vec{L}}_1 & \tilde{\vec{L}}_2 \cdot \tilde{\vec{L}}_2 \end{bmatrix} \qquad \text{Ec. 6.30}$$

En los experimentos en dos dimensiones que se ha realizado, se ha comprobado la validez de la matriz $[M_\lambda]^2$ siguiendo los criterios anteriormente expuestos.

6.6. La matriz constitutiva $[M_{Cp}]$ para dominios tridimensionales

La matriz $[M_{Cp}]$ se asocia a la capacidad que tiene un cuerpo de almacenar calor por variación de su energía interna. Dicha variación de energía interna está asociada a un cambio de temperatura $\left(\frac{d\tau}{dt} \right)$.

Además, dependerá también de la cantidad de masa (M) del cuerpo en cuestión y del calor específico (C_p) del material que lo constituye.

Autores como Bullo, et al. (2006ª, 2006b, 2007) proponen una expresión para esta matriz, que es la siguiente:

$$[M_{Cp}] = \frac{M\,C_p}{576} \begin{bmatrix} 75 & 23 & 23 & 23 \\ 23 & 75 & 23 & 23 \\ 23 & 23 & 75 & 23 \\ 23 & 23 & 23 & 75 \end{bmatrix} \qquad \text{Ec. 6.31}$$

Donde $M = \rho_v V_T$ es la masa del tetraedro primal, obtenida de ρ_v como densidad volumétrica de masa del material del tetraedro y V_T como volumen del mismo.

Por la complejidad del desarrollo de la matriz $[M_{Cp}]$, este se explica de forma detallada en el Anexo 2. Se trata básicamente de obtener los valores de los volúmenes de las celdas duales insertos en el tetraedro primal (Voitovich, & Vandewalle, 2007).

Se demuestra que esta matriz, conocida como matriz de masa, es más exacta que la que habitualmente se emplea en el método de los elementos finitos (Bullo *et al.*, 2007). Para más información leer el Anexo 2.

La ecuación definitiva de la transmisión de calor en cualquier régimen quedaría como sigue:

$$[G]^T\{[M_\lambda][G][\tau]\} + [M_{Cp}] \; {d\tau}/{dt} = [W] \qquad \text{Ec. 6.32}$$

Para resolver esta ecuación diferencial se utiliza el método de Crank-Nicolson (Crank, & Nicolson, 1996). La ecuación Ec. 6.32 se transforma en

$$[A][\tau] + [M_{Cp}] \; {d\tau}/{dt} = [W] \qquad \text{Ec. 6.33}$$

Siendo:

$$[A] = [G]^T[M_\lambda][G] \qquad \text{Ec. 6.34}$$

Quedando la ecuación Ec. 6.34 , dispuesta para ser integrada, de la siguiente forma:

$$\left(\frac{1}{\Delta t}[M_{Cp}] + \theta[A]\right)\tau^{n+1} = \left(\frac{1}{\Delta t}[M_{Cp}] - (1-\theta)[A]\right)\tau^n + (1-\theta)[W_i^n] + \theta[W_i^{n+1}] \quad \text{Ec. 6.35}$$

No obstante, se debe destacar que Bullo *et al.* (2007) indican que la matriz $[M_{Cp}]$ desarrollada por FF-MC presenta un número de condición de valor 2,7692 mientras que la misma matriz, desarrollada por el Método de los Elementos Finitos, presenta un valor de 5. La solución final es mucho más aproximada en FF-MC, que en el FEM, pues el número de condición está más próximo a 1. Ver Anexo 2.

6.7. Conclusiones

La bibliografía sobre Formulación Finita y el Método de la Celda aplicada a la transmisión del calor es muy escasa, en general y, en el caso particular de las máquinas eléctricas, es nula.

La Formulación Finita y el Método de la Celda tienen una gran versatilidad en cuanto a la creación y transformación de matrices constitutivas se refiere.

Se ha aportado una nueva forma de matriz constitutiva de transmisión de calor para la ecuación de Fourier, basada en el promedio baricéntrico tetraédrico de las caras duales.

Se ha diseñado una nueva matriz constitutiva de transmisión de calor, para la ecuación de Fourier, que permite una precisión equivalente a otras matrices aquí propuestas. Se ha de destacar que es un poco más complicada de manipular informáticamente, pero permite comprobar la versatilidad que tiene el Método de la Celda en cuanto a matrices y ecuaciones constitutivas se refiere.

Se comprueba que la energía interna depende de parámetros propios del material y de la geometría de la celda empleada.

Se demuestra que se puede crear una matriz de conductividad eléctrica para análisis térmicos bidimensionales.

Esta metodología puede aplicarse a un modelo térmico de máquina eléctrica, y en particular, a una máquina asíncrona.

Bibliografía

Bullo, M.; D'Ambrosio, V.; Dughiero, F., & Guarnieri, M. (2006a). Coupled electrical and thermal transient conduction problems with a quadratic interpolation cell method approach. *Magnetics, IEEE Transactions on*, April, 42(4), pp. 1003-1006.

Bullo, M.; D'Ambrosio, V.; Dughiero, F., & Guarnieri, M. (2006b). *A 3D Cell Method Formulation for Coupled Electric and Thermal Problems b)*. Miami,FL, USA, IEEE, pp. 7-7.

Bullo, M.; D'Ambrosio, V.; Dughiero, F., & Guarnieri, M. (2007). A 3-D Cell Method Formulation for Coupled Electric and Thermal Problems. *Magnetics, IEEE Transactions on*, April, 43(4), pp. 1197-1200.

Crank, J., & Nicolson, P. (1996). A practical method for numerical evaluation of solutions of partial differential equations of the heat-conduction type. *Advances in Computational Mathematics*, 6(1), pp. 207-226.

Evans, J., & Von Holle, A. (1979). Evidence for the effectiveness of stress coatings in altering magnetic properties of commercially produced grain-oriented 3% silicon-iron (invited). *Magnetics, IEEE Transactions on*, Nov, 15(6), pp. 1580-1585.

Specogna, R., & Trevisan, F. (2005). Discrete constitutive equations in A-Chi geometric eddy-current formulation. *IEEE Trans. Magn*, 41(4), pp. 1259-1263.

Tonti, E. (2000). Formulazione finita delle equazioni di campo: Il Metodo delle Celle. *Atti del XIII Convegno Italiano di Meccanica Computazionale*, Brescia, Italy.

Tonti, E. (2001). A direct discrete formulation of field laws: The cell method. *CMES- Computer Modeling in Engineering and Sciences*, 2(2), pp. 237-258.

Voitovich, T. V., & Vandewalle, S. (2007). Exact integration formulas for the finite volume element method on simplicial meshes. *Numerical Methods for Partial Differential Equations*, September, 23(5), pp. 1059-1082.

Capítulo 7

Ecuaciones de Maxwell y circuitales en FF-MC y el MNM en 3D

7.1. Introducción

Las ecuaciones circuitales definen circuitos eléctricos con elementos de parámetros concentrados y que pueden ser también conectados a elementos continuos. Esta posibilidad se debe a la existencia de cohomologías en las zonas de conexión entre el dominio continuo y el de parámetros concentrados.

Se explica en este capítulo el método de la tabla, el método de la tabla reducida, el método nodal modificado, el conjunto A4 y las cohomologías.

Todos estos métodos pretenden tratar grandes redes circuitales, por métodos algebraicos, basados en el álgebra matricial (Costa *et al.*, 2000; Ho *et al.*, 1975; Wali *et al.*, 1985).

7.2. El método de la Tabla

El método de la Tabla debe cumplir con las siguientes leyes:

• Primera ley de Kirchhoff

$$[A][I_b] = [0]$$

Ec. 7.1

• Segunda ley de Kirchhoff

$$[U_b] = [A]^T [v_n]$$

Ec. 7.2

• Ecuación de definición

$$[Y_b][U_b] + [Z_b][I_b] = [W_b]$$

Ec. 7.3

Donde $[A]$ es una matriz de incidencias nudos rama: $[A]_{n \times b}$
Nota: Se utiliza el subíndice b para indicar *rama* del inglés *branch*.
El significado de las matrices, todas ellas referidas a las ramas, es el siguiente:

$[I_b]$	: Corrientes	$[Y_b]$	: Admitancias de rama
$[U_b]$	: Tensiones	$[Z_b]$	: Impedancia de rama
$[v_n]$	: Potenciales en los nudos	$[W_b]$	: Fuentes de tensión o intensidad

Cada elemento de un circuito tiene que ser ordenado de una determinada manera. Sea el circuito genérico que se presenta en la Figura 7-1.

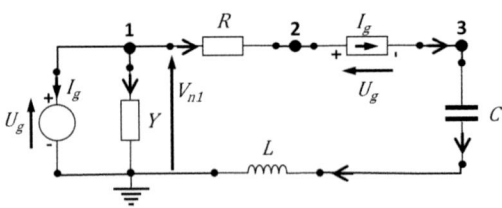

Figura 7-1. Circuito genérico.

El anterior circuito puede también ser representado mediante la siguiente tabla:

	Y_b	Z_b	W_b
R	1	-R	0
Y	G	-1	0
C	$j\omega C$	-1	0
L	1	$-j\omega L$	0
U_g	1	0	E
I_g	0	1	I_g

Tabla 7-1. Circuito de Figura
7-1 en forma de tabla.

Ahora comienza la construcción del sistema de ecuaciones del método de la Tabla. Las incógnitas por determinar son:

$$\begin{pmatrix} [U_b] \\ [I_b] \\ [v_n] \end{pmatrix}$$

La primera relación es la de tensiones y potenciales. Las tensiones en las ramas dependen de los potenciales en los nudos. Por lo tanto:

$$[U_b] = [A]^T \cdot [v_n] \quad \Rightarrow \quad [U_b] - [A]^T \cdot [v_n] = [0] \qquad \text{Ec. 7.4}$$

Debe cumplirse la primera ley de Kirchhoff, entonces:

$$[A][I_b] = [0] \qquad \text{Ec. 7.5}$$

165

Aplicando la segunda ley de Kirchhoff, entonces:

$$[Y_b][U_b] + [Z_b][I_b] = [W_b],$$

Ec. 7.6

Ensamblando todas las ecuaciones del sistema:

$$\begin{pmatrix} [1] & [0] & -[A]^T \\ [0] & [A] & [0] \\ [Y_b] & [Z_b] & [0] \end{pmatrix} \begin{pmatrix} [U_b] \\ [I_b] \\ [v_n] \end{pmatrix} = \begin{pmatrix} [0] \\ [0] \\ [W] \end{pmatrix}$$

Ec. 7.7

Al sistema $[T] \cdot [X] = [W]$ se le conoce como *Método de la Tabla*.

7.3. El Método de la Tabla Reducido

El método de la Tabla tiene el inconveniente de tener muchas incógnitas. El objetivo será reducir el número de estas al máximo posible. Una de las incógnitas que se puede reducir es el bloque de tensiones de rama $[U_b]$, pues:

$$[U_b] = [A]^T[v_n]$$

Ec. 7.8

Entonces, sustituyendo en el sistema de ecuaciones:

$$[A][I_b] = [0]$$

Ec. 7.9

$$[Y_b][U_b] + [Z_b][I_b] = [W_b] \quad \Rightarrow \quad [Y_b][A]^T[v_n] + [Z_b][I_b] =$$

Quedando el siguiente sistema de ecuaciones:

$$\begin{pmatrix} [Y_b] & [Z_b] \\ [0] & [A] \end{pmatrix} \begin{pmatrix} [v_n] \\ [I_b] \end{pmatrix} = \begin{pmatrix} [W_b] \\ [0] \end{pmatrix}$$

Ec. 7.10

Al sistema $[T_R] \cdot [X] = [W]$ se le conoce como *Método de la Tabla Reducido*.

7.4. El Método Nodal Modificado

En el Método Nodal Modificado existen tres conjuntos de elementos:

$$A_1 = \left\{ \begin{array}{c} conductancia, condensador, \\ fuente\ de\ corriente\ dependiente\ de\ tensión, \cdots \end{array} \right\}$$

$$A_2 = \{resistencia, bobina, fuente\ de\ tensión, \cdots \}$$

$$A_3 = \{fuente\ independiente\ de\ corriente\}$$

La característica que deben cumplir todos los elementos del conjunto A_1 es la siguiente:

$$[Y_1][U_1] \qquad\qquad\text{Ec. 7.11}$$

Es decir, deben comportarse como admitancias.

La característica que deben cumplir todos los elementos del conjunto A_2 es que respondan a la siguiente ecuación:

$$[Y_2][U_2] + [Z_2][I_1] = [W_2] \qquad\qquad\text{Ec. 7.12}$$

La característica que deben cumplir todos los elementos del conjunto A_3 es que respondan a la siguiente ecuación:

$$[I_3] = [I_J] \qquad\qquad\text{Ec. 7.13}$$

Siendo $[I_J]$ el valor, en amperios, de la fuente independiente de corriente.

Estos elementos se agrupan en una matriz de bloques del tipo:

$$[[A_1] \ \ [A_2] \ \ [A_3]] \qquad\qquad\text{Ec. 7.14}$$

Para cumplir con la segunda ley de Kirchhoff, esta matriz de elementos debe responder a la ecuación abajo expuesta:

$$[U_b] = \left[[A_1]\ [A_2]\ [A_3]\right]^T \cdot [v_n]$$

Ec. 7.15

Teniendo en cuenta las propiedades de la transpuesta de una matriz de bloques, se obtiene lo siguiente:

$$\left[[A_1]\ [A_2]\ [A_3]\right]^T \cdot [v_n] = \begin{pmatrix} [A_1]^T \\ [A_2]^T \\ [A_3]^T \end{pmatrix} \cdot [v_n]$$

Ec. 7.16

De lo que se deduce que existen tres bloques de tensiones de rama asociados a los elementos A_i:

$$\begin{pmatrix} [U_1] \\ [U_2] \\ [U_3] \end{pmatrix} = \begin{pmatrix} [A_1]^T \\ [A_2]^T \\ [A_3]^T \end{pmatrix} \cdot [v_n]$$

Ec. 7.17

Luego:

$$[U_1] = [A_1]^T \cdot [v_n]$$
$$[U_2] = [A_2]^T \cdot [v_n]$$
$$[U_3] = [A_3]^T \cdot [v_n]$$

Ec. 7.18

La primera ley de Kirchhoff se aplica de la siguiente manera:

$$\left[[A_1]\ [A_2]\ [A_3]\right] \cdot \begin{bmatrix} I_1 \\ I_2 \\ I_3 \end{bmatrix} = [0]$$

Ec. 7.19

$$[A_1] \cdot [I_1] + [A_2] \cdot [I_2] + [A_3] \cdot [I_3] = [0]$$

Ec. 7.20

El desarrollo del método nodal modificado consiste en eliminar el mayor número posible de incógnitas, exceptuando las tensiones en los nudos y las corrientes asociadas al conjunto A_2. Por lo tanto, los términos (A_1, I_1) y (A_3, I_3) tienen que ser reducidos a términos de I_2 y v_n.

Sustituyendo por valores previamente calculados, tenemos que:

$$[A_1] \cdot [I_1] = [A_1] \cdot ([Y_1] \cdot [U_1]) = [A_1] \cdot [Y_1]([A_1]^T \cdot [v_n])$$ Ec. 7.21

$$[A_3] \cdot [I_3] = [A_3] \cdot [I_J]$$ Ec. 7.22

Entonces:

$$[A_1] \cdot [I_1] + [A_2] \cdot [I_2] + [A_3] \cdot [I_3] = [0]$$ Ec. 7.23

Se transforma en:

$$[A_1] \cdot [Y_1][A_1]^T \cdot [v_n] + [A_2] \cdot [I_2] + [A_3] \cdot [I_J] = [0]$$ Ec. 7.24

O bien:

$$[A_1] \cdot [Y_1][A_1]^T \cdot [v_n] + [A_2] \cdot [I_2] = -[A_3] \cdot [I_J]$$ Ec. 7.25

Si a la ecuación de definición de la tabla se le sustituye el término $[U_2]$, entonces:

$$[Y_2][A_2]^T \cdot [v_n] + [Z_2] \cdot [I_2] = [W_2]$$ Ec. 7.26

El sistema de ecuaciones construido a partir de las Ec. 7.25 y Ec. 7.26 queda como sigue:

$$\begin{pmatrix} [A_1] \cdot [Y_1][A_1]^T & [A_2] \\ [A_2]^T & [Z_2] \end{pmatrix} \begin{pmatrix} [v_n] \\ [I_2] \end{pmatrix} = \begin{pmatrix} -[A_3] \cdot [I_J] \\ [W_2] \end{pmatrix}$$ Ec. 7.27

A este método se le conoce como *Método Nodal Modificado* (Ho *et al.*, 1975; Wali *et al.*, 1985).

7.5. Incorporación de elementos electromagnéticos de dominio continuo al sistema de ecuaciones circuitales del Método Nodal Modificado

El objetivo es incorporar bloques de matrices que definen el comportamiento de un dominio continuo, que ha sido discretizado, en el sistema de ecuaciones del Método Nodal Modificado (Simon, & Monzon, 2010).

Recordemos que se trata de elementos de un continuo discretizado que se van a incorporar a un circuito de elementos discretos concentrados.

Primer paso

Se modifica el vector de tensiones en el Método Nodal Modificado. Será necesario añadir un nuevo elemento A_4 tal que:

$$\begin{pmatrix} [U_1] \\ [U_2] \\ [U_3] \\ [\boldsymbol{U_4}] \end{pmatrix} = \begin{pmatrix} [A_1]^T \\ [A_2]^T \\ [A_3]^T \\ [\boldsymbol{A_4}]^T \end{pmatrix} [v_n] \qquad \text{Ec. 7.28}$$

Los elementos resaltados son los nuevos elementos por incorporar.

Segundo paso

En el Método Nodal Modificado hay que añadir el nuevo elemento A_4 a la primera ley de Kirchhoff:

$$[A_1] \cdot [I_1] + [A_2] \cdot [I_2] + [A_4] \cdot [I_4] = -[A_3] \cdot [I_3] \qquad \text{Ec. 7.29}$$

El nuevo elemento A_4 es una matriz de incidencias nudos-ramas, donde están incluidas las corrientes cohomológicas.

Previamente, se agrupan las ecuaciones por conjuntos fundamentales:

Conjunto 1 $\equiv$ $[I_1] = [Y_1][U_1]$

Conjunto 2 $\equiv$ $[Y_2][U_2] + [Z_2][I_2] = [W_2]$ Ec. 7.30

Conjunto 3 $\equiv$ $[I_3] = [I_J]$

Hay que incorporar al conjunto 4. La ecuación que define a las corrientes en el dominio continuo discretizado Ω es:

$$[I_\Omega] = [M_\sigma] \cdot \{-j\omega[a] - [G][v_i]\}$$ Ec. 7.31

Se recuerda que estamos en un sistema que varía armónicamente $(j\omega)$. Para el caso general se sustituiría por $\partial_t[a]$.

El $v_i \in [v]$, que son los potenciales eléctricos en el dominio discretizado Ω , situados en los nudos primales de la celda, y cuyo gradiente $[G][v]$ da lugar a tensiones asociadas a las aristas primales.

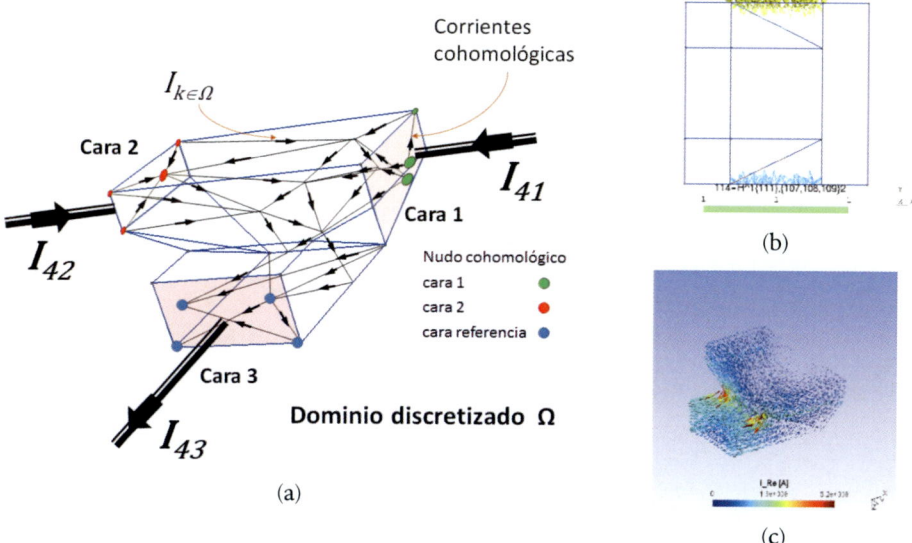

Figura 7-2. Dominio discretizado con corrientes cohomológicas.

171

En la Figura 7-2, (a) es el dominio discretizado con corrientes co-homológicas. (b) son las cohomologías obtenidas en simulación con Gmsh y (c) es la componente real de la corriente en el dominio, simulado con Gmsh. Las corrientes $[I_{41}]$, $[I_{42}]$ y $[I_{43}]$ son corriente que pertenecen al circuito de parámetros discretos concentrados y que comparten el dominio continuo discretizado Ω.

Aplicando la ley de continuidad:

$$[I_{41}] + [I_{42}] + [I_{43}] = [0] \qquad \text{Ec. 7.32}$$

Conociendo las corriente cohomológicas de la cara 1 y la cara 2 del ejemplo expuesto en Figura 7-2, se pueden averiguar cuánto valen las corrientes $[I_{41}]$ e $[I_{42}]$.

El procedimiento es crear un vector de corriente cohomológicas a la cara 1 y a la cara 2. En el caso de la Figura 7-2, existen 2 caras, pero se puede extender a n caras. La matriz de corrientes cohomológicas tendrá tantas filas como caras cohomológicas tenga el objeto, y tantas columnas como aristas tengan el mallado del dominio discretizado Ω.

Para distinguir las aristas que inciden en la cara cohomológica de las del resto del mallado, se le asigna el valor (-1, 0, 1), según incida en sentido contrario al esperado, no incida o incida en el sentido esperado, respectivamente. Por lo tanto, el elemento del grupo 4 tendría la siguiente forma:

$$[I_c] = \begin{bmatrix} 1 & \cdots & \cdots & -1 & 0 & 1 \\ -1 & \cdots & \cdots & 0 & 0 & 0 \end{bmatrix}_{n4 \times na} \qquad \text{Ec. 7.33}$$

La corriente que deseamos averiguar para el grupo 4 serán:

$$[I_x]_{na \times 1} = [M_\sigma] \cdot \{-j\omega[a] - [G][v_i]\} \qquad \text{Ec. 7.34}$$

Operando de la siguiente manera:

$$[I_c]_{n4 \times na} \cdot [I_x]_{na \times 1} = [I_4] \qquad \text{Ec. 7.35}$$

Siendo *n4* el número de nudos del mallado que son cohomológicos a las caras analizadas y *na* el número de aristas totales del mallado. Con lo que:

$$[I_4] = \begin{pmatrix} [I_{41}] \\ [I_{42}] \end{pmatrix}$$

Ec. 7.36

O bien, desde otro punto de vista:

$$[I_c][M_\sigma] \cdot \{-j\omega[a] - [G][v_i]\} = \begin{pmatrix} [I_{41}] \\ [I_{42}] \end{pmatrix}$$

Ec. 7.37

O bien:

$$-j\omega[I_c][M_\sigma][a] - [I_c][M_\sigma][G][v_i] - [I_4] = [0]$$

Ec. 7.38

Ahora se trata de introducir en el sistema de ecuaciones del Método Nodal modificado los parámetros electromagnéticos obtenidos en la formulación *(a, (a, v))*.
Ordenando:

$$\{[C]^T[M_v][C] + j\omega\,[M_\sigma]\}[a] + [M_\sigma][G][v_i] = \left[I_f\right]$$

Ec. 7.39

La intensidad $\left[I_f\right]$ corresponde a las corrientes que circulan por el dominio continuo discretizado. No son corrientes inducidas. Son corrientes suministradas desde el circuito discreto, aunque circulan conjuntamente con las corrientes inducidas dentro del dominio continuo discretizado Ω.

A continuación, se expone la ley de Ampere, conjuntamente con la ley de Faraday, en el dominio continuo discretizado Ω:

$$-j\omega\,[G]^T[M_\sigma][a] - [G]^T[M_\sigma][G][v_i] = [0]$$

Ec. 7.40

Se debe cumplir la ecuación de continuidad:

$$[A_1] \cdot [I_1] + [A_2] \cdot [I_2] + [A_4] \cdot [I_4] = -[A_3] \cdot [I_3]$$

Ec. 7.41

El sistema con el elemento $[A_4]$ incorporado sería:

$$\begin{pmatrix} [U_1] \\ [U_2] \\ [U_3] \\ [U_4] \end{pmatrix} = \begin{pmatrix} [A_1]^T \\ [A_2]^T \\ [A_3]^T \\ [A_4]^T \end{pmatrix} [v_n] \qquad \text{Ec. 7.42}$$

Donde:

$$[U_1] = [A_1]^T[v_n] \qquad [U_2] = [A_2]^T[v_n]$$
$$[U_3] = [A_3]^T[v_n] \qquad [U_4] = [A_4]^T[v_n]$$

Ec. 7.43

Repitiendo el proceso, y teniendo en cuenta que las incógnitas deben aparecen en la forma $\{a, v_i, v_n, I_2, I_4\}$, el sistema final tiene que quedar en función de las incógnitas anteriormente citadas.

El término $\{[A_1] \cdot [I_1]\}$, de la expresión Ec. 7.41, puede ser modificado a:

$$[A_1] \cdot [I_1] = [A_1][Y_1][U_1] = [A_1][Y_1][A_1]^T[v_n] \qquad \text{Ec. 7.44}$$

Sustituyendo:

$$[A_1][Y_1][A_1]^T[v_n] + [A_2] \cdot [I_2] + [A_4] \cdot [I_4] = -[A_3] \cdot [I_3] \qquad \text{Ec. 7.45}$$

De la Ec. 7.30 se extrae la siguiente expresión:

$$[Y_2][U_2] + [Z_2][I_2] = [W_2] \qquad \text{Ec. 7.46}$$

Entonces, sustituyendo el valor $[U_2] = [A_2]^T[v_n]$ en ella, se obtiene lo siguiente:

$$[Y_2][A_2]^T[v_n] + [Z_2][I_2] = [W_2] \qquad \text{Ec. 7.47}$$

Ahora, haciendo un ordenamiento de las ecuaciones obtenidas, se determina el siguiente agrupamiento de ecuaciones:

$$\{[C]^T[M_v][C] + j\omega\,[M_\sigma]\}[a] + [M_\sigma][G][v_i] = [I_f]$$

$$-j\omega\,[G]^T[M_\sigma][a] - [G]^T[M_\sigma][G][v_i] = 0$$

$$-j\omega\,[I_c][M_\sigma][a] - [I_c][M_\sigma][G][v_i] - [I_4] = [0]$$

$$[Y_2][A_2]^T[v_n] + [Z_2][I_2] = [W_2]$$

$$[A_1][Y_1][A_1]^T[v_n] + [A_2]\cdot[I_2] + [A_4]\cdot[I_4] = -[A_3]\cdot[I_3]$$

Ec. 7.48

La primera ecuación define a la Ley de Ampere y de Faraday aplicada al dominio continuo discretizado. Son las corrientes que se inducen por las variaciones del campo magnético, así como las corrientes que forzamos a circular en el dominio continuo discretizado Ω y que proceden de los circuitos discretos conectados al dominio.

La segunda ecuación es la ley de continuidad de la corriente eléctrica en el dominio continuo discretizado Ω.

La tercera ecuación es la ecuación de definición de las corrientes cohomológicas en el dominio continuo discretizado Ω.

La cuarta ecuación corresponde a la Ley de Ampere, pero aplicada al circuito discreto.

Y, por último, la quinta ecuación es una ecuación de definición y se corresponde con la segunda ley de Kirchhoff aplicada al circuito discreto.

Con esto queda demostrado que se pueden hibridar circuitos discretos de parámetros concentrados con dominios continuos, discretizables y conductores.

El sistema de ecuaciones, expuesto en Ec. 7.48, se puede escribir de forma matricial de la siguiente manera:

$$
\begin{bmatrix}
[T_{11}]_{lxl} & [T_{11}]_{lx\eta} & [0]_{lxn} & [0]_{lxb2} & [0]_{lxb2} \\
[T_{11}]_{nxl} & [T_{11}]_{nx\eta} & [0]_{\eta xn} & [0]_{nxb2} & [0]_{nxb4} \\
[T_{11}]_{b4xl} & [T_{11}]_{b4x\eta} & [0]_{b4xn} & [0]_{b4xb2} & [-1]_{b4xb4} \\
[0]_{b2xl} & [0]_{b2xn} & [T_{11}]_{b2xn} & [Z_2]_{b2xb2} & [0]_{b2xb4} \\
[0]_{nxl} & [0]_{nx\eta} & [T_{11}]_{nxn} & [A_2]_{nxb2} & [A_4]_{nxb4}
\end{bmatrix}
\times
\begin{bmatrix}
[a]_{lx1} \\
[v_i]_{\eta x1} \\
[v_n]_{nx1} \\
[I_2]_{b2x1} \\
[I_4]_{b4x1}
\end{bmatrix}
$$

Ec. 7.49

$$
=
\begin{bmatrix}
[I_f]_{lx1} \\
[0]_{\eta x1} \\
[0]_{nx1} \\
[W_2]_{b2x1} \\
[-A_3\,I_j]_{b4x1}
\end{bmatrix}
$$

Debido a lo complejo de representar el sistema completo, se ha pasado a la hoja siguiente. Los subíndices son de suma importancia, pues nos van a indicar la dimensión global de la matriz y el espacio a que pertenece la submatriz: dominio continuo o circuito discreto. Los subíndices indican lo siguiente:

b_2: ramas del grupo 2

b_4: ramas del grupo 4

n: número de nudos del circuito discreto

η: nudos del dominio continuo discretizado Ω.

l: número de aristas del dominio Ω .

$$
\begin{bmatrix}
[\{[C]^T[M_v][C] + j\omega[M_\sigma]\}]_{lxl} & [[M_\sigma][G]]_{lx\eta} & [0]_{lxn} & [0]_{lxb2} & [0]_{lxb2} \\
[-j\omega[G]^T[M_\sigma]]_{nxl} & [-[G]^T[M_\sigma][G]]_{nx\eta} & [0]_{\eta xn} & [0]_{nxb2} & [0]_{nxb4} \\
[-j\omega[I_c][M_\sigma][a]]_{b4xl} & [[I_c][M_\sigma][G]]_{b4x\eta} & [0]_{b4xn} & [0]_{b4xb2} & [-1]_{b4xb4} \\
[0]_{b2xl} & [0]_{b2x\eta} & [[Y_2][A_2]^T]_{b2xn} & [Z_2]_{b2xb2} & [0]_{b2xb4} \\
[0]_{nxl} & [0]_{nx\eta} & [[A_1][Y_1][A_1]^T]_{nxn} & [A_2]_{nxb2} & [A_4]_{nxb4}
\end{bmatrix}
\times
\begin{bmatrix}
[a]_{lx1} \\
[v_i]_{nx1} \\
[v_n]_{nx1} \\
[I_2]_{b2x1} \\
[I_4]_{b4x1}
\end{bmatrix}
=
\begin{bmatrix}
[I_f]_{lx1} \\
[0]_{\eta x1} \\
[0]_{nx1} \\
[W_2]_{b2x1} \\
[-A_3\,I_j]_{b4x1}
\end{bmatrix}
$$

Ec. 7.50

177

Conclusiones

El estudio de las Homologías y las Cohomologías se incluye en el Álgebra Homológica (Lluis-Puebla, 1990, p. 4-5).

En este libro no se tiene como objetivo el estudio del Álgebra Homológica. Solamente se ha usado como herramienta, ya implementada en GMSH.

Del GMSH se han utilizado las cohomologías, cuya utilidad se ha explicado en apartados anteriores de este capítulo.

Básicamente, las cohomologías equivalen a los grupos de corte básicos en Teoría de Circuitos. Esta utilidad es la que se ha explotado en este trabajo para poder enlazar dominios continuos discretizados con dominios circuitales de parámetros concentrados.

Las homologías establecen ciclos cerrados sobre un dominio discretizado. La utilidad que demostrado es la de indicar dónde se sitúan las caras, del dominio discretizado, a conectar en el circuito de parámetros concentrados.

El trabajo consistió en establecer el conjunto de nudos y aristas cohomológicas a las caras C1 y C2, siguiendo las instrucciones del GMSH. El uso de los nudos y las aristas cohomológicas se ha explicado en apartados anteriores de este capítulo.

Par profundizar más en el tema de homologías y cohomologías aplicadas al electromagnetismo computacional se recomienda leer a Dlotko *et al.* (2009), Pellikka *et al.* (2010), Pellikka *et al.* (2013) y Pellikka (2014).

Bibliografía

Costa, M.; Nabeta, S., & Cardoso, J. (2000). Modified nodal analysis applied to electric circuits coupled with FEM in the simulation of a universal motor. *Magnetics, IEEE Transactions on,* Jul, 36(4), pp. 1431-1434.

Dlotko, P.; Specogna, R., & Trevisan, F. (2009). Automatic generation of cuts on large-sized meshes for the T- omega geometric eddy-current formulation.

Computer Methods in Applied Mechanics and Engineering, 198(47-48), pp. 3765-3781.

Ho, C.-W.; Ruehli, A. E., & Brennan, P. A. (1975). The modified nodal approach to network analysis. *Circuits and Systems, IEEE Transactions on,* Jun, 22(6), pp. 504-509.

Lluis-Puebla, E. (1990). *Álgebra homológica, cohomología de grupos y K-Teoría algebraica.* Primera ed. México DF, México: Addison-Wesley Iberoamericana.

Pellikka, M. (2014). *Finite Element Method for Electromagnetics on Riemannian Manifolds. Topology and Differential Geometry Toolkit (PhD Thesis).* 1 ed. Tampere, Finland: Tampereen teknillinen yliopisto - Tampere University of Technology.

Pellikka, M.; Suuriniemi, S., & Kettunen, L. (2010). Homology in electromagnetic boundary value problems. *Boundary Value Problems,* 2010(1), p. 381953.

Pellikka, M.; Suuriniemi, S.; Kettunen, L., & Geuzaine, C. (2013). Homology and cohomology computation in finite element modeling. *SIAM Journal on Scientific Computing,* 35(5), pp. B1195--B1214.

Simon, L., & Monzon, J. (2010). Cell Method and Modified Nodal Method in Eddy Current Electromagnetic Problems. *International Conference on Renewable Energies and Power Quality (ICREPQ'11),* APRIL.

Wali, U.; Pal, R., & Chatterjee, B. (1985). On the modified nodal approach to network analysis. *Proceedings of the IEEE,* March, 73(3), pp. 485-487.

Capítulo 8

Experimentos numéricos y validación

8.1. Introducción

Para probar cada una de las teorías que hemos expuesto en los capítulos anteriores, se han desarrollado un conjunto de aplicaciones informáticas. Estas aplicaciones han servido para realizar una serie de experimentos numéricos justificativos de la hipótesis que pretendemos demostrar: «La Formulación Finita, con el Método de la Celda, es una metodología válida para cálculos electromagnéticos y térmicos en máquinas eléctricas asíncronas».

Para ello hemos hecho una clasificación de los experimentos numéricos que responde a la siguiente ordenación:

- Experimentos numéricos de tipo térmico.
- Experimentos numéricos de tipo electromagnético.
- Experimentos numéricos de tipo electrotérmico.

8.2. Metodología

El proceso llevado a cabo ha sido el utilizar un método numérico alternativo de resolución de ecuaciones diferenciales en derivadas parciales, aplicado a problemas electromagnéticos y térmicos, que se desarrollan en las máquinas eléctricas asíncronas.

Para comprobar si las propuestas hechas en FF-MC son válidas, se han diseñado y ejecutado una serie de experimentos numéricos.

Los resultados obtenidos en estos experimentos numéricos deben ser sometidos a un proceso de *verificación* y *validación* para garantizar que la hipótesis de partida es válida: «La Formulación Finita y su método numérico, el Método de la Celda, son válidos para estudiar electromagnéticamente y térmicamente a una máquina eléctrica asíncrona».

8.2.1. Proceso de verificación y validación

El proceso de verificación y validación, V&V de aquí en adelante, es un proceso continuo y no disjunto, pues el uno depende del otro.

La *verificación* consiste en comprobar si el procedimiento implementado es conceptualmente correcto (B. H.Thacker *et al.*, 2004; Tedeschi, 2006; Oden, 2009).

El procedimiento ha consistido en utilizar una serie de aplicaciones informáticas, de uso libre, y crear otras utilizando lenguajes de programación, también de uso libre, para comprobar si la Formulación Finita, implementada numéricamente en dichas aplicaciones con el Método de la Celda, era válida para el estudio de las máquinas eléctricas asíncronas desde el punto de vista electromagnético y térmico.

Conceptualmente se ha verificado que no existen errores y que lo aportado por los experimentos es congruente con las teorías físicas que explican dichos fenómenos.

La *validación* consiste en comprobar si los datos obtenidos de los experimentos numéricos coinciden con una *realidad objetiva* (B.H. Thacker *et al.*, 2004; Tedeschi, 2006; Oden, 2009).

En nuestro caso, la realidad objetiva consiste en obtener resultados mediante aplicaciones informáticas, sobradamente contrastadas, como son el GetDP y FEMM. Los datos obtenidos de estas aplicaciones, los contrastamos con los datos obtenidos en nuestros experimentos numéricos. De esta manera, aplicando los estadísticos correspondientes, damos validez a dichos resultados.

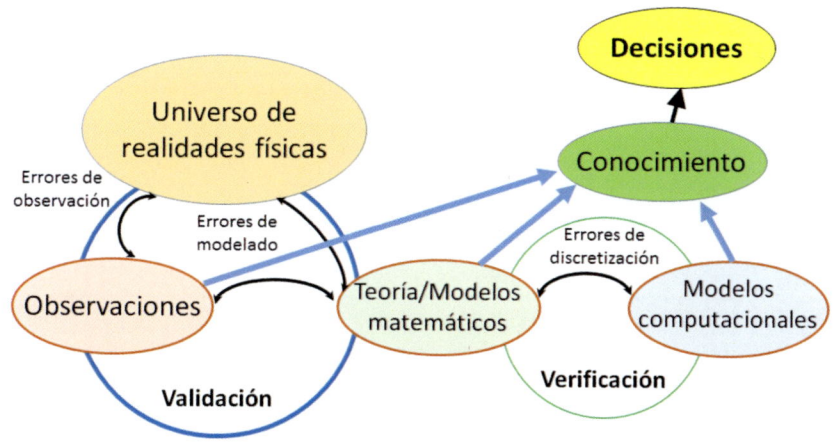

Figura 8-1. Los caminos del conocimiento.
Adaptado de Oden (2009).

El modelo propuesto por Oden (2009) le da una gran importancia a la fase de validación. Esto es así porque cualquier hecho no contrastado no tiene una validez verdadera en la ciencia. Es cierto que se puede lanzar una teoría aparentemente coherente, pero hasta no ser comprobada, no alcanza el nivel de generalidad. También es cierto, como es el estudio que nos atañe, que los modelos computacionales son una fuente de generación de conocimiento. Se puede encontrar también dos modelos interesantes de V&V en B. H.Thacker *et al.* (2004), pp. 5-7. En nuestro caso, se culminará el proceso con una contrastación con la realidad física. Es decir, ensayando y validado en laboratorio los resultados ahora obtenidos en la medida que esto sea factible.

Los experimentos llevados a cabo se han desarrollado en dos ordenadores con las siguientes características:

Ordenador 1	Ordenador 2
Fabricante: Packard Bell Procesador: Intel® Core$^{(TM)}$ i5 CPU: 3.20 GHz Memoria RAM: 4,00 GB Sistema operativo: Windows 7, 64 bit	Fabricante: Dell Procesador: Intel® Core$^{(TM)}$ i7-3820 CPU: 3,6GHz Memoria RAM:32GB Sistema operativo: OpenSUSE Linux

El *software*, de uso libre, utilizado fue: Gmsh-GetDP, FEMM, Scilab, Dev C++, Octave y Gnuplot. El *software* utilizado, bajo licencia, fue: Matlab, Excel y Word de Microsoft Los sistemas operativos donde se trabajaron las aplicaciones informáticas fueron Windows 7, 64 bit de Microsoft y OpenSUSE Linux.

Se han fabricado diversas aplicaciones para llevar a cabo los cálculos. Estás son:

	2D		3D	
	Nº aplicaciones	Promedio líneas de código	Nº aplicaciones	Promedio líneas de código
Dev C++	6	300	23	957
Matlab	6	200	4	900
Octave	No desarrolladas	No desarrolladas	5	150
Scilab	No desarrolladas	No desarrolladas	20	250
GetDP	2	200	4	200

Figura 8-2. Aplicaciones informáticas desarrolladas.

8.2.2. Procedimiento seguido en los experimentos numéricos

Todos experimentos numéricos que se ha llevado a cabo siguen la misma metodología (Paez, 2009), que es la siguiente:

1. Formulación del problema.
2. Modelado geométrico y definición del dominio electromagnético y/o térmico.
3. Establecimiento de las condiciones de contorno e iniciales.
4. Generación de la malla de cálculo.
5. Simulación.
6. Procesado de los resultados.
7. Análisis de los resultados.
8. Elaboración del informe.

8.2.3. Elaboración del informe del experimento

Cada experimento se ha diseñado siguiendo la misma estructura, siempre que sea posible. La validación se ha llevado a cabo con una batería de estadísticos. Los estadísticos empleados se pueden consultar en el Anexo 3. Los informes de cada experimento siguen el siguiente orden:

- Esquema del experimento.
- Objetivos del experimento.
- Descripción del experimento.
- Gráficos obtenidos.
- Estadísticos obtenidos.
- Análisis de los datos.
- Resumen del experimento.

8.3. Experimentos numéricos de tipo térmico

Pretenden demostrar la validez del Método de la Celda en los procesos de transmisión de calor.

8.3.1. Calibración del FEMM

Esquema del experimento

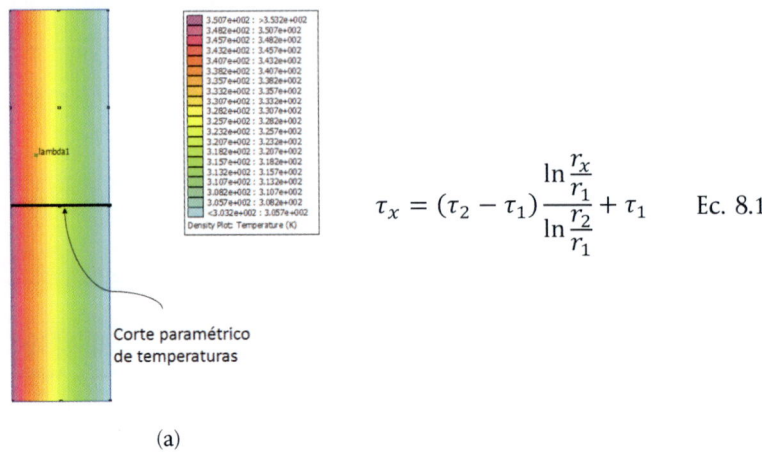

$$\tau_x = (\tau_2 - \tau_1)\frac{\ln\frac{r_x}{r_1}}{\ln\frac{r_2}{r_1}} + \tau_1 \qquad \text{Ec. 8.1}$$

(a)

Figura 8-3. Calibración de FEMM.

Objetivos del experimento

Con este experimento de calibración se pretende comprobar cómo se comporta, en cuanto a errores se refiere, el FEMM frente a una expresión analítica, la cual representa la distribución de temperaturas a través de una pared de un cilindro.

Descripción del experimento

El experimento consiste en crear un rectángulo de dimensiones 0,5 x 2,0 metros, que equivaldría a un corte de la pared de un cilindro de 2 metros de altura, 2 metros de diámetro. El espesor de las paredes corresponde al rectángulo anteriormente indicado, el cual se utilizará en otros experimentos numéricos, Figura 8-3(a). Se ha procedido así porque el FEMM está basado en el método de los elementos finitos. Utiliza simetrías axiales y planas, siendo nuestro caso el primero. La pared del cilindro tiene un coeficiente de conducción térmica de 1 [W·m^{-1} K^{-1}]. Este dato solo representa un valor fácil de rastrear analíticamente, pero carente de sentido físico como material constituyente de una máquina asíncrona. Se comparó un corte paramétrico hecho en el modelo de FEMM, Figura 8-3(a), con los valores de temperatura obtenidos con la expresión Ec. 8.1. En él se midieron temperaturas para dos mallados concretos: un mallado de 2.517 nudos y otro de 1.013.144 nudos. Con estos mallados se pretendía observar el comportamiento del FEMM frente a la expresión analítica. El primer mallado lo seleccionó automáticamente el programa. El segundo mallado lo impusimos nosotros.

Las condiciones de contorno son: la temperatura más alta está en la cara externa del cilindro (80 ºC) y la más baja está en la cara interna del cilindro (30 ºC). Se considera que el calor avanza en sentido radial. Se considera la tapa superior e inferior del cilindro como aislantes perfectos. No hay fuente de calor en el interior del cilindro. Se considera una transmisión pura de calor. Se aplican condiciones tipo Dirichlet.

Las condiciones iniciales y finales son las mismas en el experimento, pues se trata de un proceso estacionario.

Gráficos obtenidos

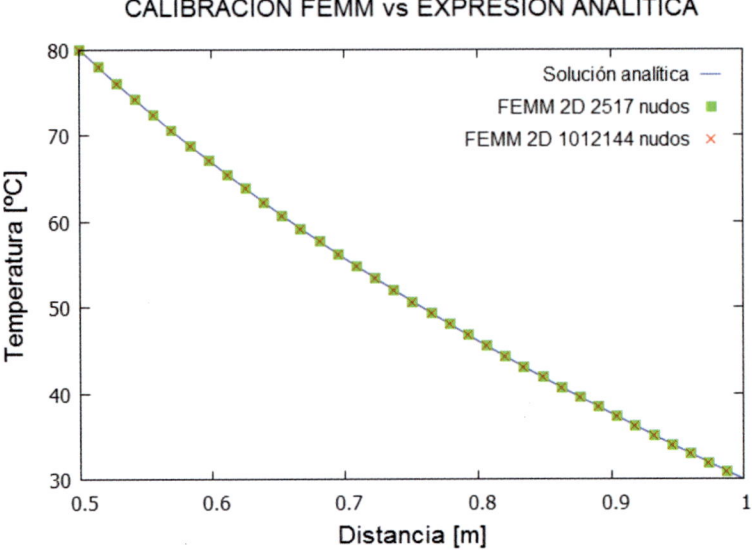

Figura 8-4. Calibración FEMM vs Sol. Analítica.

Estadísticos obtenidos

Mallado [Nudos]	2517	1013144
Temperatura [ºC] a 0,75 m (Analítica ref: 72,7422 ºC)	72,7585	72,7585
Diferencia de temperatura [ºC]	0,0162	0,0162
Diferencia porcentual [%]	0,0223	0,0223

Tabla 8-1. Temperaturas de calibración del FEMM.

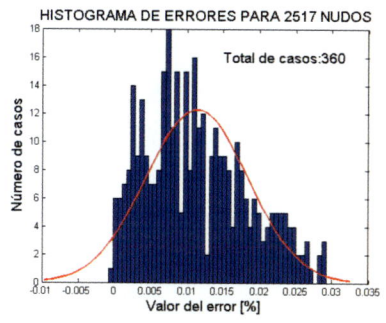
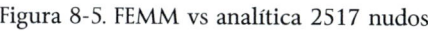

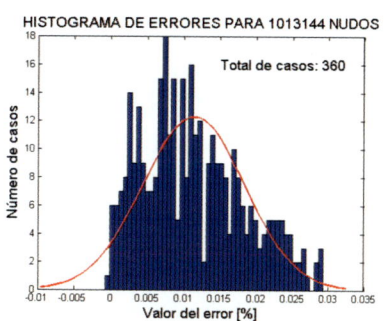

Figura 8-5. FEMM vs analítica 2517 nudos.

Figura 8-6. FEMM vs analítica 1013144 nudos.

Las temperaturas de la Tabla 8-1 han sido tomadas a 0,75 metros del centro del cilindro, en sentido radial, y a mitad de su altura, 1 metro.

Mallado [tetraedros]	2517	1013144
R^2 [0, +1]. Óptimo: +1	1	1
MSE [$\degree C^2$]_[0, +∞]. Óptimo: 0	0,0001	0,0001
RMSE_[$\degree C$]	0,0072	0,0072
RMSPE [-1, +1]. Óptimo: 0	0,0001	0,0001
MAE [$\degree C$]	0,006	0,006
MAEP [-1, +1]. Óptimo: 0	0,0001	0,0001
IRM [-∞, +∞]. Óptimo: 0	0,0087	0,0087
PBIAS [-1, +1]. Óptimo: 0	0,0001	0,0001
NSEF [-∞, 1]. Óptimo: 1	1	1
U1 de Theil [0, 1]. Óptimo: 0	0,0001	0,0001
UM de Theil [0, 1]. Óptimo: 0	0,6832	0,6832
US de Theil [0, 1]. Óptimo: 0	0,0353	0,0353
UC de Theil [0, 1]. Óptimo: 0	0,2815	0,2815
Willmott-dW [0, 1]. Óptimo: 1	1	1
MEF [-∞, 1]. Óptimo: 1	1	1
CD [-∞,+∞]. Óptimo: 1	0,9998	0,9998
C [-∞,+∞]. Óptimo: 0	0,0001	0,0001

Tabla 8-2. Estadísticos de calibración del FEMM.

Análisis de los datos

Las temperaturas obtenidas son lo suficientemente próximas a la solución analítica como para considerar al FEMM un buen patrón de comparación. En la distribución de los errores, Figura 8-5 y Figura 8-6 se nota sesgo respecto al error cero. Esto indica cierto fallo sistémico en el FEMM que tendremos que asumir: [0 %, 0,03 %]. Se confirma este sesgo con el indicador UM de Theil, el cual está indicando errores en los valores medios de dichas distribuciones (FEMM vs analítica). Se aprecia que entre el mallado automático (2517 nudos) y el que le hemos impuesto (1 013 144 nudos) no existe mejora alguna en cuanto al error, con el consiguiente costo computacional para el segundo de los casos.

Resumen del experimento

Se puede considerar al FEMM como un patrón aceptable para validar distribuciones de temperatura. Se debe permitir que el programa seleccione de forma automática el tamaño del mallado, pues tal como demuestran los datos, está optimizada dicha selección para producir el mínimo error posible.

8.3.2. Experimento térmico 1

Esquema del experimento

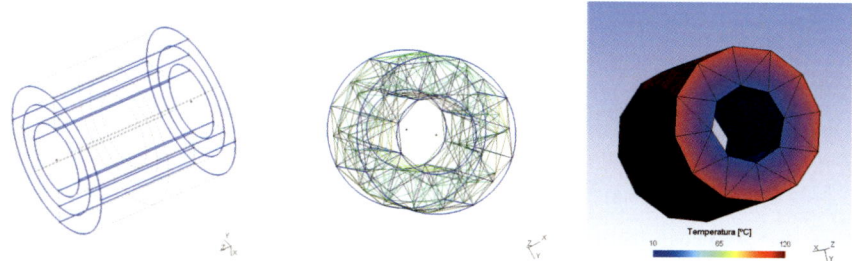

Figura 8-7. Experimento térmico 1.

Descripción del experimento

Se construye un cilindro de 2 metros de diámetro y 2 metros de altura. El cilindro tiene una pared interna de 0,5 metros de espesor. Los datos del experimento son:

$$\lambda: \quad 1,00 \quad W \cdot m^{-1} \, K^{-1}$$

Las condiciones de contorno del experimento son:

- El dominio pared Ω_{pared} es conductor térmico
- El dominio envolvente $\Omega_{envolvente}$ es aislante térmico.
- No existen fuentes de calor internas.

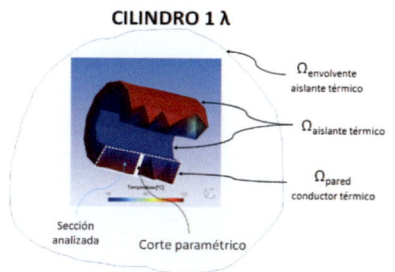

Figura 8-8. Condiciones de contorno CILINDRO1λ.

191

Las condiciones iniciales son:

T_{0_ext} :   120   ºC T_{0_int} :   30   ºC

Las condiciones finales son:

T_{f_ext} :   120   ºC T_{f_int} :   30   ºC

La temperatura más alta está en la cara externa del cilindro (120 ºC) y la más baja está en la cara interna del cilindro (30 ºC), se considera que el calor avanza en sentido radial. Se considera la tapa superior e inferior del cilindro como aislantes perfectos. No hay fuente de calor en el interior del cilindro. Se considera una transmisión pura de calor. Se aplican condiciones tipo Dirichlet.

Las paredes del cilindro tienen una conductividad térmica de 1 [W·m^{-1} K^{-1}]. Este valor es ficticio y sirvió para calibrar desarrollo de funciones posteriores implementadas en C++.

Las condiciones iniciales son las mismas al principio y al final del experimento pues se trata de un proceso estacionario. Se hace un corte paramétrico sobre una línea, en sentido radial y se miden las temperaturas, según se indica en la Figura 8-8.

La temperatura de referencia se obtiene de una expresión analítica, Ec. 8.2. La temperatura (τ_x) se obtiene conociendo la temperatura de la cara exterior del cilindro (τ_2), la temperatura de la cara interior del cilindro (τ_1), el radio exterior del cilindro (r_2), el radio interior del cilindro (r_1) y el radio donde se desea conocer la temperatura (r_x).

$$\tau_x = (\tau_2 - \tau_1)\frac{\ln\frac{r_x}{r_1}}{\ln\frac{r_2}{r_1}} + \tau_1 \qquad \text{Ec. 8.2}$$

Objetivos del experimento

Comprobar si la matriz constitutiva $[M_\lambda]$, propuesta en el Capítulo 6, es válida en la conducción del calor, con un solo coeficiente de conductividad térmica, en régimen estacionario y con ausencia de fuentes internas de calor.

$$[G]^T\{[M_\lambda][G][\tau]\} = [0]$$

Ec. 8.3

Se contrasta con la expresión analítica Ec. 8.2.

Gráficos obtenidos

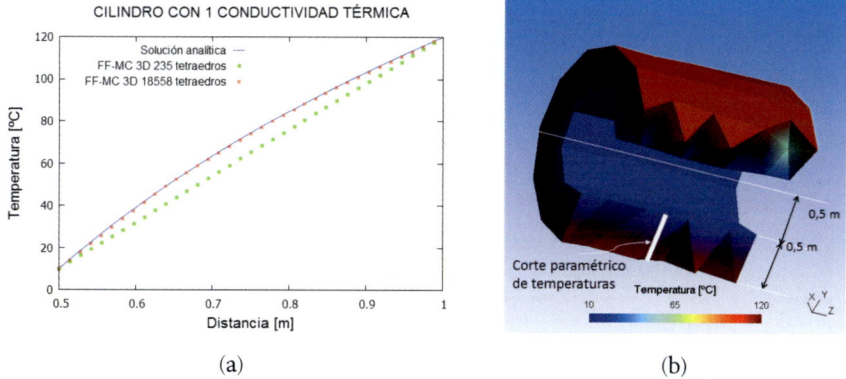

(a)   (b)

Figura 8-9. Cilindro de 1 conductividad térmica.

Estadísticos obtenidos

Mallado [Nudos]	235	18558
Temperatura [ºC] a 0,75 m (Analítica ref: 74,4932 ºC)	65,1646	73,9001
Diferencia de temperatura [ºC]	-9,3286	-0,5931
Diferencia porcentual [%]	-12,5228	-0,7962

Tabla 8-3. Temperaturas en cilindro 1 conductividad.

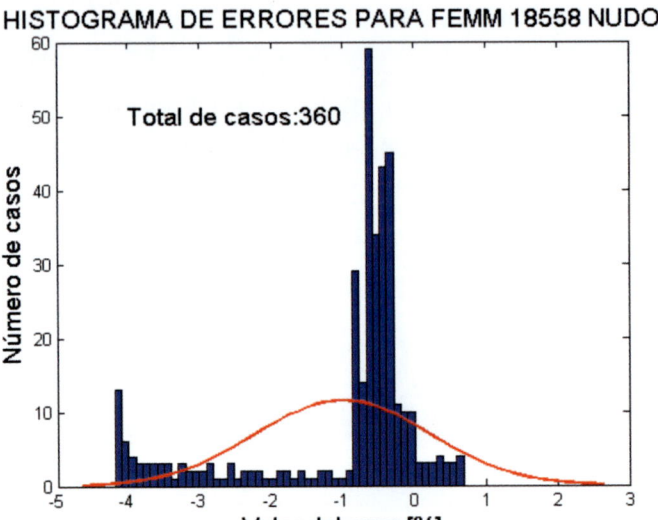

Figura 8-10. Histograma FF-CM vs analítica.

Mallado [tetraedros]	235	18558
R² [0, +1]. Óptimo: +1	0,9921	0,9999
MSE [ºC²]_[0, +∞]. Óptimo: 0	47,4375	0,3091
RMSE_[ºC]	6,8875	0,556
RMSPE [-1, +1]. Óptimo: 0	0,0966	0,0078
MAE [ºC]	6,2747	0,4926
MAEP [-1, +1]. Óptimo: 0	0,088	0,0069
IRM [-∞, +∞]. Óptimo: 0	7,5602	0,6275
PBIAS [-1, +1]. Óptimo: 0	-0,0965	-0,0066
NSEF [-∞, 1]. Óptimo: 1	0,9521	0,9997
U1 de Theil [0, 1]. Óptimo: 0	0,0458	0,0036
UM de Theil [0, 1]. Óptimo: 0	0,83	0,7156
US de Theil [0, 1]. Óptimo: 0	0,0029	0,01
UC de Theil [0, 1]. Óptimo: 0	0,1672	0,2745
Willmott-dW [0, 1]. Óptimo: 1	0,9883	0,9999

194

MEF [-∞, 1]. Óptimo: 1	0,9521	0,9997
CD [-∞,+∞]. Óptimo: 1	0,9405	0,9963
C [-∞,+∞]. Óptimo: 0	0,088	0,0069

Tabla 8-4. Estadísticos del experimento térmico 1.

Las temperaturas de la Tabla 8-3 han sido tomadas a 0,75 metros del centro del cilindro, en sentido radial, y a mitad de su altura, 1 metro.

Análisis de los datos

Es el primer experimento numérico sobre transmisión de calor que se realizó. De él se extrajo la necesidad de contar con un buen programa de graficado y validación de datos (Gnuplot y Matlab). Se creó una rutina para generar los estadísticos de validación. De la Figura 8-9(a) se deduce que, aparentemente, el modelo se ajusta bien a la expresión analítica Ec. 8.2. Observando los indicadores estadísticos se comprueba que, con un mallado denso, la validez de $[M_\lambda]$ está garantizada, tanto en cuanto se ha contrastado con una expresión analítica no sujeta a errores, ni controlados ni aleatorios. La expresión analítica es el contraste más fuerte al que se le puede someter los datos obtenidos de nuestro experimento. Esto lo demuestran los valores de los estadísticos para el mallado de 18 558 tetraedros. Los valores en magnitudes físicas muestran un error muy bajo (MSE, RMSE, MAE). Los indicadores porcentuales están muy próximos al óptimo. Si observamos los indicadores de fuente de error, vemos que es en las medias de errores hay mayor discrepancia (UM de Theil). Esto indica cierto sesgo que habrá que confirmar con un histograma de errores, enfrentándolos a la distribución normal de los mismos. Ver Figura 8-10. Téngase en cuenta que, cuando hablamos de errores, debe hacerse en la medida porcentual y absoluta de los mismos, así como en la importancia que tengan para el caso de que se trate.

Además, la expresión analítica corresponde al caso unidimensional (corte paramétrico), mientras que nuestro modelo ha sido desarrollado en 3D y le hemos hecho un corte paramétrico para hacerlo coincidir con la expresión analítica.

Resumen del experimento

Se decide, a partir de este experimento en adelante, tener como referencia el número de nudos, pues las aplicaciones informáticas utilizadas de patrón dan este dato como referencia. Además, el número de nudos indicará el número de ecuaciones e incógnitas que tendrá la matriz global del sistema.

El gradiente de temperatura es aproximadamente el esperado. Se tendrá que trasladar el foco caliente a la pared interior del cilindro para asemejarlo al proceso térmico real que aparece en las máquinas eléctricas asíncronas.

8.3.3. Experimento térmico 2

Esquema del experimento

Figura 8-11. Experimento térmico 2.

Descripción del experimento

Se construye un cilindro de hueco de 2 metros de altura y 2 metros de diámetro. La pared tiene un espesor de 0,5 metros. Dicha pared está a su vez compuesta de dos cilindros concéntricos, con un espesor de 0,25 metros cada uno de ellos.

Los datos del experimento son:

λ_1:   50,00 $W \cdot m^{-1} K^{-1}$ λ_2:   193,00 $W \cdot m^{-1} K^{-1}$

Las condiciones de contorno del experimento son:

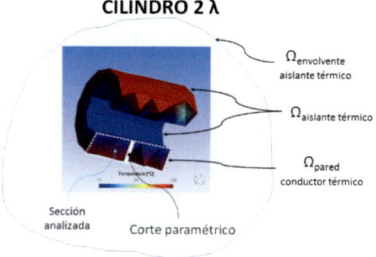

CILINDRO 2 λ

- El dominio pared Ω_{pared} es conductor térmico.
- El dominio envolvente $\Omega_{envolvente}$ es aislante térmico.
- No existen fuentes de calor internas.

Figura 8-12. Condiciones de contorno CILINDRO2λ

Las condiciones iniciales son:

T_{0_ext} :   30   ºC T_{0_int} :   80   ºC

Las condiciones finales son:

T_{f_ext} :   30   ºC T_{f_int} :   80   ºC

Las condiciones iniciales y finales del experimento son las mismas pues se trata de un proceso estacionario. Se hace un corte paramétrico sobre una línea, en sentido radial, donde se miden las temperaturas Figura 8-14 (b).

El cilindro interior tiene una conductividad térmica de 50 [$W \cdot m^{-1}$ K^{-1}], típica de los aceros (46,6-51,9) [$W \cdot m^{-1} K^{-1}$]. El cilindro exterior tiene una conductividad térmica de 193 [W·m⁻¹ K⁻¹], típica de las aleaciones de aluminio (95,3-222) [W·m⁻¹ K⁻¹].

Se considera que el calor avanza en sentido radial. Se considera la tapa superior e inferior del cilindro como aislantes perfectos. No hay fuente de calor en el interior del cilindro. Se considera una transmisión pura de calor. Se aplican condiciones tipo Dirichlet.

La temperatura que se utiliza como referencia es la obtenida por un corte paramétrico en una distribución bidimensional de temperatura, que corresponde al rectángulo generatriz de revolución de la pared del cilindro. Dicha distribución de temperaturas ha sido generada con FEMM y se observa en la Figura 8-13 (a).

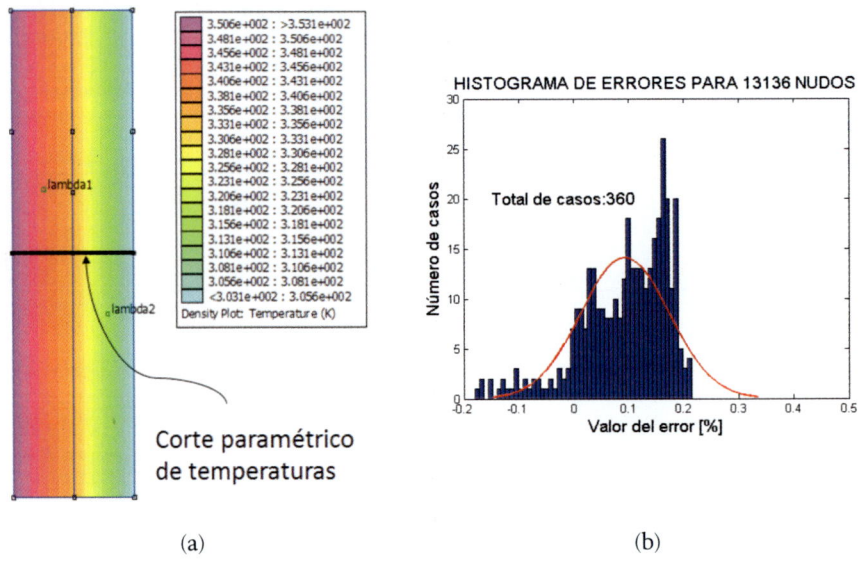

(a)   (b)

Figura 8-13. Temperaturas de referencia (FEMM).

Objetivos del experimento

Comprobar si la matriz constitutiva $[M_\lambda]$, propuesta en el Capítulo 6, es válida en la conducción del calor con dos coeficientes de conductividad diferentes, en régimen estacionario y con ausencia de fuentes internas de calor. La matriz $[M_\lambda]$ se ha propuesto en este libro como una alternativa a las matrices habitualmente utilizadas en las ecuaciones constitutivas de la FF-MC. Se calcula con la ecuación de transmisión de calor, en FF-CM, siguiente:

$$[G]^T\{[M_\lambda][G][\tau]\} = [0]$$

Ec. 8.4

Gráficos obtenidos

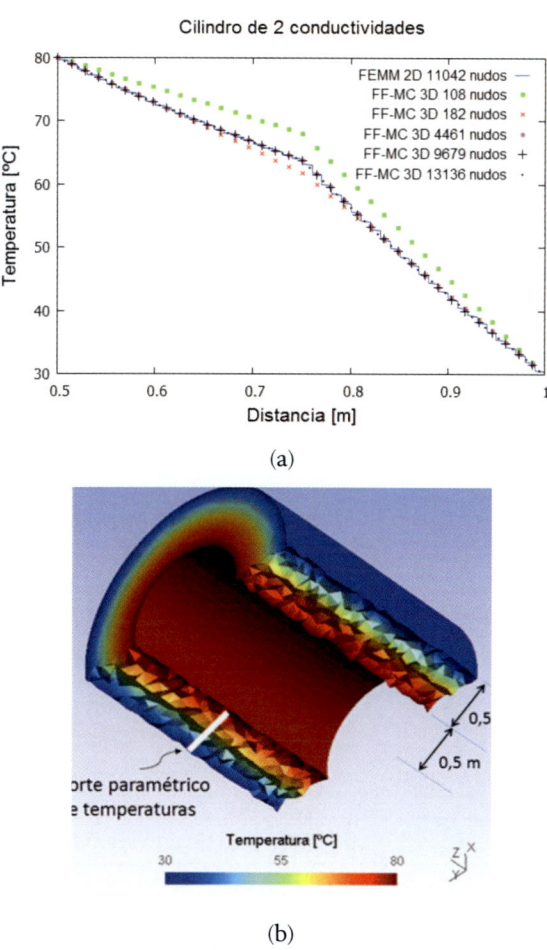

(a)

(b)

Figura 8-14. Cilindro con 2 conductividades térmicas.

Estadísticos obtenidos

Mallado [Nudos]	108	182	4461	9679	13136
Temperatura [°C] a 0,75 m (FEMM ref: 64,0653 °C)	67,8991	61,7719	64,0343	63,6987	63,6975
Diferencia de temperatura [°C]	3,8338	-2,2934	-0,031	-0,3666	-0,3678
Diferencia porcentual [%]	5,9842	-3,5798	-0,0484	-0,5722	-0,5741

Tabla 8-5. Temperaturas en cilindro 2 conductividades.

Las temperaturas de la Tabla 8-5 han sido tomadas a 0,75 metros del centro del cilindro, en sentido radial, y a mitad de su altura, 1 metro.

Mallado [nudos]	108	182	4461	9679	13136
R^2 [0, +1]. Óptimo: +1	0,9929	0,9982	1	1	1
MSE [°C^2]_[0, +∞]. Óptimo: 0	9,2495	0,513	0,0282	0,006	0,0054
RMSE_[°C]	3,0413	0,7162	0,1678	0,0773	0,0733
RMSPE [-1, +1]. Óptimo: 0	0,0518	0,0122	0,0029	0,0013	0,0012
MAE [°C]	2,7656	0,5034	0,1464	0,0672	0,063
MAEP [-1, +1]. Óptimo: 0	0,0471	0,0086	0,0025	0,0011	0,0011
IRM [-∞, +∞]. Óptimo: 0	3,3445	1,0191	0,1923	0,0889	0,0852
PBIAS [-1, +1]. Óptimo: 0	0,045	-0,0051	0,0025	0,0011	0,0009
NSEF [-∞, 1]. Óptimo: 1	0,9578	0,9977	0,9999	1	1
U1 de Theil [0, 1]. Óptimo: 0	0,0246	0,0059	0,0014	0,0006	0,0006
UM de Theil [0, 1]. Óptimo: 0	0,8269	0,1728	0,7551	0,6518	0,5668
US de Theil [0, 1]. Óptimo: 0	0,0027	0,0691	0,0008	0,0004	0,064
UC de Theil [0, 1]. Óptimo: 0	0,1704	0,7581	0,244	0,3478	0,3692
Willmott-dW [0, 1]. Óptimo: 1	0,9896	0,9994	1	1	1
MEF [-∞, 1]. Óptimo: 1	0,9578	0,9977	0,9999	1	1
CD [-∞,+∞]. Óptimo: 1	0,9467	1,0255	1,0006	0,9998	0,9975
C [-∞,+∞]. Óptimo: 0	0,0471	0,0086	0,0025	0,0011	0,0011

Tabla 8-6. Estadísticos del experimento térmico 2.

Análisis de los datos

Los indicadores estadísticos dan unos resultados excelentes. El coeficiente de determinación del modelo —MEF— y el coeficiente de determinación del modelo —C— dan valores cercanos al óptimo. El UM de Theil indica que la fuente de error detectada está, si se le quisiera dar significación, en los valores medios, que concuerda con el sesgo que presenta el histograma de errores respecto de la distribución normal de los mismos Figura 8-13 (b). El de la referencia —FEMM— discrepa del de FF-CM. No hay grandes desviaciones en los errores - US de Theil. En cuanto a errores en verdadera magnitud, el RMSE da un máximo error de 3 °C para el mallado menos denso y de 0,0733 °C para el más denso. El error medio absoluto —MAE— se mueve entre 2,7656 y 0,063 °C. Hay concordancia entre todos los indicadores. Se puede dar por válido el modelo en base a la referencia tomada.

Resumen del experimento

El método se muestra muy fuerte, pues enfrentamos un modelo 3D en FF-MC, con mallados poco densos y tetraédricos, a un modelo de simetría axial, resuelto por el método de los elementos finitos, con un mallado triangular (FEMM), relativamente denso. Los errores que se producen no son significativos. Existe una economía muy grande en el método propuesto. Recuérdese que el número de nudos indica el número de ecuaciones e incógnitas que hay que resolver en la matriz global. Esto nos lleva a comprobar que no existe mejora significativa al aumentar el número de nudos (mallado más denso), pues los resultados obtenidos con mallados de 9679 y 13 136 nudos son muy similares, en cuanto a errores producidos se refiere.

8.3.4. Experimento térmico 3

Esquema del experimento

El experimento se ha realizado con el mismo cilindro que se indica en Figura 8-11. El modelo de FEMM utilizado es el mismo que se expone la Figura 8-13 (a). El corte paramétrico tridimensional es el mismo que se expone en la Figura 8-14 (b).

Objetivos del experimento

En este experimento se trata de comprobar la validez de la matriz de conductividad térmica $[M_\tau]$, propuesta en el Capítulo 6. Esta matriz es una aportación hecha por nosotros. Con esta matriz queremos demostrar la versatilidad de la FF-MC en cuanto a las ecuaciones constitutivas se refiere. La matriz $[M_\tau]$ debe dar unos resultado similares a $[M_\lambda]$ en la ecuación de transmisión de calor siguiente:

$$[G]^T\{[M_\tau][G][\tau]\} = [0]$$
Ec. 8.5

Descripción del experimento

El experimento tiene los mismos datos que el experimento 8.3.3, excepto que se ha sustituido la matriz $[M_\lambda]$ por la matriz $[M_\lambda]$. Los resultados que se esperan obtener deben ser parecidos a los obtenidos con el experimento 8.3.3.

Gráficos obtenidos

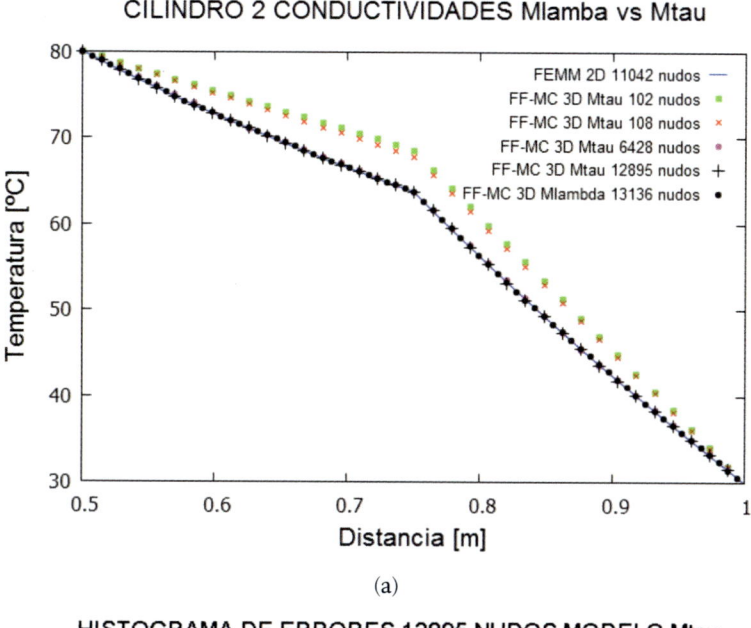

(a)

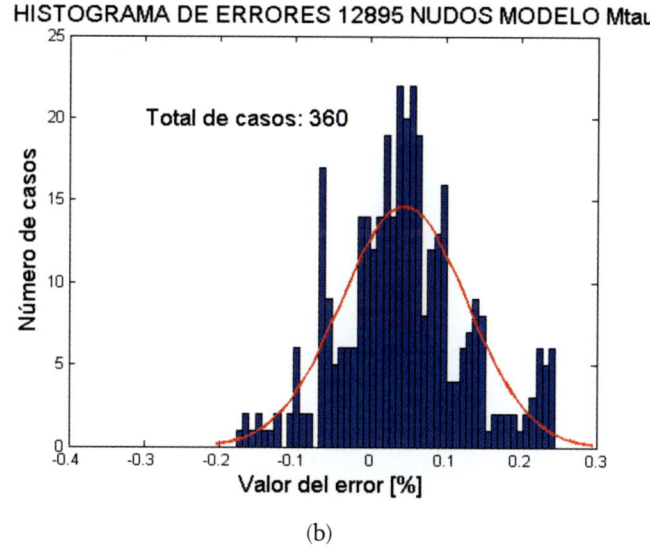

(b)

Figura 8-15. Comparativa de M_τ con M_λ.

Estadísticos obtenidos

Mallado [Nudos]	102	108	2328	6428	12895
Temperatura [ºC] a 0,75 m (FEMM ref: 63,6959 ºC)	68,4981	67,7963	63,7282	63,7047	63,6975
Diferencia de temperatura [ºC]	4,8022	4,1004	0,0323	0,0088	0,0016
Diferencia porcentual [%]	7,5393	6,4375	0,0507	0,0138	0,0025

Tabla 8-7. Temperaturas 2 λ en matriz M_r.

Las temperaturas de la Tabla 8-1 han sido tomadas a 0,75 metros del centro del cilindro, en sentido radial, y a mitad de su altura, 1 metro.

Mallado [nudos]	102	108	2328	6428	12895
R^2 [0, +1]. Óptimo: +1	0,9910	0,9932	1	1	1
MSE [ºC²]_[0, +∞]. Óptimo: 0	11,448	8,8893	0,0235	0,0247	0,0021
RMSE_[ºC]	3,3835	2,9815	0,1533	0,1571	0,0455
RMSPE [-1, +1]. Óptimo: 0	0,0576	0,0508	0,0026	0,0027	0,0008
MAE [ºC]	3,0646	2,7128	0,135	0,1396	0,0386
MAEP [-1, +1]. Óptimo: 0	0,0522	0,0462	0,0023	0,0024	0,0007
IRM [-∞, +∞]. Óptimo: 0	3,7356	3,2769	0,1741	0,1767	0,0536
PBIAS [-1, +1]. Óptimo: 0	0,0496	0,0442	0,0014	0,0022	0,0004
NSEF [-∞, 1]. Óptimo: 1	0,9477	0,9594	0,9999	0,9999	1
U1 de Theil [0, 1]. Óptimo: 0	0,0273	0,0241	0,0013	0,0013	0,0004
UM de Theil [0, 1]. Óptimo: 0	0,8204	0,8279	0,3072	0,6868	0,2304
US de Theil [0, 1]. Óptimo: 0	0,0036	0,0025	0,0704	0,0582	0,0166
UC de Theil [0, 1]. Óptimo: 0	0,1761	0,1696	0,6224	0,255	0,753
Willmott-dW [0, 1]. Óptimo: 1	0,9872	0,99	1	1	1
MEF [-∞, 1]. Óptimo: 1	0,9477	0,9594	0,9999	0,9999	1
CD [-∞,+∞]. Óptimo: 1	0,9343	0,9488	0,9945	0,9948	1,0008
C [-∞,+∞]. Óptimo: 0	0,0522	0,0462	0,0023	0,0024	0,0007

Tabla 8-8. Estadísticos del experimento térmico 3.

Análisis de los datos

Se comprueba en la Tabla 8-7 que nuestra segunda aportación $[M_\tau]$ se comporta mucho mejor que nuestra primera aportación $[M_\lambda]$. Cuando se eleva la densidad de mallado de $[M_\lambda]$ aproxima peor que $[M_\tau]$:

	FEMM ref: ºC	Temp. obtenida	Error %
$[M_\lambda]$ 13136 nudos	64,0653	63,6975	-0,5741
$[M_\tau]$ 12895 nudos	63,6959	63,6975	0,0025

Tabla 8-9. Comparativa entre M_λ y M_τ.

Manteniendo las mismas densidades de mallado anteriormente indicadas, pasamos a comparar ciertos estadísticos obtenidos. Si comparamos los UM de Theil, vemos que para $[M_\lambda]$ su valor es de 0,5668. En cambio para $[M_\tau]$: es de 0,2304. El UC de Theil, vemos que para $[M_\lambda]$ su valor es de 0,3692. En cambio para $[M_\tau]$ es de 0,753. Esto está indicando que en la propuesta $[M_\lambda]$ se producen más errores sistémicos que en la propuesta $[M_\tau]$.

Si esto es así, debe confirmarse en los valores absolutos y promediados de los errores. Tenemos para $[M_\lambda]$ un RMSE igual a 0,0733 ºC y un MAE igual a 0,06 ºC. Para la propuesta $[M_\tau]$ el RMSE es de 0,0455 ºC y el MAE es de 0,0386 ºC. Esto viene a confirmar lo anteriormente dicho.

Para tener mayor certeza de lo anteriormente afirmado, comparamos la distribución del error al usar $[M_\lambda]$ viendo el histograma de errores en Figura 8-13(b), con el histograma de errores, Figura 8-15(b), cuando utilizamos $[M_\tau]$. Se aprecia como en el caso de $[M_\tau]$ existe mucho menos sesgo, estando más próxima la media a cero que cuando se utiliza $[M_\lambda]$.

Resumen del experimento

Nuestra segunda aportación $[M_\tau]$ mejora a la primera $[M_\lambda]$ en cuanto a errores se refiere. Pero como se trata de cálculos electrotérmicos, es mucho más rentable, en términos informáticos, utilizar la propuesta primera, pues con ella podemos calcular densidades de corrientes, además de conducción de calor. La propuesta $[M_\tau]$ quedaría pues restringida a cálculos exclusivamente térmicos.

8.3.5. Experimento térmico 4

Esquema del experimento

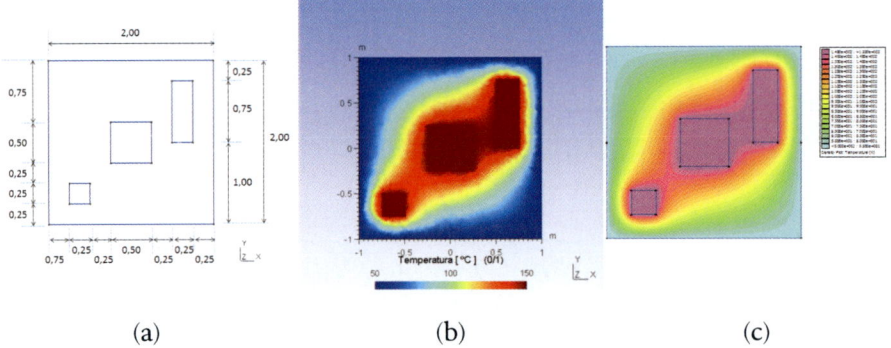

(a)   (b)   (c)

Figura 8-16. Cuadrado 2D con 3 huecos.

Objetivos del experimento

Se pretende validar el desarrollo de la matriz $[M_\lambda]^2$ para dominios bidimensionales, tal como se ha explicado en el Capítulo 6. Para ello se utiliza la ecuación de transmisión de calor en dos dimensiones siguiente:

$$[G]^T\{[M_\lambda]^{2D}[G][\tau]\} = [0]$$
Ec. 8.6

Descripción del experimento

La forma analítica de desarrollar la ecuación de transmisión de calor en dominios bidimensionales es convertirla en una ecuación de Laplace, Ec. 8.7. A su vez, la ecuación de Laplace deberá desarrollarse en una serie de Fourier, Ec. 8.8. Esto es válido siempre que no existan huecos en el interior del dominio.

$$\frac{\partial^2 \tau}{\partial x^2} + \frac{\partial^2 \tau}{\partial y^2} = 0 \qquad\qquad \text{Ec. 8.7}$$

$$\theta(x,y) = \sum_{n=1}^{\infty} C_n \cdot sen\left(\frac{2\pi x}{L}\right) \cdot senh\left(\frac{2\pi y}{L}\right) \qquad\qquad \text{Ec. 8.8}$$

Donde:

$$C_n = \frac{2[(-1)^{n+1} + 1]}{n\pi \cdot senh\left(\frac{n\pi W}{L}\right)} \qquad\qquad \text{Ec. 8.9}$$

Siendo θ la temperatura que se desea conocer; L es el ancho de la placa en el sentido del eje X; W es el alto de la placa en el sentido del eje Y. Las condiciones de contorno son: $\theta(0,y) = \tau_1$, $\theta(L,y) = \tau_1$, $\theta(x,0) = \tau_1$, $\theta(x,W) = \tau_2$.

En nuestro experimento tomamos una placa de 2x2 metros, tal como se aprecia en la Figura 8-16(a). Le hemos creado tres huecos en su interior, a cuyos bordes le asignamos una temperatura. Al borde externo del cuadrado le asignamos otra temperatura.

Los datos del experimento son:

λ_1: 50,00   W·m⁻¹ K⁻¹ λ_2:   193,00   W·m⁻¹ K⁻¹

Las condiciones de contorno del experimento son:

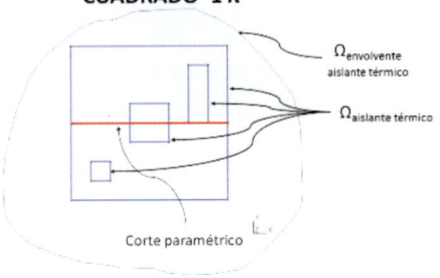

CUADRADO 1 λ

El dominio pared Ω_{pared} es conductor térmico.
El dominio envolvente $\Omega_{envolvente}$ es aislante térmico.
No existen fuentes de calor internas.

Figura 8-17. Condiciones de contorno cuadrado 3 huecos.

Las condiciones iniciales son:

T_{0_ext}: 50 ºC T_{0_int}: 150 ºC

Las condiciones finales son:

T_{f_ext}: 50 ºC T_{f_int}: 150 ºC

Los bordes de los huecos están a 150 ºC. El borde externo del cuadrado tiene una temperatura de 50 ºC.

Las condiciones iniciales son las mismas que las finales, pues se considera una conducción de calor en régimen estacionario y con ausencia de fuentes de calor internas.

La superficie del cuadrado tiene una conductividad térmica de 1 [W·m⁻¹ K⁻¹]. Este valor es ficticio. Sirvió para calibrar desarrollo de funciones, para el caso bidimensional, posteriores implementadas en C++.

Se aplica la matriz $[M_\lambda]^2$ que, tal como se ha demostrado en el capítulo 6, es una adaptación a dos dimensiones de nuestra propuesta de $[M_\lambda]$ en tres dimensiones.

Se hace un corte paramétrico en sentido horizontal, a mitad del cuadrado (1 metro) y se miden las temperaturas. Se procede a realizar el análisis de este prototipo, pero utilizando FEMM. Así mismo, en el FEMM, se realiza otro corte paramétrico de temperaturas. Con las temperaturas obtenidas en ambos cortes, se hace una comparativa y se analizan los resultados.

Gráficos obtenidos

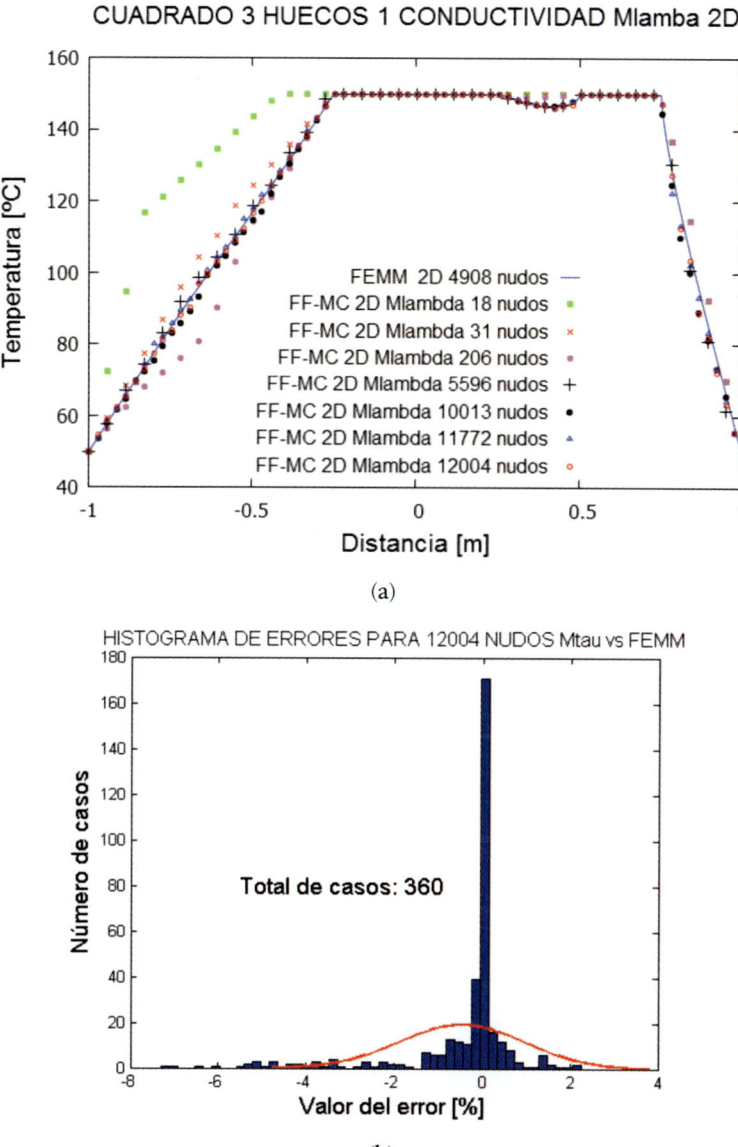

Figura 8-18. Temperaturas en cuadrado con 3 huecos.

Estadísticos obtenidos

Mallado [Nudos]	18	3	206	5596	10013	11772	**12004**
Temperatura [°C] a 1,00 m (FEMM ref: 150,00 °C)	150.00	150.00	150.00	149.98	150.00	150.00	149.9989
Diferencia de temperatura [°C]	0,00	0,00	0,00	0,20	0,00	0,00	0,001
Diferencia porcentual [%]	0,00	0,00	0,00	-0,012	0,00	0,00	$7{,}3 \cdot 10^{-6}$

Tabla 8-10. Temperaturas cuadrado 2D con 3 huecos.

Las temperaturas de la Tabla 8-10 han sido tomadas a 1,00 metro de la base del cuadrado, en sentido horizontal y 1,00 metro en sentido vertical. Corresponde a la coordenada (0, 0) de la Figura 8-16(b).

Mallado [nudos]	18	31	206	5596	10013	11772	12004
R^2 [0, +1]. Óptimo: +1	0,8321	0,9922	0,9805	0,9970	0,9980	0,9986	0,9986
MSE [°C²]_[0, +∞]. Óptimo: 0	297,9439	17,8011	26,9098	3,4015	3,6492	1,52	1,8098
RMSE_[°C]	17,2611	4,2191	5,1875	1,8443	1,9103	1,2329	1,3453
RMSPE [-1, +1]. Óptimo: 0	0,1392	0,034	0,0418	0,0149	0,0154	0,0099	0,0109
MAE [°C]	10,5191	2,8727	3,0939	0,9908	1,0204	0,6593	0,633
MAEP [-1, +1]. Óptimo: 0	0,0849	0,0232	0,025	0,008	0,0082	0,0053	0,0051
IRM [-∞, +∞]. Óptimo: 0	28,3241	6,1965	8,6978	3,4329	3,5764	2,3053	2,8589
PBIAS [-1, +1]. Óptimo: 0	0,0782	0,0226	-0,0097	0,0005	-0,0077	-0,0005	-0,0033
NSEF [-∞, 1]. Óptimo: 1	0,7151	0,983	0,9743	0,9967	0,9965	0,9985	0,9983
U1 de Theil [0, 1]. Óptimo: 0	0,0651	0,0163	0,0203	0,0072	0,0075	0,0048	0,0053
UM de Theil [0, 1]. Óptimo: 0	0,3714	0,4636	0,0526	0,0012	0,2485	0,0022	0,0905
US de Theil [0, 1]. Óptimo: 0	0,1318	0,0983	0,137	0,0361	0,1486	0,0246	0,1192
UC de Theil [0, 1]. Óptimo: 0	0,4968	0,4381	0,8104	0,9627	0,6029	0,9732	0,7903
Willmott-dW [0, 1]. Óptimo: 1	0,914	0,9956	0,9939	0,9992	0,9991	0,9996	0,9996
MEF [-∞, 1]. Óptimo: 1	0,7151	0,983	0,9743	0,9967	0,9965	0,9985	0,9983

CD [-∞,+∞]. Óptimo: 1	1,3231	1,0779	0,89	0,9787	0,9552	0,9881	0,9717
C [-∞,+∞]. Óptimo: 0	0,0849	0,0232	0,025	0,008	0,0082	0,0053	0,0051

Tabla 8-11. Estadísticos del experimento térmico 4.

Análisis de los datos

Los datos obtenidos, en líneas generales coinciden con la bibliografía consultada: existe mayor precisión en cálculos en 2D que en 3D. Por otro lado, se comprueba la validez de nuestra aportación $[M_\lambda]^{2D}$ para el cálculo de la transmisión de calor bidimensional. Aunque los datos de la Tabla 8-10 son muy satisfactorios, conviene examinar otros estadísticos. Así los indicadores del error en verdadera magnitud —RMSE y MAE— indican cierto error en la muestra de temperaturas tomadas (corte paramétrico), si bien este error es pequeño. Téngase en cuenta que se compara dos sistemas sujetos a una relativa varianza entre ellos —FF-CM vs FEMM—. Esto lo está indicando el US de Theil que señala que una de la fuente de error es la varianza de los datos entre los modelos. Aun así, está muy alejada del valor máximo de estadístico, que es de valor 1. Así mismo, UC está indicando que la fuente de error no es sistémica, sino aleatoria. Cabría preguntarse: ¿Cómo en un cálculo de este tipo puede haber factor aleatorio en el error? Existen muchas fuentes para inducir cierta aleatoriedad en los errores. Por ejemplo, cuando se efectúa el corte paramétrico, dependerá de los elementos interceptados para obtener el valor de temperatura. Recuérdese que, tanto en el caso tridimensional como en el bidimensional, las temperaturas están situadas en los nudos. Cuanto más alejada pase la recta del corte paramétrico, más débil será el valor interpolado respecto de los puntos más próximos. Esto hace que los puntos más próximos a la recta del corte paramétrico aporten mayor peso que los más alejados. Así la recta de corte paramétrico tendrá valores más errados que otros, de aquí que aparezcan los valores relativamente altos de US y de UC. Eso es positivo, pues descarta errores provenientes del propio método. La confirmación de lo dicho está en la Figura 8-18(b), donde se muestra claramente que los errores están en torno al valor cero, siguiendo una distribución normal y coincidiendo con lo que explica en la teoría de errores.

Resumen del experimento

La validez de $[M_\lambda]^{2D}$ como matriz constitutiva en la transmisión del calor en dos dimensiones queda demostrada.

8.4. Experimentos numéricos de tipo electromagnético

Con carácter general, los experimentos electromagnéticos se han centrado en dos partes importantes desde el punto de vista electromagnético y de funcionamiento de la máquina: un conductor situado en el estator y un conductor situado en el rotor. En el rotor se ha añadido un nuevo conductor que consta de tres terminales. Este nuevo conductor equivale a la conexión existente entre cualquier barra del rotor y el anillo de cortocircuito permanente, en caso del rotor de jaula de ardilla. Con estos modelos cubrimos todas las posibilidades, en cuanto a fenómenos electromagnéticos se refiere. Cada conductor está rodeado por un cubo de material distinto al del conductor. En este cubo se puede representar cualquier tipo de material. Como solo se ha considerado modelos lineales, por ahora, dicho cubo envolvente se ha rellenado con aire. Como líneas futuras, dicho cubo se puede rellenar de cualquier material: una distribución homogénea de aire o heterogénea de aire, polímeros y material ferromagnético. Al cubo de dos puertas le hemos denominado 1CUBO y al de tres puertas BICUBO, ya que la tercera puerta la utilizamos, en cuanto a potenciales se refiere, como puerta de referencia.

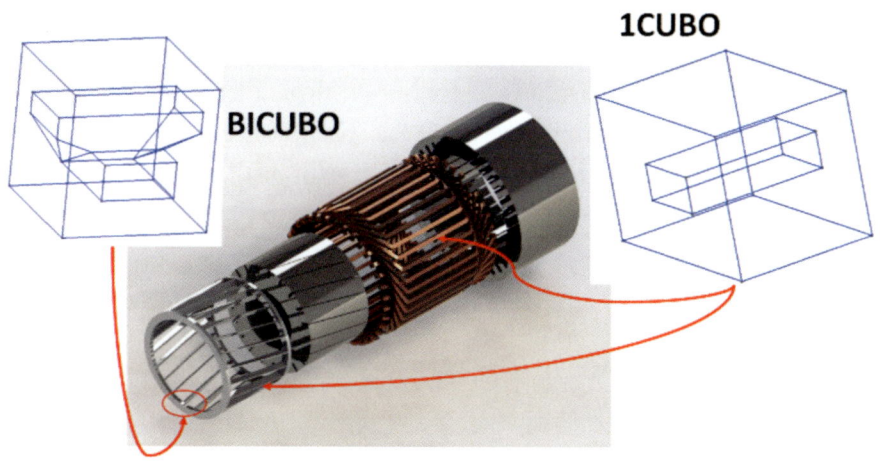

Figura 8-19. 1CUBO y BICUBO.

8.4.1. Experimento electromagnético 1

Esquema del experimento

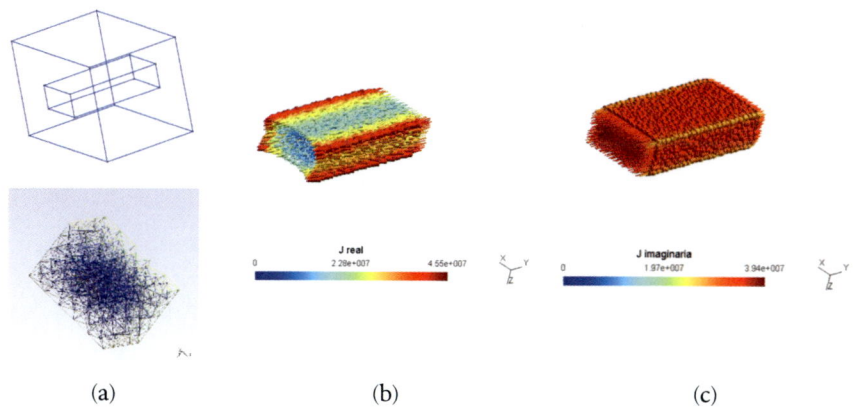

(a) (b) (c)

Figura 8-20. Experimento electromagnético 1.

Objetivos del experimento

Comprobar si la densidad de corriente inducida en un conductor, la cual es calculada mediante FF-MC en 3D, es coincidente con la calculada por el método de los elementos finitos utilizando el *software* GetDP en 2D.

Comprobar que se pueden conectar circuitos de parámetros concentrados a dominios continuos discretizables mediante el Método Nodal Modificado.

Descripción del experimento

Se ha conectado el elemento continuo 1CUBO de Figura 8-23 a un circuito eléctrico de parámetros discretos al circuito que se muestra en

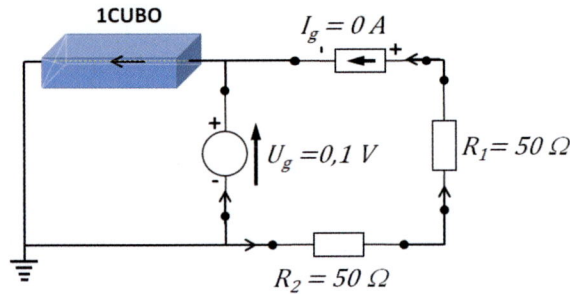

Figura 8-21. Circuito eléctrico con 1CUBO.

Los elementos del circuito se han ensamblado utilizando la metodología explicada en el capítulo 7, obteniéndose una matriz global como la expuesta en Ec. 8.10.

$$
\begin{bmatrix}
[C]^T[M_v][C]+j\omega\,[M_\sigma] & [M_\sigma][G] & [0] & [0] & [0] \\
-j\omega\,[G]^T[M_\sigma] & -[G]^T[M_\sigma][G] & [0] & [0] & [0] \\
-j\omega\,[I_c][M_\sigma][a] & [I_c][M_\sigma][G] & [0] & [0] & [-1] \\
[0] & [0] & [Y_2][A_2]^T & [0] & [0] \\
[0] & [0] & [A_1][Y_1][A_1]^T & [A_2] & A_4
\end{bmatrix}
\times
\begin{bmatrix}
[a] \\
[v_i] \\
[v_n] \\
[I_2] \\
[I_4]
\end{bmatrix}
=
\begin{bmatrix}
[I_f] \\
[0] \\
[0] \\
[W_2] \\
-A_3\,I_j
\end{bmatrix}
\quad \text{Ec. 8.10}
$$

Los datos del experimento son:

V :	0,1	V	M_{aire} :	Por cálculo	kg
Ig :	0,0	A	Cp_{aire} :	1012	$J·kg^{-1}·K^{-1}$, a 25°C y 1 ATA
t_0 :	-.-	No procede	T_{0-aire} :	20	°C
t_f :	-.-	No procede	M_{cu} :	Por cálculo	kg
θ :	-.-	No procede	Cp_{cu} :	387	$J·kg^{-1}·K^{-1}$, a 25°C y 1 ATA
:	-.-	No procede	$λ_{Cu}$:	372,10	$W·m^{-1} K^{-1}$
$γ_{aire}$:	1,25184	Kg/m³, a 25°C y 1 ATA	$γ_{Cu}$:	8940	Kg/m³, a 25°C y 1 ATA
$λ_{aire}$:	0,024	$W·m^{-1} K^{-1}$	T_{0-Cu} :	20	°C
$σ_{aire}$:	-.-	No procede	$σ_{Cu}$:	58·10⁶	S/m

Las condiciones de contorno del experimento son:

El dominio pared $Ω_{pared}$ es conductor térmico y no conductor eléctrico.
El dominio envolvente $Ω_{envolvente}$ es conductor térmico y aislante eléctrico.

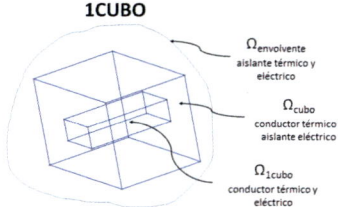

Figura 8-22. Condiciones contorno 1CUBO.

Se ha hecho un corte paramétrico para comprobar las densidades de corriente en el interior del conductor, en sentido transversal, según indica la Figura 8-23.

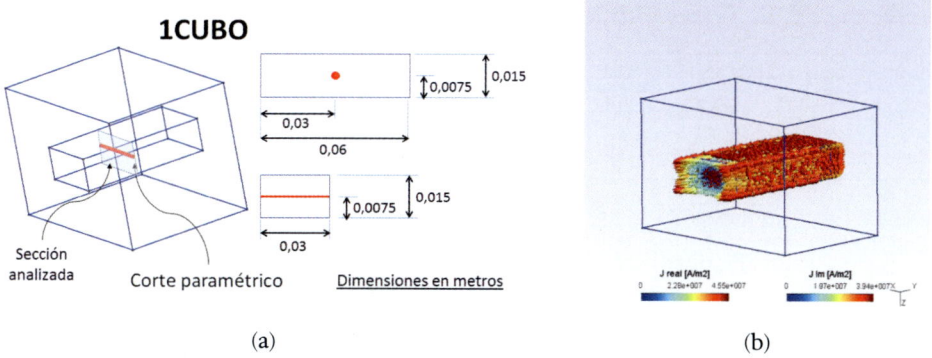

(a)   (b)

Figura 8-23. 1CUBO. (a) Dimensiones. (b) Corrientes.

Gráficos obtenidos

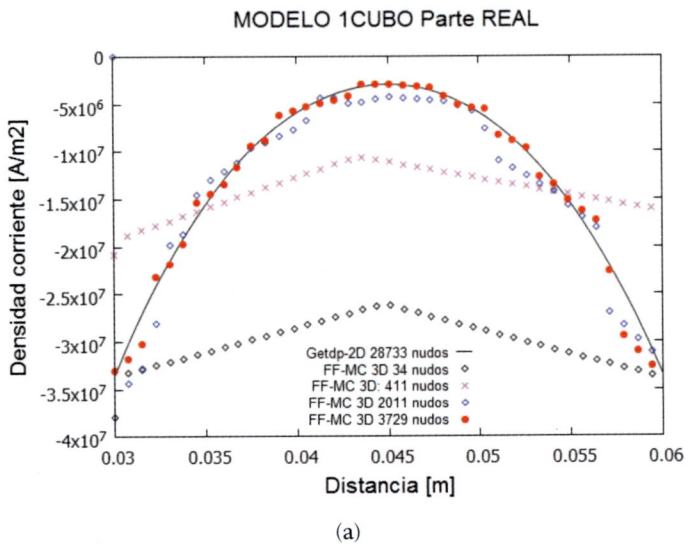

(a)

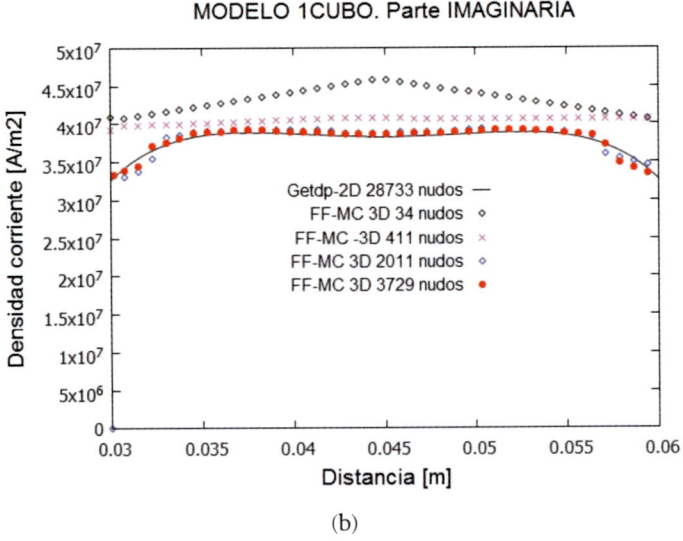

(b)

Figura 8-24. Densidades de corriente en 1CUBO.

Estadísticos obtenidos

- Componente real de la densidad de corriente.

Mallado [Nudos]	34	307	411	555	2011	3729
J real [Am⁻²] a 0,045 m (GetDP ref: -2,94E+15 A·m⁻²)	-2,62E+15	-7,99E+15	-1,11E+15	-2,31E+15	-4,21E+15	-2,94E+15
Diferencia de J real [A·m⁻²]	3,20E+14	-5,05E+15	1,83E+15	6,30E+14	-1,27E+15	0,00E+00
Diferencia porcentual [%]	-10,8844	171,7687	-62,2449	-21,4286	43,1973	0,0000

Tabla 8-12. Densidades de corriente EE1-J Real.

Las densidades de corriente del experimento electromagnético 1, para abreviar EE1, en la Tabla 8-12, han sido tomadas en el centro de la recta del corte paramétrico, Figura 8-23(a).

Mallado [nudos]	34	307	411	555	2011	3729
R^2 [0, +1]. Óptimo: +1	0,9149	0,7700	0,8462	0,9561	0,8305	0,9149
MSE [(Am⁻²)²]_[0, +∞]. Óptimo: 0	3,48E+14	4,08E+13	5,05E+13	5,29E+12	1,62E+13	3,48E+14
RMSE_[Am⁻²]	1,86E+07	6,39E+06	7,10E+06	2,30E+06	4,03E+06	1,86E+07
RMSPE [-1, +1]. Óptimo: 0	-1,48	-0,507	-0,5639	-0,1826	-0,3198	-1,48
MAE [Am⁻²]	1,74E+07	5,03E+06	6,28E+06	1,72E+06	2,06E+06	1,74E+07
MAEP [-1, +1]. Óptimo: 0	-1,3779	-0,3995	-0,4985	-0,1363	-0,1638	-1,3779
IRM [-∞, +∞]. Óptimo: 0	2,00E+07	8,11E+06	8,04E+06	3,08E+06	7,86E+06	2,00E+07
PBIAS [-1, +1]. Óptimo: 0	0,5795	0,249	0,1055	-0,0113	0,0651	0,5795
NSEF [-∞, 1]. Óptimo: 1	-3,3254	0,4925	0,3721	0,9342	0,7981	-3,3254
U1 de Theil [0, 1]. Óptimo: 0	0,4097	0,1823	0,239	0,073	0,126	0,4097
UM de Theil [0, 1]. Óptimo: 0	0,8668	0,4277	0,0437	0,0037	0,0475	0,8668
US de Theil [0, 1]. Óptimo: 0	0,1281	0,0299	0,8921	0,2369	0,019	0,1281

UC de Theil [0, 1]. Óptimo: 0	0,0051	0,5424	0,0642	0,7593	0,9335	0,0051
Willmott-dW [0, 1]. Óptimo: 1	0,4724	0,8892	0,606	0,9853	0,952	0,4724
MEF [-∞, 1]. Óptimo: 1	-3,3254	0,4925	0,3721	0,9342	0,7981	-3,3254
CD [-∞,+∞]. Óptimo: 1	0,2622	0,6763	11,0193	0,7902	0,8792	0,2622
C [-∞,+∞]. Óptimo: 0	-1,3779	-0,3995	-0,4985	-0,1363	-0,1638	-1,3779

Tabla 8-13. Estadísticos de EE1-J Real.

- Componente imaginaria de la densidad de corriente.

Mallado [Nudos]	34	307	411	555	2011	3729
J real [A·m^{-2}] a 0,045 m (GetDP ref: 3,83E+07 A·m^{-2})	4,58E+07	3,99E+07	4,07E+07	3,98E+07	3,89E+07	3,87E+07
Diferencia de J real [A·m^{-2}]	7,50E+06	1,60E+06	2,40E+06	1,50E+06	6,00E+05	4,00E+05
Diferencia porcentual [%]	0,1958	0,0418	0,0627	0,0392	0,0157	0,0104

Tabla 8-14. Densidades de corriente EE1-J Img.

Las densidades de corriente del experimento electromagnético 1, para abreviar EE1, en la Tabla 8-12, han sido tomadas en el centro de la recta del corte paramétrico, Figura 8-23(a).

Mallado [nudos]	34	307	411	555	2011	3729
R^2 [0, +1]. Óptimo: +1	0,4473	0,4281	0,2592	0,6894	0,4931	0,5223
MSE [(A·m^{-2})^2]_[0, +∞]. Óptimo: 0	2,95E+13	1,24E+13	8,37E+12	1,82E+12	1,13E+13	5,62E+12
RMSE_[A·m^{-2}]	5,44E+06	3,52E+06	2,89E+06	1,35E+06	3,36E+06	2,37E+06
RMSPE [-1, +1]. Óptimo: 0	0,1435	0,093	0,0764	0,0357	0,0888	0,0626
MAE [A·m^{-2}]	5,29E+06	1,49E+06	2,59E+06	1,26E+06	9,36E+05	5,95E+05
MAEP [-1, +1]. Óptimo: 0	0,1398	0,0392	0,0683	0,0332	0,0247	0,0157
IRM [-∞, +∞]. Óptimo: 0	5,58E+06	8,36E+06	3,24E+06	1,45E+06	1,21E+07	9,45E+06
PBIAS [-1, +1]. Óptimo: 0	0,1226	0,0148	0,0639	0,0136	-0,0026	0,0005
NSEF [-∞, 1]. Óptimo: 1	-13,4817	-5,0821	-3,1048	0,1059	-4,5364	-1,7545
U1 de Theil [0, 1]. Óptimo: 0	0,067	0,046	0,0369	0,0177	0,0443	0,0312

UM de Theil [0, 1]. Óptimo: 0	0,9481	0,0262	0,7986	0,1503	0,0009	0,0001
US de Theil [0, 1]. Óptimo: 0	0,0009	0,6364	0,1497	0,28	0,6824	0,5506
UC de Theil [0, 1]. Óptimo: 0	0,051	0,3374	0,0517	0,5697	0,3167	0,4493
Willmott-dW [0, 1]. Óptimo: 1	0,2931	0,5613	0,3993	0,8509	0,5994	0,7008
MEF [-∞, 1]. Óptimo: 1	-13,4817	-5,0821	-3,1048	0,1059	-4,5364	-1,7545
CD [-∞,+∞]. Óptimo: 1	0,0668	0,1115	0,3008	0,4192	0,1153	0,2008
C [-∞,+∞]. Óptimo: 0	0,1398	0,0392	0,0683	0,0332	0,0247	0,0157

Tabla 8-15. Estadísticos de EE1-J imaginaria.

Análisis de los datos

A primera vista, los datos y estadísticos son inquietantes. La primera consideración que hay que hacer es: las magnitudes analizadas son las componentes real e imaginaria de las densidades de corriente en la dirección del eje Y, ya que es la dirección del gradiente de potencial. Las diferencias de potenciales se han establecido en los extremos de 1CUBO. La segunda consideración es: la barra 1CUBO prácticamente carece de impedancia, de ahí los valores tan altos de densidades de corriente. La tercera consideración es: nuestro patrón son unas densidades de corriente obtenidas sobre un modelo bidimensional, de 28 733 nudos, el cual contiene al corte paramétrico utilizado como patrón. Todo esto frente a nuestros modelos que son tridimensionales con una cantidad significativamente menor de nudos. El motivo de no aumentar nuestros nudos es de índole técnico. Se necesitan más recursos computacionales. De ahí ha surgido la necesidad de la computación en paralelo con bibliotecas especializadas, como pueden ser las bibliotecas PETSc.

Aun así, observando la Figura 8-24, tanto la parte real (a), como la parte imaginaria (b), tienden a converger. Podemos asegurar que, simplemente con aumentar la densidad del mallado, esto se conseguiría rápidamente. En los estadísticos, Tabla 8-13 y Tabla 8-15, se aprecia cierto error sistémico: UM de Theil igual a 0,8668 para la componente real y 0,0001 para la componente imaginaria. Los US y UC están indicando muchas fluctuaciones en los errores: |0,5506 -- 0,4493| para la parte imaginaria y |0,1281 -- 0,0051| para la parte real, lo que se confirma en Figura 8-25(a, b). El US es más elevado en la componente imaginaria Figura 8-25(b) que en la real Figura 8-25(a). Eso indica que el modelo debe corregirse, y esa corrección debe ser por un aumento de la densidad de mallado.

Todos los indicadores de desigualdad acentúan esta afirmación: NSEF, U1 y Willmott-dW.

Los indicadores estadísticos están indicando, simplemente, que nuestros modelos están alejados de la recta de regresión perfecta ($R^2 = 1$). Pero también es verdad que indican la tendencia a converger sobre la recta. De nuevo, insistimos en un aumento de la densidad de mallado.

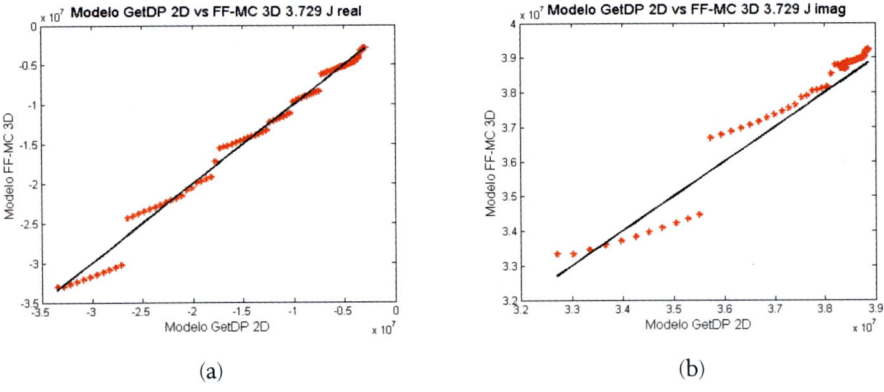

Figura 8-25. Rectas regresión para J real y J imaginaria.

Comparando la Figura 8-25 y las Tabla 8-13 y Tabla 8-15, se aprecia lo siguiente. Los valores de UM son altos para la J real y bajos para J imaginaria. En cambio, los valores de US son bajos para J real y altos par J imaginaria, hecho que confirmamos observando Figura 8-25(a) y Figura 8-25(b), respectivamente.

Fijándonos en Tabla 8-13 y Tabla 8-15, los indicadores porcentuales de error como RMSPE, MAEP y PBIAS, indican unos valores muy bajos para la componente imaginaria, y no muy buenos para la componente real. Esto se comprueba mejor observando los histogramas de errores, Figura 8-26.

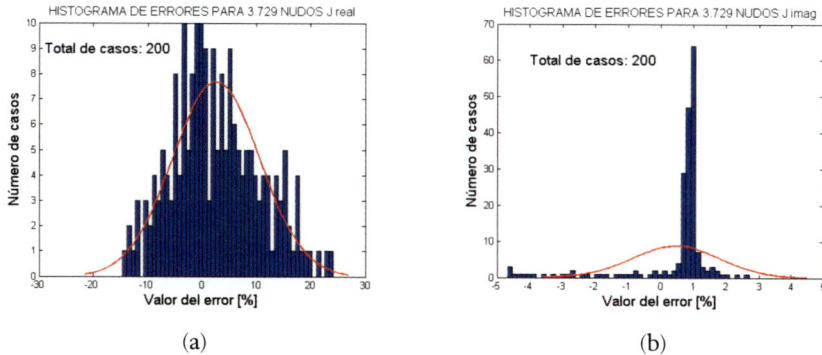

(a)   (b)

Figura 8-26. Histograma de errores. (a) J real. (b) J imaginaria.

Resumen del experimento

El FF-MC no se comporta por igual ante modelos de procesos físicos diferentes. El modelo térmico es menos complejo, numéricamente hablando, que el modelo electromagnético. Para aumentar la precisión en los modelos electromagnéticos deberá aumentarse las densidades de los mallados. Esto conlleva la necesidad de recursos informáticos más potentes. Se necesitan bibliotecas especializadas en computación paralela como puedan ser las Petcs.

8.4.2. Experimento electromagnético 2

Esquema del experimento

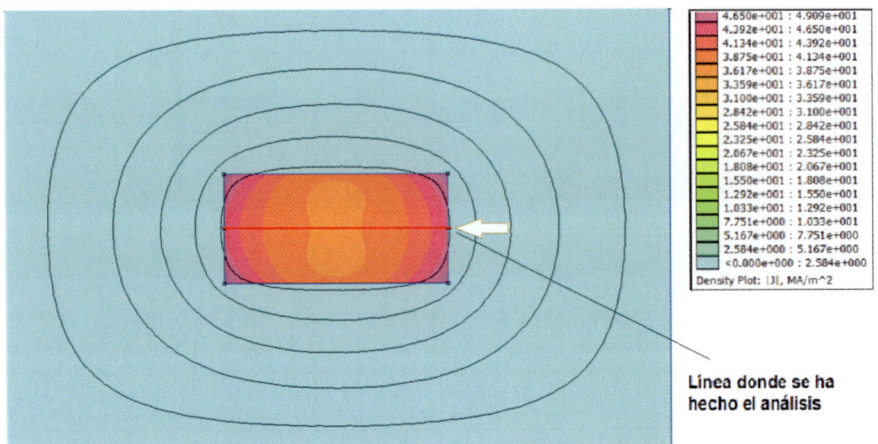

Figura 8-27. Análisis de 1CUBO con FEMM.

Objetivos del experimento

Confirmar las conclusiones del experimento 1 al contrastar con otra aplicación basada en los elementos finitos como es el FEMM.

Descripción del experimento

Ante la incertidumbre en los datos del experimento 1, se decide utilizar otra aplicación informática para confirmar las conclusiones hechas en ese experimento. Se analiza la sección transversal de 1CUBO, ver Figura 8-23(a), con la aplicación FEMM. Se procede de igual manera que con GetDP. En la Figura 8-27 se indica donde se hizo el corte paramétrico y las densidades de corriente obtenidas en el plano XY que representa la sección transversa de 1CUBO. Solamente se efectuó el análisis de la parte real, ya que era la más conflictiva desde el punto de vista del análisis de los errores.

Gráficos obtenidos

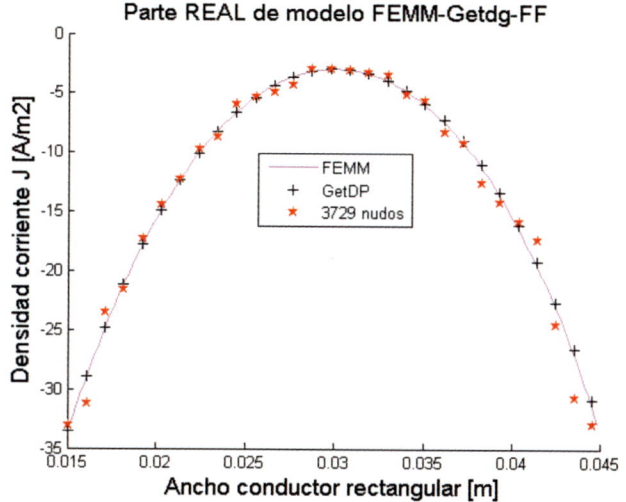

Figura 8-28. Contratación 1CUBO con FF-MC, GetDP y FEMM.

Estadísticos obtenidos

No se han utilizado estadísticos. Solo la inspección visual de la Figura 8-28 indica un comportamiento similar entre GetDP y FEMM. Por lo tanto, 1CUBO FF-CM se comportará estadísticamente de manera similar, Figura 8-28.

Análisis de los datos

Queda probado que GetDP no constituye el problema a la hora de contrastar los datos de 1CUBO en FF-MC, pues tiene un comportamiento análogo cuando se contrasta con FEMM. Por lo tanto, el problema reside la precisión del mallado en el caso de 1CUBO en FF-MC.

Resumen del experimento

Se descarta el posible error de contrate al utilizar GDP, pues sucede lo mismo con el FEMM. Se validan las conclusiones del experimento 1.

8.4.3. Experimento electromagnético 3

Esquema del experimento

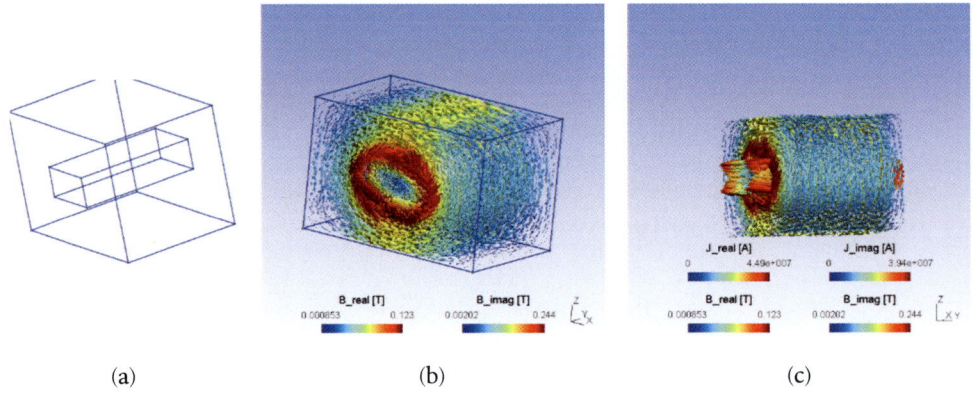

(a)   (b)   (c)

Figura 8-29. Campo magnético en 1CUBO.

En la Figura 8-30 (a) se representa el modelo 1CUBO. En (b) se representa el campo magnético, parte real e imaginaria, de la densidad de flujo, en teslas. En (c) se representa el mismo campo magnético que en (b), pero incorporando las densidades de corriente, parte rea e imaginaria, creadoras de dicho campo.

Objetivos del experimento

Se quiere comprobar la precisión que tiene el FF-CM frente al método de los elementos finitos en 2D y 3D para simulaciones del campo magnético, midiéndose para ello las componentes real e imaginaria de la densidad de flujo, en Teslas, a su valor máximo.

Descripción del experimento

El método del corte paramétrico no da buenos resultados en el campo magnético, tal como hemos venido haciendo para otros campos. Las aplicaciones que utilizamos como patrón, GetDP y FEMM, dan resultados que no concuerdan entre sí. Para armonizar dichos datos habría que recurrir a cálculos matemáticos para tal fin. Por ello se decidió a utilizar otra vía. Esta consistió en encontrar el *máximo maximorum* de la densidad de flujo en cada una de las tres distribuciones. Para el GetDP se obtuvo un valor equivalente a 0,255 T en su componente imaginaria. En el FEMM se utilizó una distribución con simetría plana, Figura 8-32. La sección representada equivale a un seccionamiento de 1CUBO en cualquier plano a lo largo de su eje longitudinal, Figura 8-31 (a). Se obtuvieron unos valores de la componente normal que se indican en Tabla 8-16.

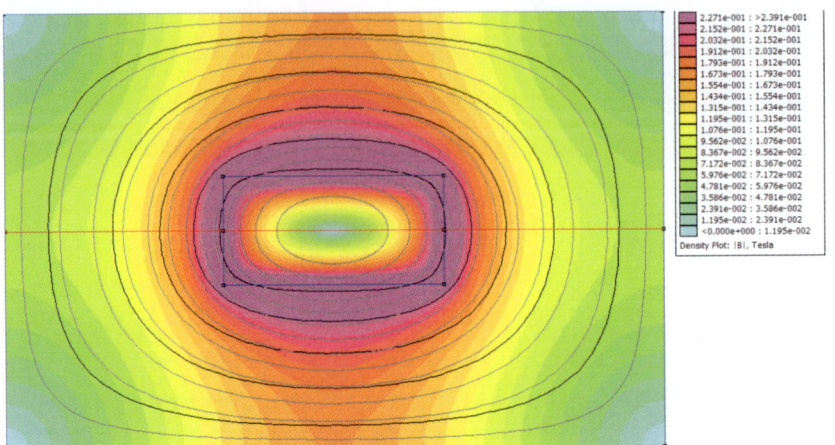

Figura 8-32. Campo magnético bidimensional
equivalente al de 1CUBO en 3D.

B normal Real:	0,1244	T
B normal Imag.:	0,2463	T
Longitud:	60	mm
Simetría plana. Profundidad:	60	mm
Frecuencia:	50	Hz
Corriente inyectada:	-8048.7656+16310.0802 i	A
Nudos:	52128	

Tabla 8-16. Datos FEMM experimento electromagnético 3.

El supuesto a comprobar era que, a medida que aumentase la densidad de mallado en FF-MC, los máximos de esta tenderían a converger hacia los valores máximos obtenidos con 2D GetDP y 2D FEMM.

Ordenado los valores obtenidos para FF-MC en orden creciente del número de nudos, lo valores máximo de densidad de flujo magnético, componente real e imaginaria, son los indicado en Tabla 8-17.

Nudos	34	308	444	499	698	981	1264	1950	2301	3725	3866
B_Re_ MAX	0,0911	0,0992	0,109	0,108	0,11	0,117	0,114	0,118	0,12	0,123	0,123
B_Imag_ MAX	0,148	0,213	0,23	0,233	0,233	0,237	0,244	0,244	0,245	0,245	0,244

Tabla 8-17. Valores máximos de B, en Teslas, para FF-MC.

Gráficos obtenidos

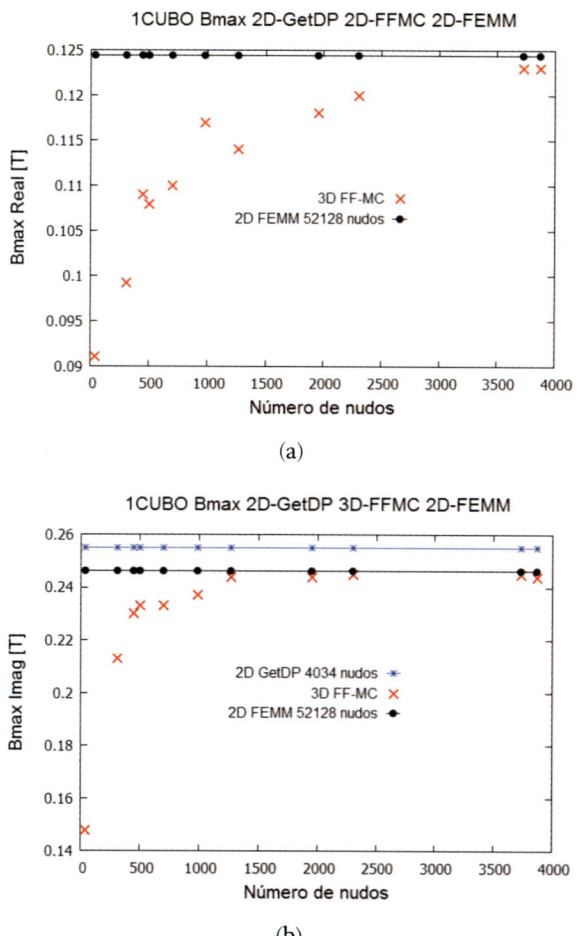

(a)

(b)

Figura 8-33. Convergencia de las
componentes del campo magnético.

Estadísticos obtenidos

Se ha procedido a obtener la diferencia absoluta y porcentual entre los valores de 2D GetDP, 2D FEMM y 3D FF-MC.

Nudos	34	308	444	499	698	981	1264	1950	2301	3725	3866
GetDP Im Difer. (T)	-0,107	-0,042	-0,025	-0,022	-0,022	-0,018	-0,011	-0,011	-0,010	-0,010	-0,011
Difer. (%)	-41,96	-16,47	-9,80	-8,63	-8,63	-7,06	-4,31	-4,31	-3,92	-3,92	-4,31
Femm Re Difer. (T)	-0,033	-0,025	-0,015	-0,016	-0,014	-0,007	-0,010	-0,006	-0,004	-0,001	-0,001
Difer. (%)	-26,77	-20,26	-12,38	-13,18	-11,58	-5,95	-8,36	-5,14	-3,54	-1,13	-1,13
Femm Im Difer. (T)	-0,098	-0,033	-0,016	-0,013	-0,013	-0,009	-0,002	-0,002	-0,001	-0,001	-0,002
Difer. (%)	-39,91	-13,52	-6,62	-5,40	-5,40	-3,78	-0,93	-0,93	-0,53	-0,53	-0,93

Tabla 8-18. Comparativa densidad de flujo magnético
en 2D GetDP, 3D FF-MC y 2D FEMM.

Análisis de los datos

Se comprueba que nuestro método, FF-MC, converge hacia un valor similar al obtenido con 2D FEMM. No es extraña la desviación del valor 2D GetDP. Probablemente se deba al método utilizado para calcular el módulo de la densidad de flujo en la componente imaginaria del campo. El nuestro se obtiene por la suma geométrica de las componentes espaciales de los campos. Sea como fuere, el error es mínimo. De un ± 4,31 % para el caso del 2D GetDP y de ± 0,93 % para el caso 2D FEMM, en cuanto a parte imaginaria se refiere, si se comparase con la parte imaginaria aportada por FF-MC. Comprobar estos datos en Tabla 8-18. Viendo la Figura 8-33, se comprueba que la FF-MC converge hacia los valores aportados por el FEMM. Téngase en cuenta que el modelo del FEMM es bidimensional, de 52 128 nudos, y lo comparamos con un modelo tridimensional de 3866 nudos. La diferencia de densidad de mallado es apreciable. Pese a todo, converge claramente. Con un aumento, no muy grande, de la densidad de mallado en 3D FF-MC, garantizaríamos un error mínimo.

Resumen del experimento

Se puede decir que el FF-MC funciona adecuadamente en cuanto a modelado del campo magnético se refiere. Aumentando la densidad de mallado, el error sería mínimo. Hay una gran economía computacional al utilizar este método.

8.4.4. Experimento electromagnético 4

Esquema del experimento

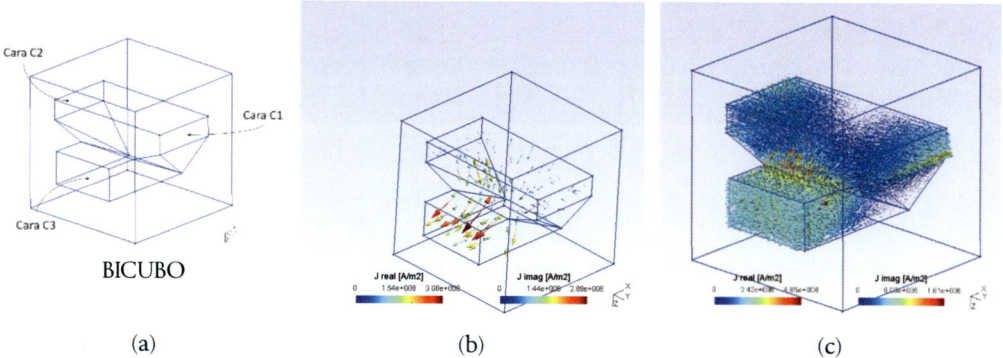

(a)   (b)   (c)

Figura 8-34. BICUBO con corrientes entrantes y salientes.

Objetivos del experimento

Comprobar las simetrías de las corrientes entrantes en nudo BICUBO.

Descripción del experimento

Este elemento, BICUBO, no tiene simetrías, luego no se puede hacer una sección para establecer un corte paramétrico y estudiar la totalidad del fenómeno. Por lo tanto, la metodología empleada en anteriores experimentos no es válida. El FEMM solo trabaja con simetrías planas y axiales. Al GetDP le sucede lo mismo. Para un tratamiento de este prototipo tenemos que verificar fenómenos, a la espera de una posterior validación. En este experimento se trata de verificar si las corrientes que fluyen de las caras laterales, que llamaremos C1 y C2, son simétricas cuando convergen hacia la cara C3, Figura 8-34. Se observan dos casos. En el caso (b) hay una menor densidad de corriente que el caso (c).

Si es cierto que convergen, aparentemente de forma simétrica, a medida que se aumente la densidad de mallado, las corrientes I_{C1} e I_{C2} tenderán a valer lo mismo y tener el mismo sentido.

Gráficos obtenidos

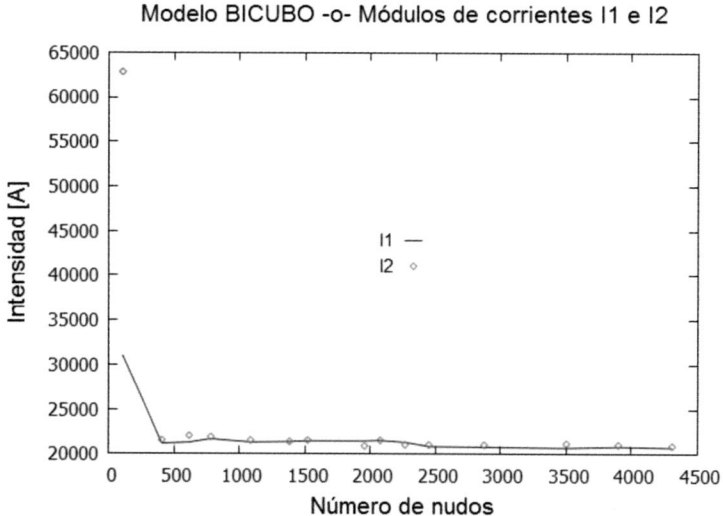

Figura 8-35. Simetrías de corrientes I_{C1} e I_{C2}.

Estadísticos obtenidos

No proceden, puesto que se trata de verificar si las corrientes convergen de forma simétrica a la cara C3.

Análisis de los datos

A pesar de necesitar mayores densidades de mallados para alcanzar una mayor precisión en el cálculo, cualitativamente, los modelos se comportan como se esperaba. Con la computación en paralelo se podrá tener una buena medida del grado de asimetría de dichas corrientes.

Resumen del experimento

Se puede afirmar que las corrientes convergen a la cara C3 en la forma esperada, pese a necesitarse mayor densidad de mallados.

8.5. Experimentos numéricos de tipo electrotérmico

Pretenden demostrar la validez del Método de la Celda en los procesos de transmisión de calor en régimen transitorio.

8.5.1. Experimento electrotérmico 1

Esquema del experimento

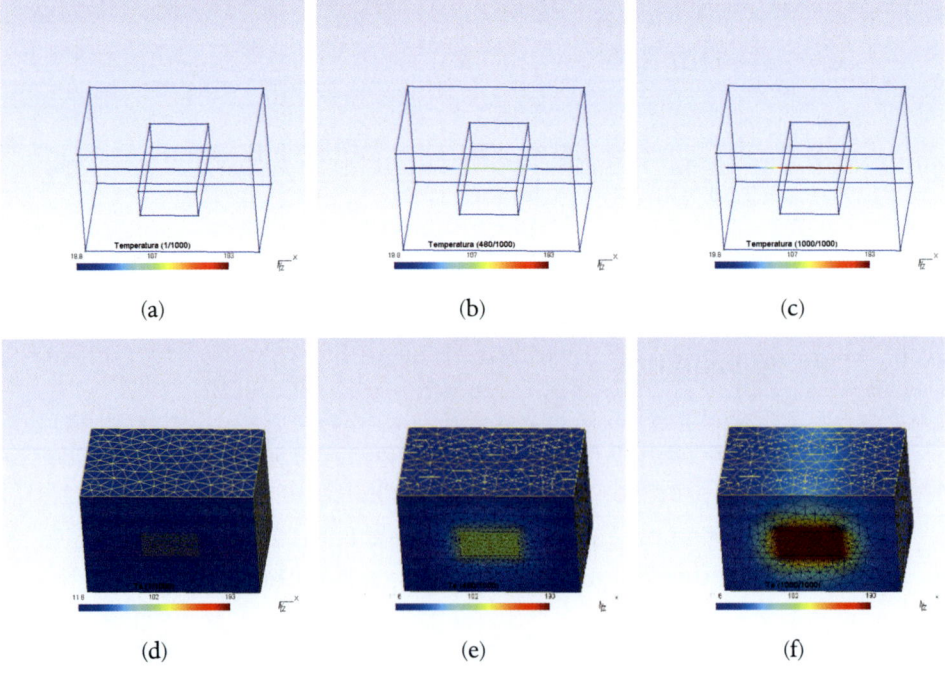

(a)   (b)   (c)

(d)   (e)   (f)

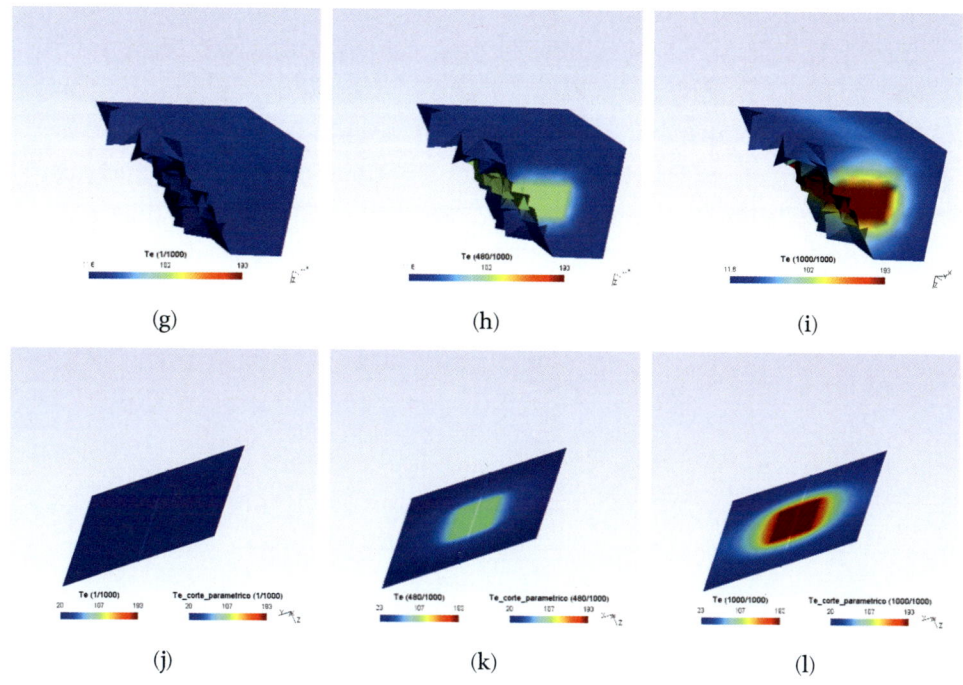

Figura 8-36. Transitorio electrotérmico en 1CUBO.

Objetivos del experimento

Comprobar si es válida la FF-CM para un fenómeno electrotérmico transitorio. Probar si es válida la propuesta de la matriz $[M_\lambda]$ en régimen transitorio.

Descripción del experimento

El experimento consiste en aplicar diferencia de potencial al elemento 1CUBO de la Figura 8-20.Dicha diferencia de potencial vale 0,1 V. Se hace en un intervalo de tiempo T = [0,00, 10,00] segundos, en intervalos de 0,01 segundos. Para el experimento con FF-MC se ha

233

hecho un corte paramétrico que atraviesa todo el volumen envolvente (aire) y el objeto 1CUBO (cobre). Dicho corte paramétrico se muestra en la Figura 8-36(a, b, c). Para contrastar los datos obtenidos, se ha diseñado una superficie equivalente a la sección transversal donde se ha experimentado FF-MC. Esta sección contiene un corte paramétrico idéntico al anteriormente explicado. Se ha simulado las mismas condiciones, pero con GetDP en 2D. Los datos obtenidos serán utilizados como patrón de comparación.

La ecuación que utiliza la FF-MC, con un esquema Crank-Nicolson para resolverla, es la siguiente:

$$\left(\frac{1}{\Delta t}[M_{Cp}] + \theta[A]\right)\tau^{n+1} = \left(\frac{1}{\Delta t}[M_{Cp}] - (1-\theta)[A]\right)\tau^{n} + (1-\theta)[W_i^n] + \theta[W_i^{n+1}] \quad \text{Ec. 8.11}$$

Donde:

$$[A] = [G]^T[M_\lambda][G] \qquad \text{Ec. 8.12}$$

Los datos del experimento son:

V :	0,1	V		M_{aire} :	Por cálculo	kg
Ig :	0,0	A		Cp_{aire} :	1012	$J \cdot kg^{-1} \cdot K^{-1}$, a 25°C y 1 ATA
t_0 :	0,0	s		T_{0-aire} :	20	°C
t_f :	10,00	s		M_{cu} :	Por cálculo	kg
θ :	1	Euler implícito		Cp_{cu} :	387	$J \cdot kg^{-1} \cdot K^{-1}$, a 25°C y 1 ATA
:	0,01	s		λ_{Cu} :	372,10	$W \cdot m^{-1} K^{-1}$
γ_{aire} :	1,25184	Kg/m³, a 25°C y 1 ATA		γ_{Cu} :	8940	Kg/m³, a 25°C y 1 ATA
λ_{aire} :	0,024	$W \cdot m^{-1} K^{-1}$		T_{0-Cu} :	20	°C
σ_{aire} :	-.-	No procede		σ_{Cu} :	$58 \cdot 10^6$	S/m

Las condiciones de contorno del experimento son:

El dominio cobre Ω_{Cu} es conductor eléctrico y térmico
El dominio aire Ω_{aire} es conductor térmico
El dominio envolvente $\Omega_{envolvente}$ es un aislante eléctrico y térmico

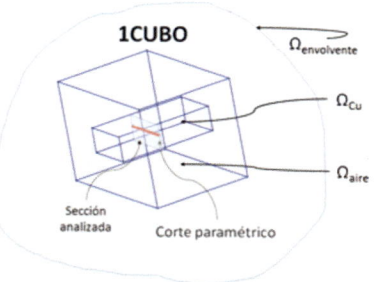

Figura 8-37. Dominios para 1CUBO

Las condiciones iniciales son:

T_{0_Cu}:   20,00   ºC T_{0_aire}:   20,00   ºC

Gráficos obtenidos

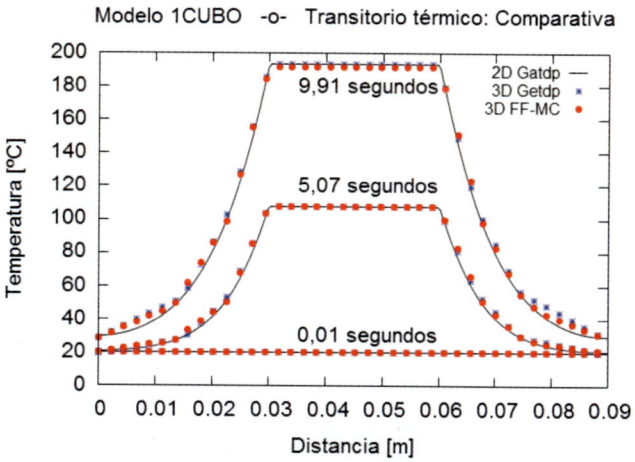

Figura 8-38. Transitorio térmico con M_λ.

Estadísticos obtenidos

C1:	FF-MC vs 2D GetDP a 0,01 segundos
C2:	FF-MC vs 2D GetDP a 5,07 segundos
C3:	FF-MC vs 2D GetDP a 9,91 segundos
C4:	FF-MC vs 3D GetDP a 0,01 segundos
C5:	FF-MC vs 3D GetDP a 5,07 segundos
C6:	FF-MC vs 3D GetDP a 9,91 segundos

Tabla 8-19. Térmico transitorio. Comparativa entre modelos.

Comparativa	C1	C2	C3	C4	C5	C6
R^2 [0, +1]. Óptimo: +1	0,8572	0,9983	0,999	0,9521	0,9994	0,9994
MSE [$^oC^2$]_[0, +∞]. Óptimo: 0	0,0011	3,8571	8,6927	0,0005	0,8781	4,6434
RMSE_[^oC]	0,0331	1,964	2,9483	0,0212	0,937	2,1548
RMSPE [-1, +1]. Óptimo: 0	0,0017	0,0315	0,0263	0,0011	0,0147	0,0188
MAE [^oC]	0,0119	1,2312	2,4933	0,0107	0,5899	1,8743
MAEP [-1, +1]. Óptimo: 0	0,0006	0,0197	0,0222	0,0005	0,0093	0,0163
IRM [-∞, +∞]. Óptimo: 0	0,0926	3,1327	3,4865	0,0421	1,4885	2,4774
PBIAS [-1, +1]. Óptimo: 0	0,0005	0,0186	0,0119	0,0004	0,0003	-0,0123
NSEF [-∞, 1]. Óptimo: 1	0,8345	0,9972	0,9981	0,9398	0,9994	0,9989
U1 de Theil [0, 1]. Óptimo: 0	0,0008	0,0134	0,0112	0,0005	0,0064	0,0082
UM de Theil [0, 1]. Óptimo: 0	0,1088	0,3621	0,2111	0,1783	0,0006	0,4183
US de Theil [0, 1]. Óptimo: 0	0,0002	0,0171	0,2705	0,0674	0,0009	0,0044
UC de Theil [0, 1]. Óptimo: 0	0,891	0,6208	0,5184	0,7543	0,9986	0,5773
Willmott-dW [0, 1]. Óptimo: 1	0,9584	0,9993	0,9995	0,9838	0,9998	0,9997
MEF [-∞, 1]. Óptimo: 1	0,8345	0,9972	0,9981	0,9398	0,9994	0,9989
CD [-∞,+∞]. Óptimo: 1	0,9931	1,0129	1,0461	1,1269	0,9985	0,9953
C [-∞,+∞]. Óptimo: 0	0,0006	0,0197	0,0222	0,0005	0,0093	0,0163

Tabla 8-20. Indicadores estadísticos para transitorio térmico.

Las comparativas agrupadas por tiempos serían:

Tiempo (s)	Comparativas
0,01	C1-C4
5,07	C2-C5
9,91	C3-C6

Tabla 8-21. Térmico transitorio.
Comparativas agrupadas por tiempo.

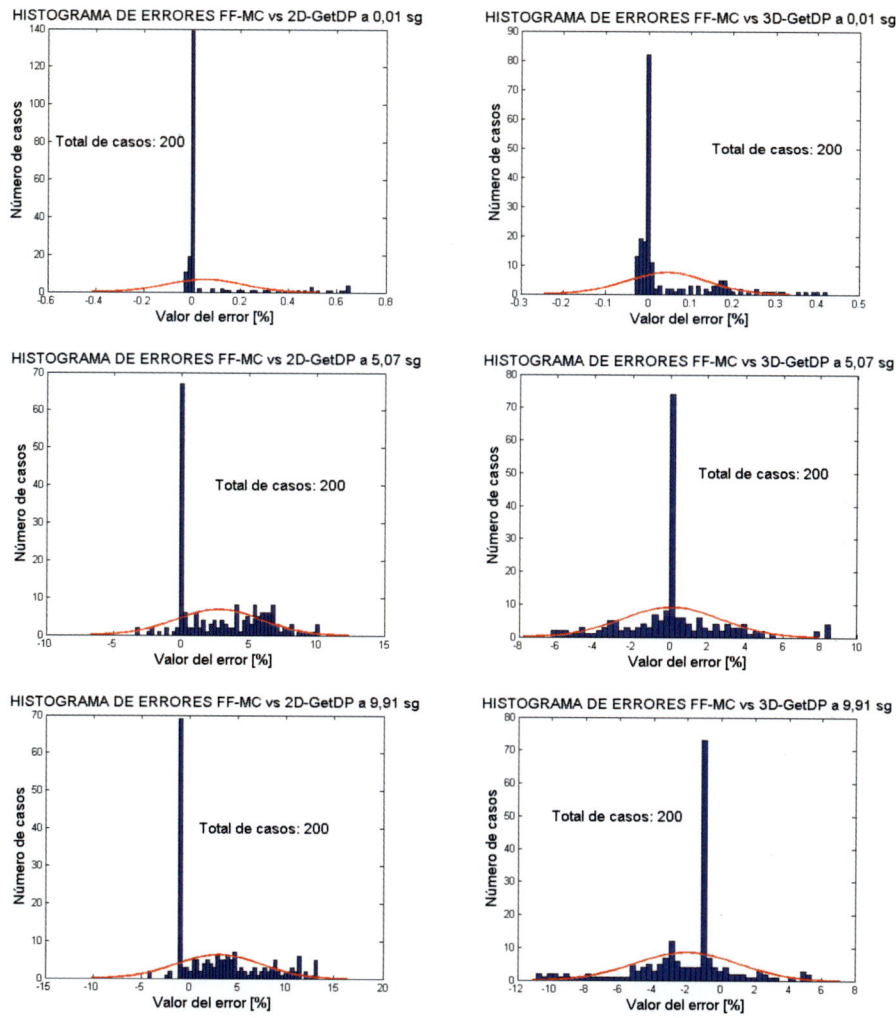

Figura 8-39. Histogramas de errores para transitorio térmico.

Como existían ciertas dudas en el porqué de la longitud de las colas de los histogramas, Figura 8-39, se decide hacer un análisis enfrentado 3D FF-MC y 3D GetDP, ambos frente a 2D GetDP. Los resultados de los errores se muestran a continuación en Figura 8-40, Figura 8-41 y Figura 8-42 .

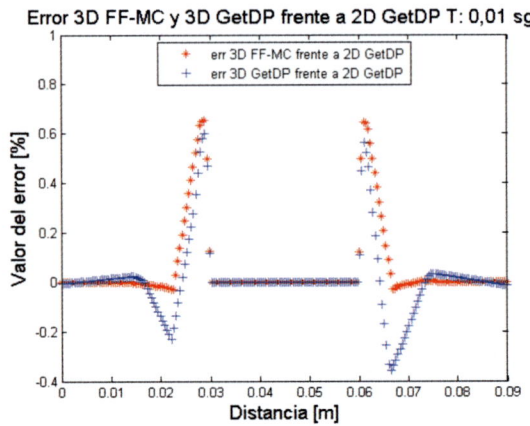

Figura 8-40. Error 3D FFMC-GetDP vs
2D GetDP. Transitorio t: 0,01 s.

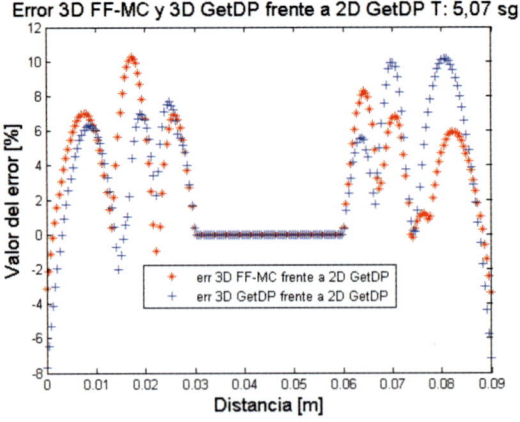

Figura 8-41. Error 3D FFMC-GetDP vs
2D GetDP. Transitorio t: 5,07 s.

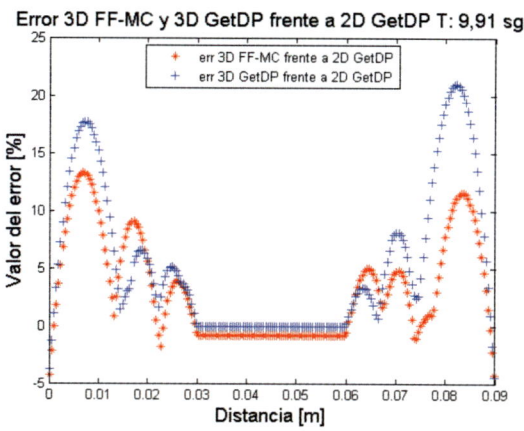

Figura 8-42. Error 3D FFMC-GetDP vs
2D GetDP. Transitorio t: 9,91 s.

Análisis de los datos

Viendo la agrupación por tiempos de la Tabla 8-21, y comparando con los indicadores estadísticos de la Tabla 8-20, prácticamente son iguales cuando se compara FF-MC con 2D GetDP y cuando FF-MC se compara con 3D GetDP. Se comprueba que el error es de tipo aleatorio, pues así lo indica la UC de Theil, ya que la UM de Theil es muy baja. Esto se confirma viendo el indicador PBIAS que está próximo a cero en todos los casos. Los indicadores de error en verdadera magnitud, RMSE y MAE, tienen valores muy bajos. Los valores más altos para estos indicadores se producen en las comparativa C3. Tal como se aprecia en la Figura 8-38, se ve que en ciertas parte de la gráfica el FF-CM queda por arriba de modelo 2D GetDP, cuando se está acercando a las paredes del cubo de aire, y otras por debajo, cuando el conductor 1CUBO alcanza la temperatura máxima (parte central de la gráfica). Se ha de recordar que son errores promediados, dándosele la importancia que debieran según sea el caso por aplicar.

Si se observa la comparativa de errores hecha Figura 8-40, Figura 8-41 y Figura 8-42, se evidencia una notable diferencia entre el Método de los Elementos Finitos (GetDP) y el Método de la Celda (FF-MC). Mientras que la matriz de masas térmica en el Método de los Elementos Finitos tiene un número de condición igual a 5, la matriz de masas de la FF-MC tiene un número de condición de 2,7692. Esto hace que el FF-MC sea más preciso en el cálculo térmico transitorio que el Método de los Elementos Finitos. Ver Anexo 2.

Resumen del experimento

Se puede afirmar que el FF-CM es válido para el estudio del régimen transitorio térmico. Se puede afirmar que la matriz es válida para el régimen transitorio térmico.

También estamos en condiciones de afirmar que la Formulación Finita, con el Método de la Celda, junto a la matrices propuesta y , supera en precisión al Método de los Elementos Finitos, en cuanto a cálculo térmico transitorio se refiere.

8.5.2. Experimento electrotérmico 2

Esquema del experimento

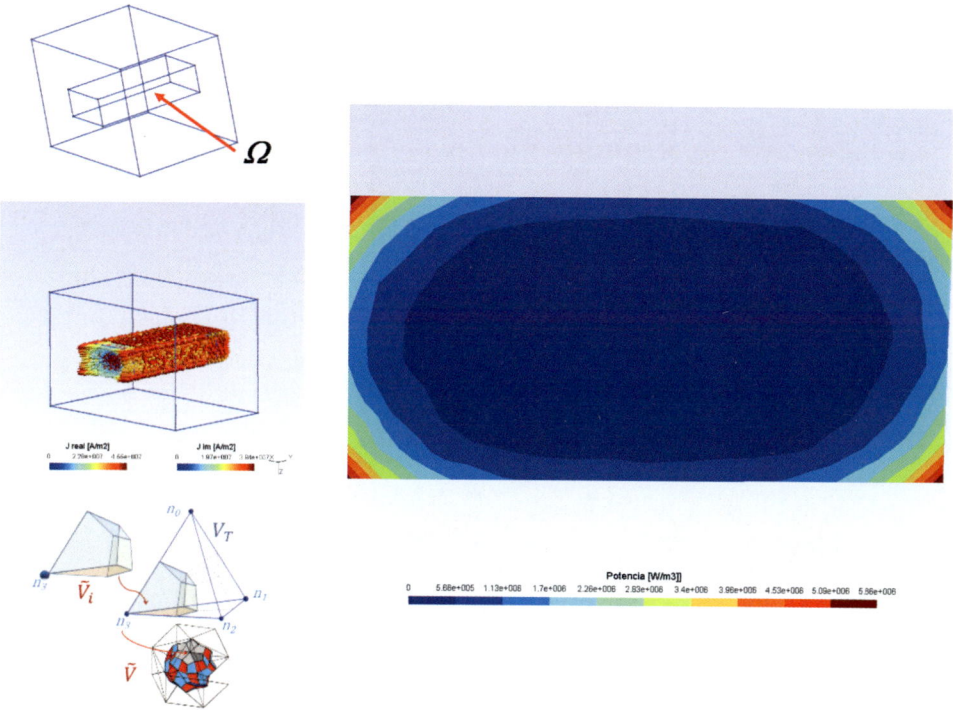

Figura 8-43. Potencia calorífica
generado por corriente a 400 Hz.

Objetivos del experimento

Comprobar si la potencia calorífica generada por la densidad de corriente, obtenida con GetDP, mediante el método de los elementos finitos, coincide con la calculada con FF-MC utilizando la expresión siguiente:

$$P_\Omega^{JF} = \sum_{j=1}^{N_{V_T}} P_{\tilde{V}_i \subset V_{Tj}}^{JF} \qquad \text{Ec. 8.13}$$

241

Donde:

$$P_{\tilde{V}_i \subset V_T}^{JF} = \frac{1}{2}\sum_{s=1}^{10}(P_{sR} + P_{sI})$$

Ec. 8.14

Para mayor detalle, ver Anexo 2.

Descripción del experimento

Se ha simulado en GetDp 2D una sección del modelo 1CUBO, Figura 8-43(a), con una corriente variable en frecuencia, entre 0,00 Hz y 400,00 Hz. La potencia se obtiene por la integración de las componentes reales e imaginarias de las densidades de corriente siguiendo la expresión:

$$P_{\tilde{V}_i \subset V_T}^{JF} = \iiint_{\tilde{V}_i} \frac{1}{2\sigma}(J_R^2 + J_I^2)\, dV$$

Ec. 8.15

Como el 2D GetDP, obviamente carece de volumen, la potencia se calcula por la integración de la potencia distribuida en los ejes x-z, integrándose, al considerar la misma distribución de potencia a lo largo del eje y, por multiplicación por la longitud de este eje y en 1CUBO.

Se ha hecho la misma simulación, en cuanto a densidades de corriente se refiere, en 3D para 1CUBO, pero en FF-MC. La potencia calorífica se ha obtenido integrando en el volumen de 1CUBO con la metodología expuesta en Anexo 2.

Gráficos obtenidos

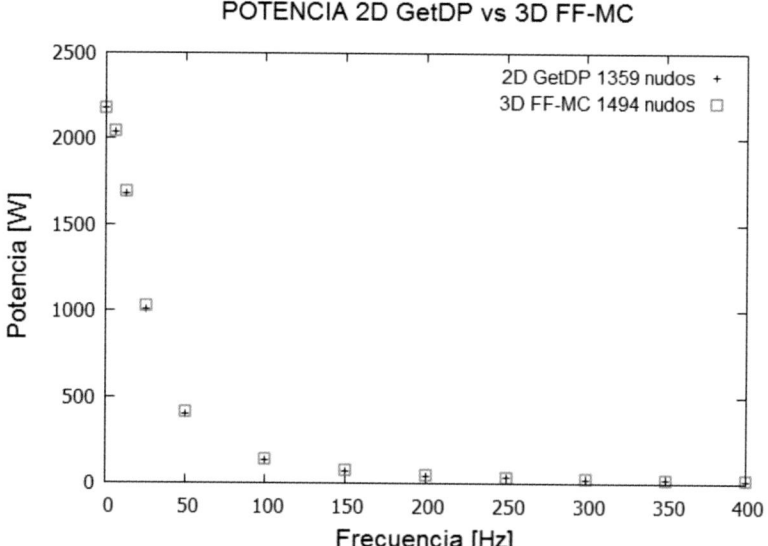

Figura 8-44. Potencia en función de la frecuencia.

Estadísticos obtenidos

Frecuencia [Hz]	0	50	150	250	350	400
Potencia 2D GetDP [W] ref.	2175,00	404,29	72,76	34,56	21,56	17,92
Potencia 3D FF-MC [W] C1	2175,00	419,04	79,07	38,91	24,76	20,69
Diferencia [W]	0	14,75	6,31	4,35	3,2	2,77
Diferencia porcentual [%]	0,00	3,65	8,67	12,59	14,84	15,46

Tabla 8-22. Comparativa de potencia
en función de la frecuencia.

Comparativa	C1
R^2 [0, +1]. Óptimo: +1	1
MSE [W²]_[0, +∞]. Óptimo: 0	85,7486
RMSE_[W]	9,2601
RMSPE [-1, +1]. Óptimo: 0	0,0145
MAE [W]	7,27
MAEP [-1, +1]. Óptimo: 0	0,0114
IRM [-∞, +∞]. Óptimo: 0	11,7948
PBIAS [-1, +1]. Óptimo: 0	0,0113
NSEF [-∞, 1]. Óptimo: 1	0,9999
U1 de Theil [0, 1]. Óptimo: 0	0,0045
UM de Theil [0, 1]. Óptimo: 0	0,6164
US de Theil [0, 1]. Óptimo: 0	0,0036
UC de Theil [0, 1]. Óptimo: 0	0,3801
Willmott-dW [0, 1]. Óptimo: 1	1
MEF [-∞, 1]. Óptimo: 1	0,9999
CD [-∞,+∞]. Óptimo: 1	0,9986
C [-∞,+∞]. Óptimo: 0	0,0114

Tabla 8-23. Indicadores estadísticos
potencia-frecuencia.

Análisis de los datos

Si consideramos que un modelo bidimensional, como es la sección desarrollada en 2D GetDP, más preciso que el modelo 1CUBO, desarrollado en 3D con FF-MC, podemos asegurar que, en vista de lo indicado por los estadísticos de las tablas Tabla 8-22 y Tabla 8-23, el modelo 3D FF-MC se adapta muy bien. Quizás en las frecuencias altas pueda presentar ciertas discrepancias en los errores porcentuales, Tabla 8-22. Aun así, el resto de los indicadores estadísticos de la Tabla 8-23 son muy buenos. Aunque los valores en términos absolutos (RMSE y MAE) no son cero, los indicadores porcentuales están muy cerca del óptimo. Los indicadores de acuerdo y de eficacia del modelo también están cerca del óptimo. Quizás el UM de Theil está indicando cierto error sistémico, confirmado por el PBIAS, que no es cero. Tiene la ventaja que el US no es alto. Esto indica que no hay grandes desviaciones en los errores.

En la Tabla 8-22, en la diferencia porcentual, se observó cómo esta crecía a medida que lo hacía la frecuencia. Después de analizar las posibles causas, en primera instancia se culpó al efecto pelicular —efecto skin— que tiene la corriente. Al dirigirse dicha corriente hacia la corteza del conductor, especialmente hacia las esquinas, ver Figura 8-43, en las zonas coloreadas con rojo, aparte de haber más potencia, también hay más densidad de corriente. Esto hace que en esas zonas haya poca precisión por el poco número de tetraedros que hay en 3D FF-MC, frente a un número mayor de triángulos existentes en 2D GetDP para la misma zona. Para probar si esta suposición es cierta, se eligió una frecuencia arbitrariamente. No se simularon todas las frecuencias por el tiempo que dura el proceso. Si es cierto que la diferencia se debe a un mallado defectuoso en los bordes del conductor, entonces, a medida que se aumente el mallado en 3D FF-CM, para la misma frecuencia y manteniendo el mallado en 2D GetDP, la diferencia de potencias entre ambos modelos debe disminuir.

2D GetDP 100Hz:	135,6200	135,6200	135,6200
3D FF-MC 100 HZ:	144,0230	141,5000	139,3000
Nudos:	1494	2299	3725
Diferencia [W]:	8,4030	5,8800	3,6800
Diferencia [%]:	6,1960	4,3356	2,7135

Tabla 8-24. Relación entre mallado y potencia.

Se ve claramente que la diferencia entre modelos disminuye al aumentar el mallado en 3D FF-MC. Queda demostrado la importancia que tiene el efecto pelicular a la hora de calcular la potencia calorífica generada por las corrientes en el conductor.

Se observa que la tasa de disminución del error (r_{1D}) no es proporcional al aumento de nudos (r_{1n}).

$$r_{1n} = \frac{2299 - 1494}{1494} 100 = 53,88\,\% \quad r_{2n} = \frac{3725 - 2299}{2299} 100 = 62,03\,\% \qquad \text{Ec. 8.16}$$

$$r_{1D} = \frac{4,3356 - 6,1960}{6,1960} 100 = -30,03\,\% \quad r_{2D} = \frac{2,7135 - 4,3356}{4,3356} 100 = -37,41\,\% \quad \text{Ec. 8.17}$$

Se concluye que una disminución drástica de la diferencia entre los dos modelos conlleva un mallado muy denso en 3D FM-MC, con el consiguiente coste computacional que esto tiene.

Visto lo anteriormente expuesto, se recomienda modelar los conductores sólidos con zonas diferenciadas, tal que el mallado de las zonas más próximas al exterior del conductor sea más denso y el de las zonas más próximas al eje longitudinal del conductor sea menos denso.

Resumen del experimento

El modelo 3D FF-MC, empleado el método de integración propuesto para obtener la potencia calorífica, responde bien.

La consecuencia práctica que se ha sacado del experimento es que hay que tener en cuenta el efecto pelicular —efecto skin— a la hora de modelar conductores sólidos. Se recomienda mallados cada vez más densos, en sentido radial, desde el interior hacia el exterior de la sección del conductor.

8.6. Conclusiones

El Método de la Celda presenta un excelente comportamiento ante problemas térmicos.

Nuestra segunda aportación $[M_\tau]$ mejora a la primera $[M_\lambda]$ en cuanto a errores se refiere. Pero como se trata de cálculos electrotérmicos, es mucho más rentable en términos informáticos utilizar la propuesta primera, pues con ella podemos calcular densidades de corrientes, además de conducción de calor. La propuesta $[M_\tau]$ quedaría pues restringida a cálculos exclusivamente térmicos.

La validez de $[M_\lambda]^{2D}$ como matriz constitutiva en la transmisión del calor en dos dimensiones queda demostrada.

El FF-MC no se comporta por igual ante modelos de procesos físicos diferentes. El modelo térmico es menos complejo, numéricamente hablando, que el modelo electromagnético. Para aumentar la precisión en los modelos electromagnéticos deberá aumentarse las densidades de los mallados. Esto conlleva la necesidad de recursos informáticos más potentes.

Se ha demostrado que el Método de la Celda se puede utilizar de forma acoplada con métodos circuitales como es el Método Nodal Modificado. Con ello se obtiene la ventaja operativa de inyectar señales eléctricas, tensión y/o intensidad, a voluntad del experimentador, a un dominio continuo discretizable y comprobar su respuesta ante tales estímulos.

Se puede afirmar que el FF-CM es válido para el estudio del régimen transitorio térmico. Se puede afirmar que la matriz $[M_\lambda]$ es válida para el régimen transitorio térmico.

También estamos en condiciones de afirmar que la Formulación Finita, con el Método de la Celda, junto a la matrices propuesta $[M_\lambda]$ y $[M_\tau]$, supera en precisión al Método de los Elementos Finitos, en cuanto a cálculo térmico transitorio se refiere.

El modelo 3D FF-MC, empleado el método de integración propuesto para obtener la potencia calorífica, responde bien. La consecuencia práctica que se ha sacado de los experimentos térmicos a con frecuencias altas es que hay que tener en cuenta el efecto pelicular —efecto skin— a la hora de modelar conductores sólidos. Se recomienda mallados cada vez más densos, en sentido radial, desde el interior hacia el exterior de la sección del conductor.

Bibliografía

B. H.Thacker y otros (2004). *Concepts of Model Verification and Validation.* First ed. Los Alamos, New Mexico,USA(New Mexico): Los Alamos National Lab.

Oden, J. T. (2009). *A brief view of verification, validation, and uncertainty quantification.* [En línea] Available at: http://users.ices.utexas.edu/~serge/WebMMM/Talks/Oden-VVUQ-032610.pdf [Último acceso: 15 Octubre 2015].

Paez, T. L. (2009). *Introduction to model validation.* Orlando, FL, USA, Society for Experimental Mechanics Inc..

Tedeschi, L. O. (2006). Assessment of the adequacy of mathematical models. *Agricultural Systems,* 89(23), pp. 225-247.

Capítulo 9

Nueva matriz constitutiva en el Método de la Celda en 3D para obtener el campo eléctrico de Lorentz en un freno magnético

9.1. Introducción

En este capítulo, hemos obtenido una nueva matriz constitutiva para calcular la corriente eléctrica de Lorentz inducida de en un disco conductor en movimiento dentro de un campo magnético utilizando el Método de la Celda en 3D. Este disco y un imán permanente actúan como un freno magnético. Los resultados obtenidos se comparan con los obtenidos con el método de elementos finitos (FEM) utilizando las aplicaciones informáticas Getdp y femm. El error observado es inferior al 0,1173 %. Asimismo, se ha realizado una segunda verificación en el laboratorio utilizando sensores Hall para medir el campo magnético en las proximidades del freno magnético.

Este capítulo procede del artículo publicado por los autores de este libro en la revista Sensors 2018, Volume 18, Issue 10, 3185, titulado *New Constitutive Matrix in the 3D Cell Method to Obtain a Lorentz Electric Field in a Magnetic Brake.*

El uso de frenos magnéticos tiene ventajas obvias en comparación con los frenos basados en la fricción mecánica. Los frenos de fricción mecánica tienen los riesgos de pérdida de fluido hidráulico o la contaminación del fluido por agua de refrigeración, con la consiguiente pérdida de potencia de frenado, entre otros (Gay y Ehsani, 2006). El uso de imanes permanentes en frenos magnéticos lineales se explica en detalle en Jang y Lee (2003). En Gay y Ehsani (2006) se analiza un sistema mixto con fricción mecánica y un freno magnético, comparando los resultados obtenidos con una ecuación analítica y el método de elementos finitos (FEM) en 2D y 3D.

En la mayoría de los trabajos consultados en la bibliografía se utilizan ecuaciones analíticas aproximadas o métodos numéricos como el FEM. En el presente trabajo, proponemos la formulación finita (FF) (Tonti, 2001), y el Método de la Célula (CM) como su método numérico asociado (Tonti, 2001-1; Monzon-Verona *et al.*, 2010) para analizar este tipo de dispositivo.

FF trabaja con magnitudes globales asociadas a elementos espacialmente orientados como volúmenes, superficies, líneas y puntos del espacio discretizado; así como elementos temporales en lugar de magnitudes de campo asociadas a las variables independientes de coordenadas espaciales y temporales (Tonti, 2014). En FF, las ecuaciones de tipo constitutivo (ecuaciones del medio) están claramente diferenciadas del tipo topológico (ecuaciones de equilibrio). El análisis del freno magnético con esta metodología facilita, en gran medida, las condiciones de contorno y continuidad, cuando se trabaja con magnitudes globales.

La contribución de este trabajo consiste en obtener una nueva ecuación constitutiva que relaciona la corriente de Lorentz con el potencial magnético utilizando CM. Este resultado se aplica al freno magnético. Este consiste en un disco de cobre con una velocidad angular $\overrightarrow{W_r}$, y un imán permanente situado delante de él.

La estructura de este documento es la siguiente: en la Sección 9.2 se explica en detalle la metodología para obtener la matriz constitutiva en el CM y el término de Lorentz correspondiente; en la Sección 9.3 se explican los resultados obtenidos y su comparación con otras referencias; finalmente, en la Sección 9.4, se presentan las conclusiones.

La matriz constitutiva en el Método de la Celda

La intensidad del campo eléctrico, $\vec{E}$, medida en un sistema de coordenadas fijo con respecto al laboratorio, está relacionada con la intensidad del campo eléctrico $\vec{E}$, medida en un sistema de coordenadas referido a cada punto de un conductor en movimiento, con velocidad $\vec{v}$, con respecto al laboratorio Ec. 9.1 (Woodson y Melcher, 1968), donde $v^2 \ll c^2$, y c es la velocidad de la luz, $\vec{B}$ es la inducción magnética, $\vec{a}$ es el vector magnético-potencial y φ es el potencial escalar eléctrico, donde

$$\vec{E}^v = \vec{E} + \vec{v} \times \vec{B} = \left(\overrightarrow{-grad}\,\varphi - \frac{\partial \vec{a}}{\partial t} \right) + \vec{v} \times \vec{B}. \qquad \text{Ec. 9.1}$$

Si trabajamos con un imán permanente, entonces $\frac{\partial \vec{a}}{\partial t} = 0$, y Ec. 9.1 se simplifica. La densidad de corriente se muestra en Ec. 9.2, donde σ es la conductividad eléctrica volumétrica. La ecuación Ec. 9.2 contiene $\sigma(grad\,\varphi)$. Estas son las corrientes eléctricas producidas por los potenciales eléctricos correspondientes. Este término de la ecuación se desarrolla con CM en Codecasa *et al.* (2010). El primer término de la ecuación Ec. 9.2 en CM es la ecuación Ec. 9.3. Las corrientes eléctricas se refieren a la matriz constitutiva de conductividad eléctrica, M_σ. Las diferencias de potenciales eléctricos están asociadas a las aristas e_i, $i = 1{:}6$, del tetraedro de referencia (ver Figura 9-1a).

$$\vec{j} = \sigma \left(\overrightarrow{-grad}\,\varphi + \vec{v} \times \vec{B} \right), \qquad \text{Ec. 9.2}$$

$$\tilde{I}_\varphi = [I_i]^\varphi_{6 \times 1} = M_\sigma [U_i]^\varphi_{6 \times 1} = M_\sigma U_\varphi, \qquad \text{Ec. 9.3}$$

donde la matriz $M_\sigma = \frac{\sigma^\varepsilon}{v^\varepsilon} \tilde{S}_i \tilde{S}_j$, $i, j = 1{:}6$ es función de la conductividad eléctrica de cada tetraedro, su volumen y el producto escalar de los vectores de superficie que corresponden a los planos duales de aristas primarias e_i y e_j (ver Figura 9-1a).

Partimos de la expresión de la inducción magnética, Ec. 9.4, dentro de cada tetraedro en función de los flujos magnéticos asociados a las caras del tetraedro de referencia (Trevisan y Kettunen, 2004).

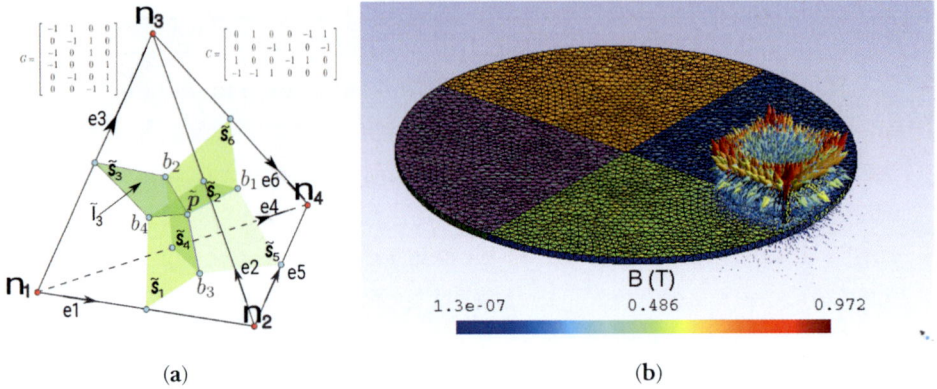

(a)   (b)

Figura 9-1. a) Celda de tetraedro de referencia;
b) freno magnético.

El segundo término de Ec. 9.2, que corresponde al término de Lorentz, se desarrolla en este trabajo con CM, donde

$$\vec{B}_e = \frac{1}{3V_t}\left(\vec{e}_4\phi_1 + \vec{e}_5\phi_2 + \vec{e}_6\phi_3 + \vec{0}\phi_4\right).$$

Ec. 9.4

La integración de las diferencias del potencial eléctrico asociado a ambas aristas primarias e_i, $i=1{:}6$, con el término de Lorentz $\vec{E}_{Lo} = \vec{V}_e \times \vec{B}_e$ se expresa en la Ec. 9.5:

$$U_i = \int_{e_i} \vec{E}_{Lo} \cdot d\vec{l} = \int_{e_i} \left(\vec{V}_e \times \vec{B}_e\right) \cdot d\vec{l}$$

Ec. 9.5

Resolviendo Ec. 9.5, U_i en las aristas primarias e_i se expresa en Ec. 9.6,

$$U_i = \frac{1}{3V_t}\left(\vec{V}_e \times \vec{e}_4 \cdot \vec{e}_i\phi_1 + \vec{V}_e \times \vec{e}_5 \cdot \vec{e}_i\phi_2 + \vec{V}_e \times \vec{e}_6 \cdot \vec{e}_i\phi_3 + \vec{0}\phi_4\right),$$

Ec. 9.6

donde

$$\vec{V}_e \times \vec{e}_e = \begin{vmatrix} \vec{i} & \vec{j} & \vec{k} \\ V_x^e & V_y^e & V_z^e \\ e_x & e_y & e_z \end{vmatrix},$$

Ec. 9.7

$$\vec{e}_i \cdot \vec{e}_j = e_x^i e_x^j + e_y^i e_y^j + e_z^i e_z^j.$$

Ec. 9.8

Con las seis aristas del tetraedro de referencia, el vector de voltajes de Lorentz se muestra en Ec. 9.9 y se V_{Lo} calcula utilizando Ec 9.10.

$$U_{Lo}=[U_i]_{6\times1}^{Lo}=V_{Lo}[\phi_i]_{4\times1}. \qquad \text{Ec. 9.9}$$

$$V_{Lo}=\frac{1}{3V_t}\begin{bmatrix} \vec{V_e}\times\vec{e_4}\cdot\vec{e_1} & \vec{V_e}\times\vec{e_5}\cdot\vec{e_1} & \vec{V_e}\times\vec{e_6}\cdot\vec{e_1} & 0 \\ \vec{V_e}\times\vec{e_4}\cdot\vec{e_2} & \vec{V_e}\times\vec{e_5}\cdot\vec{e_2} & \vec{V_e}\times\vec{e_6}\cdot\vec{e_2} & 0 \\ \vec{V_e}\times\vec{e_4}\cdot\vec{e_3} & \vec{V_e}\times\vec{e_5}\cdot\vec{e_3} & \vec{V_e}\times\vec{e_6}\cdot\vec{e_3} & 0 \\ \vec{V_e}\times\vec{e_4}\cdot\vec{e_4} & \vec{V_e}\times\vec{e_5}\cdot\vec{e_4} & \vec{V_e}\times\vec{e_6}\cdot\vec{e_4} & 0 \\ \vec{V_e}\times\vec{e_4}\cdot\vec{e_5} & \vec{V_e}\times\vec{e_5}\cdot\vec{e_5} & \vec{V_e}\times\vec{e_6}\cdot\vec{e_5} & 0 \\ \vec{V_e}\times\vec{e_4}\cdot\vec{e_6} & \vec{V_e}\times\vec{e_5}\cdot\vec{e_6} & \vec{V_e}\times\vec{e_6}\cdot\vec{e_6} & 0 \end{bmatrix}. \qquad \text{Ec. 9.10}$$

En el tetraedro de referencia, los flujos magnéticos pueden expresarse como potenciales magnéticos asociados a los bordes del tetraedro (Tonti, 2014). Esto se desarrolla como Ec. 9.11,

$$[\phi_i]_{4\times1}=[C]_{4\times6}[a_i]_{6\times1} \qquad . \qquad \text{Ec. 9.11}$$

Sustituyendo Ec. 9.11 en Ec. 9.9, obtenemos Ec. 9.12, que es la ecuación propuesta en este trabajo. La matriz C es la matriz de incidencia entre las caras y los bordes del tetraedro de referencia (ver Figura 9-1a),

$$U_{Lo}=[U_i]_{6\times1}^{Lo}=V_{Lo}C[a_i]_{6\times1}=V_{Lo}Ca. \qquad \text{Ec. 9.12}$$

La corriente producida por el voltaje de Lorentz se muestra en Ec. 9.13. La corriente total será $\tilde{I}=\tilde{I}_\varphi+\tilde{I}_{Lo}$:

$$\tilde{I}_{Lo}=M_\sigma U_{Lo}= M_\sigma V_{Lo}Ca=MV_La, \qquad \text{Ec. 9.13}$$

donde MV_L es la nueva matriz constitutiva propuesta para el cálculo de la corriente de Lorentz, $\tilde{I}_{Lo}$, en función de los potenciales magnéticos.

Para validar la ecuación propuesta, el problema del freno magnético (FM) se plantea utilizando FF. El FM es un disco, hecho de cobre, que gira alrededor de un eje ortogonal, y. En la parte superior del disco hay un imán permanente de neodimio (ver Figura 9-1b). La velocidad para cualquier punto del disco se calcula por Ec. 9.14, donde $\overrightarrow{W_r}$ es la velocidad angular del disco y $\vec{r}$ es el vector radial respecto al punto central del disco,

$$\vec{V_e} = \overrightarrow{W_r} \times \vec{r}.$$ Ec. 9.14

Para resolver el problema, se utiliza el potencial eléctrico φ y la del potencial magnético. En esta formulación, se utiliza la ecuación de continuidad para la corriente eléctrica, Ec. 9.15, donde $\tilde{D}$ es la matriz de incidencia de los volúmenes-caras en la malla dual,

$$\tilde{D}\tilde{I} = \tilde{D}(\tilde{I}_\varphi + \tilde{I}_{Lo}) = 0.$$ Ec. 9.15

Teniendo en cuenta el hecho de que $\tilde{D} = -G^t$, donde G es la matriz de incidencia arista-nodo en la malla primaria (ver Figura 9-1a). Entonces las ecuaciones Ec. 9.3, Ec. 9.12 y Ec. 9.13, con la ecuación de continuidad para la corriente eléctrica, y todos los términos —incluido el término $\left(\frac{\partial \tilde{a}}{\partial t}\right)$— permanecen como se indica en Ec. 9.16:

$$-G^t M_\sigma jWa + G^t MV_L a - G^t M_\sigma G\varphi = 0.$$ Ec. 9.16

La ecuación de definición para el imán permanente es la ecuación Ec. 9.17. M_ν es la matriz de reluctividad magnética (Tonti, 2001-1), $\tilde{F}_e$ es el vector de fuerzas magnetomotrices coercitivas suministradas por el fabricante del imán, y $\tilde{F}$ es el vector de fuerzas magnetomotrices asociadas a los bordes de la malla dual:

$$\tilde{F} = M_\nu \phi - \tilde{F}_e.$$ Ec. 9.17

La ecuación constitutiva en el aire y el material conductor es Ec. 9.18. Si la ley de Ampere Ec. 9.19 se aplica al imán permanente, entonces se lee como Ec. 9.20. Si se aplica la misma ley al aire, se muestra como Ec. 9.21. Finalmente, aplicando la ley de Ampere al material conductor, obtenemos Ec. 9.22.

$$\tilde{F} = M_\nu \phi, \qquad \text{Ec. 9.18}$$

$$\tilde{C}\tilde{F} = \tilde{I}, \qquad \text{Ec. 9.19}$$

$$\tilde{C}\left(M_\nu \phi - \tilde{F}_e\right) = 0, \qquad \text{Ec. 9.20}$$

$$\tilde{C} M_\nu \phi = 0, \qquad \text{Ec. 9.21}$$

$$\tilde{C} M_\nu \phi = M_\sigma \left(-G\varphi \cdot \frac{\partial a}{\partial t} + V_{Lo}\phi\right), \qquad \text{Ec. 9.22}$$

donde ϕ es el operador rotacional discreto en la malla dual. Teniendo en cuenta el hecho de que $\tilde{C} = C^t$ y $\phi = Ca$, entonces la ley de Ampere y la ecuación de continuidad para la corriente eléctrica en todos los dominios forman un sistema de ecuaciones como se expresa en Ec. 9.23. Este sistema de ecuaciones, en estado estacionario sinusoidal, ha sido programado en C++, utilizando el paquete de *software* numérico PETSc (Balay *et al.*, 2018).

$$\begin{bmatrix} C^t M_\nu C - M V_L + M_\sigma jW & M_\sigma G \\ -G^t M_\sigma jW + G^t M V_L & -G^t M_\sigma G \end{bmatrix} \begin{bmatrix} a \\ \varphi \end{bmatrix} = \begin{bmatrix} C^t \tilde{F}_e \\ 0 \end{bmatrix}. \qquad \text{Ec. 9.23}$$

9.3. Resultados y discusión

9.3.1. Caracterización del freno magnético

El freno magnético consiste en un disco de aleación de cobre y un imán permanente situado a una distancia d (ver Figura 9-2). El disco está acoplado a un motor de corriente continua (CC). El motor CC gira a una velocidad angular $\vec{W_r}$ (ver Figura 9-3).

El imán permanente, que se utiliza en las simulaciones numéricas y experimentos en el laboratorio, se modela en el segundo cuadrante, con $H < 0$ y $B > 0$. Es un modelo lineal con dos parámetros, B_r y μ. Este modelo es adecuado cuando se utilizan imanes permanentes de tierras raras. Las características del imán permanente son las siguientes: el material es NdFeB, con una forma de bloque de 50,8 × 50,8 × 25,4 mm, un sentido de magnetización en el eje a lo largo de la dimensión 25,4 mm, el recubrimiento es niquelado (Ni-Cu-Ni), fabricado por sinterización, el tipo de magnetización es N40, la remanencia B_r está en el intervalo 1,26–1,29 T, el coercitivo H_c está en el intervalo 860–955 kA/m, el coercitivo intrínseco $H_c \geq 955$ kA/m y el producto energético máximo está en el intervalo 303–318 kJ/m³.

El disco tiene una conductividad eléctrica volumétrica de $\sigma = 4,1$ 107 S/m, su diámetro es de 315 mm y su grosor es de 5 mm.

Cuando se ha resuelto el sistema de ecuaciones en Ec. 9.23, se obtienen las pérdidas por efecto Joule en el disco. Estas se calculan utilizando una integral de volumen según Ec. 9.24,

$$P_J = \int \frac{1}{\sigma} \vec{J} \cdot \vec{J} \, dv,$$

Ec. 9.24

donde $\vec{J}$ es la corriente eléctrica de densidad volumétrica indicada en Ec. 9.22. El par de frenado, a lo largo del eje y, se calcula utilizando una integral de volumen como se indica en Ec. 9.25,

$$\vec{T} = \int (\vec{r} \times \vec{J} \times \vec{B}) \, dv.$$

Ec. 9.25

Simulaciones numéricas

Se han desarrollado diferentes experimentos numéricos utilizando diferentes velocidades angulares, con un espacio de aire, entre el disco y el imán permanente, equivalente a 6 mm. La matriz constitutiva de velocidades propuesta en Ec. 9.13, desarrollada en CM y Ecuaciones Ec. 9.23, han sido utilizadas en estas simulaciones. El sistema emergente, Ecuación Ec. 9.23, no es tan simétrico como en FEM. Utilizamos métodos numéricos basados en el subespacio de Krylov debido a que las matrices son dispersas y de grandes dimensiones. Estos algoritmos se implementan en el *software* PETSc (Balay *et al.*, 2018).

En particular, el solucionador lineal empleado es el algoritmo residual mínimo generalizado (GMRES). Además de esto, preacondicionamos la matriz para mejorar el número de condición de la matriz para reducir el número de iteraciones. Este método es válido para sistemas no simétricos. Las tolerancias relativas y absolutas, con un orden de magnitud de 10^{-10}, son suficientes para lograr la convergencia en el solucionador lineal.

Hemos utilizado elementos tetraédricos porque son mejores para geometrías complejas. El número de elementos depende del modelo analizado. Por ejemplo, en una implementación en particular, utilizamos 261.868 elementos, y el tiempo de ensamblaje y solución fue inferior a 500 s, con una máquina Intel core i7-3820, 3.6 GHz y 32 GB de RAM con cuatro núcleos y ocho procesos de ejecución. Se ha estudiado la convergencia, aumentando el número de elementos, hasta obtener una tasa razonable de convergencia.

Para evitar singularidades en la solución del problema, controlamos el número adimensional de Péclet para obtener una convergencia razonable, con refinamientos de malla manuales, utilizando una mayor densidad de puntos donde la velocidad lineal del disco es mayor.

Los resultados obtenidos para el disco de aleación de cobre se muestran en la Figura 9-4a, b. En la Figura 9-4a, la densidad de corriente máxima en el disco se compara en CM y el paquete de *software* Getdp (Geuzaine, 2007). En la Figura 9-4b, se comparan las pérdidas por efecto de Joule. Las simulaciones numéricas propuestas han sido desarrolladas en CM. La referencia, utilizada para comparar los resultados, es Getdp.

Figura 9-2. Disco, imán y sensor Hall, vista frontal.

Figura 9-3. Freno magnético y
motor de corriente continua (CC).

El paquete de *software* Gmsh (Geuzaine y Remacle, 2009) se utiliza en la malla y en la visualización de datos. En la Figura 9-5, se muestra la fuerza normal entre el disco y el imán permanente. Los resultados obtenidos en CM se comparan con los resultados obtenidos en FEM.

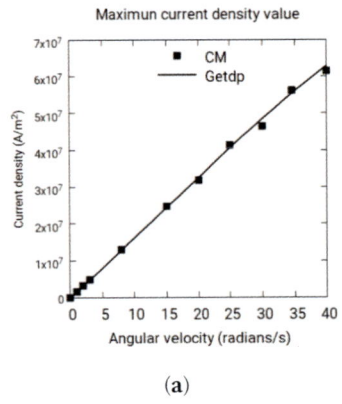

(a)

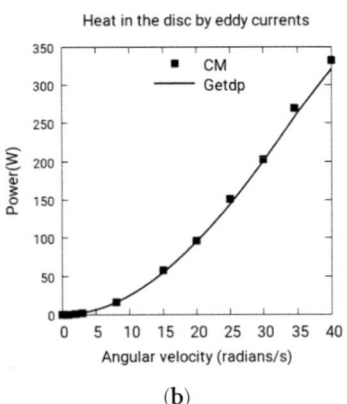

(b)

Figura 9-4. (a) Densidad de corriente máxima en el disco, CM vs. Getdp; (b) calor disipado en el disco, CM vs. Getdp.

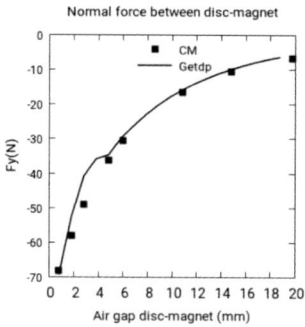

Figura 9-5. Fuerza normal F_y con $W_r = 34,55$ rad/s, Método de la Celda (CM) vs. Getdp.

9.3.3. Validación numérica de las simulaciones

Se han desarrollado tres experimentos y se comparan los resultados con los obtenidos a través de CM y Getdp. Estos experimentos se especifican en la Tabla 9-1.

C1.	Valor máximo de densidad de corriente (véase la Figura 9-4a)
C2:	Calor en el disco por corrientes de Foucault (ver Figura 9-4b)
C3:	Fuerza normal entre disco-imán (ver Figura 9-5)

Tabla 9-1. Experimentos numéricos desarrollados.

Las métricas utilizadas en la validación de los modelos son las siguientes: R2, coeficiente de determinación, ver Tedeschi (2006), Rodríguez (2005), Piñeiro *et al.* (2008); MSE: error medio cuadrático, ver Tedeschi (2006), Moriasi *et al.* (2007), Gupta *et al.* (2009), Jolliffe y Stephenson (2012), Mathevet *et al.* (2006); RMSE: raíz del error medio cuadrático, ver Jolliffe y Stephenson (2012), Mathevet *et al.* (2006), Willmott y Matsuura (2005); RMSPE: raíz del error medio cuadrático porcentual, ver Hyndman y Koehler (2014); MAE: error medio absoluto, ver Moriasi *et al.* (2007), Jolliffe y Stephenson (2012), Willmott y Matsuura (2005), Chai y Draxler (2014); MAEP: error medio absoluto porcentual, ver Hyndman y Koehler (2014); PBIAS, sesgo porcentual, ver Tedeschi (2006), Moriasi *et al.* (2007), Sanabria *et al.* (2006), Leuthold (1975); NSEF: eficiencia del modelo de Nash, & Sutcliffe, ver Moriasi *et al.* (2007), Gupta *et al.* (2009), Mathevet *et al.* (2006); U1: coeficiente de desigualdad de Theil, ver Leuthold (1975), Fullerton y Novela (1975), Bliemel (1973); UM: proporción de sesgo o diferencias entre medias (error sistemático), ver Fullerton y Novela (1975); US: proporción de varianza (error sistemático), ver Fullerton y Novela (1975); UC: proporción de covarianza (error no sistemático), ver Fullerton y Novela (1975); d: índice d-Willmott, ver Willmott *et al.* (2012); MEF: eficiencia del modelo, ver Medina *et al.* (2010); CD: coeficiente de determinación del modelo, ver Medina *et al.* (2010); C: coeficiente de error del modelo, ver Medina *et al.* (2010).

La Tabla 9-2 muestra las métricas de las comparaciones que se han propuesto en la Tabla 9-1, siguiendo las estadísticas anteriormente mencionadas.

En la Tabla 9-2, podemos ver que todas las métricas son diferentes de las óptimas. MAE viene expresado en unidades. Estas métricas muestran la validez de FF-CM para nuestro análisis.

Comparativo	C1	C2	C3
R^2 [0, +1] Óptimo: +1	0,9990	0,9998	0,9760
MSE [0, +]∞ Óptimo: 0	$2,25 \times 10^{11}$	17,4812	17,4794
RMSE [Uds.]	$0,47 \times 10^6$	4,1810	4,1808
RMSPE [-1, +1] Óptimo: 0	0,0386	0,0500	-0,1173
MAE [Uds.]	6×10^5	2,3796	3,1703
MAEP [-1, +1] Óptimo: 0	0,0257	0,0284	-0,0889
PBIAS [-1, +1] Óptimo: 0	-0,0116	0,0276	0,0741
NSEF [-, 1]∞ Óptimo: 1	0,9982	0,9984	0,9526
U1 de Theil [0, 1] Óptimo: 0	0,0144	0,0155	0,0499
UM de Theil [0, 1] Óptimo: 0	0,0890	0,3239	0,4658

US de Theil [0, 1] Óptimo: 0	0,3489	0,5454	0,0115
UC de Theil [0, 1] Óptimo: 0	0,5621	0,1307	0,5227
Willmott-dW [0, 1] Óptimo: 1	0,9995	0,9996	0,9884
MEF [-∞, 1] Óptimo: 1	0,9982	0,9984	0,9526
CD [-∞,+∞] Óptimo: 1	1,0516	0,9424	0,9352
C [-∞,+∞] Óptimo: 0	0,0257	0,0284	-0,0889

Tabla 9-2. Métricas de las comparaciones propuestas.

Para comprender las diferencias de magnitud en MSE, RMSE y MAE, tenemos que observar que C1 es una gran cantidad —con una densidad de corriente del orden de magnitud 107 (ver Figura 9-4a)— y tanto C2 como C3 son pequeñas, con calor en el disco y una fuerza normal del orden de magnitud 10^2 (ver Figuras 9-4b y 9-5). Por lo tanto, C1 es aparentemente una gran cantidad y tanto C2 como C3 son cantidades pequeñas. Sin embargo, como estas cantidades son errores absolutos, parecen grandes. El óptimo es 0 porque este es el límite al que tienden estas magnitudes a medida que aumentamos el número de elementos en la malla.

La Tabla 9-3 presenta la evolución del error y el tiempo de ejecución para el montaje y solución para el calentamiento de Joule a medida que aumenta el número de grados de libertad en el sistema de ecuaciones Ec. 9.23 para una velocidad angular de 15 rad/s. Con 46.723 grados de libertad, obtenemos un error inferior al 3%, pero hemos implementado, en este caso concreto, 233.471 grados de libertad obteniendo un error insignificante en 324,30 s.

Grados de libertad	Tiempo (s)	Energía de Joule (W)	Error (%)
3018	0,42	76,62	42,90
4718	0,85	71,92	34,10
22796	7,86	55,82	4,10

34466	15,00	55,58	3,69
46723	24,65	55,20	2,98
61937	37,90	54,90	2,42
86127	74,44	54,84	2,31
132518	138,18	53,90	0,55
233471	324,30	53,60	0,00

Tabla 9-3. Evolución del error y del tiempo de ejecución.

9.3.4. Validación experimental de la simulación

En esta sección, obtenemos medidas experimentales para validar el método celular utilizado en la simulación del campo magnético en las proximidades de un freno magnético. Además de esto, analizamos experimentalmente el par electromagnético generado en el freno.

Para desarrollar el sistema experimental, es necesario calibrar los sensores Hall que miden el campo magnético. Estos sensores serán calibrados previamente a través de imanes de referencia.

9.3.4.1. Calibración de los sensores Hall

En primer lugar, caracterizaremos los imanes de referencia, y luego calcularemos la ganancia de los sensores Hall. Para las mediciones, hemos utilizado pesas de precisión que han sido verificadas en una balanza de precisión que muestra una desviación insignificante. Las distancias se han medido con una precisión de centésima de milímetro, que es una muy buena precisión para nuestros experimentos.

Caracterización del imán de referencia: La medición experimental del campo magnético sobre las proximidades del disco de cobre se realiza con tres sensores Hall que permiten la medición de la inducción magnética en las tres direcciones de los ejes cartesianos x, y, z. Estos sensores son del tipo lineal 49E en un rango de medición entre -90 mT y +90 mT (Yangzhou, 2018).

Para calcular la ganancia de cada sensor, utilizamos una fuente de campo magnético consistente en dos imanes de NdFeB de forma cilíndrica y un radio de 2 mm y una altura de 5 y 40 mm, respectivamente, como se muestra en la Figura 9-6a.

El primer conjunto de mediciones se realiza con el fin de determinar, de forma precisa, la intensidad del campo de coercitividad, H_c, de los imanes, porque es desconocido.

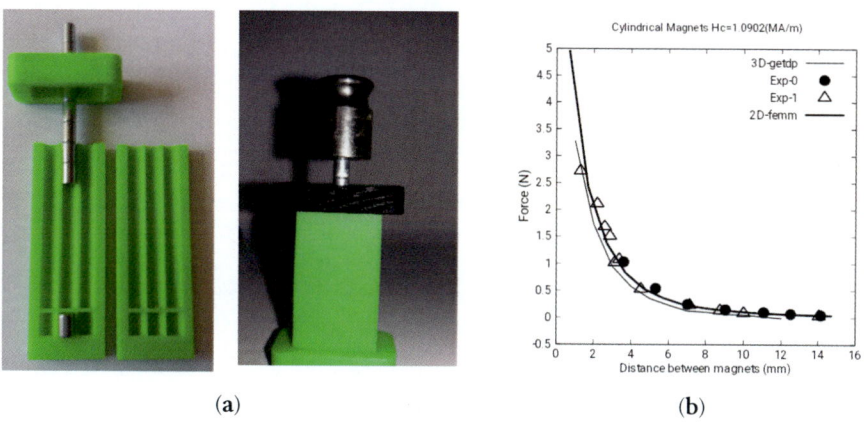

(a)   (b)

Figura 9-6. a) Disposición del imán con
fuerza de equilibrio magnética y mecánica;
b) caracterización de los imanes de referencia.

De esta manera, los dos imanes se ubican como en la Figura 9-6a, y la fuerza de equilibrio entre ambos se mide para diferentes distancias entre 2 y 14 mm. La masa utilizada para obtener la fuerza de equilibrio consiste en diferentes pesos de precisión de 2 a 100 g y están situados en el imán de 40 mm, como se puede observar en la Figura 9-6a. Hemos tomado dos conjuntos de datos experimentales para asegurar la repetibilidad de las medidas y se denominan Exp-0 y Exp-1, como se muestra en la Figura 9-6b.

La intensidad del campo coercitivo, H_c, que mejor se ajusta a los datos, es H_c = 1,0902 MA/m. Estos datos han sido obtenidos mediante sucesivas simulaciones MEF en 2D y 3D, encontrando la fuerza de repulsión entre los imanes. La Figura 9-6b muestra los mejores ajustes obtenidos a través de MEF utilizando el *software* Getdp 3D y el *software* femm 2D que aprovecha las simetrías axiales de este problema. Además de esto, trabajando en 2D, podemos utilizar mallas más densas por el mismo coste computacional, obteniendo resultados más precisos.

Estos ajustes confirman que MEF es una herramienta adecuada para calcular el campo magnético en las proximidades de los campos magnéticos generados por imanes permanentes.

Cálculo de la ganancia de los sensores Hall: Aunque utilizamos tres sensores Hall del mismo tipo y fabricante (Supermagnete, 2018), la ganancia de cada uno es ligeramente diferente. En esta sección, caracterizamos experimentalmente la ganancia de cada uno.

Como muestra la Figura 9-7a, localizamos el imán utilizando un CNC de alta precisión (Computer Numerical Control) a una distancia particular del sensor Hall. Midiendo la diferencia de potencial eléctrico en el sensor Hall generado por el campo magnético del imán, podemos determinar la ganancia del sensor. El campo magnético se calculó utilizando el *software* MEF femm como se explicó en la sección anterior.

Las ganancias obtenidas para los sensores Hall x, y, z son 20,0 - 17,5 y 21 mV/mT, respectivamente, como se puede ver en la Figura 9-7b.

9.3.4.2. Medidas del campo magnético y del par

Como se mencionó anteriormente, utilizamos un disco hecho de una aleación de cobre, de diámetro 315 mm y espesor 5 mm que puede girar en ambas direcciones. Este disco es movido por un motor de corriente continua (CC) regulado en velocidad por el potencial eléctrico aplicado al inducido.

La conductividad efectiva de la aleación de cobre se ha obtenido minimizando el error entre el campo magnético medido y simulado, variando la conductividad eléctrica entre 1×10^7 y 8×10^7 S/m, con una velocidad angular del disco de 20,49 rad/s, como muestra la Figura 9-8a. El valor obtenido para un error mínimo corresponde a $4,1 \times 10^7$ S/m. Con este valor, hemos implementado todas las simulaciones numéricas a partir de ahora.

A una distancia variable del disco y con magnetización en la dirección, y hemos colocado un imán permanente. El imán es un prisma rectangular con unas dimensiones de 50,8 × 50,8 × 25,4 mm. Como se muestra en la Figura 9-8b, también hemos colocado tres sensores Hall en un sistema de ejes cartesianos que determina un vértice único. Estos ejes pueden ser desplazados en las direcciones x, y, z.

A continuación, analizamos el vector de campo magnético en función de la velocidad angular del disco en los puntos 1, 2, 3 y 4, como se puede ver en la Figura 9-8b.

Resultados experimentales y discusión del campo magnético: Hemos tomado ocho mediciones para diferentes valores de la velocidad angular del campo magnético en los puntos 1, 2, 3 y 4 de la Figura 9-8b. Cuatro se han tomado con el disco girando en el sentido de las agujas del reloj y cuatro en el sentido contrario a las agujas del reloj.

La Figura 9-9 representa el módulo de inducción magnética medido por los transductores Hall y las simulaciones numéricas de la velocidad angular en sentido antihorario, W_r –. Observamos que existe una gran coincidencia entre los valores experimentales y los obtenidos por simulación numérica porque los valores discretos son casi coincidentes con las curvas continuas que representan las simulaciones. Entonces, la inducción magnética aumenta a medida que aumenta la velocidad angular.

Por otro lado, la Figura 9-10 representa el módulo de la inducción magnética, medido con los sensores Hall en los mismos puntos, y las simulaciones numéricas, como funciones de la velocidad angular en el sentido de las agujas del reloj, W_r+. Asimismo, observamos que existe una gran coincidencia entre los valores experimentales y los obtenidos por simulación numérica. Sin embargo, estas curvas están decreciendo, es decir, la inducción magnética disminuye a medida que aumenta la velocidad angular. Este comportamiento se debe a la asimetría de las corrientes inducidas en el disco cuando cambia la dirección de rotación de la velocidad angular (ver Figura 9-11).

Resultados experimentales y par electromagnético: Este conjunto de experimentos consiste en las mediciones de las pérdidas por el efecto Joule realizadas en el laboratorio. Estas mediciones se han obtenido restando la potencia eléctrica total a la entrada del motor CC de las pérdidas de Joule en los devanados de la armadura y las pérdidas mecánicas en el régimen de vacío, sin el freno magnético. Con estos cálculos, se obtiene el par electromagnético para el frenado para una velocidad angular determinada (ver Figura 9-12). Las características del motor CC son las siguientes: AEG, corriente continua, armadura 220 V – 2,2 A, campo 220 V, 0,5 kW, 1400 rpm, IP E22.

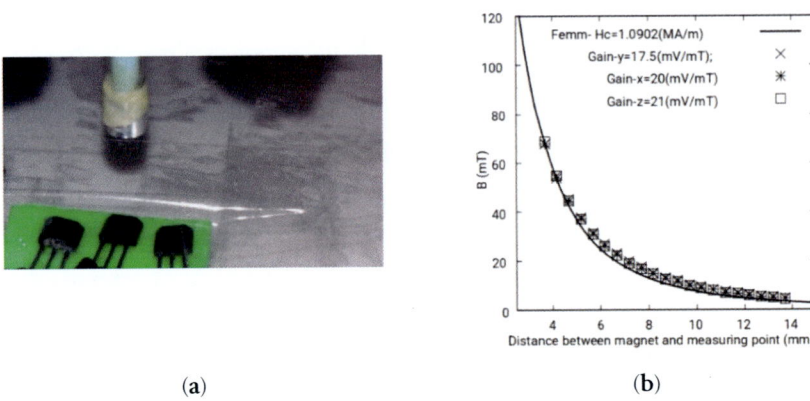

(a)   (b)

Figura 9-7. a) punta CNC en los sensores Hall;
b) cálculo de la ganancia de los sensores Hall.

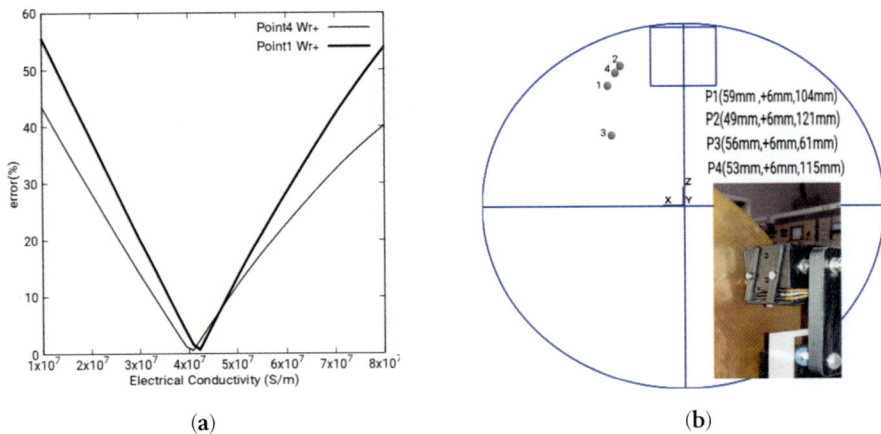

(a)   (b)

Figura 9-8. a) Optimización de la conductividad
de las aleaciones de cobre; b) posición de los sensores
Hall en el disco y posición de los cuatro puntos en los
que se ha medido el vector del campo magnético.

La Figura 9-12 muestra el par electromagnético obtenido por experimentación y simulación en el disco de cobre para una velocidad angular de 0 a 35 rad/s.

Los imanes están situados a distancias de 9, 10 y 11 mm. Los resultados experimentales son casi coincidentes con las simulaciones numéricas. Además de esto, como era de esperar, podemos observar que a medida que aumenta la velocidad angular, aumenta el par. También se puede observar que a medida que aumenta la proximidad al disco, el par también aumenta.

Como no hay corriente inducida cuando la velocidad angular es cero, el par magnético converge a cero tanto en los resultados experimentales como en los de simulación.

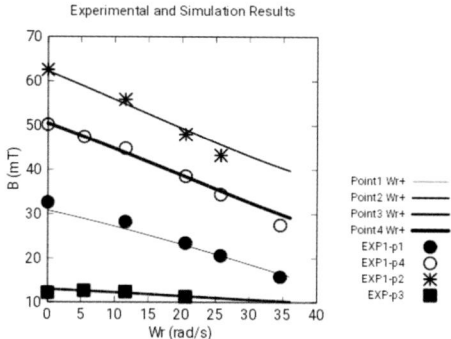

Figura 9-9. Medición del campo magnético con W_r- en el sentido de las agujas del reloj.

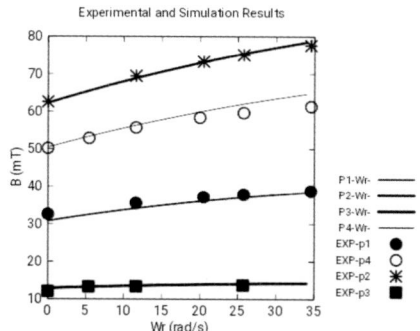

Figura 9-10. Medición del campo magnético con W_r+ en el sentido de las agujas del reloj.

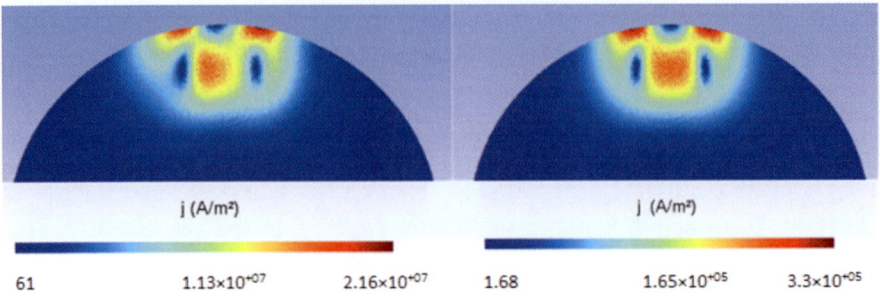

| 61 | 1.13×10⁺⁰⁷ | 2.16×10⁺⁰⁷ | 1.68 | 1.65×10⁺⁰⁵ | 3.3×10⁺⁰⁵ |

Figura 9-11. **Módulo de las densidades de corriente inducidas con** W_r- = 34 y 0,5 rad/s, respectivamente.

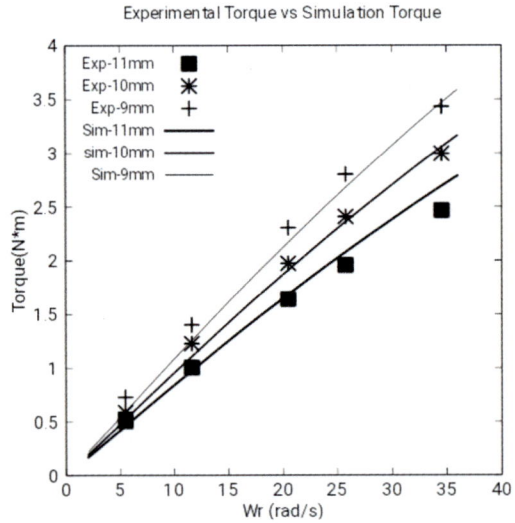

Figura 9-12. Resultados experimentales y simulados del par electromagnético en el disco.

Las Figuras 9-9, 9-10 y 9-12 muestran los resultados experimentales y de simulación. Como se puede ver, las diferencias son pequeñas. Las Figuras 9-9 y 9-10 muestran los cálculos y mediciones de los campos magnéticos y la Figura 9-12 muestra los cálculos y mediciones del par electromagnético.

9.4. Conclusiones

Se ha desarrollado una matriz constitutiva en el Método de la Celda en 3D. La corriente eléctrica de Lorenz se ha obtenido utilizando el potencial magnético.

Esta metodología se ha aplicado a un disco que se mueve dentro de un campo magnético.

Los resultados obtenidos se han comparado con el método de elementos finitos, tomando como referencia los paquetes de *software* libre Getdp y femm. El error es inferior al 0,1173 %.

Se ha realizado una segunda verificación en el laboratorio utilizando sensores Hall para medir el campo magnético en las proximidades del freno magnético.

Nomenclatura

Símbolo	nombre	unidad
$\vec{E}$	Intensidad de campo eléctrico	V/m
$\vec{E}^v$	Intensidad de campo eléctrico con velocidad v	V/m
ϕ	Potencial escalar eléctrico	V
σ	Conductividad eléctrica	S/m
$\tilde{I}_\varphi$	Corriente eléctrica por potencial escalar eléctrico	A
M_σ	Matriz constitutiva de conductividad eléctrica	S
U_φ	Diferencia de potencial eléctrico	V
σ^t	Conductividad eléctrica del tetraedro	S/m
$\vec{B}$	Inducción magnética	Wb/m²
φ	Flujo magnético	Wb
a	Potencial magnético en aristas del primal	Wb
$\vec{a}$	Potencial vector magnético	Wb/m
$C, \tilde{C}$	Matrices de incidencia caras-aristas en mallado primal y dual	-
$\tilde{D}$	Matriz de incidencia caras-volúmenes en el mallado	-
G	Matriz de incidencia aristas-nodos en el mallado primal	-

Símbolo	nombre	unidad
$\vec{E}_{Lo}$	Intensidad de campo eléctrico de Lorentz	V/m
U_{Lo}	Vector de tensión de Lorentz en las aristas del primal	V
V_{Lo}	Vector de Lorentz	s^{-1}
$\tilde{I}_{Lo}$	Vector de corriente de Lorentz en la cara dual	A
MV_L	Nueva matriz constitutiva de Lorentz	S/s
M_ν, M_σ	Matriz constitutiva magnética y eléctrica	A/Wb
W	Frecuencia angular	1/s
$\vec{v}$	Velocidad lineal	m/s
$\vec{W_r}$	Velocidad angular	1/s
t	Tiempo	s
$\vec{J}$	Densidad volumétrica de corriente eléctrica	A/m^2
$\vec{e_t}$	Vector de longitudes de aristas	m
V_t	Volumen del tetraedro	m^3
$\vec{V_e}$	Velocidad del baricentro del tetraedro	m/s
$\vec{i}, \vec{j}, \vec{k}$	Vectores unitarios	-
$\tilde{S}_t$	Vector de superficies del mallado dual i	m^2
$\vec{r}$	Radio vector apuntando desde el centro del disco	m
$\tilde{F}_e$	Fuerza magnetomotriz coercitiva del imán	A
$\tilde{F}$	Vector de fuerzas magnetomotrices de las aristas del mallado dual	A
i	Unidad imaginaria	-
P_j	Energía de Joule	W
T_j	Par de frenado	Nm

Bibliografía

Gay, S.E.; Ehsani, M. (2006). Parametric analysis of eddy-current brake performance by 3-d finite-element analysis. IEEE Trans. Magn, 42, pp. 319-328.

Jang, S.M.; Lee, S.H. (2003). Comparison of three types of permanent magnet linear eddy-current brakes according to magnetization pattern. IEEE Trans. Magn, 39, pp. 3004-3006.

Tonti, E. (2001). Finite formulation of the electromagnetic field. geometric methods in computational electromagnetics. PIER 32, pp. 1-44.

Tonti, E. (2001). A direct discrete formulation of field laws: The cell method. Comput. Model. Eng. Sci.-1, 2, pp. 237-258.

Monzon-Verona, J. M.; Santana-Martin, F. J.; Garcia-Alonso, S.; Montiel-Nelson, J. A. (2010). Electro-quasistatic analysis of an electrostatic induction micromotor using the cell method. Sensors, 10, pp. 9102-9117.

Tonti, E. (2014). Why starting from differential equations for computational physics? J. Comput. Phys, 257, pp. 1260-1290.

Woodson, H.; Melcher, J. (1968). Electromechanical Dynamic, Part I Discrete System; Wiley: Hoboken, NJ, USA; p. 261.

Codecasa, L.; Specogna, R.; Trevisan, F. (2010). A new set of basis functions for the discrete geometric approach. J. Comput. Phys, 229, pp. 7401-7410.

Trevisan, F.; Kettunen, L. (2004). Geometric interpretation of discrete approaches to solving magnetostatic problems. IEEE Trans. Magn, 40, pp. 361-365.

Balay, S.; Abhyankar, S.; Adams, M. F.; Brown, J.; Brune, P.; Buschelman, K.; Dalcin, L.; Eijkhout, V.; Gropp, W. D.; Kaushik, D. et al. PETSc. Available online: http://www.mcs.anl.gov/petsc (accessed on 17th September 2018).

Geuzaine, C. GetDP: A general finite-element solver for the de Rham complex. In Proceedings of the Sixth International Congress on Industrial Applied Mathematics (ICIAM07) and GAMM Annual Meeting, Zürich, Switzerland, 16-20 July 2007.

Geuzaine G.; Remacle. J.-F. (2009). Gmsh: A three-dimensional finite element mesh generator with built-in pre- and post-processing facilities. Int. J. Numer. Methods Eng, 79, pp. 1309-1331.

Tedeschi, L.O. (2006). Assessment of the adequacy of mathematical models. Agric. Syst, 89, pp. 225-247.

Rodríguez, E. M. (2005). Errores frecuentes en la interpretación del coeficiente de determinación lineal. Anuario Jurídico Econ. Escurialense, 38, pp. 315-331.

Piñeiro, G.; Perelman, S.; Guerschman, J. P.; Paruelo, J. M. (2008). How to evaluate models: Observed vs. predicted or predicted vs. observed? Ecol. Model, 216, pp. 316-322.

Moriasi, D. N.; Arnold, J. G.; van Liew, M. W.; Bingner, R. L.; Harmel, R. D.; Veith, T. L. (2007). Model evaluation guidelines for systematic quantification of accuracy in watershed simulations. Trans. Asabe, 50, pp. 885-900.

Gupta, H. V.; Kling, H.; Yilmaz, K. K.; Martínez, G. F. (2009). Decomposition of the mean squared error and performance criteria: Implications for improving hydrological modelling. J. Hydrol, 377, pp. 80-91.

Jolliffe, T.; Stephenson, D. B. (2012). Forecast Verification: A Practitioner's Guide in Atmospheric Science, 1st ed.; John Wiley & Sons: Sussex, UK.

Mathevet, T.; Michel, C.; Andreassian, V.; Perrin, C. (2006). A bounded version of the Nash-Sutcliffe criterion for better model assessment on large sets of basins. IAHS Publ, 307, pp. 211-219.

Willmott, C. J.; Matsuura, K. (2005). Advantages of the mean absolute error (MAE) over the root mean square error (RMSE) in assessing average model performance. Clim. Res, 30, pp. 79-82.

Hyndman, R. J.; Koehler, A. B. (2006). Another look at measures of forecast accuracy. Int. J. Forecast, 22, pp. 679-688.

Chai, T.; Draxler, R. R. (2014). Root mean square error (RMSE) or mean absolute error (MAE)? Arguments against avoiding RMSE in the literature. Geosci. Model Dev, 7, pp. 1247-1250.

Sanabria, J.; García, J.; Lhomme, J. P. (2006). Calibración y validación de modelos de pronóstico de heladas en el valle del Mantaro. ECIPERU, 3, pp. 18-21.

Leuthold, R. M. (1975). On the use of theil's inequality coefficients. Am. J. Agric. Econ, 57, pp. 344-346.

Fullerton Jr., T. M.; Novela, G. (2010). Metropolitan maquiladora econometric forecast accuracy. Rom. J. Econ. Forecast, 13, pp. 124-140.

Bliemel, F. (1973). Theil's forecast accuracy coefficient: A clarification. J. Market. Res, 10, pp. 444-446.

Willmott, C.; Robesonb, S.; Matsuuraa, K. (2012). Short communication: A refined index of model performance. Int. J. Climatol, 32, pp. 2088-2094.

Medina, P, S.; Vargas, V. L.; Navarro, A. J.; Canul, P. C.; Peraza, R. S. (2010). Comparación de medidas de desviación para validar modelos sin sesgo, sesgo constante o proporcional. Univ. Cienc, 26, pp. 255-263.

Yangzhou Positioning Tech. Co., Ltd. 49E Hall Effect Linear Position Sensor. Available online: http://www.pst888.com (accessed on 17th September 2018).

Supermagnete. Data Sheet Article S-04-05-Z. Available online: https://www.supermagnete.es/ (accessed on 17th September 2018)

Capítulo 10

Análisis térmico de un freno magnético mediante técnicas infrarrojas y el Método de la Celda 3D con una nueva matriz constitutiva convectiva

10.1. Introducción

En este capítulo analizamos la distribución de la temperatura en un disco conductor en régimen transitorio. El disco está en movimiento en un campo magnético estacionario generado por un imán permanente y, de este modo, las corrientes eléctricas, inducidas en su interior, generan calor. El sistema actúa como un freno magnético y se analiza mediante técnicas de sensores infrarrojos. Además, para la simulación y análisis del freno magnético, se propone una nueva matriz convectiva térmica para el Método de la Celda 3D (CM). Los resultados de la simulación se han verificado comparando los resultados numéricos con los obtenidos por el Método de Elementos Finitos (FEM) y con los datos experimentales obtenidos por tecnología infrarroja. La diferencia entre los resultados experimentales obtenidos por los sensores infrarrojos y los obtenidos en las simulaciones es inferior al 0,0459 %.

Este capítulo procede del artículo publicado por los autores de este libro en la revista Sensors 2019, Volume 19, Issue 9, 2028, titulado *Thermal Analysis of a Magnetic Brake Using Infrared Techniques and 3D Cell Method with a New Convective Constitutive Matrix*.

El análisis térmico y el electromagnético están fuertemente vinculados, aplicándose en el diseño de todas las máquinas eléctricas (Shin *et al.*, 2018; Zhao *et al.*, 2015). En particular, el análisis térmico transitorio se aplica en frenos magnéticos (Zhang *et al.*, 2013). El uso de frenos magnéticos tiene ventajas obvias sobre los frenos basados en la fricción mecánica. Estos últimos tienen los riesgos de pérdida de fluido hidráulico y contaminación del fluido por agua de refrigeración, con la consiguiente pérdida de potencia de frenado, entre otros (Gay y Ehsani, 2006). El uso de imanes permanentes en frenos magnéticos lineales se explica en detalle en Jang y Lee (2003). En Gay y Ehsani (2006) los resultados obtenidos se comparan con una ecuación analítica y con 3D FEM. En Zhang *et al.* (2012) se estudia el análisis transitorio no lineal de los frenos magnéticos utilizados por los trenes de alta velocidad.

En la mayoría de los trabajos, consultados en la bibliografía dedicada al análisis térmico de frenos magnéticos, se utilizan ecuaciones analíticas aproximadas. O se emplean métodos numéricos basados en la formulación diferencial, como el FEM.

En el presente capítulo proponemos la Formulación Finita-FF (Tonti, 2001-32) y la CM (Tonti, 2001-2; Monzón-Verona *et al.*, 2010) como método numérico asociado para analizar este tipo de dispositivos. En esta metodología trabajamos con magnitudes globales asociadas a elementos orientados en el espacio como volúmenes, superficies, líneas y puntos del espacio discretizado; así como, también, a elementos temporales, en lugar de magnitudes de campo asociadas a variables independientes —coordenadas espaciales y temporales (Tonti, 2014).

Además, las ecuaciones de tipo constitutivo —ecuaciones del medio— están claramente diferenciadas del tipo topológico —ecuaciones de equilibrio—. En FF, las leyes físicas que gobiernan las ecuaciones electromagnéticas y las leyes térmicas de transferencia de calor asociadas con los frenos magnéticos, se expresan en su forma integral. De esta manera, el sistema final de ecuaciones se plantea directamente, sin necesidad de discretizar las ecuaciones diferenciales equivalentes (Tonti, 2013).

El análisis térmico del freno magnético, utilizando esta metodología, facilita enormemente las condiciones de contorno y continuidad al trabajar con magnitudes globales, obteniéndose directamente el sistema de ecuaciones sin necesidad de discretizar las ecuaciones diferenciales.

En el presente trabajo hemos formulado una nueva matriz constitutiva, que relaciona los flujos de energía calorífica convectiva —magnitud de tipo fuente— debidos al movimiento del disco, con las magnitudes de configuración —temperaturas— utilizando CM. Las magnitudes de configuración se asocian a los nodos de una malla primal formada por tetraedros. Las magnitudes de tipo fuente se asocian a las superficies de una malla dual —volumen de control— obtenida en una división baricéntrica de la malla primal. Esta matriz se aplica a una ecuación de balance energético sobre un freno magnético. Este consiste en un disco de cobre, que gira con una velocidad angular w_r inmerso en un campo magnético producido por un imán permanente.

La nueva matriz convectiva térmica formulada con CM en 3D se ha verificado contrastando los resultados numéricos con los obtenidos por FEM. La diferencia entre los resultados experimentales obtenidos por los sensores infrarrojos y los obtenidos en las simulaciones es inferior al 0,0459 %.

Para obtener la validación experimental de la nueva matriz convectiva, es necesario medir la temperatura de un disco giratorio, inmerso en un campo magnético y sin contacto físico entre el termómetro y el disco (Usamentiaga y Fernando, 2017). Además, se desea que el sensor tenga una baja inercia térmica y que su respuesta sea razonablemente rápida, que proporcione una alta resolución en su medida y que sea fácil de usar.

Por lo tanto, en el presente trabajo se requiere el uso de termómetros infrarrojos, ya que estos termómetros pueden medir la temperatura de un objeto detectando la energía infrarroja emitida por todos los materiales involucrados en el experimento.

Estos termómetros están constituidos por una lente que enfoca la energía infrarroja en un detector, el cual convierte esta energía en una señal eléctrica que una vez procesada puede expresarse en unidades de temperatura. Esta configuración facilita la medición de la temperatura de un objeto a distancia, sin tener contacto con él. Es útil para medir la temperatura donde no se puede utilizar otro tipo de sensor.

Las aplicaciones típicas de los termómetros infrarrojos son: medir temperaturas de objetos que están en movimiento, o rodeados por un campo electromagnético, o en condiciones de vacío. Debido a la falta de inercia mecánica, causada por su naturaleza eléctrica, se utilizan en aplicaciones donde se desea una respuesta rápida.

Para verificar la nueva matriz térmica convectiva, hemos utilizado dos sensores infrarrojos diferentes: un sensor térmico puntual y una cámara. Uno toma medidas en un punto y el otro, toma medidas en una matriz. Las medidas obtenidas con ambos métodos se han comparado con FEM y CM.

Este trabajo se ha dividido en varias secciones. En la Sección 10.2 se explica detalladamente la metodología para la obtención de la nueva matriz constitutiva en CM, formulando el término convectivo correspondiente. En la Sección 10.3 se exponen los fundamentos de la medición con sensores infrarrojos. En la Sección 10.4 se realiza la validación numérica y experimental de los resultados del régimen térmico transitorio. Finalmente, la Sección 10.5 se presenta las conclusiones.

10.2. La matriz convectiva constitutiva en el CM

En esta sección, después de estudiar las ecuaciones electromagnéticas en el CM, se propone la formulación térmica, en el dominio del tiempo, para el CM. Se formula la nueva matriz constitutiva convectiva térmica. Finalmente, se aplican condiciones de contorno de problemas térmicos. La nueva matriz térmica constitutiva convectiva deducida en esta sección será validada experimentalmente a través de los datos experimentales obtenidos en la Sección 10.4.

10.2.1. Ecuaciones electromagnéticas en el CM

Las ecuaciones térmicas desarrolladas en este trabajo se aplican a un freno magnético. Este consiste, básicamente, en un disco de cobre y un imán permanente. El imán se encuentra en el disco, a una distancia d. El disco se acopla, mecánicamente, a un motor de corriente continua de excitación independiente a través de seis tornillos. Lo gira a una velocidad angular w_r como muestra la Figura 10-1. Para resolver las ecuaciones térmicas, utilizando el CM, es necesario conocer las fuentes de calor en el volumen dual, ver Figura 10-2.

Figura 10-1. Vista frontal del disco y ubicación de los termómetros instalados para medir la temperatura ambiente alrededor del disco.

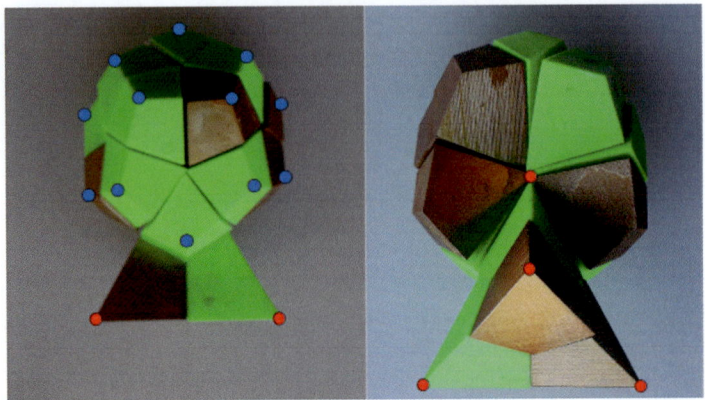

Figura 10-2. Volumen del espacio dual obtenido como unión
de porciones del tetraedro de la malla primal por división
baricéntrica. Nodos de la malla dual –color azul– y nodos de
la malla primal –color rojo.

Estos se obtienen resolviendo las ecuaciones electromagnéticas Ec.
10.1 que se explican en detalle en Monzón-Verona *et al.* (2018):

$$\begin{bmatrix} C^t M_v C - M_\sigma V_{Lo} C + jW M_\sigma & M_\sigma G \\ -G^t M_\sigma jW + G^t M_\sigma V_{Lo} C & -G^t M_\sigma G \end{bmatrix} \begin{bmatrix} a \\ \phi \end{bmatrix} = \begin{bmatrix} C^t F_e \\ 0 \end{bmatrix}$$

Ec. 10.1

El sistema de ecuaciones Ec. 10.1 se obtiene para cada tetraedro. El
ensamblaje se realiza mediante un bucle a través de todos los tetraedros del dominio, donde los grados de libertad a y ϕ son el potencial
magnético y el potencial eléctrico, respectivamente. En este sistema,
la matriz $M_\sigma = \frac{\sigma^e}{v^e} \tilde{S}_i \tilde{S}_j$ $i,j = 1:6$, se llama «matriz constitutiva de conductividad eléctrica». Esta matriz es una función de la conductividad
de cada tetraedro, del volumen de cada tetraedro y de los productos
escalares de los vectores superficiales de los planos duales a las aristas
e_i y e_j en el tetraedro (Specogna y Trevisan, 2005). M_v es la matriz de
reluctancia y F_e es el vector de fuerzas magnetomotrices coercitivas,
obtenidas a través del fabricante del imán permanente.

La matriz C, mostrada en Ec. 10.2, nos da las incidencias entre
las caras y las aristas en el tetraedro de referencia —representa el
operador rotacional discreto—, ver Figura 10-3b. G es la matriz de
incidencia entre las aristas y los nodos del tetraedro de referencia —
representa el gradiente discreto—, ver Figura 10-3b:

$$
C = \begin{bmatrix} 0 & 1 & 0 & 0 & 0 & 0 \\ 0 & 0 & -1 & 1 & 1 & -1 \\ 1 & 0 & 0 & -1 & -1 & 0 \\ -1 & -1 & 1 & 0 & 0 & 0 \end{bmatrix}, \quad G = \begin{bmatrix} -1 & 1 & 0 & 0 \\ 0 & -1 & 1 & 0 \\ -1 & 0 & 1 & 0 \\ -1 & 0 & 0 & 1 \\ 0 & -1 & 0 & 1 \\ 0 & 0 & -1 & 1 \end{bmatrix}.
$$

Ec. 10.2

V_{Lo} se calcula mediante:

$$
V_{Lo} = \frac{1}{3V_t} \begin{bmatrix} \vec{V}_e \times \vec{e}_4 \cdot \vec{e}_1 & \vec{V}_e \times \vec{e}_5 \cdot \vec{e}_1 & \vec{V}_e \times \vec{e}_6 \cdot \vec{e}_1 & 0 \\ \vec{V}_e \times \vec{e}_4 \cdot \vec{e}_2 & \vec{V}_e \times \vec{e}_5 \cdot \vec{e}_2 & \vec{V}_e \times \vec{e}_6 \cdot \vec{e}_2 & 0 \\ \vec{V}_e \times \vec{e}_4 \cdot \vec{e}_3 & \vec{V}_e \times \vec{e}_5 \cdot \vec{e}_3 & \vec{V}_e \times \vec{e}_6 \cdot \vec{e}_3 & 0 \\ \vec{V}_e \times \vec{e}_4 \cdot \vec{e}_4 & \vec{V}_e \times \vec{e}_5 \cdot \vec{e}_4 & \vec{V}_e \times \vec{e}_6 \cdot \vec{e}_4 & 0 \\ \vec{V}_e \times \vec{e}_4 \cdot \vec{e}_5 & \vec{V}_e \times \vec{e}_5 \cdot \vec{e}_5 & \vec{V}_e \times \vec{e}_6 \cdot \vec{e}_5 & 0 \\ \vec{V}_e \times \vec{e}_4 \cdot \vec{e}_6 & \vec{V}_e \times \vec{e}_5 \cdot \vec{e}_6 & \vec{V}_e \times \vec{e}_5 \cdot \vec{e}_6 & 0 \end{bmatrix},
$$

Ec. 10.3

donde la velocidad de cada punto del disco viene dada por $\vec{V}_e$:

$$
\vec{V}_e = \vec{W}_r \times \vec{r} = \begin{vmatrix} \vec{\imath} & \vec{\jmath} & \vec{k} \\ 0 & w_r & 0 \\ r_x & r_y & r_z \end{vmatrix} = (w_r r_x, 0, -r_x w_r),
$$

Ec. 10.4

donde $\vec{W}_r$ es la velocidad angular del disco, $\vec{r}$ es el vector radial con respecto a su centro, $\vec{e}_i\ i = 1:6$ son las aristas asociadas al tetraedro de la malla primal, y V_t es el volumen de cada tetraedro, ver Figura 10-3b.

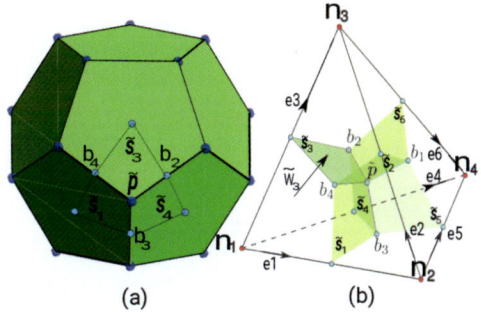

Figura 10-3. a) Volumen dual $\tilde{v}$ y nodos del volumen dual en azul. (b) Volumen primal , nodos primales n, en rojo, con aristas primales orientadas e, y planos duales $\tilde{s}$ en verde.

10.2.2. Formulación térmica en el dominio del tiempo en el CM

Aplicando la ecuación de balance energético al volumen dual de control (Alotto *et al.*, 2008), ver Figura 10-3a, obtenemos la siguiente ecuación:

$$M_{\rho c_p} \frac{dT}{dt} + \widetilde{D}(-M_\lambda GT) = \widetilde{W},$$

Ec. 10.5

donde $\widetilde{W}$ se obtiene una vez resuelto el sistema de ecuaciones Ec. 9-1. $\widetilde{D}$ representa la divergencia discreta asociada al volumen dual, siendo $\widetilde{D} = -G^t$. $M_{\rho c_p}$ es la matriz constitutiva de la transmisión de calor en estado transitorio. M_λ es la matriz constitutiva de conductividad térmica. De esta manera, obtenemos las fuentes de calor en el disco, que se calculan de la siguiente manera:

$$\widetilde{W} = \frac{1}{\sigma} \vec{J} \cdot \vec{J} d\widetilde{V},$$

Ec. 10.6

donde $\vec{J}$ se calcula, mediante la siguiente ecuación:

$$\vec{J} = \sigma(-\overrightarrow{grad}\phi + \vec{v} \times \vec{B}),$$

Ec. 10.7

siendo σ la conductividad eléctrica, ϕ el potencial escalar eléctrico, $\vec{v}$ la velocidad de cada punto y $\vec{B}$ la inducción magnética. Véase Monzón-Verona *et al.* (2018).

En Ec. 10.6, $\widetilde{W}$ se encuentran las fuentes de calor asociadas a los volúmenes duales $\widetilde{V}$, cuatro por cada tetraedro. En Ec. 10.5, el término $(-M_\lambda GT)$ representa la ley de Fourier de la transferencia de calor por conducción en el CM, asociada a las cuatro superficies duales (ver la Figura 10-3b). La matriz M_λ es la matriz de conductividad térmica (González-Domínguez *et al.*, 2018), T son las temperaturas asociadas a los nodos primarios. Es decir, $\widetilde{w}_\lambda = -M_\lambda GT$.

10.2.3. La nueva matriz constitutiva convectiva térmica

El disco se mueve con respecto al volumen de control. Por lo tanto, debemos agregar un flujo de calor del tipo:

$$\widetilde{w}_{\rho C_p v} = M_{\rho C_p v} T.$$

Ec. 10.8

De esta manera, el flujo de potencia calorífica total, asociado a las superficies duales, será el puramente conductor más el puramente convectivo debido al movimiento de la masa del disco, como se expresa a continuación:

$$\widetilde{w}_t = \widetilde{w}_{\rho C_p v} + \widetilde{w}_\lambda.$$

Ec. 10.9

Nuestra contribución es calcular una nueva matriz constitutiva convectiva $M_{\rho C_p v}$ que nos permita obtener Ec. 10.8. Esta adición tiene en cuenta el flujo de calor debido al movimiento de rotación del disco. De esta manera, Ec. 10.5 se transformaría en la siguiente ecuación:

$$M_{\rho C_p} \frac{dT}{dt} + \widetilde{D}\left(-M_\lambda G T + M_{\rho C_p v} T\right) = \widetilde{W}.$$

Ec. 10.10

Para obtener Ec. 10.8, partimos de la ecuación de campo del flujo de potencia calorífica para cualquier punto dentro del tetraedro, que se expresa de la siguiente manera:

$$\vec{w}_{\rho C_p v} = \rho C_p \vec{V}_e T(\lambda_1, \lambda_2, \lambda_3, \lambda_4),$$

Ec. 10.11

donde $\vec{V}_e$ es la velocidad baricéntrica de cada tetraedro y $T(\lambda_1, \lambda_2, \lambda_3, \lambda_4)$ es la temperatura en cualquier punto dentro del tetraedro en función de las coordenadas baricéntricas del tetraedro. Estas son $\lambda_i \in [0,1]$ $i = 1{:}4$, tales que $\lambda_1 + \lambda_2 + \lambda_3 + \lambda_4 = 1$. $T(\lambda_1, \lambda_2, \lambda_3, \lambda_4)$ se calcula como se muestra a continuación:

$$T(\lambda_1, \lambda_2, \lambda_3, \lambda_4) = \lambda_1 T_1 + \lambda_2 T_2 + \lambda_3 T_3 + \lambda_4 T_4,$$

Ec. 10.12

donde $T_i\, i = 1:4$ son las incógnitas asociadas con los nodos tetraedros.

Para obtener la matriz constitutiva calculamos el flujo de calor $\widetilde{w}^3_{\rho C_p v}$ en el plano dual $\tilde{S}_3$ (ver Figura 10-3a y 10-3b). En el resto de los planos duales se hace de la misma manera. Luego, debemos calcular la siguiente integral:

$$\widetilde{w}^3_{\rho C_p v} = \int_{\tilde{S}_3} \rho C_p \vec{V}_e T(\lambda_1, \lambda_2, \lambda_3, \lambda_4) \cdot \vec{n}_3\, ds. \qquad \text{Ec. 10.13}$$

Sustituyendo Ec. 10.12 en Ec. 10.13, obtenemos:

$$\widetilde{w}^3_{\rho C_p v} = \int_{\tilde{S}_3} \rho C_p \vec{V}_e (\lambda_1 T_1 + \lambda_2 T_2 + \lambda_3 T_3 + \lambda_4 T_4) \cdot \vec{n}_3\, ds, \qquad \text{Ec. 10.14}$$

donde $\vec{n}_3$ es un vector perpendicular al plano dual $\tilde{S}_3$. Para calcular esta integral, utilizamos la siguiente integral exacta:

$$\int_{S_{ij}} \lambda_\delta ds = \begin{cases} \dfrac{5}{432} |S_{ij}| & v = i\ or\ j \\ \dfrac{13}{432} |S_{ij}| & v \neq i\ or\ j. \end{cases} \qquad \text{Ec. 10.15}$$

La correspondencia de notaciones entre las que se encuentran en (Voitovich y Vandewalle, 2007) y las que se muestran en Figure 10-3b será la siguiente: $\tilde{S}_1 \Leftrightarrow \tilde{S}_{34}$, $\tilde{S}_2 \Leftrightarrow \tilde{S}_{14}$, $\tilde{S}_3 \Leftrightarrow \tilde{S}_{42}$, $\tilde{S}_4 \Leftrightarrow \tilde{S}_{23}$, $\tilde{S}_5 \Leftrightarrow \tilde{S}_{13}$, $\tilde{S}_6 \Leftrightarrow \tilde{S}_{12}$. Entonces, la integral Ec. 10.14 se expresa como:

$$\widetilde{w}^3_{\rho C_p v} = \int_{\tilde{S}_3} \rho C_p \vec{V}_e (\lambda_1 T_1 + \lambda_2 T_2 + \lambda_3 T_3 + \lambda_4 T_4) \cdot \vec{n}_3\, ds, \qquad \text{Ec. 10.16}$$

Haciendo $\vec{n}_3 \tilde{S}_3$. Análogamente, se hace con el resto de los planos duales, obteniéndose la matriz constitutiva siguiente:

$$\begin{bmatrix} \widetilde{w}^1_{\rho C_p v} \\ \widetilde{w}^2_{\rho C_p v} \\ \widetilde{w}^3_{\rho C_p v} \\ \widetilde{w}^4_{\rho C_p v} \\ \widetilde{w}^5_{\rho C_p v} \\ \widetilde{w}^6_{\rho C_p v} \end{bmatrix} = \frac{\rho C_p \vec{V}_e}{432} \begin{bmatrix} 13\vec{\tilde{S}}_1 & 13\vec{\tilde{S}}_1 & 5\vec{\tilde{S}}_1 & 5\vec{\tilde{S}}_1 \\ 5\vec{\tilde{S}}_2 & 13\vec{\tilde{S}}_2 & 13\vec{\tilde{S}}_2 & 5\vec{\tilde{S}}_2 \\ 13\vec{\tilde{S}}_3 & 5\vec{\tilde{S}}_3 & 13\vec{\tilde{S}}_3 & 5\vec{\tilde{S}}_3 \\ 13\vec{\tilde{S}}_4 & 5\vec{\tilde{S}}_4 & 5\vec{\tilde{S}}_4 & 13\vec{\tilde{S}}_4 \\ 5\vec{\tilde{S}}_5 & 13\vec{\tilde{S}}_5 & 5\vec{\tilde{S}}_5 & 13\vec{\tilde{S}}_5 \\ 5\vec{\tilde{S}}_6 & 5\vec{\tilde{S}}_6 & 13\vec{\tilde{S}}_6 & 13\vec{\tilde{S}}_6 \end{bmatrix} \begin{bmatrix} T_1 \\ T_2 \\ T_3 \\ T_4 \end{bmatrix} = M_{\rho C_p v} T. \quad \text{Ec. 10.17}$$

10.2.4. Condiciones de contorno del problema térmico

La condición de contorno del problema térmico en la superficie del disco, en la formulación diferencial, es la que se indica a continuación:

$$-k \, \overrightarrow{grad} \, T \cdot \vec{n} + \rho C_p \vec{V}_e T(\lambda_1, \lambda_2, \lambda_3, \lambda_4) \cdot \vec{n} = h_{eff}(T - T_{am}) = q_s, \qquad \text{Ec. 10.18}$$

donde:

$$h_{eff}(T - T_{am}) = h_t(T - T_{am}) + \varepsilon \sigma_{SB}(T^4 - T_{am}^4), \qquad \text{Ec. 10.19}$$

siendo k la conductividad térmica del disco de cobre, T es la temperatura en la superficie del disco, $\vec{n}$ es un vector normal a la superficie del disco, T_{am} es la temperatura ambiente, h_t es el coeficiente de transferencia de calor convectivo entre el sólido y el aire que rodea el disco. h_{eff} es el coeficiente efectivo de transferencia de calor, que tiene en cuenta el efecto convectivo —que es el predominante—, así como el efecto radiación, siendo ε el factor de emisividad y σ_{SB} la constante de Stefan-Boltzmann.

En el CM, la ecuación correspondiente se calcula en relación con las superficies duales que pertenecen al contorno (ver Figura 10-4).

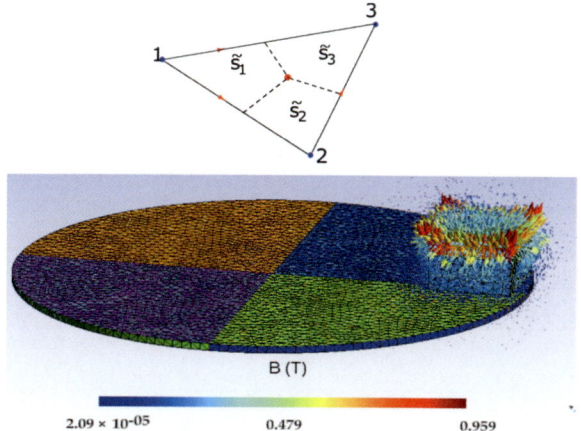

Figura 10-4. Triángulo de referencia 1, 2, 3 y superficies duales . Triángulos de contorno en el disco.

283

La temperatura, en cualquier punto del triángulo del contorno, se puede expresar como la interpolación de las temperaturas de los nodos del triángulo en función de sus coordenadas baricéntricas:

$$T = \lambda_1 T_1 + \lambda_2 T_2 + \lambda_3 T_3.$$

Ec. 10.20

Sustituyendo Ec. 10.2) en Ec. 10.18, e integrando en cada superficie dual del triángulo de contorno, obtenemos:

$$\tilde{w}^1_{conv} = \int\limits_{\check{S}_1} h_{eff}(T - T_{am})\,ds = \int\limits_{\check{S}_1} h_{eff}(\lambda_1 T_1 + \lambda_2 T_2 + \lambda_3 T_3 - T_{am})\,ds.$$

Ec. 10.21

Aplicando las fórmulas de la integración exacta Ec. 10.22, Ec. 10.21 se transforma en Ec. 10.23, véase Voitovich y Vandewalle (2007):

$$\int\limits_{\check{S}_k} \lambda_\delta ds = \begin{cases} \dfrac{11}{18}|\tilde{S}_k| & \delta = k \\ \dfrac{7}{36}|\tilde{S}_k| & \delta \neq k, \end{cases}$$

Ec. 10.22

$$\tilde{w}^1_{conv} = \frac{h_{eff}\Delta}{3}\left(\frac{11}{18}T_1 + \frac{7}{36}T_2 + \frac{7}{36}T_3\right) - \frac{h_{eff}\Delta T_{am}}{3},$$

Ec. 10.23

donde Δ es el área de cada triángulo del contorno. Análogamente, se hace con las otras dos superficies duales, dejando la ecuación final Ec. 10.24. Esta ecuación es equivalente a la obtenida en Alotto et al. (2008), en forma puramente geométrica:

$$\begin{bmatrix} \tilde{w}^1_{conv} \\ \tilde{w}^2_{conv} \\ \tilde{w}^3_{conv} \end{bmatrix} = \frac{h_{eff}\Delta}{3} \begin{bmatrix} \dfrac{11}{18} & \dfrac{7}{36} & \dfrac{7}{36} \\ \dfrac{7}{36} & \dfrac{11}{18} & \dfrac{7}{36} \\ \dfrac{7}{36} & \dfrac{7}{36} & \dfrac{11}{18} \end{bmatrix} \begin{bmatrix} T_1 \\ T_2 \\ T_3 \end{bmatrix} - \frac{h_{eff}\Delta T_{am}}{3}.$$

Ec. 10.24

10.3. Medición de temperatura infrarroja

En esta sección, después de presentar los fundamentos teóricos de la termografía, describimos en detalle los diferentes dispositivos infrarrojos utilizados en este trabajo para realizar las mediciones experimentales necesarias para el estudio del régimen transitorio en el freno magnético y verificar la validez de la nueva matriz constitutiva convectiva propuesta.

10.3.1. Fundamentos teóricos de la termografía

La radiación infrarroja (IR) es parte del espectro electromagnético. Ocupa las frecuencias entre la luz visible y las ondas de radio, cubriendo longitudes de onda entre 750 nm, la región del infrarrojo cercano, hasta 1000 μm, correspondiente al infrarrojo lejano. Esta radiación no es visible para el ojo humano. Como cualquier onda electromagnética, viaja en línea recta desde la fuente, y puede ser reflejada, absorbida o atravesar las superficies de los objetos que se encuentran a su paso, dependiendo de la naturaleza de estos.

La radiación del cuerpo negro fue un desafío durante muchos años. La física clásica no proporcionó una respuesta para encontrar una formulación válida en todo el rango de longitudes de onda dentro del espectro electromagnético, correspondiente al infrarrojo. Los estudios de Kirchhoff, Stefan-Boltzmann, Wien y Planck son de especial relevancia en este campo. Fue este último quien resuelve el problema introduciendo un nuevo concepto llamado quantum de energía, dando lugar al nacimiento de la física cuántica.

La ley de la radiación de Planck describe la radiación emitida por un cuerpo negro en equilibrio térmico a una temperatura dada. Fue propuesto originalmente en 1900. Esta ley relaciona el valor de la densidad de energía espectral de la radiación emitida por un cuerpo negro comprendido entre las longitudes de onda λ y $\lambda + d\lambda$, en función de la temperatura del cuerpo.

Entonces, Planck establece por primera vez el concepto de oscilador cuántico. Propuso un oscilador natural de frecuencia de oscilación v que absorbe o produce una cantidad finita de energía igual al producto hv, donde h se llama constante de Planck.

Ec. 10.25 fue la primera expresión propuesta por Planck. Posteriormente asignó los valores a las constantes C_1 y C_2, siendo $C_1 = 8\varpi hc$ y $C_2 = hc/k_B$, donde c es la velocidad de la luz y k_B la constante de Boltzmann:

$$I^b(\lambda, T)d\lambda = \left(\frac{C_1}{\lambda^5}\right)\frac{1}{\left(e^{\left(\frac{C_2}{\lambda T}\right)} - 1\right)}\, d\lambda.$$ Ec. 10.25

Cuando gráficamente se representa la cantidad de energía radiante emitida por unidad de tiempo, por unidad de área y por unidad de rango de longitud de onda en función de la longitud de onda, se obtiene una curva que tiende a cero para longitudes de onda muy cortas y largas. Presenta un máximo para una longitud de onda λ_{max}, que depende de la temperatura. Si se sustituyen los valores de C_1 y C_2 en Ec. 10.25, se obtiene la expresión Ec. 9-26, véase Wichmann (1979):

$$I^b(\lambda, T)d\lambda = \left(\frac{8\pi hc}{\lambda^5}\right)\frac{1}{\left(e^{\left(\frac{hc}{k_B\lambda T}\right)} - 1\right)}\, d\lambda$$ Ec. 10.26

Para encontrar el valor máximo de la densidad espectral de la energía radiante a una temperatura dada, se deriva la ecuación de Planck Ec. 10.26 y se iguala a cero. Se obtiene una ecuación trascendental en λ, cuya solución es $\lambda_{max} = 0{,}2014 \cdot hc/kT$. Una vez sustituidos los valores de las constantes h, c y k, tenemos la expresión Ec. 10.27, que es la conocida ley de desplazamiento de Wien (Wichmann, 1979):

$$\lambda_{max} T = 0{,}002898 \text{ mK}.$$ Ec. 10.27

Si se integra la expresión Ec. 10.26, se obtiene la ley de Stefan-Boltzmann (Eisberg, 1978), que relaciona la potencia emisiva hemisférica total, expresada en W/m^2, con la temperatura absoluta del cuerpo negro mediante la siguiente fórmula:

$$E^b = \int_0^\infty I^b\,(\lambda, T)d\lambda = \sigma_{SB}T^4.$$

Ec. 10.28

En esta ecuación se incluyen todas las longitudes de onda en las que irradia este cuerpo, y σ_{SB} tiene el valor $5{,}67049 \times 10^{-8}$ W/m^{2}K^4. En la naturaleza no existen cuerpos negros ideales, ya que estos no cumplen exactamente con las leyes descritas anteriormente. Sin embargo, sí es posible aproximar su comportamiento al cuerpo negro haciendo algunas simplificaciones.

Se puede suponer que un cuerpo negro real se comporta como uno ideal, pero que emite solo una fracción de la radiación que un cuerpo negro ideal podría emitir en las mismas condiciones de temperatura y en el mismo rango de longitudes de onda. De esta manera, se define un coeficiente llamado coeficiente de emisividad espectral ε, cuyo valor está entre *0* y *1*, que indica cuánto es la fracción de radiación que puede emitir un cuerpo. Es una propiedad de cada material y depende de λ:

$$I(\lambda, T) = I^b(\lambda, T)\varepsilon(\lambda).$$

Ec. 10.29

Una vez que hemos revisado esta teoría, podemos elegir el tipo de sensor infrarrojo que necesitamos. La temperatura por medir es una función de λ. Luego tenemos que buscar información del material sobre el que queremos realizar las mediciones, con el fin de encontrar el valor de su coeficiente de emisividad.

Aplicando la ley de desplazamiento de Wien, $\lambda_{max}T = 2898$ μm, tenemos que, para la temperatura de interés en nuestro trabajo, cuyo valor máximo se considera 50 °C, equivalente a 323 K. Se obtiene que el valor máximo de la densidad de energía se produce para una longitud de onda de 8,97 μm.

Como último paso, se comprueba la idoneidad del sensor elegido. De hecho, el rango de valores de longitud de onda en el que funciona el sensor IR Melexis MLX90614 (Melexis, 2019), está entre 5,5 y 14 μm, que incluye la longitud de onda de 8,97 μm, lo que produce la máxima intensidad de radiación espectral en nuestras experiencias, por lo que la elección es correcta.

10.3.2. Sensores infrarrojos

Como hemos dicho anteriormente, en este trabajo es necesario medir la temperatura de un disco giratorio sin contacto físico entre termómetro y disco. Asimismo, se desea que el sensor tenga una inercia térmica baja y que su respuesta sea razonablemente rápida, que proporcione una alta resolución en su medida y que sea fácil de usar.

Con los requisitos anteriores, hemos elegido un dispositivo de la familia MLX90614 de termómetros infrarrojos del fabricante Melexis (Ieper, 8900, Bélgica), concretamente el MLX90614ESF-DCI. Este termómetro es de pequeño tamaño, bajo costo y alta precisión, lo que lo hace óptimo para nuestras mediciones.

Este detector infrarrojo es de tipo termopila y su función es convertir la temperatura en la señal eléctrica que se pueda procesar. Una termopila es un transductor térmico, que está formado por varios termopares, conectados en serie, tal como se muestra en la Figura 10-5. El termopar es un dispositivo que convierte la energía radiante en una señal eléctrica. Su principio de funcionamiento se basa en el efecto Seebeck.

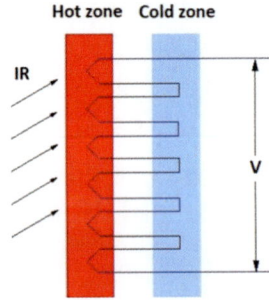

Figura 10-5. Esquema de una termopila.

Las uniones entre los dos metales se llaman «uniones calientes» y son la parte activa del dispositivo. Cuando varios termopares se unen para formar la termopila, se forman otras conexiones que se llaman uniones frías. Las uniones calientes son aquellas que están expuestas a la radiación del cuerpo. Las uniones frías deben estar unidas térmicamente a una superficie del sustrato dentro del chip y aisladas eléctricamente, todas mantenidas a una temperatura constante, que es la temperatura de referencia.

Este dispositivo funciona dentro del rango de temperatura entre –40 y 125 °C para la temperatura ambiente, y entre –70 y 382,2 °C para la temperatura a medir. La calibración de este sensor infrarrojo se realiza en el proceso de fabricación. Se suministra en un paquete de tipo estándar TO-39 y su voltaje de alimentación es de 3 V. Este dispositivo tiene un campo de visión (Field of View, FOV) de 5°.

Este sensor cuenta con un filtro de paso de banda óptica, que elimina los efectos producidos por la radiación visible e infrarroja cercana, pasando únicamente señales cuyas longitudes de onda están entre 5,5 y 14,4 µm correspondientes a las temperaturas de trabajo del dispositivo. Esta elección presenta una ventaja adicional porque ahorra gran parte de los circuitos electrónicos asociados que se necesitan para el acondicionamiento de la señal de salida.

El MLX90614 integra en la misma encapsulación dos chips: el MLX81101, que es un detector infrarrojo basado en el principio de termopila y el acondicionador de señal ASSP MLX90302, diseñado para procesar la señal de salida del sensor infrarrojo. La Figura 10-6 muestra el diagrama de bloques de este dispositivo. Ilustra el detector de infrarrojos, el circuito de acondicionamiento de señal y la conexión entre ellos. En el diagrama de bloques se observa que el sensor infrarrojo también tiene un termistor interno que obtiene la temperatura del dispositivo y compensa internamente el gradiente de temperatura existente.

El funcionamiento del MLX90614 está controlado por una máquina de estado integrada en el chip, ver Figura 6. Esta máquina sincroniza la captura de datos del detector de infrarrojos, el amplificador de señal de bajo ruido, los filtros, la conversión analógica a digital a través de su ADC de 17 bits, el funcionamiento del DSP, y proporciona salida de datos ya procesados a otros dispositivos utilizando cualquiera de los protocolos de comunicación.

El DSP está constituido, en su parte hardware, por un microprocesador que cuenta con un firmware en memoria EEPROM que permite realizar operaciones numéricas, a velocidades muy altas, con los datos obtenidos en los procesos de toma de temperaturas.

Los protocolos de comunicación proporcionados en el dispositivo son PWM y SMBus. En nuestro caso, el protocolo de comunicaciones que se ha utilizado es el I2C, ya que el SMBus del dispositivo es un subconjunto de instrucciones I2C. La conexión del sensor con el microcontrolador, un Arduino Mega 2560, se realiza a través de sus cuatro terminales de una manera muy sencilla.

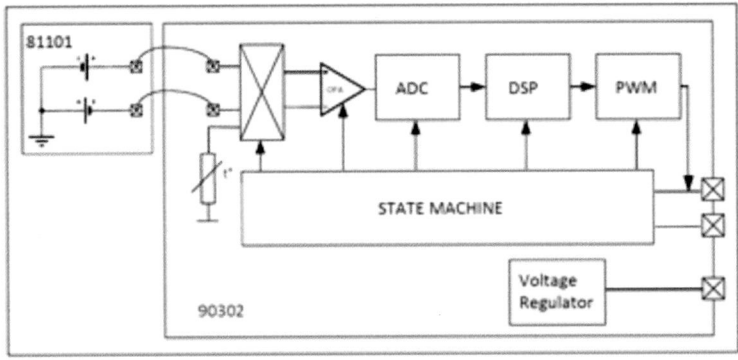

Figura 10-6. Diagrama de bloques de MLX90614.

10.3.3. Cámara termográfica

Los mismos experimentos se han llevado a cabo utilizando una cámara termográfica profesional. Estos experimentos se han contrastado con los datos experimentales obtenidos con el uso de los detectores infrarrojos MLX90614.

La cámara que se ha utilizado es una FLIR, serie T, modelo T425 (Merlin, 2019), cuyas características se resumen a continuación. Su resolución es de 320 × 240 (134 400 píxeles). El rango espectral de esta cámara está entre 7,5 y 13 μm. Los parámetros físicos del material, como el coeficiente de emisividad, se pueden modificar fácilmente. Hemos elegido este modelo teniendo en cuenta que tiene un rango de medición de la temperatura objetivo entre –20 y 1200 °C, que incluye nuestro rango de trabajo experimental. Su campo visual es de 25° x 19°/0.4m.

La sensibilidad es una medida de cuánto puede distinguir la cámara entre pequeñas diferencias en la radiación térmica en la imagen térmica. Se expresa como Diferencia de Temperatura Equivalente al Ruido (Noise Equivalent Temperature Difference, NETD) y su unidad es K. El valor de este modelo de cámara es de 50 × 103 K, que es suficiente para nuestras mediciones. La precisión de la medición es de ±2 °C o ±2 % de la lectura. Tiene una pantalla táctil LCD de 3,5» e incorpora una cámara digital de 3,1 Mpx para tomar fotos y vídeos, así como *software* para ver y procesar imágenes utilizando las herramientas de FLIR.

Las imágenes obtenidas están en formato JPEG. Incluyen los datos de las mediciones realizadas. Esta cámara se puede programar para obtener periódicamente la temperatura del objeto y cuenta con una tarjeta SD extraíble donde se pueden almacenar las imágenes termográficas obtenidas. Cuenta con una interfaz de comunicación a través de USB 2.0, Bluetooth y Wifi. También tiene capacidad para la transmisión de vídeo en el infrarrojo.

10.4. Resultados y discusión

Esta sección describe las características del freno magnético. También se realiza la validación numérica de los resultados en el CM, comparando los resultados obtenidos con simulaciones FEM. Además, la validación experimental del CM se lleva a cabo utilizando dos sensores infrarrojos, el MLX90614 y la cámara infrarroja FLIR T425. El sensor MLX90614 permite lecturas punto a punto tomadas con una frecuencia de muestreo más alta y la cámara infrarroja FLIR T425 proporciona una vista superficial de las temperaturas de todo el disco.

El régimen térmico transitorio del disco depende de múltiples factores. Su origen está en el calor producido por las corrientes de Foucault en el disco, que se deben a su rotación dentro de un campo magnético generado por un imán permanente. Por lo tanto, una variable de interés a la hora de estudiar estos problemas es la velocidad de rotación del disco w_r, que influye en el coeficiente de transmisión térmica efectivo h_{eff}.

Cuanto mayor sea el h_{eff}, más fácilmente se disipará el calor generado en el disco y las temperaturas en él serán más bajas. Estas corrientes también están influenciadas por la distancia d entre el imán y el disco. Cuanto mayor sea esta distancia, más pequeñas serán las corrientes y menos caliente estará el disco. Para dar más generalidad al trabajo, se han realizado la experimentación y las simulaciones para diferentes casos particulares, con diferentes valores de la velocidad de rotación w_r y la distancia d.

10.4.1. Descripción y características del freno magnético

El freno magnético consiste en un disco de una aleación de cobre, con una conductividad eléctrica volumétrica $\sigma_e = 4{,}1 \times 10^7$ S/m (Monzón-Verona *et al.*, 2018). El diámetro es de 315 mm y el grosor es de 5 mm. Hay un imán permanente de neodimio-hierro-boro (NeFeB) ubicado en el disco, a una distancia variable. Mediante seis tornillos, el disco de cobre se acopla mecánicamente al eje de un motor de corriente continua de excitación independiente, como se puede ver en la Figura 10-7. El disco de cobre se ha cubierto con una película muy delgada de un material plástico, de color negro, para evitar lecturas falsas con los sensores. El factor de radiación infrarroja superficial es 0,960. La composición porcentual en peso del disco de cobre es: 98 % Cu, 0,82 % Zn, 0,52 % Si, 0,21 % Mn, 0,13 % Sn y 0,11 % Al.

Las características del motor son las siguientes: marca AEG, corriente continua de 220 V y 2,2 A en el inducido, campo magnético alimentado a 220 V, 0,5 kW, 1.400 rpm, IP E22. Puede girar a una velocidad angular variable w_r dependiendo de la corriente de inducido del motor, ver Figura 10-7. La distancia d y la velocidad angular son variables, dependiendo del experimento realizado. Estas dos magnitudes determinan la distribución de la energía calorífica en el volumen del disco, expresada en el segundo miembro de Ec. 10.10.

El imán permanente, que se utiliza en simulaciones numéricas y experimentos de laboratorio, se modela en el segundo cuadrante, con intensidad de campo magnético $H < 0$ y magnetismo remanente $B_r > 0$. Es un modelo lineal, con dos parámetros B_r —magnetismo permanente— y μ —permeabilidad magnética del imán—. Este modelo es adecuado para imanes permanentes de elementos de tierras raras.

Las características del imán permanente son las siguientes: el material es NdFeB, en forma de ladrillo, de $50,8 \times 50,8 \times 25,4$ mm, un sentido de magnetización según el eje y en la dimensión de 25,4 mm, el recubrimiento es Ni-Cu-Ni, fabricado por sinterización, el tipo de magnetización es N40, el magnetismo restante B_r está en el intervalo 1,26-1,29 T, la intensidad de campo coercitiva H_c está en el rango de 860-955 kA/m, la intensidad de campo coercitiva interna $H_{ci} \geq 955$ kA/m y el producto de energía máxima está en el rango de 303-318 kJ/m^3.

Figura 10-7. A la izquierda el imán permanente y el disco de cobre. A la derecha el motor de corriente continua de excitación independiente para modificar la velocidad angular w_r.

10.4.2. Validación numérica de los resultados en el CM

En la Sección 10.4.2.1., hemos comprobado la distribución de energía térmica en el disco utilizando el CM. La hemos comparado con FEM. Luego, en Sección la 10.4.2.2, se analiza la influencia del coeficiente de transferencia de calor efectiva en el régimen térmico transitorio en un punto del disco.

10.4.2.1. Distribución de energía calorífica

El primer conjunto de experimentos numéricos consiste en verificar que el segundo miembro del sistema de ecuaciones Ec. 10.10, que corresponden a la distribución de la energía calorífica debido a las corrientes inducidas en el disco, son iguales aplicando el método CM y un método de referencia FEM, utilizando el GetDP (Geuzaine, 2007), para diferentes valores de w_r y d.

Para hacer esta verificación, se resuelve primero el sistema de ecuaciones Ec. 10.1. A continuación, se calculan las corrientes inducidas descritas en Ec. 10.7 y, finalmente, se obtiene la distribución de energía calorífica según Ec. 10.6. El imán se ha colocado a una distancia d = 5 mm por encima del disco y la velocidad del disco ha variado entre 0 y 40 rad/s.

La Figura 10-8 muestra la distribución de energía calorífica, que va desde cero hasta un valor máximo de 6,62 x 106 W/m^3, para una velocidad angular de w_r = 11 rad/s. Se produce en la periferia del disco. Se puede ver que la concentración máxima de energía térmica se encuentra en las cercanías del imán. La malla consta de 90.593 nodos, 644.741 aristas, 1.107.842 caras y 553.693 tetraedros.

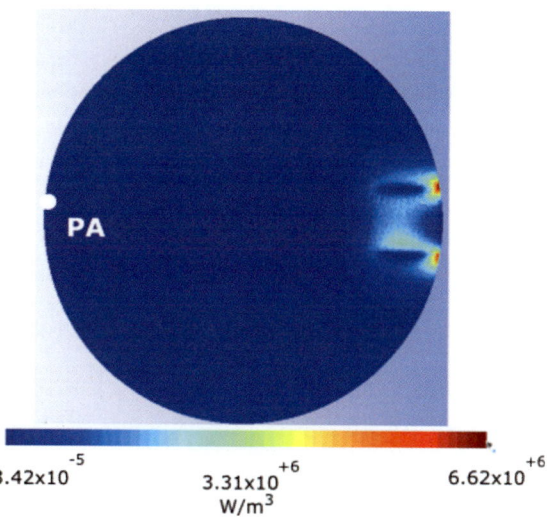

Figura 10-8. Distribución de la densidad volumétrica de la potencia calorífica en el disco, debido a corrientes inducidas con $w_r = 11$ rad/s y $d = 5$ mm, con una potencia calorífica total de 32,26 W.

La Figura 10-9 muestra la potencia calorífica global —obtenida sumando toda la potencia calorífica en el disco— en función de la velocidad angular y se observa el aumento de la potencia calorífica con la velocidad utilizando CM y FEM. Ambas simulaciones son prácticamente coincidentes.

De la misma manera, se realizan experimentos para $d = 3$ mm. En este caso, las corrientes inducidas en el disco aumentan debido a un aumento de la inducción magnética. Esto aumenta la potencia calorífica general para la misma velocidad, como se muestra en la Figura 10-9. En ambos casos, $d = 3$ y $d = 5$ mm, las potencias caloríficas son coincidentes, tanto en el CM como en el FEM, lo que confirma la validez de la nueva matriz convectiva formulada para CM.

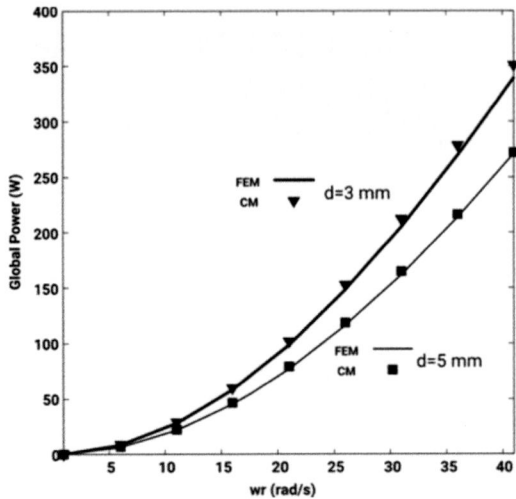

Figura 10-9. Comparación de la potencia calorífica global en el disco en función de w_r para d = 3 y 5 mm, utilizando el CM y el FEM. Ambas simulaciones son prácticamente coincidentes.

10.4.2.2. Análisis del régimen térmico transitorio

El sistema de ecuaciones Ec. 10.10 se ha resuelto en el dominio del tiempo utilizando el esquema Crank-Nicolson:

$$\left(\frac{1}{h_\Delta}M_{\rho c_p} + \theta[A]\right)\tau^{n+1} = \left(\frac{1}{h_\Delta}M_{\rho c_p} + (1-\theta)[A]\right)\tau^n + (1-\theta)\widetilde{W}^n + \theta\widetilde{W}^{n+1}, \qquad \text{Ec. 10.30}$$

donde:

$$A = -DM_\lambda G + M_{\rho C_p v}, \qquad \text{Ec. 10.31}$$

h_Δ es el incremento de tiempo entre los pasos n y $n + 1$, tal que $\theta \in [0,1]$ y τ^n es el vector de incógnitas de las temperaturas en el instante de tiempo n asociado a los nodos del dominio.

En el momento inicial, parte de una distribución de temperatura τ^0. Como condición de contorno, partimos del flujo de calor asociado con la superficie del disco y el aire que rodea el disco, como se expresa en Ec. 10.24.

296

Todas las ecuaciones han sido programadas en C++. El sistema de ecuaciones Ec. 10.1 y Ec. 10.10 no son simétricas, como en FEM. Utilizamos métodos numéricos basados en los subespacios de Krylov, debido a que las matrices son dispersas y grandes. Estos algoritmos se implementan con el paquete numérico PETSc (Portable, 2019), que utiliza procesamiento paralelo, lo que reduce los tiempos de cálculo.

En particular, el método utilizado es el algoritmo residual mínimo generalizado –GMRES. Este método es válido para sistemas no simétricos, y las tolerancias absolutas y relativas que hemos utilizado, en un orden de magnitud de 10^{-10}, son suficientes para lograr la convergencia.

Utilizamos tetraedros como elementos de la malla porque son mejores para geometrías complejas. El programa que utilizamos para mallar y visualizar los datos es el GMSH (Geuzaine y Remacle, 2009). Como hemos dicho antes, el programa de referencia FEM es el GetDP (Geuzaine, 2007) y lo utilizamos para comparar y validar nuestros resultados numéricos con el método CM propuesto.

Por ejemplo, para una implementación en particular, los tiempos de ejecución en una máquina de tipo Intel core i7-3820, 3,6 GHz y 32 GB de RAM, con cuatro núcleos y ocho procesos, es de 34 minutos y 20 s. Los datos del cálculo transitorio son el tiempo final t_f = 3000 s, con un paso temporal de 0,5 s, una malla con 83.547 nodos, 589.021 aristas, 1.010.764 caras y 505.289 tetraedros.

Se han realizado dos conjuntos de simulaciones diferentes. Una con una densidad de potencia calorífica uniforme y la otra que parte de la distribución de energía calorífica calculada para cada CM y FEM, obtenida a partir de las corrientes inducidas.

El primer conjunto de simulaciones numéricas se realiza estableciendo una densidad de potencia calorífica uniforme de 2×10^6 W/m^3 en el área del disco, ubicada debajo del imán permanente, tanto en CM como en FEM. Es decir, no partimos de la distribución de energía calorífica calculada por cada método a partir de las corrientes inducidas porque esta sería ligeramente diferente, ver Figura 10-9, y con lo que no se acumulan errores.

La velocidad de rotación es de 15 rad/s, el coeficiente efectivo de transferencia de calor entre el disco y el cobre es de 8,8 W/m^{2}K y el tiempo total de la simulación es de 2000 s. En la Figura 10-10a se representa el régimen transitorio utilizando el CM y el método de referencia —FEM—. El punto de control es el indicado en la Figura 10-10b con color rojo. La distribución de temperatura que se muestra en la figura corresponde al instante t = 2000 s para el CM. El porcentaje de error obtenido del transitorio es 0,0029, que resulta ser insignificante, como se muestra en la Tabla 10-2.

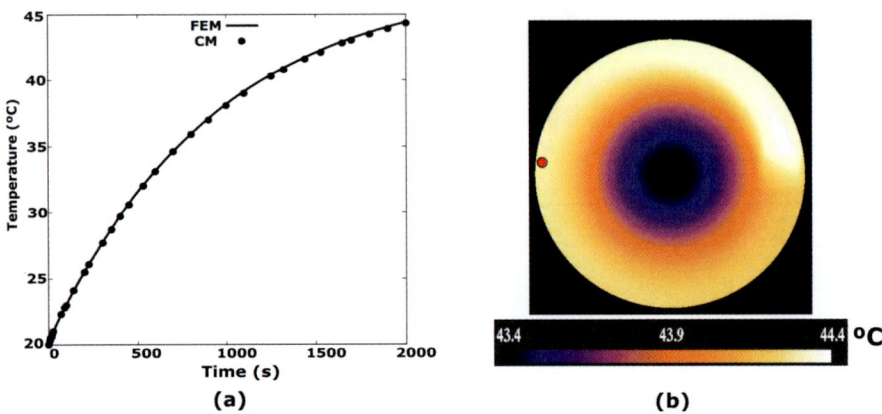

Figura 10-10. a) Régimen transitorio de temperatura en el punto rojo, utilizando CM y FEM, con una densidad de potencia calorífica uniforme de 2x10^6 W/m^3 y w_r = 15 rad/s; b) La distribución de la temperatura superficial mostrada corresponde a t = 2.000 s para el CM.

El segundo conjunto de simulaciones numéricas se representa en la Figura 10-11. En este caso, partimos de la distribución de energía calorífica calculada por cada método a partir de las corrientes inducidas según Ec. 10.7 y con la distribución de energía calorífica no uniforme correspondiente a Ec. 10.6.

En este segundo caso, se realizarán dos tipos de simulaciones. El régimen transitorio se calculará en un punto en función del tiempo y, por otro lado, la distribución de la temperatura en una sección transversal del disco se calculará en dos instantes determinados.

La Figura 10-11 muestra la variación de la temperatura, con respecto al tiempo, del punto PA del disco que se muestra en la Figura 10-8. La velocidad angular es $w_r = 11$ rad/s y $d = 6$ mm en todas las simulaciones. Las condiciones del régimen transitorio térmico son: paso de tiempo 0,5 s, tiempo total de la simulación $t_f = 800$ s. Las condiciones iniciales son: $T = 20$ °C para todo el disco. Y, por último, la temperatura ambiente T_{amb} es igual a 20 °C. La condición límite consiste en variar el coeficiente de transferencia de calor efectivo en todas las superficies del disco h_{eff} con los siguientes valores: $h_{eff} = |0, 10, 50, 100|$ W/m^{2}K, utilizando la ecuación Ec. 10.23.

La Figura 10-11 muestra que a medida que aumenta el h_{eff} la temperatura final del régimen permanente disminuye, así como el tiempo en el que termina el transitorio. Así, por ejemplo, cuando $h_{eff} = 50$ W/m^{2}K, el régimen transitorio termina a 600 s, y para $h_{eff} = 100$ W/m^{2}K, el régimen transitorio termina alrededor de 300 s. En el caso de un aislamiento perfecto, $h_{eff} = 0$ W/m^{2}K, la temperatura aumenta indefinidamente. No se alcanza un régimen permanente. En todos los casos estudiados, los resultados del análisis de CM coinciden con el FEM.

La Figura 10-12a muestra la distribución de temperatura en la sección AB representada en la Figura 10-12b en los instantes de tiempo $t = 0$, 370 y 790 s, simulada con CM y FEM, con el coeficiente de transferencia térmica de energía $h_{eff} = 10$ W/m^{2}K, $w_r = 11$ rad/s y $d = 6$ mm. También se observa la coincidencia de los resultados en ambos métodos. A partir de estas simulaciones, podemos concluir que el método CM con la nueva matriz convectiva formulada simula con precisión el régimen térmico transitorio en el freno magnético, como se puede ver en la Figura 10-10a.

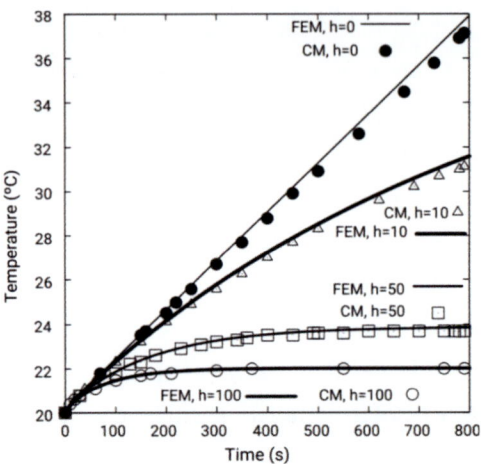

Figura 10-11. Comparación del régimen de temperatura transitoria en el punto PA de Figura 10-8 para $[h_{eff} = 0, 10, 50$ y $100]$ W/m²K, utilizando CM y FEM, para $w_r = 11$ rad/s y $d = 6$ mm, para una distribución de energía calorífica no uniforme. Los resultados por ambos métodos son prácticamente coincidentes.

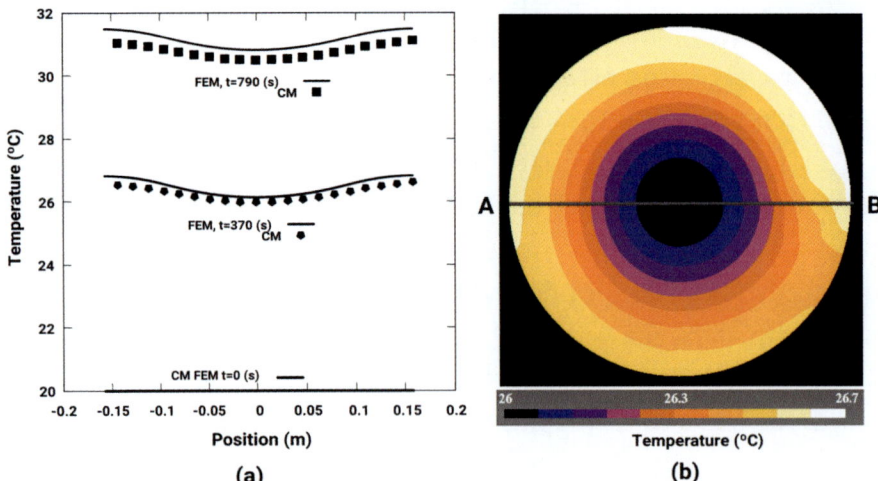

Figura 10-12. a) Distribución de la temperatura en la sección A-B en los instantes $t = 0$, 370 y 740 s para CM y FEM; b) Distribución superficial de la temperatura en el tiempo t = 370 s para $h_{eff} = 10$ W/m²K, $w_r = 11$ rad / s y $d = 6$ mm, calculado con CM.

10.4.3. Validación experimental
mediante sensores infrarrojos

Una vez demostrada la validez de la nueva matriz convectiva CM
para el cálculo del régimen térmico transitorio del freno magnético,
también realizaremos una validación experimental mediante sensores infrarrojos.

Ahora compararemos los datos experimentales obtenidos por los
sensores infrarrojos con las simulaciones numéricas CM. Para aplicar
CM, es necesario conocer exactamente el valor efectivo del coeficiente
de transmisión térmica h_{eff}. La Sección 10.4.3.1. muestra cómo se puede
obtener una estimación analíticamente. En la Sección 10.4.3.2. se explica
cómo se puede obtener este coeficiente, del mismo modo, mediante un
ajuste a los datos experimentales obtenidos mediante sensores infrarrojos. Luego, en la Sección 10.4.3.3., se obtiene, por medio de dos sensores
infrarrojos que leen simultáneamente las temperaturas en dos puntos
característicos del disco, el gradiente del perímetro y la temperatura
radial del disco. Finalmente, en la Sección 10.4.3.4., los termogramas,
tomados del disco, se comparan con las simulaciones de CM.

10.4.3.1. Cálculo analítico de heff

Los resultados medios de la transferencia de calor convectiva son
adimensionales. De esta manera, se pueden aplicar de forma más
universal. Por ejemplo, a máquinas con diferentes diámetros. Dos de
estos grupos son el número rotacional de Reynolds Re_θ y el número
de Nusselt N_u.

Se definen de la siguiente manera (Howey *et al.*, 2011):

$$Re_\theta = \frac{w_r R^2}{v},$$ Ec. 10.32

$$N_u = \frac{h_{eff} R}{k},$$ Ec. 10.33

donde R es el radio del rotor, w_r es la velocidad del rotor, v es
la viscosidad cinemática del aire a temperatura ambiente, h_{eff} es el

coeficiente de transferencia de calor convectivo efectivo y k_a es la conductividad del aire a temperatura ambiente.

Los discos giratorios sin movimiento de aire se han estudiado durante muchos años. Se puede encontrar información muy detallada en Harmand *et al.*, 2013). El número medio de Nusselt para el flujo laminar, se calcula en el radio externo como Ec. 10-33:

$$N_u = a_1 Re_\theta{}^{0.5}$$
Ec. 10.34

En el caso de una superficie isotérmica, el coeficiente a, determinado experimentalmente/teóricamente, varía para el aire. Dependiendo del autor de a_1 = 0,28 (Millsaps y Polhausen, 1952) a a_1 = 0,38 (Goldstein, 1935). Hemos elegido para nuestros cálculos un valor medio de a_1 = 0,33 descrito en Hartnett (1959). En nuestro estudio, la superficie del disco no es isotérmica, sino que los gradientes de temperatura son bajos, pudiendo asumir la hipótesis anterior.

Teniendo en cuenta desde Ec. 10.32 a Ec. 10.34, concluimos que el coeficiente medio de transferencia de calor convectivo para el disco es:

$$h_{eff} = a_1 k \left(\frac{w_r}{v}\right)^{0.5},$$
Ec. 10.35

con *k* igual a 0,02514 W/mK y v igual a 1,516x10-5 m/s², a 1 atm y 20 °C (Yunus *et al.*, 2006). La velocidad del rotor w_r es de 16,75 rad/s. Se obtiene un valor de h_{eff} medio de 8,7 W/m²K.

10.4.3.2. Ajuste de heff mediante tecnología infrarroja

En la Sección 10.2.4. explicamos la condición de contorno en el CM y la forma de calcularla. En esta sección, se determina el coeficiente de transferencia de calor convectivo efectivo entre el sólido y el aire h_{eff} que ajusta mejor las simulaciones a los datos experimentales y, posteriormente, se valida con nuevas medidas experimentales.

Para estimar el valor de h_{eff} se utiliza el sensor de temperatura infrarrojo MLX90614. La posición de medición en el disco se visualiza con un puntero láser ubicado en la parte inferior del sensor. Los ejes del sensor y el puntero láser están separados verticalmente 11 mm, como se ilustra en la Figura 10-13a. Este sensor se posiciona con un control numérico por computadora (CNC), de esta manera se mide la temperatura en cualquier punto dado del disco, ver Figura 10-13b.

El primer conjunto de mediciones que mostramos se ha realizado en el punto llamado P1, que está en el disco a una distancia del centro x = -140 mm e y = 11 mm, como se muestra en la Figura 10-13b. Las condiciones del experimento son: w_r = 16,12 rad/s, d = 3 mm y la temperatura ambiente es de 20 °C. La duración total del experimento es de 3000 s —régimen transitorio más el régimen permanente—. El régimen permanente se alcanza en el instante 2000 s.

La temperatura ambiente en las cercanías del disco varía debido a la energía irradiada por el disco, que aumenta constantemente su temperatura. La temperatura ambiente varía muy poco y se ha obtenido mediante 16 termómetros tipo DS18S20 situados alrededor del disco. El DS18S20 (Maxim, 2019) es un termómetro digital programable, con resolución de 9 bits a 12 bits. Se comunica con el bus One-Wire con un microprocesador central. Las temperaturas de las medidas van desde -55 °C a +125 °C ± 0,5 °C de precisión, desde -10 °C a +85 °C, con resolución de 9 bits.

Los datos experimentales de la temperatura superficial y la temperatura ambiente están representados por triángulos y puntos, respectivamente, en la Figura 10-14. Los resultados de las simulaciones con el Método de la Celda —CM1, CM2 y CM3— están representados por las líneas continuas de diferentes espesores.

En el disco hay dos zonas claramente diferenciadas. Una zona solidaria con el eje del motor de corriente continua, cuyo material es hierro y tiene un radio de 43 mm. La otra es de cobre, que constituye el resto del disco. Hemos considerado, por tanto, dos coeficientes efectivos de transferencia de calor, denominados h_{eff} (Cu) y h_{eff} (Fe), para el área de cobre y hierro, respectivamente.

Se han ensayado diferentes combinaciones para los valores de estos coeficientes, obteniendo las simulaciones CM1 [h_{eff} (Cu) = 25, h_{eff} (Fe) = 32], CM2 [h_{eff} (Cu) = 50, h_{eff} (Fe)= 32] y CM3 [h_{eff} (Cu) = 8,8 y h_{eff} (Fe)= 32] W/m^{2}K. Se representan en la Figura 10-14. Se observa que mejor ajuste entre la simulación y a la medida experimental corresponde a la simulación CM3.

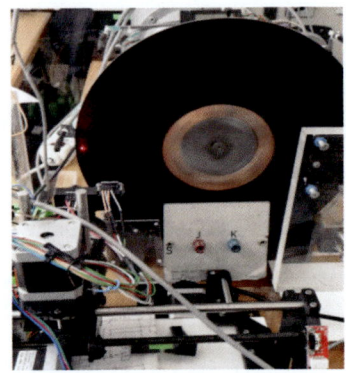

Figura 10-13. a) Detalle del sensor de temperatura infrarrojo MLX90614 y puntero láser; (b) CNC para posicionar el sensor infrarrojo y medir la temperatura en diferentes puntos del disco.

Como puede observarse, el coeficiente h_{eff} (Cu) = 8,8 W/m^{2}K en la zona de cobre se ajusta con precisión al valor de 8,7 W/m^{2}K obtenido en la Sección 10.4.3.1. El coeficiente que mejor se ajusta entre los datos de las simulaciones y los datos experimentales en la zona de hierro es h_{eff} (Fe) es Ec. 10-32, que es mayor que el del cobre. Se tienen en cuenta las pérdidas de calor que se producen por conducción en el motor de corriente continua, y que se incluyen en este coeficiente.

Para hacer una verificación adicional, se han llevado a cabo nuevos experimentos en otro punto del disco, llamado P2. Este se coloca en el disco, a una distancia del centro x = -110 mm e y = 11 mm. La separación del disco con el imán es d = 3 mm y w_r = 15,7 rad/s. La temperatura ambiente y la de este punto se miden con el sensor de temperatura Pt100, incluido en el sensor infrarrojo MLX90614.

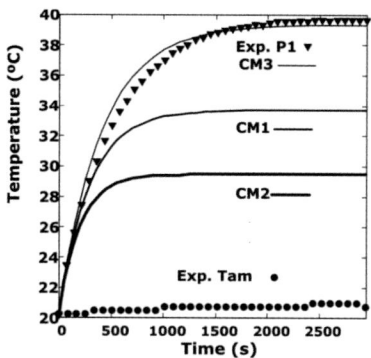

Figura 10-14. Ajuste de la simulación del régimen transitorio en el punto P1, en comparación con los datos experimentales CM1, CM y CM3, con d = 3 mm y w_r = 16,12 rad/s. La temperatura ambiente —Exp. Tam— y la temperatura del punto P1 —Exp. P1— se miden con el sensor de temperatura MLX90614.

Los resultados obtenidos se resumen en la Figura 10-15. Los parámetros que mejor se ajustan a los datos de simulación con los datos experimentales corresponden a $[h_{eff}$ (Cu) = 8,4 y h_{eff} (Fe) = 30] W/m²K. Son ligeramente inferiores a las obtenidas en el apartado anterior porque la velocidad de rotación es ligeramente inferior.

Para tener una visión global de la distribución de la temperatura en la superficie del disco, los resultados se muestran en la Figura 10-16 también en una representación 3D.

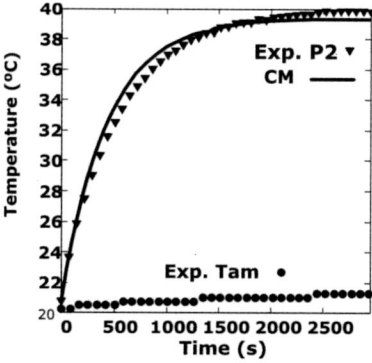

Figura 10-15. Verificación de la simulación del régimen transitorio en el punto P2 versus los datos experimentales con los siguientes valores: CM $[h_{eff \, (Cu)}$ = 8,4 y $h_{eff \, (Fe)}$ = 30] W/m²K, d = 3 mm y w_r = 15,7 rad/s. La temperatura ambiente y la del punto P2 se miden con el sensor de temperatura MLX90614.

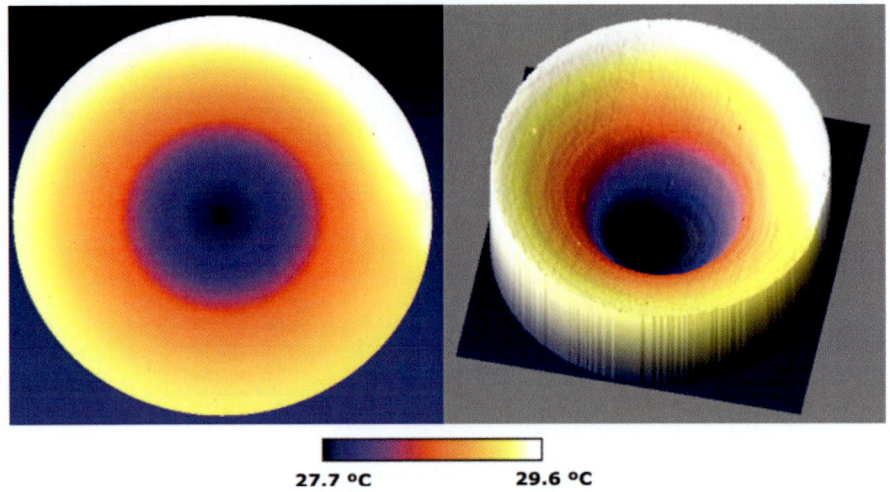

27.7 °C　　　　**29.6 °C**

Figura 10-16. Representación 3D de la temperatura
correspondiente a la simulación con el CM en el instante de 250
s, [$h_{eff(Cu)}$ = 8,4 y $h_{eff(Fe)}$ = 30] W/m^{2}K, d = 3 mm y w_r = 15,7 rad/s.

10.4.3.3. Gradiente de la temperatura perimetral y radial medida con dos sensores infrarrojos

En todas las simulaciones realizadas utilizando el CM, se observa un gradiente de la temperatura perimetral en la dirección de rotación, como se muestra en las Figuras 10-10 y 10-12. Para verificar estos resultados, se llevaron a cabo dos nuevos experimentos con dos sensores IR del tipo MLX90614. De esta manera es posible medir simultáneamente la temperatura en esos dos puntos.

Estos sensores están orientados hacia dos puntos, uno situado justo al lado del imán llamado Pu y otro situado en una posición diametralmente opuesta llamada Pd, como se muestra en la Figura 10-17. Los sensores están a una distancia de 10 cm de la superficie del disco. Las coordenadas del punto Pu en la superficie del disco son x = 111 mm e y = 80 mm y las del punto Pd son x = -105 mm e y = -78 mm.

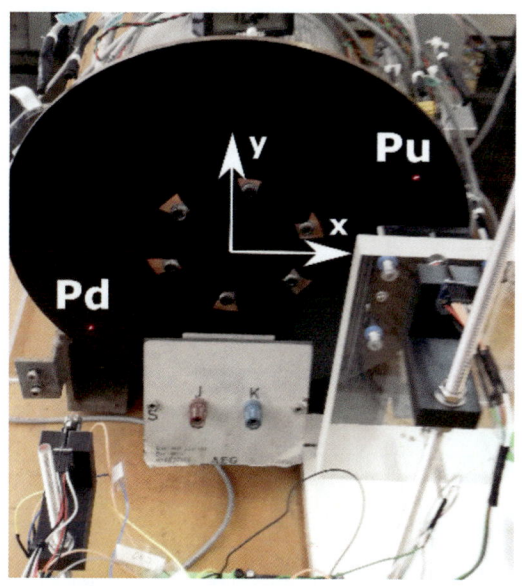

Figura 10-17. Medición perimetral de
la temperatura simultáneamente en dos puntos,
Pu y Pd, con dos termómetros infrarrojos MLX90614.

Se realizó un primer experimento a una velocidad de rotación del disco w_r = 15,28 rad/s, en el sentido contrario a las agujas del reloj. La potencia eléctrica del motor es de 67 Vx2,1 A = 140 W. La temperatura inicial de todo el disco es de 17,35 °C. La temperatura ambiente es de 17,3 °C. La duración total del experimento es de 5.400 s y el régimen permanente se alcanza en 2.700 s, con una temperatura de 41 °C. El muestreo de datos en cada sensor se realiza cada segundo y los resultados se muestran en la Figura 10-18b. Observamos que la diferencia de temperatura media entre estos dos puntos, situados cerca del perímetro del disco, es de 0,39 °C.

Se realizó un segundo experimento a una velocidad de rotación w_r = 10,89 rad/s, en sentido contrario a las agujas del reloj. La potencia eléctrica del motor de corriente continua es de 49,6 V x 1,52 A = 75,39 W. La temperatura inicial de todo el disco es de 17,31 °C, la temperatura ambiente es de 17,8 °C. La duración total del experimento es de 5.400 s. El régimen permanente se alcanza en 2700 s, ver Figura 18a, con una temperatura de 32 °C que es inferior a la del primer experimento, ver Figura 18a. Se observa una diferencia de temperatura promedio entre estos dos puntos de 0,24 °C, que es 0,15 °C más baja que el primer experimento debido a su menor velocidad de rotación, ver Figura 10-18b.

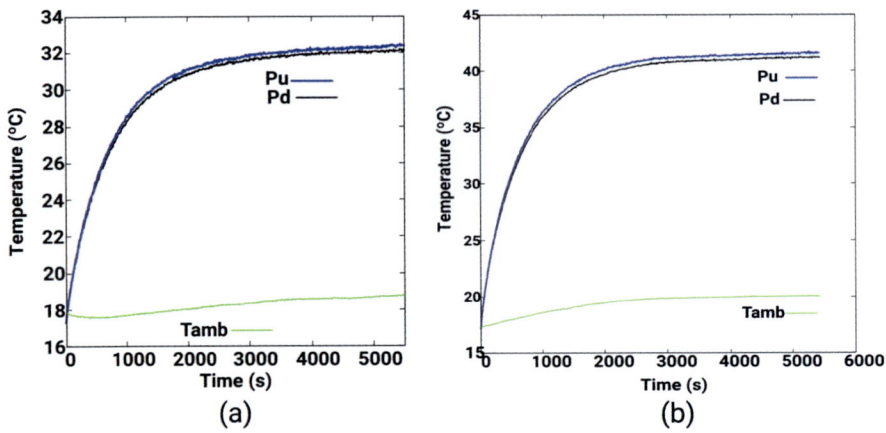

Figura 10-18. a) Medición de la temperatura perimetral con dos termómetros infrarrojos MLX90614 en Pu y Pd, y temperatura ambiente, con w_r = 10,89 rad/s; b) Y con w_r = 15,28 rad/s.

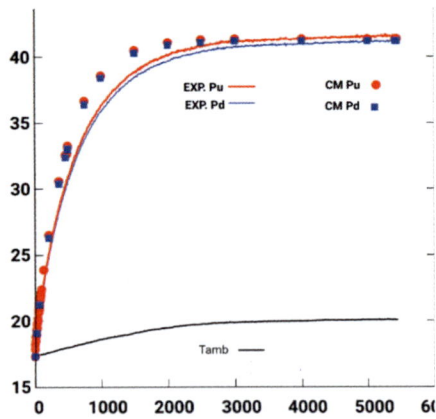

Figura 10-19. Simulaciones perimetrales CM con parámetros de ajuste [$h_{eff\,(Cu)}$ = 8,2 y $h_{eff\,(Fe)}$ = 27,4] W/m²K en Pu y Pd, y datos experimentales Exp.Pu y Exp.Pc, para w_r = 15,28 rad/s.

La Figura 10-19 muestra los resultados correspondientes a las temperaturas en los puntos Pu y Pd, utilizando el CM, y los correspondientes a los datos experimentales de la Figura 10-18b. Los resultados de la simulación se ajustan mejor en el régimen permanente y en la parte inicial del transitorio. Los parámetros utilizados para el ajuste en la simulación son $[h_{eff}$ (Cu) = 8,2 y h_{eff} (Fe) = 27,4] W/m^2K.

En segundo lugar, para terminar, se estudia el gradiente radial de temperaturas en el disco. Las temperaturas se comparan en dos puntos superficiales, Pc y Pu, situados en el centro y en la periferia, respectivamente, como se puede ver en la Figura 10-20. El experimento se llevó a cabo a una velocidad de rotación del disco w_r = 16,33 rad/s, en el sentido contrario a las agujas del reloj.

La temperatura inicial de todo el disco es de 17,26 °C y la temperatura ambiente es de 19,0 °C. La duración total del experimento es de 3.500 s. Se alcanza el régimen permanente, en 2.500 s con una temperatura en la periferia de 43 °C y en el centro de 36 °C, como se observa en la Figura 10-21. De la misma manera hemos representado las simulaciones CM con parámetros de ajuste $[h_{eff}$ (Cu) = 8,2 y h_{eff} (Fe) = 32] W/m^2K.

Teniendo en cuenta la comparación de los datos experimentales obtenidos por los sensores infrarrojos y los resultados de las simulaciones numéricas podemos concluir que CM representa adecuadamente el régimen térmico transitorio de los frenos a través de la nueva matriz constitutiva convectiva propuesta en este trabajo y puede ser utilizada en el diseño de estos frenos.

Figura 10-20. Situación de los puntos Pc y Pu, situados en el centro y en la periferia, respectivamente, donde se mide el gradiente radial de temperaturas en el disco.

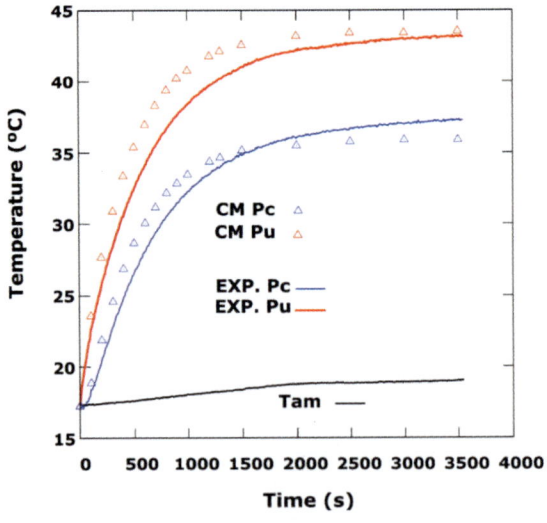

Figura 10-21. Simulaciones radiales del CM con parámetros de ajuste $[h_{eff\,(Cu)} = 8{,}2$ y $h_{eff\,(Fe)} = 32]$ W/m²K, y curvas experimentales obtenidas en Pu y Pc para $w_r = 16{,}33$ rad/s.

10.4.3.4. Distribución de la temperatura en la superficie del disco, obtenida por la cámara infrarroja

Las mediciones realizadas con los termómetros infrarrojos MLX90614 son adecuadas para medir la temperatura en un punto. Para analizar simultáneamente el régimen de temperatura transitoria en toda la superficie de un disco, se necesita una medición de temperatura en una matriz de puntos bidimensional.

La medición de la distribución bidimensional de las temperaturas en la superficie del disco giratorio se realiza con la cámara FLIR modelo T425. Los termogramas se han tomado con una emisividad programada $\varepsilon = 0{,}96$, humedad relativa 82 %. La distancia de la cámara al disco es de 1 m. La disposición de la cámara y un termograma tomado con ella se pueden ver en las Figuras 10-22 y 10-23. Se llevó a cabo un experimento con las siguientes condiciones: $d = 3$ mm, $w_r = 16{,}54$ rad/s y temperatura ambiente 18 °C. Se ha comprobado que en 2000 s se alcanza el régimen térmico permanente. El disco está unido al eje de la máquina eléctrica con seis tornillos. Sus cabezas sobresalen del disco y, por lo tanto, se enfrían más fácilmente, siendo su temperatura más baja como se muestra en todos los termogramas, ver Figura 10-24.

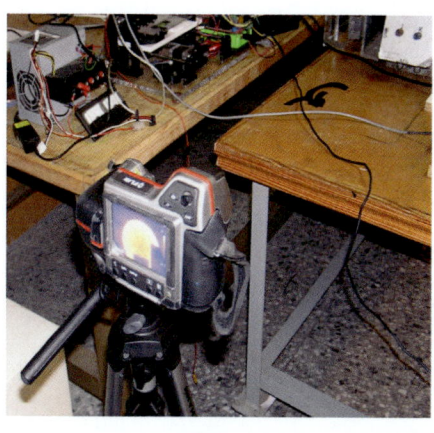
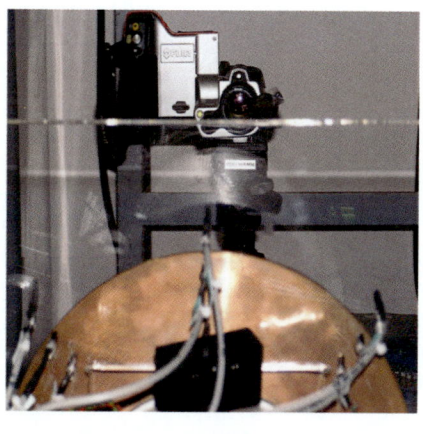

(a)   (b)

Figura 10-22. a) Vista trasera de la cámara FLIR T425;
b) Vista frontal de la cámara FLIR T425.

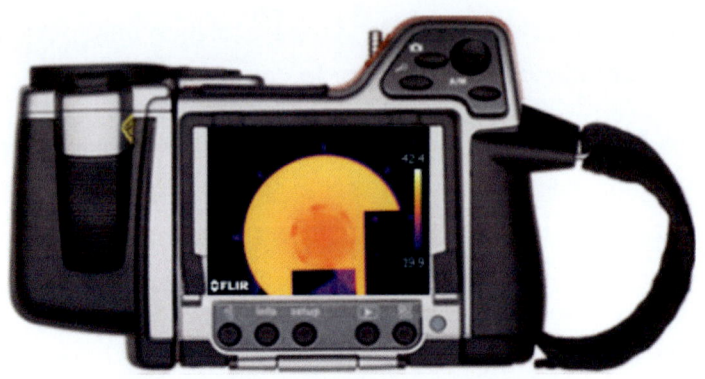

Figura 10-23. Termograma tomado con la
cámara FLIR T425 en el instante 1565 s.

La figura 10-24a muestra el termograma medido con la cámara
FLIR T425 en el instante 245 s. Se representan dos cortes Cut1 y
Cut2, que se extienden desde el centro hasta el perímetro del disco.
El propósito de estos cortes es observar la variación de la temperatura
desde el centro hasta una zona más caliente, Cut1, y desde el centro
hasta una zona más fría, Cut2. En la Figura 10-24b se compara este
termograma con los obtenidos por CM.

La distribución de la temperatura se representa en 3D, para resal-
tar el área más caliente cerca del imán permanente, en el perímetro
del disco, como se muestra en la Figura 10-25. Por la disminución
de la temperatura que se ve en esta figura, podemos deducir la dirección de rotación. El disco gira en sentido contrario a las agujas
del reloj.

En todos los termogramas aparecen dos rectángulos negros que
corresponden a los conectores de un contactor de la máquina eléctrica y al soporte del imán permanente, que están a temperatura
ambiente.

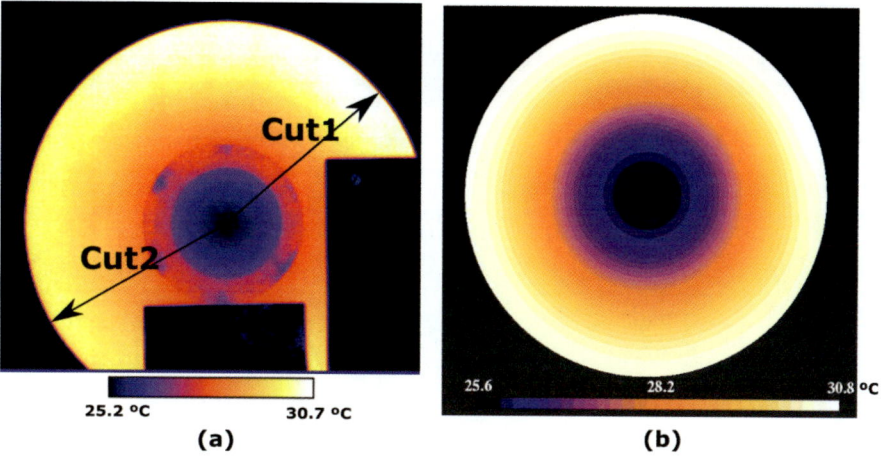

(a)   (b)

Figura 10-24. a) Termograma tomado con la cámara FLIR
T425, en el instante 245 s, en comparación con la simulación
obtenida en las mismas condiciones por CM en (b), con $d = 3$
mm. En (a) se muestran los cortes paramétricos Cut1 y Cut2.

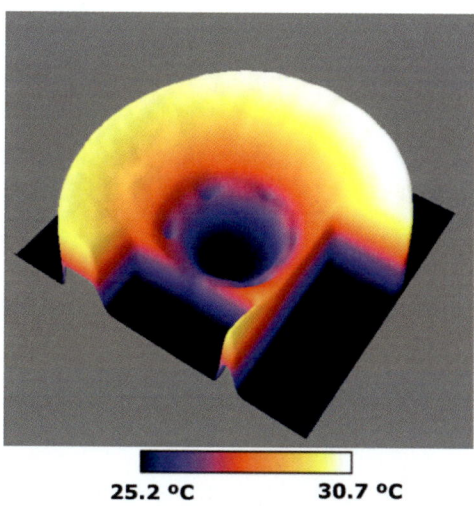

Figura 10-25. Representación 3D del termograma tomada con la
cámara FLIR T425 de la Figura 10-24a. Se observan los puntos
más fríos de los tornillos que unen el disco al eje de la máquina.

313

La Figura 10-26 muestra las temperaturas a lo largo de los cortes paramétricos Cut1 y Cut2, en función de la distancia al centro. Se observa que, a lo largo del corte, la temperatura en Cut1 es superior a la obtenida en Cut2, como era de esperar. También se observa, en el gráfico Cut2, un mínimo relativo en la temperatura que corresponde a la temperatura del tornillo que sujeta el disco.

En la Figura 10-27a se representa una nueva distribución de la temperatura en todo el disco para un instante de tiempo de $t = 1565$ s. Se realiza un corte diametral, según la dirección indicada en esta figura. En la Figura 10-27b se compara este termograma con los obtenidos por CM. Los resultados de este corte se muestran en la Figura 10-28. Se observan tres mínimos relativos correspondientes a dos tornillos que sujetan el disco y el centro del disco unido al eje del motor. De nuevo se observan conclusiones idénticas como en la figura correspondiente al tiempo instantáneo $t = 245$ s.

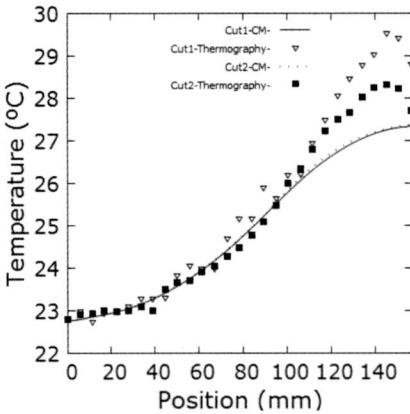

Figura 10-26. Temperaturas obtenidas por CM en las secciones paramétricas –Cut1 y Cut2– desde el centro del disco hasta la periferia, en el instante de 245 s, ver Figura 10-24b. El termograma se ha tomado con la cámara térmica FLIR T425. Los datos termográficos se han obtenido con el analizador de imágenes de Fiji (Schindelin *et al.*, 2019), véase la Figura 10-24a.

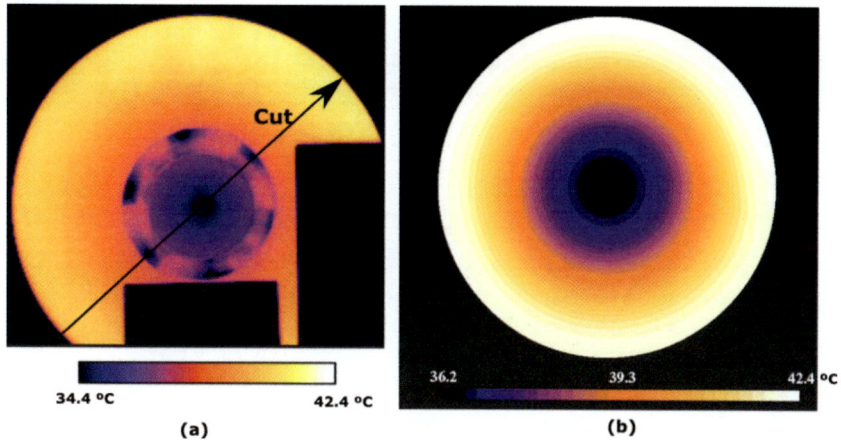

Figura 10-27. a) Corte paramétrico diametral–Cut– del termograma en el instante 1565 s, en comparación con una simulación CM (b) realizada en las mismas condiciones. Medición realizada con la cámara FLIR T425.

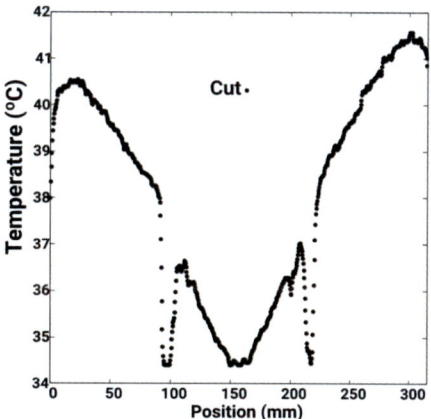

Figura 10-28. Distribución de temperatura del corte paramétrico de la Figura 10-27a, en el instante 1565 s. Los datos termográficos se han obtenido con el analizador de imágenes de Fiji.

Para estimar la discrepancia entre las simulaciones FEM y CM y los resultados experimentales obtenidos mediante técnicas IR, se han estudiado las métricas reflejadas en las Tablas 10-1 y 10-2.

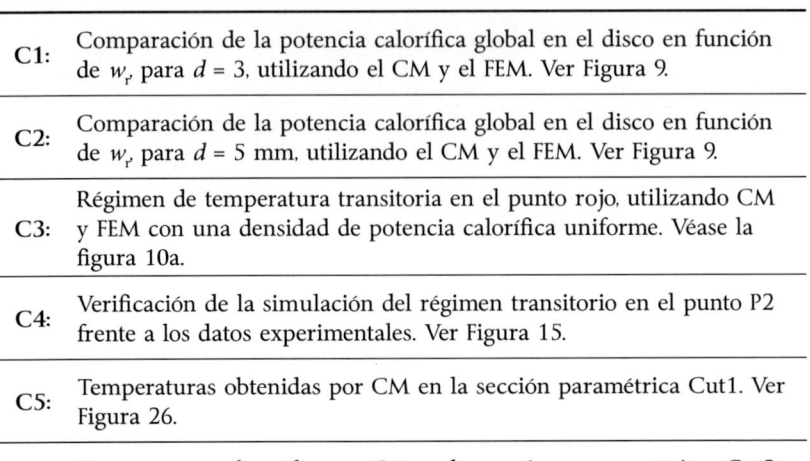

C1:	Comparación de la potencia calorífica global en el disco en función de w_r para $d = 3$, utilizando el CM y el FEM. Ver Figura 9.
C2:	Comparación de la potencia calorífica global en el disco en función de w_r para $d = 5$ mm, utilizando el CM y el FEM. Ver Figura 9.
C3:	Régimen de temperatura transitoria en el punto rojo, utilizando CM y FEM con una densidad de potencia calorífica uniforme. Véase la figura 10a.
C4:	Verificación de la simulación del régimen transitorio en el punto P2 frente a los datos experimentales. Ver Figura 15.
C5:	Temperaturas obtenidas por CM en la sección paramétrica Cut1. Ver Figura 26.
C6:	Temperaturas obtenidas por CM en las secciones paramétricas Cut2. Ver Figura 26.

Tabla 10-1. Se desarrollaron algunos experimentos numéricos.

Comparación	C1	C2	C3	C4	C5	C6	Referencias
R^2 [0, +1] Óptimo: +1	1,0000	0,9999	1,0000	0,9999	0,9848	0,9733	(Martínez, 2005)
RMSPE [-1, +1] Óptimo: 0	0,0459	0,0146	0,0029	0,0024	0,0183	0,0365	(Hyndman y Koehlerz, 2006)
MAEP [-1, +1] Óptimo: 0	0,0342	0,0119	0,0024	0,0020	0,0125	0,0238	(Hyndman y Koehlerz, 2006)
PBIAS [-1, +1] Óptimo: 0	0,0330	0,0111	0,0022	0,0020	0,0085	-0,0234	(Sanabria *et al.*, 2006)

Tabla 10-2. Métricas de las comparaciones propuestas.

Los valores del coeficiente de determinación (R^2) indican un buen ajuste de los datos en todas las comparativas. Los valores del error porcentual medio cuadrático (*root mean square perceptual error*, RMSPE), el error medio porcentual absoluto (*mean absolute percentage error*, MAEP) y el sesgo porcentual (*percentage bias*, PBIAS) son relativamente altos en el C1 comparativo. Hay que tener en cuenta que son valores globales de potencia calorífica, en vatios. La explicación puede estar, probablemente, en el pequeño número de casos contrastados.

Esto se debe a la dificultad de realizar múltiples simulaciones debido a la cantidad de tiempo requerido. Aun así, todos los indicadores están en el rango óptimo. Mirando la Tabla 10-2, podemos asegurar que el mayor error cometido es el error porcentual medio cuadrático, RMPSE, cuyo valor es de 0,0459 %. Es un valor más que aceptable.

10.5. Conclusiones

En este capítulo hemos analizado el régimen transitorio de la distribución de temperatura de un disco conductor giratorio dentro de un campo magnético estacionario generado por un imán permanente que induce corrientes eléctricas. El sistema actúa como un freno magnético. Para la simulación y análisis de este tipo de problemas, se ha formulado una nueva matriz convectiva térmica en el Método de la Celda 3D. Gracias a la experimentación llevada a cabo por la instrumentación de sensores infrarrojos, se concluye que el Método de la Celda con la formulación de una nueva matriz convectiva es adecuado para simular problemas térmicos como el diseño de frenos magnéticos. Las simulaciones con FEM también confirman la validez de este nuevo método. La diferencia entre los resultados experimentales obtenidos por sensores infrarrojos y los obtenidos en el Método de la Celda y las simulaciones numéricas FEM son inferiores al 0,0459 %.

Nomenclatura

Símbolo	Nombre	Unidad
ϕ	Potencial escalar eléctrico	V
a	Potencial escalar magnético	Wb
σ	Conductividad eléctrica	S/m
M_σ	Matriz constitutiva de conductividad eléctrica	S

Símbolo	Nombre	Unidad
σ^t	Conductividad eléctrica del tetraedro	S/m
$\vec{B}$	Inducción magnética	Wb/m^2
$C, \tilde{C} = C^t$	Matriz de incidencia caras-aristas en el mallado primal y dual	-
$\tilde{D}$	Matriz de incidencia caras-volúmenes en el mallado dual	-
G	Matriz de incidencia aristas-nodos del mallado primal	-
V_{Lo}	Vector de Lorentz	s^{-1}
M_{ν}	Matriz constitutiva magnética	A/Wb
W	Frecuencia angular	1/s
$\vec{v}$	Velocidad lineal	m/s
$\overrightarrow{W_r}$	Velocidad angular	1/s
t	Tiempo	s
$\vec{J}$	Densidad volumétrica de corriente	A/m^2
$\vec{e_i}$	Vector de longitudes de la arista	m
V_t	Volumen del tetraedro	m^3
$\overrightarrow{V_e}$	Velocidad baricéntrica del tetraedro	m/s
$\vec{i}, \vec{j}, \vec{k}$	Vectores unitarios	-
$\tilde{S}_i$	Vector de superficie del mallado dual	m^2
$\vec{r}$	Radiovector centro-superficie del disco	m
$\tilde{F}_e$	Fuerza magnetomotriz coercitiva del imán	A
j	Unidad imaginaria	-
$M_{\rho c_p}$	Matriz constitutiva de calor en régimen transitorio	J/K
T	Temperatura	K
$\tilde{W}$	Fuente de calor en el volumen dual	W
M_{λ}	Matriz constitutiva de conductividad térmica	W/K
$M_{\rho c_p v}$	Nueva matiz constitutiva térmica-convectiva	W/K
$\tilde{w}_{\rho c_p v}$	Flujo de potencia de calor convectivo en la superficie dual	W
$\tilde{w}_t$	Flujo de potencia de calor total en la superficie dual	W
$\tilde{w}_{\lambda}$	Flujo de potencia de calor conductivo en la superficie dual	W
$\vec{w}_{\rho c_p v}$	Flujo de densidad de potencia en la superficie dual	W/m^2
ρ	Densidad de masa	kg/m^3
C_p	Capacidad de calor específico	J/kgK
λ_i	Coordenadas baricéntricas	-

Símbolo	Nombre	Unidad
s	Superficie	m²
$\vec{n}_3$	Vector unitario ortogonal a la superficie dual	-
h_{eff}	Coeficiente de transferencia de calor efectivo	W/Km²
h_t	Coeficiente de transferencia de calor convectivo	W/Km²
q_s	Flujo de densidad de calor convectivo	W/m²
T_{am}	Temperatura ambiente	K
$\widetilde{w}_{conv}^{i}$	Flujo de calor convectivo de contorno	W
E^b	Potencia de emisión total	W/m²

Bibliografía

Shin, K.; Park, H.; Cho, H.; Choi, J. (2018). Semi-three-dimensional analytical torque calculation and experimental testing of an eddy current brake with permanent magnets. IEEE Trans. Appl. Superconduct, 28, pp. 5203205.

Zhao, J.; Liu, W.; Li, B.; Liu, X.; Gao, C.; Gu, Z. (2015). Investigation of electromagnetic, thermal and mechanical characteristics of a five-phase dual-rotor permanent-magnet synchronous motor. Energies, 8, pp. 9688-9718.

Zhang, B.; Chen, Q.; Liang, Q.; Ji, K.; Liu, M. Y.; Peng, T.; Li, L. (2013). Electromagnetic-thermal modeling of electromagnetic brake using finite-element analysis. Appl. Mech. Mater, 392, pp. 290-294.

Gay, S. E.; Ehsani, M. (2006). Parametric analysis of eddy-current brake performance by 3-d finite-element analysis. IEEE Trans. Magn, 42, pp. 319-328.

Jang, S. M.; Lee, S.-H. (2003). Comparison of three types of permanent magnet linear eddy-current brakes according to magnetization pattern. IEEE Trans. Magn, 39, pp. 3004-3006.

Zhang, B.; Peng, T.; Chen, Q.; Cao, Q.; Ji, K.; Shuang, B.; Ye, J. J.; Li, L. (2012). 3-d nonlinear transient analysis and design of eddy current brake for high-speed trains. Int. J. Appl. Electromagn. Mech, 40, pp. 205-214.

Tonti, E. (2001). Finite formulation of the electromagnetic field. Prog. Electromagn. Res, 32, pp. 1-44.

Tonti, E. (2001). A Direct Discrete Formulation of Field Laws: The Cell Method. CMES Comput. Model. Eng. Sci, 2, pp. 237-258.

Monzón-Verona, J. M.; Santana-Martín, F. J.; García-Alonso, S.; Montiel-Nelson, J. A. (2010). Electro-Quasistatic Analysis of an Electrostatic Induction Micromotor Using the Cell Method. Sensors, 10, pp. 9102-9117, doi:10.3390/s101009102.

Tonti, E. (2014). Why starting from differential equations for computational physics? J. Comput. Phys, 257, pp. 1260-1290.

Tonti, E. (2013). The Mathematical Structure of Classical and Relativistic Physics; Birkhäuser: Basel, Switzerland; p. 17, ISBN-9781461474210.

Usamentiaga, R.; Fernando García, D. (2017). Infrared Thermography Sensor for Temperature and Speed Measurement of Moving Material. Sensors, 17, p. 1157; doi:10.3390/s17051157.

Monzón-Verona, J. M.; González-Domínguez, P. I.; García-Alonso, S. (2018). New constitutive matrix in the 3D cell method to obtain a Lorentz electric field in a magnetic brake. Sensors, 18, p. 3185.

Specogna, R.; Trevisan, F. (2005). Discrete constitutive equations in A-χ geometric eddy-current formulation. IEEE Trans. Magn, 41, pp. 1259-1263, doi:10.1109/TMAG.2005.844841.

Alotto, P.; Bullo, M.; Guarnieri, M.; Moro, F. (2008). A coupled thermoelectromagnetic formulation based on the cell method. IEEE Trans. Magn, 44, pp. 702-705.

González-Domínguez, P. I.; Monzón-Verona, J. M.; Simón, L.; de Pablo, A. (2018). Thermal constitutive matrix applied to asynchronous electrical machine using the cell method. Open Phys, 16, pp. 27-30.

Voitovich, T. V.; Vandewalle, S. (2007). Exact integration formulas for the finite volume element method on simplicial meshes. Numer. Methods Partial Differ. Equ, 23, pp. 1059-1082.

Wichmann, E. H. (1979). Física Cuántica; Editorial Reverté: Barcelona, Spain; Chapter 1, pp. 27-30, ISBN-84-291-4024-7.

Eisberg, R.; Resnick, R. (1978). Física Cuántica, Átomos, Moléculas, Sólidos, Núcleos y Partículas; Editorial Limusa: México, México; Chapter 1, pp. 22-44, ISBN-13: 9789681804190.

Melexis Inspired Engineering. Available online: https://www.melexis.com/en/product/MLX90614/Digital-Plug-Play-Infrared-Thermometer-TO-Can (accessed on 13 February 2019).

Merlin Lazer. Available online: http://www.merlinlazer.com/T425-Thermal-Imaging-Camera (accessed on 13 February 2019).

Geuzaine, C. GetDP: A general finite-element solver for the de Rham complex. In PAMM Volume 7 Issue 1. Special Issue: Sixth International Congress on Industrial Applied Mathematics (ICIAM07) and GAMM Annual Meeting, Zürich 2007; Wiley: Berlin, Germany, 2008; Volume 7, pp. 1010603-1010604.

Portable, Extensible Toolkit for Scientific Computation. Available online: http://www.mcs.anl.gov/petsc (accessed on 19 March 2019).

Geuzaine, G.; Remacle., J.-F. Gmsh: A three-dimensional finite element mesh generator with built-in preand post-processing facilities. Int. J. Numer. Methods Eng 2009, 79, pp. 1309-1331.

Howey, D. A.; Holmes, A. S.; Pullen, K. R. (2011). Measurement and CFD Prediction of Heat Transfer in Air-Cooled Disc-Type Electrical Machines. IEEE Trans. Ind. Appl, 47, pp. 1176-1723.

Harmand, S.; Pellé, J.; Poncet, S.; Shevchuk, I. V. (2013). Review of fluid flow and convective heat transfer within rotating disk cavities with impinging jet. Int. J. Therm. Sci, 67, pp. 1-30.

Millsaps, K.; Polhausen, K. (1952). Heat transfer by laminar flow from a rotating plate. J. Aeronaut. Sci, 19, pp. 120-126.

Goldstein, S. (1935). On the resistance to the rotation of a disc immersed in a fluid. Math. Proc. Camb. Philos. Soc, 31, pp. 232-241.

Hartnett, J. P. (1959). Heat transfer from a non-isothermal disk rotating in still air. J. Heat Transf, 81, pp. 672-673.

Yunus, A.; Cimbala, J. M.; Sknarina, S. F. (2006). Mecánica de Fluidos: Fundamentos y Aplicaciones; Annex 1: Tables of air properties at 1 atm of presure; Table A-9, 1ª edición; McGraw-Hill: New York, NY, USA, ISBN 970-10-5612-4.

Maxim Integrated. Available online: https://www.maximintegrated.com/en/products/sensors/DS18B20.html (accessed on 13 February 2019).

Schindelin, J.; Arganda-Carreras, I. & Frise, E. *et al.* (2012), "Fiji: an open-source platform for biological-image analysis", Nature methods 9(7): 676-682, PMID 22743772, doi:10.1038/nmeth. 2019 (on Google Scholar) online: https://fiji.sc/ (accessed on 19 March 2019).

Martínez Rodríguez, E. (2005). Errores frecuentes en la interpretación del coeficiente de determinación lineal. Anuario Jurídico y Económico Escurialense, ISSN 1133-3677, no 38, pp. 317-331.

Hyndman, R. J.; Koehler, A. B. (2006). Another look at measures of forecast accuracy. Int. J. Forecast, 22, pp. 679-688.

Sanabria, J.; García, J.; Lhomme, J. P. (2006). Calibración y Validación de Modelos de Pronóstico de Heladas en el Valle del Mantaro; ECIPERU; ISSN 1813-0194, p. 18.

Capítulo 11

Nueva matriz constitutiva de conductividad térmica en la ley de Fourier para la transferencia de calor usando el Método de la Celda

11. Introducción

La cantidad de calor transferido por conducción viene dada por la ley de Fourier. Para el estudio de estos fenómenos, la aplicación de técnicas computacionales que permitan el diseño de máquinas y dispositivos utilizados en ingeniería se vuelve crucial.

En este capítulo, se desarrolla una nueva matriz constitutiva para la conducción térmica para mallas tetraédricas, en un régimen térmico estacionario a través de una nueva metodología algebraica, utilizando el Método de la Celda como método computacional, que se incluye en la Formulación Finita. La matriz constitutiva define el comportamiento de los sólidos cuando están bajo un potencial térmico. Los resultados se comparan con los obtenidos para el mismo problema mediante la matriz constitutiva desarrollada previamente, tomando en ambos casos un modelo axisimétrico 2D como referencia, calculado con el método de elementos finitos. Los errores obtenidos con la nueva matriz son del orden del 0,0025 %, muy inferiores a los obtenidos con la matriz .

Este capítulo procede del artículo publicado por los autores de este libro en la revista Applied Sciences 2019, 9, 4521, titulado *New Thermal-Conductivity Constitutive Matrix in Fourier's Law for Heat Transfer Using the Cell Method.*

Los metales sólidos tienen una alta conductividad térmica. La transmisión de calor por conducción se atribuye a un intercambio de energía entre moléculas adyacentes y electrones en el medio conductor, sin la transferencia macroscópica de materia y sin un desplazamiento visible de partículas.

La cantidad de calor transferido por conducción está dada por la ley de Fourier. Esta ley establece que la tasa de conducción de calor a través de un cuerpo, por unidad de sección transversal, es proporcional al gradiente de temperatura que existe en el cuerpo.

Para el estudio de estos fenómenos, cobra mucha importancia la aplicación de métodos analíticos y técnicas computacionales que permitan el diseño de máquinas y dispositivos utilizados en ingeniería.

Los métodos analíticos propuestos en este capítulo son de tipo algebraico. Se han aplicado al estudio de la transmisión de calor por conducción en un tubo bimetálico. Este caso se puede utilizar para el estudio de tuberías, o, en nuestro caso particular, para los futuros estudios del estator o rotor de una máquina eléctrica (Boglietti *et al.*, 2009; Popescu *et al.*, 2015; Mezani *et al.*, 2005; Popova *et al.*, 2011), como se puede ver en la Figura 11-1. Las fuentes de calor más comunes en una máquina eléctrica son los fenómenos electromagnéticos en los núcleos (aproximados aquí a tubos metálicos), calentados por efecto Joule en los conductores (Boglietti *et al.*, 2013; Nategh *et al.*, 2013; Jiang, & Jahns, 2015) y la fricción mecánica en las partes móviles (Sun *et al.*, 2012; Seong *et al.*, 2014).

En el presente capítulo, proponemos la Formulación Finita (FF) (Monzón-Verona *et al.*, 2019; Monzón-Verona *et al.*, 2018; González-Domínguez, & de Pablo, 2018; González-Domínguez, & García-Alonso, 2018; Specogna, & Trevisan, 2005; Passarotto *et al.*, 2019), así como el Método de la Celda (CM) (Tonti, 2001,2; Tonti, 2001,32) como método numérico asociado, para analizar los modelos numéricos propuestos. En esta metodología, trabajamos con las magnitudes globales asociadas a elementos orientados espacialmente como volúmenes, superficies, líneas y puntos del espacio discretizado; así como con elementos temporales, en lugar de las magnitudes de campo asociadas a variables independientes con coordenadas espaciales y temporales (Tonti, 2001,2; Tonti, 2001,32; Monzón-Verona *et al.*, 2010; Tonti, 2014; Tonti, 2013).

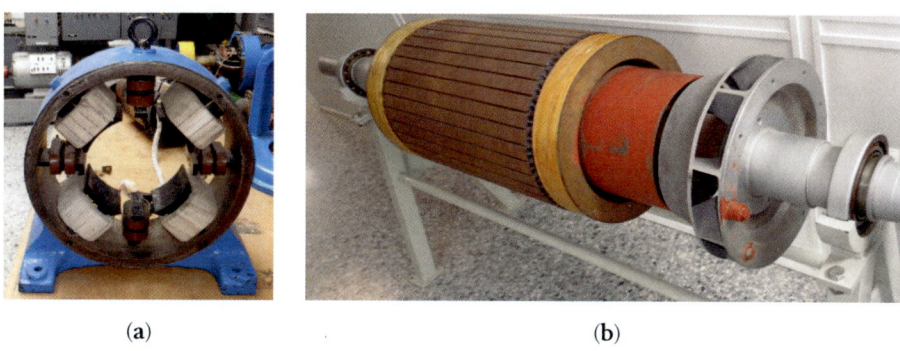

(a)   (b)

Figura 11-1. a) Estator de una máquina eléctrica.
b) Rotor de una máquina eléctrica.

Además, las ecuaciones de tipo constitutivo (ecuaciones del medio) están claramente diferenciadas del tipo topológico (ecuaciones de equilibrio) (Monzón-Verona *et al.*, 2019). En FF, las leyes físicas que gobiernan las leyes térmicas de la transferencia de calor asociadas con los dispositivos eléctricos se expresan en su forma integral. De esta manera, el sistema final de ecuaciones se plantea directamente, sin necesidad de discretizar las ecuaciones diferenciales equivalentes (Tonti, 2013).

En el análisis térmico de dispositivos eléctricos, utilizando esta metodología, se facilita enormemente la implementación de las condiciones de contorno y continuidad cuando se trabaja con magnitudes globales y, además, se plantea directamente el sistema de ecuaciones sin necesidad de discretizar las ecuaciones diferenciales.

Previamente se han formulado tres metodologías para obtener la matriz térmica constitutiva. Estos métodos son los de Tonti (2001,2), Bullo (2006, 2007) y el método propuesto por Specogna (Specogna, & Trevisan, 2005) para problemas de conducción eléctrica, que hemos adaptado a la conducción térmica (Monzón-Verona *et al.*, 2019, 2018; González-Domínguez, & de Pablo, 2018; González-Domínguez & García-Alonso, 2018).

Estos tres métodos utilizan las proyecciones de aristas y superficies del espacio dual al primal. También utilizan sistemas de coordenadas locales con transformaciones posteriores a coordenadas globales. Calculamos los baricentros de las superficies duales y, luego, obtenemos un baricentro dual ponderado de los que se encontraron anteriormente.

Tonti (2001,2) propone un nuevo método numérico en 2D para la solución de ecuaciones de campo de la temperatura utilizando CM. La esencia del método es proporcionar directamente una formulación discreta de las leyes de campo. Se demuestra que, para la interpolación lineal, la matriz de rigidez obtenida coincide con la del Método de Elementos Finitos (FEM). Para la interpolación cuadrática, sin embargo, la matriz de rigidez actual difiere de la desarrollada en FEM. Además, es asimétrica. Se demuestra que, mediante el uso de una interpolación parabólica, se obtiene una convergencia de cuarto orden. Esta es mayor que la obtenida con FEM, utilizando la misma interpolación.

Bullo (2006) calcula, a través de CM, los campos en 2D aplicados a un cálculo acoplado de conducción eléctrica y térmica, utilizando una interpolación lineal de los campos eléctrico y de temperatura. Utiliza una interpolación cuadrática para el enfoque del análisis térmico. Bullo (2007) utiliza CM para la solución de problemas acoplados de conducción eléctrica y térmica transitorias en estado estacionario en 3D. Se utilizan mallados de celdas baricéntricas duales, tanto para dominios espaciales como temporales. Este último induciendo un esquema de integración de tiempo de Crank-Nicolson.

Specogna (2005), mediante el uso de una formulación CM para corrientes de Foucault, presenta un enfoque geométrico para construir aproximaciones de las matrices magnéticas discretas y constitutivas de

Ohm. En el caso de la matriz de Ohm, también muestra cómo hacerla simétrica. Compara el impacto en la solución de las matrices de Ohm propuestas, y se describe una técnica iterativa para obtener un término consistente en el segundo miembro en el sistema final de ecuaciones.

González (González-Domínguez, & de Pablo, 2018; González-Domínguez, & García-Alonso, 2018) desarrolló una nueva matriz constitutiva ($[M_\lambda]$) para la conducción térmica en régimen térmico transitorio utilizando CM. Demuestra que esta matriz es equivalente a la matriz constitutiva de conducción eléctrica en estado estacionario, y aplica esta matriz constitutiva al análisis térmico de máquinas eléctricas asíncronas en régimen transitorio.

Monzón-Verona (Monzón-Verona *et al.*, 2019, 2018) analizó la distribución de la temperatura en un disco conductor en régimen transitorio. El disco está en movimiento en un campo magnético estacionario generado por un imán permanente, por lo que las corrientes eléctricas inducidas en su interior generan calor. El sistema actúa como un freno magnético. Se analiza mediante técnicas de sensores infrarrojos. Además, para la simulación y análisis del freno magnético, se propone una nueva matriz convectiva térmica para el Método de Celda 3D (CM).

En el presente capítulo se obtiene una nueva matriz constitutiva $[M_\tau]$ de conducción térmica con mejores resultados que con $[M_\lambda]$.

La nueva matriz constitutiva de conducción térmica $[M_\tau]$ formulada con CM en 3D se ha verificado contrastando los resultados numéricos con los obtenidos por FEM. La diferencia entre los resultados de CM obtenidos y los obtenidos en FEM es inferior al 0,0025 %.

La principal ventaja del método propuesto en este capítulo es su simplicidad. Las matrices constitutivas desarrolladas por métodos anteriores presentaban cálculos complejos, mientras que la nueva matriz constitutiva depende exclusivamente de las coordenadas de los vértices de los tetraedros, que constituyen la malla.

Este capítulo se ha dividido en los siguientes apartados: La Sección 11-2 explica, en detalle, la metodología analítica para la obtención de la nueva matriz constitutiva de conducción térmica $[M_\tau]$ en CM, formulando el término conductor correspondiente. En la Sección 11.3 se muestran los resultados obtenidos, validando la formulación anterior mediante la simulación computacional con $[M_\lambda]$ y $[M_\tau]$. Finalmente, la Sección 11.4 presenta las conclusiones.

11.2. Cálculo de la Nueva Matriz Térmica Constitutiva $[M_\tau]$

En el presente apartado, obtenemos la formulación analítica de la matriz $[M_\tau]$ que se ha desarrollado para mejorar los resultados obtenidos con $[M_\lambda]$. En un estado estacionario, y sin fuentes de calor internas, la ecuación del balance de energía sin transferencia de masa (Monzón-Verona *et al.*, 2019, 2018; González-Domínguez & de Pablo, 2018; González-Domínguez & García-Alonso, 2018) es en el CM,

$$\tilde{D}(-M_\tau GT) = G^t(M_\tau GT) = 0. \qquad \text{Ec. 11.1}$$

El dominio está mallado con elementos tetraédricos. En CM, se tomará como celda de referencia el tetraedro de la Figura 11-2, con sus nodos, y aristas y superficies duales orientadas interna y externamente, respectivamente.

$N = \{n_0, n_1, n_2, n_3\}$
$card(N) = 4$ nudos
$A = \{a_0, a_1, a_2, a_3, a_4, a_5\}$
$card(A) = 6$ aristas

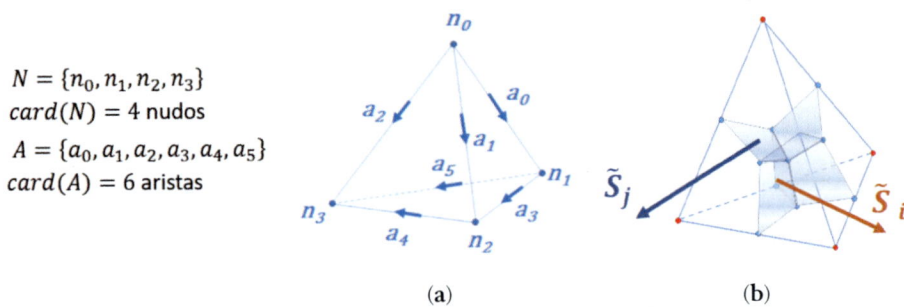

(a) (b)

Figura 11-2. a) Tetraedro con nodos primarios y aristas primarias. b) Tetraedro con doble superficie.

En CM, el operador de gradiente discreto para el tetraedro de referencia se define de la siguiente manera:

$$[G] = \begin{bmatrix} -1 & 1 & 0 & 0 \\ -1 & 0 & 1 & 0 \\ -1 & 0 & 0 & 1 \\ 0 & -1 & 1 & 0 \\ 0 & 0 & -1 & 1 \\ 0 & -1 & 0 & 1 \end{bmatrix}.$$

Ec. 11.2

Se supone que la temperatura se distribuye dentro del tetraedro, siguiendo la función afín de las coordenadas cartesianas espaciales.

$$\tau_i(x,y,z) = g_x\, x + g_y\, y + g_z\, z + a,$$

Ec. 11.3

donde a es una constante auxiliar introducida para posteriormente desarrollar una matriz cuadrada. Entonces, las temperaturas en los nodos primarios del tetraedro de referencia son las siguientes:

$$\begin{aligned} \tau_0 &= g_x\, x_0 + g_y\, y_0 + g_z\, z_0 + a \\ \tau_1 &= g_x\, x_1 + g_y\, y_1 + g_z\, z_1 + a \\ \tau_2 &= g_x\, x_2 + g_y\, y_2 + g_z\, z_2 + a\, ' \\ \tau_3 &= g_x\, x_3 + g_y\, y_3 + g_z\, z_3 + a \end{aligned}$$

Ec. 11.4

donde las coordenadas cartesianas de los nodos $N = \{n_0, n_1, n_2, n_3\}$ son las siguientes:

$$\begin{bmatrix} n_0 \\ n_1 \\ n_2 \\ n_3 \end{bmatrix} = \begin{bmatrix} x_0 & y_0 & z_0 \\ x_1 & y_1 & z_1 \\ x_2 & y_2 & z_2 \\ x_3 & y_3 & z_3 \end{bmatrix}.$$

Ec. 11.5

El sistema de ecuaciones que se muestra en Ec. 11.4, en forma de matriz, es el siguiente:

$$\begin{bmatrix} x_0 & y_0 & z_0 & 1 \\ x_1 & y_1 & z_1 & 1 \\ x_2 & y_2 & z_2 & 1 \\ x_3 & y_3 & z_3 & 1 \end{bmatrix} \begin{bmatrix} g_x \\ g_y \\ g_z \\ a \end{bmatrix} = \begin{bmatrix} \tau_0 \\ \tau_1 \\ \tau_2 \\ \tau_3 \end{bmatrix},$$

Ec. 11.6

que en forma abreviada se puede escribir como

$$[B]_{4\times4}[G_a]_{4\times1} = [\tau]_{4\times1},$$

Ec. 11.7

y entonces,

$$[G_a] = [B]^{-1}[\tau].$$

Ec. 11.8

La regla de Cramer se puede utilizar para resolver Ec. 11.6. El determinante del sistema es:

$$\Delta = \begin{vmatrix} x_0 & y_0 & z_0 & 1 \\ x_1 & y_1 & z_1 & 1 \\ x_2 & y_2 & z_2 & 1 \\ x_3 & y_3 & z_3 & 1 \end{vmatrix}.$$

Ec. 11.9

Entonces:

$$g_x = \frac{\begin{vmatrix} \tau_0 & y_0 & z_0 & 1 \\ \tau_1 & y_1 & z_1 & 1 \\ \tau_2 & y_2 & z_2 & 1 \\ \tau_3 & y_3 & z_3 & 1 \end{vmatrix}}{\Delta}, \quad g_y = \frac{\begin{vmatrix} x_0 & \tau_0 & z_0 & 1 \\ x_1 & \tau_1 & z_1 & 1 \\ x_2 & \tau_2 & z_2 & 1 \\ x_3 & \tau_3 & z_3 & 1 \end{vmatrix}}{\Delta}, \quad g_z = \frac{\begin{vmatrix} x_0 & y_0 & \tau_0 & 1 \\ x_1 & y_1 & \tau_1 & 1 \\ x_2 & y_2 & \tau_2 & 1 \\ x_3 & y_3 & \tau_3 & 1 \end{vmatrix}}{\Delta}.$$

Ec. 11.10

No calculamos a porque $\partial a/\partial x = \partial a/\partial v = \partial a/\partial z = 0.$

11.2.1. Desarrollo analítico de gx, gy y gz

Para calcular g_x, desarrollamos Ec. 11.10 utilizando adjuntos del determinante

$$g_x = \tau_0 \frac{\begin{bmatrix} y_1 & z_1 & 1 \\ y_2 & z_2 & 1 \\ y_3 & z_3 & 1 \end{bmatrix}}{\Delta} - \tau_1 \frac{\begin{bmatrix} y_0 & z_0 & 1 \\ y_2 & z_2 & 1 \\ y_3 & z_3 & 1 \end{bmatrix}}{\Delta} + \tau_2 \frac{\begin{bmatrix} y_0 & z_0 & 1 \\ y_1 & z_1 & 1 \\ y_3 & z_3 & 1 \end{bmatrix}}{\Delta} - \tau_3 \frac{\begin{bmatrix} y_0 & z_0 & 1 \\ y_1 & z_1 & 1 \\ y_2 & z_2 & 1 \end{bmatrix}}{\Delta},$$

Ec. 11.11

y obtenemos la siguiente expresión

$$
\begin{aligned}
g_x = \ & \frac{\tau_0}{\Delta}[(y_2 z_3 - y_3 z_2) - (y_1 z_3 - y_3 z_1) + (y_1 z_2 - y_2 z_1)] \\
& - \frac{\tau_1}{\Delta}[(y_2 z_3 - y_3 z_2) - (y_0 z_3 - y_3 z_0) + (y_0 z_2 - y_2 z_0)] \\
& + \frac{\tau_2}{\Delta}[(y_1 z_3 - y_3 z_1) - (y_0 z_3 - y_3 z_0) + (y_0 z_1 - y_1 z_0)] \\
& - \frac{\tau_3}{\Delta}[(y_1 z_2 - y_2 z_1) - (y_0 z_2 - y_2 z_0) + (y_0 z_1 - y_1 z_0)]
\end{aligned}
$$

Ec. 11.12

Del mismo modo, obtenemos g_y y g_z

$$
\begin{aligned}
g_y = \quad & -\frac{\tau_0}{\Delta}\left[(x_2 z_3 - x_3 z_2) - (x_1 z_3 - x_3 z_1) + (x_1 z_2 - x_2 z_1)\right] \\
& +\frac{\tau_1}{\Delta}\left[(x_2 z_3 - x_3 z_2) - (x_0 z_3 - x_3 z_0) + (x_0 z_2 - x_2 z_0)\right] \\
& -\frac{\tau_2}{\Delta}\left[(x_1 z_3 - x_3 z_1) - (x_0 z_3 - x_3 z_0) + (x_0 z_1 - x_1 z_0)\right] \\
& +\frac{\tau_3}{\Delta}\left[(x_1 z_2 - x_2 z_1) - (x_0 z_2 - x_2 z_0) + (x_0 z_1 - x_1 z_0)\right]
\end{aligned}
$$

Ec. 11.13

$$
\begin{aligned}
g_z = \quad & \frac{\tau_0}{\Delta}\left[(x_2 z_3 - x_3 y_2) - (x_1 y_3 - x_3 y_1) + (x_1 y_2 - x_2 y_1)\right] \\
& -\frac{\tau_1}{\Delta}\left[(x_2 y_3 - x_3 y_2) - (x_0 y_3 - x_3 y_0) + (x_0 y_2 - x_2 y_0)\right] \\
& +\frac{\tau_2}{\Delta}\left[(x_1 y_3 - x_3 y_1) - (x_0 y_3 - x_3 y_0) + (x_0 y_1 - x_1 y_0)\right] \\
& -\frac{\tau_3}{\Delta}\left[(x_1 y_2 - x_2 y_1) - (x_0 y_2 - x_2 y_0) + (x_0 y_1 - x_1 y_0)\right]
\end{aligned}
$$

Ec. 11.14

Sabemos que:

$$
grad\ \tau(x, y, z) = \frac{\partial \tau}{\partial x}\vec{i} + \frac{\partial \tau}{\partial y}\vec{j} + \frac{\partial \tau}{\partial z}\vec{k}.
$$

Ec. 11.15

Teniendo en cuenta Ec. 11.2, entonces,

$$
\frac{\partial \tau}{\partial x} = g_x, \quad \frac{\partial \tau}{\partial y} = g_y, \quad \frac{\partial \tau}{\partial z} = g_z,
$$

Ec. 11.16

y, por lo tanto,

$$
grad\ \tau(x, y, z) = g_x\,\vec{i} + g_y\,\vec{j} + g_z\,\vec{k}.
$$

Ec. 11.17

11.2.2. Construyendo la matriz $[A_\tau]$

La ecuación de transmisión de calor de Fourier se ha establecido, utilizando el CM, de la siguiente manera:

$$
[Q^a]_{6\times 1} = [M_\tau]_{6\times 6}[G]_{6\times 4}[\tau]_{4\times 1},
$$

Ec. 11.18

donde $[Q^a]$ es el flujo de calor transmitido y $[M_\tau]$ es la matriz constitutiva de transmisión térmica que proponemos en este capítulo. Supongamos que hay una matriz $[A_\tau]$, tal que:

$$[M_\tau]_{6\times6} = [\tilde{S}]_{6\times3}[A_\tau]_{3\times6,} \qquad \text{Ec. 11.19}$$

donde $[\tilde{S}]$ es la matriz de caras duales de la celda.

$$[\tilde{S}] = \begin{bmatrix} S_{0x} & S_{0y} & S_{0z} \\ S_{1x} & S_{1y} & S_{1z} \\ S_{2x} & S_{2y} & S_{2z} \\ S_{3x} & S_{3y} & S_{3z} \\ S_{4x} & S_{4y} & S_{4z} \\ S_{5x} & S_{5y} & S_{5z} \end{bmatrix}. \qquad \text{Ec. 11.20}$$

El flujo de calor transmitido $[q]$ es:

$$[q]_{3\times1} = [A_\tau]_{3\times6}[G]_{6\times4}[\tau]_{4\times1}. \qquad \text{Ec. 11.21}$$

Definimos un vector desconocido $[X]$, como

$$[X]_{6\times1} = [G]_{6\times4}[\tau]_{4\times1}. \qquad \text{Ec. 11.22}$$

El vector de densidad de calor $[\vec{q}]$ es:

$$[\vec{q}]_{3\times1} = -\lambda \begin{bmatrix} g_x \\ g_y \\ g_z \end{bmatrix} = -\lambda\,[grad(\tau)]_{3\times1,} \qquad \text{Ec. 11.23}$$

donde λ es el coeficiente de conductividad térmica y, por lo tanto, el flujo de calor $[Q^b]$ es:

$$[Q^b]_{6\times1} = [\tilde{S}]_{6\times3}[\vec{q}]_{3\times1}. \qquad \text{Ec. 11.24}$$

Entonces, lo que está escrito en Ec. 11.23, es igual a Ec. 11.18, y, por lo tanto, $[Q^b] = [Q^a]$

$$-\lambda\,[\tilde{S}]_{6\times3}[grad(\tau)]_{3\times1} = [M_\tau]_{6\times6}[G]_{6\times4}[\tau]_{4\times1}. \qquad \text{Ec. 11.25}$$

Reemplazando Ec. 11.18 y Ec. 11.21 en el segundo miembro de Ec. 11.25, obtenemos:

$$-\lambda\,[\tilde{S}]_{6\times3}[grad(\tau)]_{3\times1} = [\tilde{S}]_{6\times3}[A_\tau]_{3\times6}[X]_{6\times1}.$$

Ec. 11.26

Simplificando la matriz de caras duales $[\tilde{S}]$

$$-\lambda\,[grad(\tau)]_{3\times1} = [A_\tau]_{3\times6}[X]_{6\times1}.$$

Ec. 11.27

Sustituyendo $[X]$ por los valores de $[G]$ y $[\tau]$, obtenemos:

$$[X]_{6\times1} = [G]_{6\times4}[\tau]_{4\times1} = \begin{bmatrix} -1 & 1 & 0 & 0 \\ -1 & 0 & 1 & 0 \\ -1 & 0 & 0 & 1 \\ 0 & -1 & 1 & 0 \\ 0 & 0 & -1 & 1 \\ 0 & -1 & 0 & 1 \end{bmatrix}_{6\times4} \begin{bmatrix} \tau_0 \\ \tau_1 \\ \tau_2 \\ \tau_3 \end{bmatrix}_{4\times1} = \begin{bmatrix} -\tau_0+\tau_1 \\ -\tau_0+\tau_2 \\ -\tau_0+\tau_3 \\ -\tau_1+\tau_2 \\ -\tau_2+\tau_3 \\ -\tau_1+\tau_3 \end{bmatrix}_{6\times1}$$

Ec. 11.28

y, por lo tanto,

$$\begin{bmatrix} x_0 \\ x_1 \\ x_2 \\ x_3 \\ x_4 \\ x_5 \end{bmatrix}_{6\times1} = \begin{bmatrix} -\tau_0+\tau_1 \\ -\tau_0+\tau_2 \\ -\tau_0+\tau_3 \\ -\tau_1+\tau_2 \\ -\tau_2+\tau_3 \\ -\tau_1+\tau_3 \end{bmatrix}_{6\times1}.$$

Ec. 11.29

Luego, observando Ec. 11.27, reemplazando el valor de $[grad(\tau)]_{3\times1}$, entonces,

$$-\lambda \begin{bmatrix} g_x \\ g_y \\ g_z \end{bmatrix}_{3\times1} = [A_\tau]_{3\times6} \begin{bmatrix} x_0 \\ x_1 \\ x_2 \\ x_3 \\ x_4 \\ x_5 \end{bmatrix}_{6\times1},$$

Ec. 11.30

es decir:

$$-\lambda \begin{bmatrix} g_x \\ g_y \\ g_z \end{bmatrix}_{3\times1} = \begin{bmatrix} A_{00} & A_{01} & A_{02} & A_{03} & A_{04} & A_{05} \\ A_{10} & A_{11} & A_{12} & A_{13} & A_{14} & A_{15} \\ A_{20} & A_{21} & A_{22} & A_{23} & A_{24} & A_{25} \end{bmatrix}_{3\times6} \begin{bmatrix} x_0 \\ x_1 \\ x_2 \\ x_3 \\ x_4 \\ x_5 \end{bmatrix}_{6\times1},$$

Ec. 11.31

por lo tanto, desarrollando Ec. 11.31, obtenemos la siguiente expresión

$$-\lambda \begin{bmatrix} g_x \\ g_y \\ g_z \end{bmatrix} = \begin{bmatrix} A_{00}\,x_0 + A_{01}\,x_1 + A_{02}\,x_2 + A_{03}\,x_3 + A_{04}\,x_4 + A_{05}\,x_5 \\ A_{10}\,x_0 + A_{11}\,x_1 + A_{12}\,x_2 + A_{13}\,x_3 + A_{14}\,x_4 + A_{15}\,x_5 \\ A_{20}\,x_0 + A_{21}\,x_1 + A_{22}\,x_2 + A_{23}\,x_3 + A_{24}\,x_4 + A_{25}\,x_5 \end{bmatrix}. \qquad \text{Ec. 11.32}$$

El valor de g_x se incluye en la siguiente ecuación

$$-\lambda\,g_x = A_{00}\,x_0 + A_{01}\,x_1 + A_{02}\,x_2 + A_{03}\,x_3 + A_{04}\,x_4 + A_{05}\,x_5. \qquad \text{Ec. 11.33}$$

Sustituyendo los valores x_i desarrollados en Ec. 11.29, obtenemos

$$-\lambda\,g_x = A_{00}\,(-\tau_0+\tau_1) + A_{01}\,(-\tau_0+\tau_2) + A_{02}\,(-\tau_0+\tau_3) +$$

$$+A_{03}\,(-\tau_1+\tau_2) + A_{04}\,(-\tau_2+\tau_3) + A_{05}\,(-\tau_1+\tau_3). \qquad \text{Ec. 11.34}$$

Si agrupamos los términos afectados por el mismo valor de temperatura, entonces

$$-\lambda\,g_x = \begin{aligned} &\tau_0(-A_{00} - A_{01} - A_{02}) + \\ &+\tau_1(A_{00} - A_{03} - A_{05}) + \\ &+\tau_2(A_{01} + A_{03} - A_{04}) + \\ &+\tau_3(A_{02} + A_{04} + A_{05}), \end{aligned} \qquad \text{Ec. 11.35}$$

y reemplazando el valor de calculado en Ec. 11.12, entonces, al hacer coincidir lo que se obtuvo en Ec. 11.35, obtenemos

$$-\frac{\lambda\tau_0}{\Delta}\left[(y_2z_3 - y_3z_2) - (y_1z_3 - y_3z_1) + (y_1z_2 - y_2z_1)\right]$$

$$+\frac{\lambda\tau_1}{\Delta}\left[(y_2z_3 - y_3z_2) - (y_0z_3 - y_3z_0) + (y_0z_2 - y_2z_0)\right]$$

$$-\frac{\lambda\tau_2}{\Delta}\left[(y_1z_3 - y_3z_1) - (y_0z_3 - y_3z_0) + (y_0z_1 - y_1z_0)\right]$$

$$+\frac{\lambda\tau_3}{\Delta}\left[(y_1z_2 - y_2z_1) - (y_0z_2 - y_2z_0) + (y_0z_1 - y_1z_0)\right] = \begin{aligned} &\tau_0(-A_{00} - A_{01} - A_{02}) \\ &+\tau_1(A_{00} - A_{03} - A_{05}) \\ &+\tau_2(A_{01} + A_{03} - A_{04}) \\ &+\tau_3(A_{02} + A_{04} + A_{05}) \end{aligned} \quad \cdot \text{ Ec. 11.36}$$

A continuación, igualando los términos que afectan a τ_0 en Ec. 11.36 en ambos lados, obtenemos la siguiente expresión

$$-\frac{\lambda\tau_0}{\Delta}\left[(y_2z_3 - y_3z_2) - (y_1z_3 - y_3z_1) + (y_1z_2 - y_2z_1)\right] = \tau_0(-A_{00} - A_{01} - A_{02}). \quad \text{Ec. 11.37}$$

Comparando los términos de Ec. 11.37

$$\left.\begin{array}{rcl} -\dfrac{\lambda}{\Delta}(y_2 z_3 - y_3 z_2) &=& -A_{00} \\[2mm] \dfrac{\lambda}{\Delta}(y_1 z_3 - y_3 z_1) &=& -A_{01} \\[2mm] -\dfrac{\lambda}{\Delta}(y_1 z_2 - y_2 z_1) &=& -A_{02} \end{array}\right\},$$

Ec. 11.38

Obtenemos:

$$\begin{array}{rcl} A_{00} &=& \dfrac{\lambda}{\Delta}(y_2 z_3 - y_3 z_2) \\[2mm] A_{01} &=& \dfrac{\lambda}{\Delta}(y_3 z_1 - y_1 z_3). \\[2mm] A_{02} &=& \dfrac{\lambda}{\Delta}(y_1 z_2 - y_2 z_1) \end{array}$$

Ec. 11.39

Igualando los términos que afectan a τ_1 en Ec. 11.36,

$$\frac{\lambda \tau_1}{\Delta}[(y_2 z_3 - y_3 z_2) - (y_0 z_3 - y_3 z_0) + (y_0 z_2 - y_2 z_0)] = \tau_1(A_{00} - A_{03} - A_{05}),$$

Ec. 11.40

obtenemos:

$$\begin{array}{rcl} A_{00} &=& \dfrac{\lambda}{\Delta}(y_2 z_3 - y_3 z_2) \\[2mm] A_{03} &=& \dfrac{\lambda}{\Delta}(y_0 z_3 - y_3 z_0). \\[2mm] A_{05} &=& \dfrac{\lambda}{\Delta}(y_2 z_0 - y_0 z_2) \end{array}$$

Ec. 11.41

Haciendo coincidir los términos que afectan a τ_2 en Ec. 11.36, entonces,

$$-\frac{\lambda \tau_2}{\Delta}[(y_1 z_3 - y_3 z_1) - (y_0 z_3 - y_3 z_0) + (y_0 z_1 - y_1 z_0)] = +\tau_2(A_{01} + A_{03} - A_{04}),$$

Ec. 11.42

por lo tanto, obtenemos:

$$\begin{array}{rcl} A_{01} &=& \dfrac{\lambda}{\Delta}(y_3 z_1 - y_1 z_3) \\[2mm] A_{03} &=& \dfrac{\lambda}{\Delta}(y_0 z_3 - y_3 z_0). \\[2mm] A_{04} &=& \dfrac{\lambda}{\Delta}(y_0 z_1 - y_1 z_0) \end{array}$$

Ec. 11.43

De la misma manera, igualando los términos que afectan a τ_3 en Ec. 11.36, entonces,

$$\frac{\lambda\tau_3}{\Delta}[(y_1z_2 - y_2z_1) - (y_0z_2 - y_2z_0) + (y_0z_1 - y_1z_0)] = \tau_3(A_{02} + A_{04} + A_{05}), \quad \text{Ec. 11.44}$$

por lo tanto, obtenemos:

$$\begin{aligned} A_{02} &= \frac{\lambda}{\Delta}(y_1z_2 - y_2z_1) \\ A_{05} &= \frac{\lambda}{\Delta}(y_2z_0 - y_0z_2). \\ A_{04} &= \frac{\lambda}{\Delta}(y_0z_1 - y_1z_0) \end{aligned} \quad \text{Ec. 11.45}$$

Siguiendo el mismo procedimiento, obtenemos los términos de g_y

$$\begin{aligned} A_{10} &= \frac{\lambda}{\Delta}(x_3z_2 - x_2z_3) & A_{13} &= \frac{\lambda}{\Delta}(x_3z_0 - x_0z_3) \\ A_{11} &= \frac{\lambda}{\Delta}(x_1z_3 - x_3z_1) & A_{14} &= \frac{\lambda}{\Delta}(x_1z_0 - x_0z_1), \\ A_{12} &= \frac{\lambda}{\Delta}(x_2z_1 - x_1z_2) & A_{15} &= \frac{\lambda}{\Delta}(x_0z_2 - x_2z_0) \end{aligned} \quad \text{Ec. 11.46}$$

y de g_z

$$\begin{aligned} A_{20} &= \frac{\lambda}{\Delta}(x_2z_3 - x_3y_2) & A_{23} &= \frac{\lambda}{\Delta}(x_0y_3 - x_3y_0) \\ A_{21} &= \frac{\lambda}{\Delta}(x_3y_1 - x_1y_3) & A_{24} &= \frac{\lambda}{\Delta}(x_0y_1 - x_1y_0). \\ A_{22} &= \frac{\lambda}{\Delta}(x_1y_2 - x_2y_1) & A_{25} &= \frac{\lambda}{\Delta}(x_2y_0 - x_0y_2) \end{aligned} \quad \text{Ec. 11.47}$$

11.2.3. Nueva matriz $[M_\tau]$

En la sección anterior se han obtenido los términos para A_{ij}. Ahora podemos construir la matriz $[A_\tau]$,

$$[A_\tau]$$

$$= \frac{\lambda}{\Delta}\begin{bmatrix} (y_3z_2 - y_2z_3) & (y_1z_3 - y_3z_1) & (y_2z_1 - y_1z_2) & (y_3z_0 - y_0z_3) & (y_1z_0 - y_0z_1) & (y_0z_2 - y_2z_0) \\ (x_2z_3 - x_3z_2) & (x_3z_1 - x_1z_3) & (x_1z_2 - x_2z_1) & (x_0z_3 - x_3z_0) & (x_0z_1 - x_1z_0) & (x_2z_0 - x_0z_2) \\ (x_3y_2 - x_2y_3) & (x_1y_3 - x_3y_1) & (x_2y_1 - x_1y_2) & (x_3y_0 - x_0y_3) & (x_1y_0 - x_0y_1) & (x_0y_2 - x_2y_0) \end{bmatrix} \cdot \text{Ec. 11.48}$$

Por lo tanto, la nueva matriz constitutiva de conductividad térmica es

$$[M_\tau]_{6\times6} = [\breve{S}]_{6\times3}[A_\tau]_{3\times6}.$$

$$\text{Ec. 11.49}$$

11.3. Resultados y validación

La verificación consiste en comprobar que el procedimiento implementado es conceptualmente correcto, y la validación consiste en comprobar que los datos obtenidos de las simulaciones numéricas coinciden con una realidad objetiva (Thacker, 2004; Tedeschi, 2006). La verificación se llevó a cabo en la Sección 11.2. Para comprobar la validación de la nueva matriz, se diseñaron y ejecutaron tres tipos de simulaciones numéricas, que se explicarán a continuación. Por un lado, se realizó una simulación numérica de alta precisión utilizando FEM y, luego, se llevaron a cabo dos simulaciones numéricas para evaluar la precisión de $[M_\lambda]$ y $[M_\tau]$, utilizando CM.

11.3.1. Validación de FEM

Nuestra referencia para validar los resultados obtenidos en las Secciones 11.3.2 y 11.3.3 fue FEM. Específicamente, utilizamos el programa FEMM (Finite Element Method Magnetics program) (Meeker, 2019), y luego aplicamos estadísticos (métricas) para verificar la validez de FEMM.

En esta sección verificamos FEMM mediante la solución analítica de un problema simple para una sola conductividad térmica. Después se aplicó FEMM, como herramienta de referencia, para verificar un problema más complejo de dos conductividades térmicas. Se comparó el FEM con los resultados obtenidos mediante las dos matrices de conductividad térmica, $[M_\lambda]$ y $[M_\tau]$, analizadas con el CM.

El problema consiste en analizar la distribución de temperaturas en un tubo con una única conductividad térmica y simetría axial. En la Figura 11-3, se puede observar una sección del tubo con dimensiones de 0,5 × 2,0 m, asociada a un cilindro de 2 m de alto y 2 m de diámetro. La pared del cilindro tiene un coeficiente de conducción térmica de 1 $Wm^{-1}K^{-1}$.

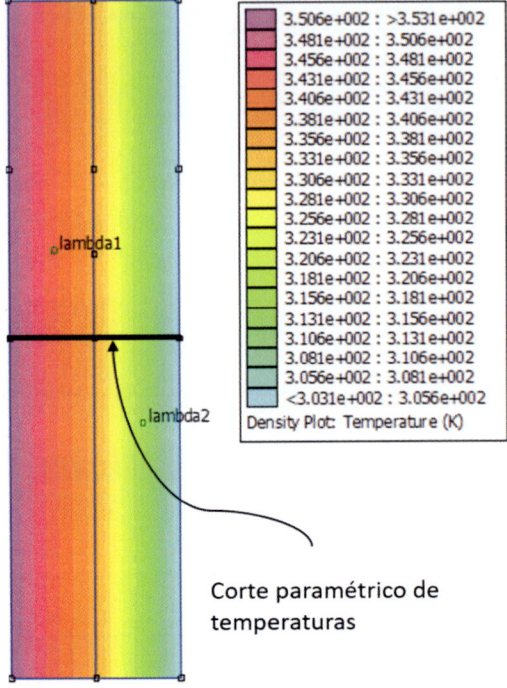

Figura 11-3. Distribución de la temperatura
en una sección de un tubo.

Este problema tiene la siguiente solución analítica:

$$\tau_x = (\tau_2 - \tau_1)\frac{\ln\frac{r_x}{r_1}}{\ln\frac{r_2}{r_1}} + \tau_1 \qquad\qquad \text{Ec. 11.50}$$

siendo r_1 y r_2 el radio interno y externo del tubo, respectivamente; r_x el radio de un punto intermedio entre r_1 y r_2; y τ la temperatura en el punto considerado.

El perfil de las temperaturas de una sección paramétrica realizado en el modelo FEMM se ha comparado con los valores obtenidos a partir de la Ecuación analítica completa (50), como se puede ver en la Figura 11-3. En esta sección paramétrica, se midieron las temperaturas para dos mallas concretas, una con 2.517 nodos y la otra con 1.013.144 nodos.

338

Las condiciones de contorno eran las siguientes. La temperatura más alta estaba en la superficie exterior del cilindro (80 °C), y la más baja estaba en la cara interior del cilindro (30 °C). Las cubiertas de cilindros superior e inferior se consideran aislantes perfectos. No hay fuente de calor dentro del cilindro. Las condiciones iniciales y finales son las mismas, porque es un proceso estacionario.

La Figura 11-4 muestra los resultados obtenidos para las dos mallas analizadas con FEMM y la solución analítica para el corte paramétrico que se muestra en la Figura 11-3. Observamos que las tres curvas son coincidentes, lo que nos permitió concluir que la solución con 2.517 nodos ya era una muy buena solución.

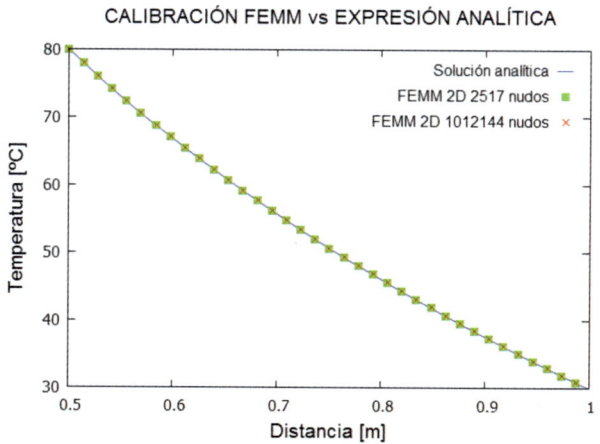

Figura 11-4. Validación de FEMM vs. solución analítica.

La Tabla 11-1 muestra los valores de temperatura en un punto característico situado a 0,75 m del eje del cilindro, y compara la temperatura obtenida por la ecuación analítica exacta con el resultado obtenido por FEMM para 2.517 y 1.013.144 nodos. Como se puede observar, el error convergió para 2.517, y fue casi coincidente con el valor analítico, con un porcentaje de diferencia del 0,0223 %.

Malla [Nodos]	2.517	1.013.144
Temperatura (°C) a 0,75 m (Referencia analítica: 72,7422 °C)	72,7585	72,7585
Diferencia de temperaturas (°C)	0,0162	0,0162
Diferencia porcentual (%)	0,0223	0,0223

Tabla 11-1. Temperaturas para la validación de FEMM.

La Tabla 11-2 muestra las métricas utilizadas para validar los modelos matemáticos propuestos. Las métricas son estadísticas utilizadas para evaluar los errores entre el modelo patrón, o de referencia, y el modelo propuesto. Como se indicó anteriormente, nuestro modelo patrón es el FEMM. Se compararon los resultados obtenidos con los modelos propuestos y, a partir del contraste de ambos resultados (el FEMM y el modelo estudiado), se obtuvieron las métricas propuestas. R^2 es el coeficiente de determinación (*coefficient of determination*). RMSPE es el error cuadrático medio porcentual (*root mean square percentage error*). MAEP es el error porcentual absoluto medio (*mean absolute percentage error*). PBIAS es el sesgo porcentual (*percentage bias*). Las métricas indican la validez de FEMM como patrón o referencia porque los valores obtenidos están muy cerca del óptimo.

Malla [Nodos]	2517	1013144	Referencias
R^2 [0, +1]. Óptimo: +1	1	1	(Martínez, 2005)
RMSPE [-1, +1]. Óptimo: 0	0,0001	0,0001	(Hyndman, & Koehler, 2006)
MAEP [-1, +1]. Óptimo: 0	0,0001	0,0001	(Hyndman, & Koehler, 2006)
PBIAS [-1, +1]. Óptimo: 0	0,0001	0,0001	(Sanabria, 2006)

Tabla 11-2. Métricas para la validación de FEMM vs. solución analítica a partir del contraste de ambos resultados.

Las temperaturas obtenidas se acercan lo suficiente a la solución analítica como para considerar al FEMM un buen patrón o referencia. En la distribución de errores (Figura 11-5), existe un sesgo respecto al error cero. Esto indica un cierto error sistémico en el FEMM, que asumimos (0 %, 0,03 %; ver Figura 5).

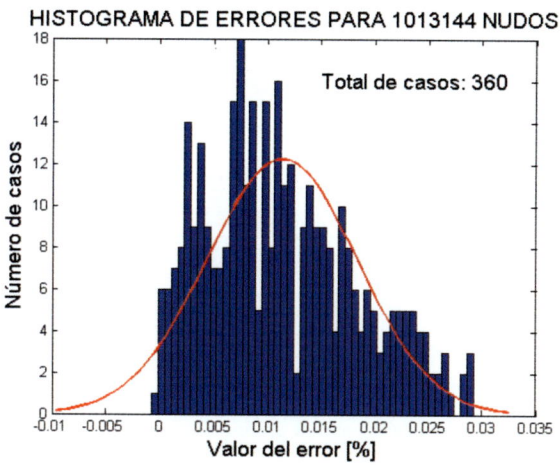

Figura 11-5. Histograma de errores para FEMM vs.
solución analítica, malla con 1 013 144 nodos.

Las simulaciones realizadas fueron desarrolladas en un PC tipo
Dell, Intel® Core (TM) i7-3820, 3,6 GHz, 32 GB ram. El *software*, de
uso libre, era Gmsh (Geuzaine, & Remacle, 2009), como herramienta
CAD, mallador y postprocesamiento en 3D; FEMM como herramien-
ta CAD, mallado, procesador y postprocesador utilizando 2D FEM; y
Dev C++ (Dev-C++, 2019) para desarrollar los cálculos en CM.

Todas las simulaciones numéricas que se realizaron siguieron la
misma metodología (Páez, 2009), que es la siguiente: formulación del
problema; modelado geométrico y definición del dominio térmico;
establecimiento de las condiciones de contorno y las condiciones iniciales; generación de la malla; simulación con procesamiento de los
resultados; y, por último, el análisis de los resultados.

11.3.2. Simulación numérica con

El modelo propuesto para la validación consistía en un tubo que
es similar al estator o al rotor de una máquina eléctrica, especialmente el de una máquina eléctrica asíncrona. Consistía en un tubo
de 2,00 m de altura y 2,00 m de diámetro. El muro tiene un espesor

de 0,50 m. Esta pared está compuesta por dos tubos concéntricos, con un espesor de 0,25 m cada uno. Las conductividades térmicas de los tubos interno y externo fueron λ_1 = 50,0 Wm^{-1}K^{-1} y λ^2 = 193,0 Wm^{-1}K^{-1}, respectivamente.

El dominio de la pared, Ω_w, se define como el volumen entre la superficie exterior y la superficie interna del tubo. El dominio envolvente, Ω_e, se define como el volumen externo que rodea el tubo. Las condiciones de contorno son las siguientes: Ω_w es un conductor térmico, Ω_e es un aislante térmico y no hay fuentes de calor internas.

Las condiciones de contorno son las siguientes: la temperatura externa, T_{0_ext} = 30 °C y la temperatura interna, T_{0_int} = 80 °C. Se consideró que el calor avanzaba en dirección radial, que las cubiertas superior e inferior del tubo eran aislantes perfectos y que no había fuentes de calor dentro del tubo. Además, se considera una transmisión de calor puro, sin convección ni radiación. Por lo tanto, es un problema tridimensional con simetría axial.

Para medir las temperaturas, tanto en las distribuciones 2D como 3D, se realiza un corte paramétrico en un segmento, en dirección radial y, allí, se miden las temperaturas, como se puede ver en la Figura 11-6.

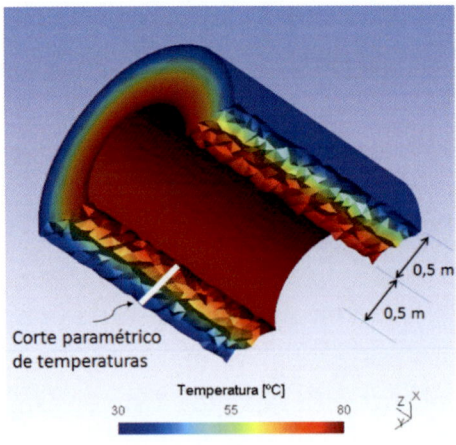

Figura 11-6. Corte paramétrico de temperaturas en un modelo 3D con el Método de la Celda (CM).

El tubo interior tiene una conductividad térmica de 50,0 $Wm^{-1}K^{-1}$, típica de los aceros, con un valor entre 46,6 y 51,9 $Wm^{-1}K^{-1}$. El tubo exterior tiene una conductividad térmica de 193,0 $Wm^{-1}K^{-1}$, típica de las aleaciones de aluminio, con un valor entre 95,3 y 222,0 $Wm^{-1}K^{-1}$.

En la Figura 11-7, analizamos una distribución de temperatura bidimensional, que corresponde a una sección rectangular de la pared del tubo de revolución. Esta distribución de temperatura se ha generado con FEMM utilizando FEM. La temperatura que se utilizó como referencia para la validación de los resultados fue la obtenida mediante un corte paramétrico horizontal a la mitad de la altura de la distribución bidimensional.

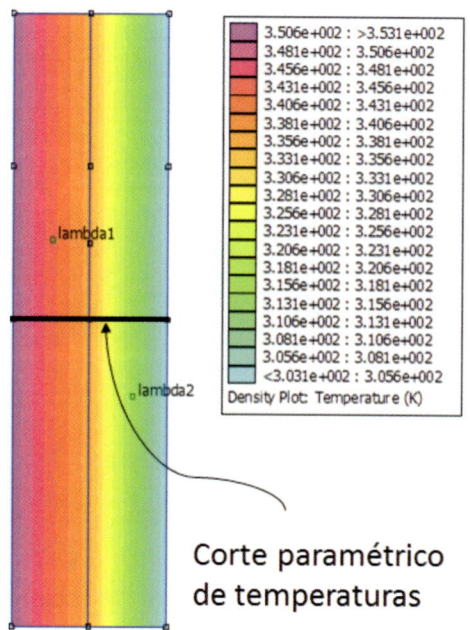

Corte paramétrico
de temperaturas

Figura 11-7. Temperaturas de referencia con
FEMM, λ_1 = 50,0 $Wm^{-1}K^{-1}$ y λ_2 = 193,0 $Wm^{-1}K^{-1}$.

Posteriormente, en esta sección, calculamos, a través de $[M_\lambda]$, la conducción de calor en el tubo de la Figura 11-6. La matriz $[M_\lambda]$ se propuso como una alternativa a las matrices utilizadas en Monzón-Verona *et al.* (2010) y Tonti (2014). Estos resultados se compararán con los obtenidos con la nueva matriz $[M_\tau]$ en la Sección 11.3.2.

Por un lado, se realizó un cálculo 2D FEMM de 11.042 nodos, y por otro lado, se realizaron cinco cálculos con CM para un número creciente de nodos, que van desde 108 a 13.136 nodos, utilizando $[M_\lambda]$. A partir de 4.461 nodos, los resultados son prácticamente coincidentes en CM 3D y FEMM 2D, lo que consideramos la solución al problema, ya que al ser axisimétrico, su malla equivalente 3D tiene muchos más nodos. Los resultados obtenidos se muestran en la Figura 11-8.

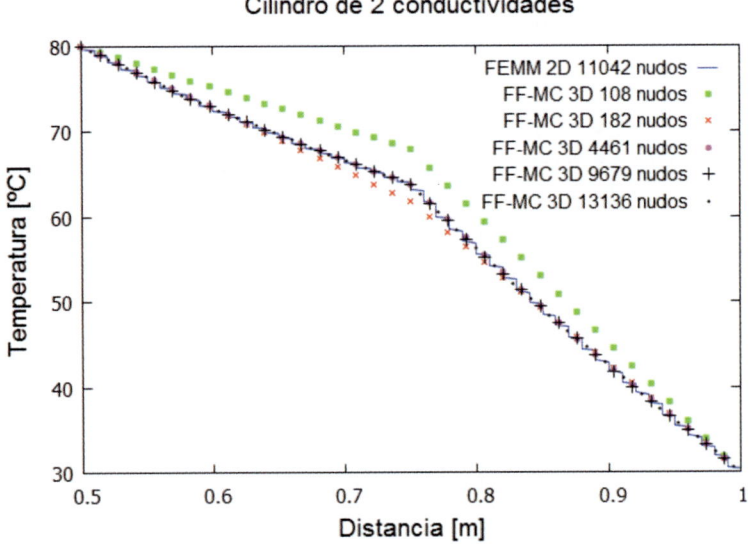

Figura 11-8. Temperaturas en el tubo con
dos conductividades térmicas utilizando .

La distribución de los errores al comparar la CM con las temperaturas obtenidas en FEM se muestra en la Figura 11-9. Existe un sesgo entre la distribución real de los errores (gráfico de barras en azul) y la distribución teórica (tipo campana de Gauss, gráfico de color rojo). Este sesgo es de aproximadamente el 0,1 %.

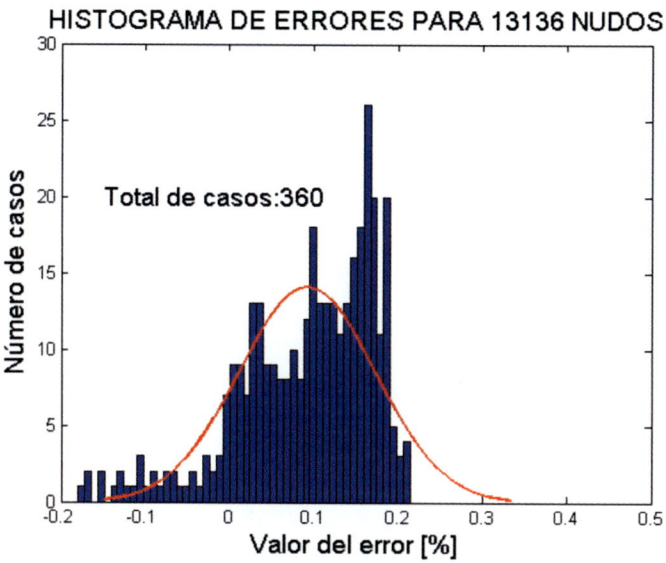

Figura 11-9. Errores de distribución entre CM
y el método de elementos finitos (FEM) usando [M_λ].

Los errores, como se esperaba, disminuyeron con el aumento de la
densidad de la malla, como se muestra en la Tabla 11-3.

Malla [Nodos]	108	182	4461	9679	13136
Temperatura (°C) a 0,75 m (REF FEMM: 64,0653 °C)	67,8991	61,7719	64,0343	63,6987	63,6975
Diferencia de temperaturas (°C)	3,8338	-2,2934	-0,0310	-0,3666	-0,3678
Diferencia porcentual (%)	5,9842	-3,5798	-0,0484	-0,5722	-0,5741

Tabla 11-3. Temperatura en un punto del
tubo con dos conductividades usando .

Las temperaturas de la Tabla 11-3 se tomaron en un punto colocado radialmente a 0,75 m del centro del tubo, y axialmente a la mitad
de su altura (1,00 m; ver Figura 11-6).

Aplicando las siguientes métricas, el coeficiente de determinación
(R^2), el medio cuadrático porcentual (RMSPE), el error absoluto medio
porcentual (MAEP) y el sesgo porcentual (PBIAS), los valores obtenidos
se pueden ver en la Tabla 11-4.

Malla [nodos]	108	182	4461	9679	13136	Referencias
R^2 [0, +1]. Óptimo: +1	0,9929	0,9982	1,0000	1,0000	1,0000	(Martínez, 2005)
RMSPE [-1, +1]. Óptimo: 0	0,0518	0,0122	0,0029	0,0013	0,0012	(Hyndman, & Ko., 2006)
MAEP [-1, +1]. Óptimo: 0	0,0471	0,0086	0,0025	0,0011	0,0011	(Hyndman, & Ko., 2006)
PBIAS [-1, +1]. Óptimo: 0	0,0450	-0,0051	0,0025	0,0011	0,0009	(Sanabria, 2006)

Tabla 11-4. Métricas para simulación térmica utilizando $[M_\lambda]$.

Los valores de R^2 indican un buen ajuste de los datos en todas las comparativas. El RMSPE, MAEP y PBIAS están relativamente próximos al valor óptimo. Aun así, todos los indicadores están en el rango óptimo. Mirando la Tabla 11-2, podemos asegurar que el mayor error cometido es el RMSPE, cuyo valor es del 0,0518 %. Este error disminuye a medida que aumenta la densidad de los nodos. Es un valor más que aceptable.

Comparamos un modelo CM 3D, con mallas de baja densidad y tetraédricas, con un modelo de simetría axial en 2D, resuelto por FEM, con una malla triangular densa. Los errores no son significativos. El proceso de cálculo se simplificó enormemente. Recuérdese que el número de los nodos indica el número de ecuaciones e incógnitas que se resuelven en la matriz global. Esto nos permite ver que no hay una mejora significativa a la hora de aumentar el número de nodos, con mallas más densas, ya que los resultados obtenidos con mallas de 9.679 y 13.136 nodos son muy similares, en lo que a errores se refiere.

11.3.3. Simulación numérica con

En el modelo geométrico, las condiciones de contorno fueron las mismas que en el caso anterior. Por lo tanto, la simulación numérica se ha realizado con el tubo indicado en la Figura 11-6, y el modelo FEMM utilizado se muestra en la Figura 11-7. Del mismo modo, la sección paramétrica tridimensional se puede ver en la Figura 11-6. Sin embargo, en este caso, la matriz de conductividad térmica era $[M_\tau]$.

El objetivo es comprobar la validez de la nueva matriz de conductividad térmica $[M_\tau]$ y que se obtienen mejores resultados que con $[M_\lambda]$.

Por un lado, se ha realizado un cálculo con un FEMM 2D de 11.042 nodos, y, por otro lado, se han realizado cinco cálculos con CM para un número creciente de nodos que van desde los 102 a los 13.136 nodos, utilizando $[M_\tau]$. A partir de 6.428 nodos, los resultados son prácticamente coincidentes entre 3D CM y 2D FEMM, lo que consideramos como una solución al problema. Los resultados obtenidos se muestran en el gráfico Figura 11-10.

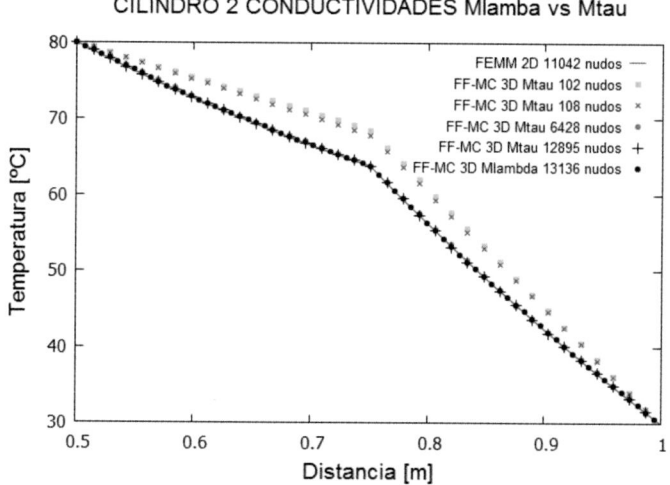

Figura 11-10. Temperaturas en el tubo con
dos conductividades térmicas utilizando .

La distribución de los errores al comparar cm con las temperaturas obtenidas en FEM se muestra en la Figura 11-11. Como se puede observar, el sesgo ha disminuido hasta el 0,05 %. Por lo tanto, operar con una nueva matriz constitutiva de conducción térmica $[M_\tau]$ produce un error menor que operar con $[M_\lambda]$.

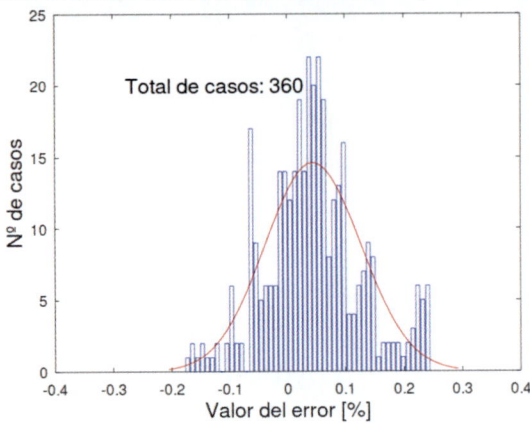

HISTOGRAMA DE ERRORES MODELO M$_T$ 12895 NUDOS

Figura 11-11. Errores de distribución entre CM y FEM usando.

Como esperábamos, los errores disminuyen a medida que aumenta la densidad de la malla, como se puede ver en la Tabla 11-5.

Malla [nodos]	102	108	2328	6428	12895
Temperatura [°C] a 0,75 m (FEMM ref: 63,6959 °C)	68,4981	67,7963	63,7282	63,7047	63,6975
Diferencia de temperaturas [°C]	4,8022	4,1004	0,0323	0,0088	0,0016
Diferencia porcentual [%]	7,5393	6,4375	0,0507	0,0138	0,0025

Tabla 11-5. Temperatura en un punto del tubo con dos conductividades usando .

Las temperaturas de la Tabla 11-5 se han tomado en un punto situado radialmente a 0,75 m del centro del tubo, y axialmente a la mitad de su altura (1,00 m).

Aplicando las métricas R^2, RMSPE, MAEP y PBIAS, se obtienen los siguientes valores (ver Tabla 11-6).

Malla [nodos]	102	108	2328	6428	12895	Referencias
R^2 [0, +1]. Óptimo: +1	0,9910	0,9932	1,0000	1,0000	1,0000	(Martínez, 2005)
RMSPE [-1, +1]. Óptimo: 0	0,0576	0,0508	0,0026	0,0027	0,0008	(Hyndman, & Ko., 2006)
MAEP [-1, +1]. Óptimo: 0	0,0522	0,0462	0,0023	0,0024	0,0007	(Hyndman, & Ko., 2006)
PBIAS [-1, +1]. Óptimo: 0	0,0496	0,0442	0,0014	0,0022	0,0004	(Sanabria, 2006)

Tabla 11-6. Métricas para simulación térmica utilizando .

Observando la Tabla 11-6, concluimos que los errores son menores cuando se aumenta la densidad de malla y, también, que los errores son muy pequeños para mallas con bajas densidades. En cualquier caso, los errores convergen rápidamente hacia el óptimo de las métricas.

Observando la Tabla 11-7, se verifica que la matriz constitutiva térmica $[M_\tau]$, que proporcionamos en este capítulo, se comporta mucho mejor que la matriz constitutiva $[M_\lambda]$.

	FEMM ref: °C	Temperatura obtenida ºC	Error %
13.136 nodos	64,0653	63,6975	-0,5741
12.895 nodos	63,6959	63,6975	0,0025

Tabla 11-7. Errores de temperatura usando y .

Del mismo modo, comparando la distribución del error cuando estamos usando $[M_\lambda]$ (Figura 11-9) con la distribución del error cuando usamos $[M_\tau]$ (Figura 11-11), se puede ver que en el caso de $[M_\tau]$, hay menos sesgo y está más cerca del error cero cuando estamos usando $[M_\lambda]$.

La propuesta de la nueva matriz constitutiva térmica $[M_\tau]$ difiere fundamentalmente en no utilizar valores promediados, sino valores exactos como son las coordenadas cartesianas de los nodos de los tetraedros y los vectores de las superficies duales, como se puede ver en las Ec. 11.47 y Ec. 11.48. Esto implica una mayor precisión, ya que su base de cálculo es estrictamente geométrica y no aproximada, comprobándose en los histogramas de error de las Figuras 11-9 y 11-11, o si se comparan los valores mostrados en las Tablas 11-3 a 11-6. La matriz $[M_\tau]$ converge más uniformemente hacia la solución que la matriz $[M_\lambda]$.

11.4. Conclusiones

En este capítulo se ha desarrollado una nueva matriz constitutiva $[M_\tau]$ para la conducción térmica para mallas tetraédricas, en régimen térmico de estado estacionario, a través de una nueva metodología algebraica, utilizando el Método de la Celda. Los resultados se han comparado con los obtenidos para el mismo problema mediante la matriz constitutiva $[M_\lambda]$, desarrollada previamente en anteriores capítulos. Tomando como referencia un modelo axisimétrico 2D, calculado con el método de elementos finitos, los errores obtenidos con la nueva matriz $[M_\tau]$ son del orden del 0,0025 %, muy inferiores a los obtenidos con $[M_\lambda]$. Por otro lado, la Formulación Finita y su método numérico asociado, el Método de la Celda, permite una gran flexibilidad a la hora de modelar matemáticamente un fenómeno físico como la transferencia de calor por conducción.

La principal ventaja del método propuesto en este capítulo es su simplicidad. Las matrices constitutivas desarrolladas por métodos anteriores presentaban cálculos complejos, mientras que la nueva matriz constitutiva, propuesta en este capítulo, depende exclusivamente de las coordenadas de los vértices del tetraedro, que constituye la malla.

Además, los errores son mucho menores con la nueva matriz, y esto permite mallas de menor número de elementos, obteniendo la misma precisión con un menor coste temporal.

Como se ha subrayado anteriormente, la simplicidad del método y su mayor precisión hacen que la nueva metodología pueda aplicarse a problemas más complejos, como el cálculo del calentamiento térmico del rotor y el estator de una máquina eléctrica de geometría, propiedades físicas y condiciones de contorno más complejas, incluyendo las de tipo convectivo. Esto es fundamental en los problemas del régimen transitorio.

Nomenclatura

Símbolo	Nombre	Unidades
a	Constante auxiliar de temperatura	K
$[A_\tau]$	Matriz auxiliar	$\text{Wm}^{-2}\text{K}^{-1}$
$grad()$	Operador diferencial gradiente	K/m
$[Q^a], [Q^b], [q]$	Flujo de calor	W
$\vec{q}$	Densidad de flujo de potencia de calor	W/m^2
$\tilde{D}$	Matriz de incidencia caras-volúmenes del mallado dual	-
G, G^t	Matriz de incidencia aristas-nudos del mallado primal y su traspuesta	-
t	Tiempo	s
$\vec{\imath}, \vec{\jmath}, \vec{k}$	Vectores unitarios cartesianos	-
$\tilde{S}_\imath$	Vector de superficies del mallado dual	m^2
$[M_\tau]$	Nueva matriz constitutiva de conductividad térmica	W/K
$[M_\lambda]$	Matriz constitutiva de conductividad térmica	W/K
λ	Conductividad térmica	$\text{Wm}^{-1}\,\text{K}^{-1}$
T, τ	Temperatura	K
Δ	Determinante	m^3

Bibliografía

Boglietti, A.; Cavagnino, A.; Staton, D.; Shanel, M.; Mueller, M.; Mejuto, C. (2009). Evolution and Modern Approaches for Thermal Analysis of Electrical Machines. IEEE Trans. Ind. Electron, 56, pp. 871-882.

Popescu, M.; Staton, D.; Boglietti, A.; Cavagnino, A.; Hawkins, D.; Goss, J. (2015). Modern heat extraction systems for electrical machines-A review. In Proceedings of the 2015 IEEE Workshop on Electrical Machines Design, Control and Diagnosis (WEMDCD), Torino, Italy, 26-27 March; pp. 289-296.

Mezani, S.; Takorabet, N.; Laporte, B. (2005). A combined electromagnetic and thermal analysis of induction motors. IEEE Trans. Magn, 41, pp. 1572-1575.

Popova, L.; Nerg, J.; Pyrhönen, J. (2011). Combined Electromagnetic and thermal design platform for totally enclosed induction machines. In Proceedings of the 8th IEEE Symposium on Diagnostics for Electrical Machines, Power Electronics & Drives, Bologna, Italy, 5-8 September; pp. 153-158.

Boglietti, A.; Cavagnino, A.; Popescu, M.; Staton, D. (2013). Thermal Model and Analysis of Wound-Rotor Induction Machine. IEEE Trans. Ind. Appl, 49, pp. 2078-2085.

Nategh, S.; Huang, Z.; Krings, A.; Wallmark, O.; Leksell, M. (2013). Thermal Modeling of Directly Cooled Electric Machines Using Lumped Parameter and Limited CFD Analysis. IEEE Trans. Energy Convers, 28, pp. 979-990.

Jiang, W.; Jahns, T. M. (2015). Coupled Electromagnetic–Thermal Analysis of Electric Machines Including Transient Operation Based on Finite-Element Techniques. IEEE Trans. Ind. Appl, 51, pp. 1880-1889.

Sun, X., Cheng, M., Zhu, S., Zhang, J. (2012). Coupled Electromagnetic-Thermal-Mechanical Analysis for Accurate Prediction of Dual-Mechanical-Port Machine Performance. IEEE Trans. Ind. Appl, 48, pp. 2240-2248.

Seong, K. H.; Hwang, J.; Shim, J.; Cho, H. W. (2014). Investigation of Temperature Rise in an Induction Motor Considering the Effect of Loading. IEEE Trans. Magn, 50, pp. 1-4.

Monzón-Verona, J. M.; González-Domínguez, P. I.; García-Alonso, S.; Santana-Martín, F. J.; Cárdenes-Martín, J. F. Thermal Analysis of a Magnetic Brake Using Infrared Techniques and 3D Cell Method with a New Convective Constitutive Matrix. Sensors 2019, 19, p. 2028, doi:10.3390/s19092028.

Monzón-Verona, J. M.; González-Domínguez, P. I.; García-Alonso, S. New constitutive matrix in the 3D cell method to obtain a Lorentz electric field in a magnetic brake. Sensors 2018, 18, p. 3185.

González-Domínguez, P. I.; Monzón-Verona, J. M.; Simón, L.; de Pablo, A. (2018). Thermal constitutive matrix applied to asynchronous electrical machine using the cell method. Open Phys, 16, pp. 27-30.

González-Domínguez, P. I.; Monzón-Verona, J. M.; García-Alonso, S. (2018). Transient thermal regime trough the constitutive matrix applied to asynchronous electrical machine using the cell method. Open Phys, 16, pp. 717-726, doi:10.1515/phys-2018-0090.

Specogna, R.; Trevisan, F. (2005). Discrete constitutive equations in A-Chi geometric eddy-current formulation. IEEE Trans. Magn, 41, pp. 1259-1263.

Passarotto, M.; Specogna, R.; Trevisan, F. (2019). Novell Geometrically Defined Mass Matrices for Tetrahedral Meshes. IEEE Trans. Magn, 55, pp. 1-4.

Tonti, E. (2001). A direct discrete formulation of field laws: The cell method. CMES Comput. Modeling Eng. Sci, 2, pp. 237-258.

Tonti, E. (2001). Finite formulation of the electromagnetic field geometric methods in computational electromagnetics. Prog. Electromagn. Res, 32, pp. 1-44.

Monzón-Verona, J. M.; Santana-Martín, F. J.; García-Alonso, S.; Montiel-Nelson, J. A. Electro-Quasistatic Analysis of an Electrostatic Induction Micromotor Using the Cell Method. Sensors 2010, 10, pp. 9102-9117.

Tonti, E. (2014). Why starting from differential equations for computational physics? J. Comput. Phys, 257, pp. 1260-1290.

Tonti, E. (2013). The Mathematical Structure of Classical and Relativistic Physics; Birkhäuser: Basel, Switzerland; p. 17. ISBN 9781461474210.

Bullo, M.; D'Ambrosio, V.; Dughiero, F.; Guarnieri, M. (2006). Coupled electrical and thermal transient conduction problems with a quadratic interpolation cell method approach. IEEE Trans. Magn, 42, pp. 1003-1006.

Bullo, M.; D'Ambrosio, V.; Dughiero, F.; Guarnieri, M. (2007). A 3D Cell Method Formulation for Coupled Electric and Thermal Problems. IEEE Trans. Magn, 43, pp. 1197-1200.

Thacker, B. H.; Doebling, S. W.; Hemez, F. M.; Anderson, M. C.; Pepin, J. E.; Rodriguez, E. A. (2004). Concepts of Model Verification and Validation, 1st ed.; Los Alamos National Laboratory: New Mexico, NM, USA.

Tedeschi, L. O. (2006). Assessment of the adequacy of mathematical models. Agric. Syst, 89, pp. 225-247.

Meeker, D. FEMM. Available at: http://www.femm.info/wiki/HomePage (accessed on 19 September 2019).

Martínez, E. (2005). Errores frecuentes en la interpretación del coeficiente de determinación lineal. Anu. Jurídico Económico Escur, XXXVIII, pp. 317-331.

Hyndman, R. J.; Koehler, A. B. (2006). Another look at measures of forecast accuracy. Int. J. Forecast, 22, pp. 679-688.

Sanabria, J.; García, J.; Lhomme, J. P. (2006). Calibración y Validación de Modelos de Pronóstico de Heladas en el Valle del Mantaro. ECIPERU, 3, p. 18.

Geuzaine, G.; Remacle, J. F. (2009). Gmsh: A three-dimensional finite element mesh generator with built-in pre and post-processing facilities. Int. J. Numer. Methods Eng, 79, pp. 1309-1331.

Dev-C++. Available at: https://sourceforge.net/projects/orwelldevcpp/ (accessed on 19 September 2019).

Paez, T. L. (2009). Introduction to Model Validation; Society for Experimental Mechanics Inc.: Orlando, FL, USA.

Capítulo 12

Caracterización de un aceite dieléctrico usando un sensor de imagen CMOS de bajo costo y una matriz de permitividad eléctrica mediante el Método de la Celda 3D

12.1. Introducción

En este capítulo, se presenta un nuevo método para caracterizar la rigidez dieléctrica de los aceites dieléctricos basado en la Norma Internacional IEC 60156. Esta norma recoge el valor efectivo de la tensión de ruptura, pero no proporciona información sobre la distribución de las fuerzas de Kelvin un instante antes de que comience el comportamiento dinámico del arco y el seguimiento del estado de los gases que se producen un instante después del momento de rotura del arco eléctrico en el aceite.

Sin embargo, en este capítulo caracterizamos el comportamiento del aceite antes y después de la ruptura del arco eléctrico combinando un sensor de imagen CMOS de bajo costo y una nueva matriz de permitividad eléctrica asociada con el aceite dieléctrico utilizando el Método de la Celda 3D. De esta manera, también predecimos el campo eléctrico después y antes de la ruptura eléctrica. El error cometido en comparación con el método de elementos finitos es inferior al 0,36 %.

Además, se propone un nuevo método para medir la viscosidad cinemática de los aceites dieléctricos. Utilizando un sensor de imagen de bajo costo, medimos la distribución de las burbujas, sus diámetros y sus velocidades de ascenso, que ocurren después de que se produce el arco eléctrico. Este método se verifica con los estándares ASTM y los datos proporcionados por el fabricante del aceite. Los resultados de estas pruebas pueden utilizarse para prevenir fallos incipientes y evaluar procesos de mantenimiento preventivo, como el reemplazo o recuperación de aceite de transformador.

Este capítulo procede del artículo publicado por los autores de este libro en la revista Sensors 2021, Volume 21, Issue 21, 7380, titulado *Characterization of the Dielectric-oil with a Low-Cost CMOS Imaging Sensor and a New Electric Permittivity Matrix in the 3D-Cell Method*.

En sistemas de energía eléctrica, los transformadores son uno de los elementos con mayor coste económico, esto alcanza alrededor del 60 % de la inversión en subestaciones de alta tensión. Esto requiere un conjunto de técnicas de monitorización y diagnóstico que afectarán al ciclo de vida de estos elementos importantes. Estas técnicas incluyen las siguientes: análisis de gas disuelto, prueba de calidad de aceite, prueba de termógrafo infrarrojo, factor de potencia, factor de disipación dieléctrica, ensayo de ruptura del aceite dieléctrico, entre otras (Islam *et al.*, 2018; Deba y Shakuntala, 2017).

En este trabajo se realiza un análisis de la calidad del aceite mediante una combinación de pruebas eléctricas, físicas y químicas (IEEE, 2015). El aceite del transformador corresponde a una muestra de aceite sin horas de uso.

Las pruebas más importantes y comunes son el voltaje de ruptura dieléctrica (*dielectric breakdown voltaje*, BDV), el contenido de agua, la acidez y el color.

Los resultados de estas pruebas se utilizan para prevenir fallos incipientes y evaluar procesos de mantenimiento preventivo, como el reemplazo o recuperación de aceite de transformador (LIFE, 2003).

Por un lado, los aceites minerales procedentes de transformadores juegan un papel importante como elemento de aislamiento eléctrico entre las piezas bajo tensión y, por otro lado, ayudan a evacuar el calor generado por las pérdidas de histéresis y corrientes de Foucault en hierro, así como las pérdidas debidas al efecto joule en las bobinas del transformador. Esta última condición requiere una alta conductividad térmica y un bajo coeficiente de viscosidad dinámica del aceite.

La resistencia a la descomposición de los aceites dieléctricos para transformadores dependerá de la naturaleza de las impurezas presentes en su estado sólido o gaseoso. El análisis de aceite es importante para extender la vida útil del transformador.

El estado de conocimiento de las tensiones de ruptura en líquidos aislantes está menos desarrollado que en el caso de los dieléctricos de gas y sólidos. Los estudios realizados pueden ser en algunos casos contradictorios (Kufel *et al.*, 2014).

Entre estos estudios se encuentran los que explican las tensiones de ruptura de líquidos basadas en una extensión de las tensiones de ruptura en gases, basada en la ionización por avalancha de los átomos causada por colisión de electrones en el campo aplicado (Radjenovic *et al.*, 2014).

Los voltajes de ruptura en diferentes rangos de temperatura muestran poca dependencia de él. Esto sugiere que el proceso de emisión del cátodo es la emisión de campo en lugar de la emisión termoiónica (Radjenovic *et al.*, 2014).

La teoría electrónica predice bien las magnitudes relativas de los voltajes de ruptura, pero no los tiempos en los que se produce dicha ruptura en el líquido aislante. Esta última magnitud, temporal, se explica en parte por la presencia de partículas contaminantes en el interior del aislamiento. Estas dan lugar a roturas locales que dan lugar a la formación de pequeñas burbujas que tienen mucha menos fuerza dieléctrica y, por lo tanto, finalmente conducen a la ruptura.

Otros fenómenos que explican la ruptura eléctrica son la electroconvección de la ruptura dieléctrica, los líquidos dieléctricos sometidos a alto voltaje y la conducción eléctrica resultante principalmente de portadores de carga inyectados en el líquido desde la superficie del electrodo. La carga espacial resultante da lugar a la fuerza de

Coulomb, que bajo ciertas condiciones causa inestabilidad hidrodinámica, creando un movimiento de eddy del líquido, que produce corriente convectiva.

Por lo tanto, el transporte de carga será en gran parte por movimiento del líquido y no por deriva iónica. La condición clave para el inicio de la inestabilidad es que la baja velocidad local exceda la velocidad de deriva iónica (Kufel *et al.*, 2014).

En la mayoría de los trabajos consultados en la bibliografía que trata del análisis de tensión de ruptura en aceites dieléctricos se utilizan ecuaciones analíticas aproximadas, o se emplean métodos numéricos basados en la formulación diferencial, como el FEM.

En el presente trabajo proponemos la Formulación Finita-FF (Tonti, 2014), y la CM (Tonti, 2013, 2001) como método numérico asociado para analizar este tipo de dispositivos. En esta metodología trabajamos con magnitudes globales asociadas a elementos orientados al espacio como volúmenes, superficies, aristas y puntos del espacio discretizado, así como a elementos temporales, en lugar de magnitudes de campo asociadas a variables independientes —coordenadas espaciales y temporales (Tonti, 2014).

Además, las ecuaciones de tipo constitutivo —ecuaciones del medio— están claramente diferenciadas del tipo topológico —ecuaciones de equilibrio—. En FF, las leyes físicas que gobiernan las ecuaciones electromagnéticas se expresan en su forma integral. De esta manera, el sistema final de ecuaciones se plantea directamente, sin necesidad de discretizar las ecuaciones diferenciales equivalentes (Tonti, 2013).

El análisis de los campos eléctricos creados alrededor del arco eléctrico inmerso en aceite dieléctrico utilizando esta metodología facilita enormemente las condiciones de contorno y continuidad, al trabajar con magnitudes globales y plantear directamente el sistema de ecuaciones sin necesidad de discretizar las ecuaciones diferenciales.

En el presente trabajo hemos formulado una nueva matriz constitutiva que relaciona las diferencias de potenciales eléctricos —magnitud de configuración— debidas a bordes de malla primal, con flujo eléctrico —magnitudes de fuente— debidas a planos duales de malla dual —utilizando CM—. Las magnitudes de configuración están asociadas a los bordes de una malla primal formada por tetraedros, y las magnitudes de tipo fuente se asocian a las superficies de una malla dual (volumen de control) obtenida en una división baricentrista de la malla primal.

Este capítulo presenta un estudio experimental de la resistencia dieléctrica del aceite de transformador basado en la norma IEC 60156 (IEC 60156, 2021). Nuestra contribución consiste en caracterizar el comportamiento del aceite un instante, antes y después de la ruptura del arco eléctrico, combinando un sensor de imagen CMOS de bajo costo y una nueva matriz de permitividad eléctrica utilizando el Método de Celda 3D —CM— (Tonti, 2014; Monzon-Verona *et al.*, 2010). Mientras que en la prueba estandarizada solo se recopila el valor efectivo del voltaje de ruptura, sin embargo, se pierde la información sobre la distribución de las fuerzas Kelvin (Haus y Melcher, 1989) un instante antes de que comience el comportamiento dinámico del arco y la información de los gases que producen un instante después del momento de ruptura del arco eléctrico en el aceite.

Este último aspecto se analiza con el registro de las imágenes del movimiento de las burbujas de gas que se producen dentro del aceite. También nos permite medir el diámetro de estas burbujas. La medición de estas magnitudes se utiliza para obtener indirectamente la viscosidad del aceite. La propiedad física de la viscosidad se puede obtener analizando las imágenes posteriores al arco con una ecuación para predecir la velocidad terminal del aumento de burbujas aisladas en líquidos newtonianos (Baz-Rodríguez *et al.*, 2012).

Los datos obtenidos con los sensores y los resultados de las simulaciones se complementan entre sí y recogen esta información que de otro modo se perdería haciendo estrictamente la prueba estandarizada.

El uso de sistemas de cámaras de bajo costo en aplicaciones de teledetección no es nuevo. El uso y estudio de cámaras de bajo coste para aplicaciones de ingeniería y científicas se puede ver en detalle en Pagnutti *et al.* (2017). En Riba *et al.* (2020) se realiza un estudio del efecto corona en aplicaciones aeronáuticas con cámaras tipo Rasberry Pi de bajo costo. En Eichhorn *et al.* (2020), una serie de computadoras de placa única producidas por la Raspberry Pi, y sus cámaras asociadas de 8 MP, se están utilizando en la Universidad de Cambridge para capturar las imágenes requeridas para el análisis de velocimetría de imágenes de partículas o el análisis de la correlación de imágenes digitales.

Este trabajo se ha dividido en las siguientes secciones: la Sección 12.2 determina la distribución de y en el ensayo de resistencia dieléctrica mediante la aplicación del Método de la Celda 3D utilizando la nueva matriz constitutiva . La Sección 12.3 describe el sensor de imagen CMOS de 8 MP de bajo costo utilizado en estudios experimentales. La Sección 12.4 presenta en detalle los resultados numéricos de las simulaciones en CM con . Esta matriz se verifica comparando los resultados obtenidos vs análisis FEM. Finalmente, la Sección 12.5 presenta la configuración experimental del dispositivo de prueba de aceite y los resultados obtenidos. Además, expone el procedimiento de prueba de la resistencia dieléctrica y la viscosidad cinemática del aceite del transformador, y establece la base teórica del nuevo procedimiento para la determinación de la viscosidad dinámica del aceite. Finalmente, los datos obtenidos de la viscosidad cinemática de los métodos propuestos se verifican comparándolos con los datos del fabricante.

12.2. Distribución de $\vec{E}$ y en el ensayo de rigidez dieléctrica

La formación del arco eléctrico y la posterior formación de burbujas depende en gran medida de la estimación de la distribución del campo eléctrico. Además, su gradiente determina las fuerzas por unidad de volumen que actúan sobre partículas contaminantes y microburbujas dentro de un dieléctrico (Staelin, 2021; Silvan *et al.*, 2010). Es importante conocer esta distribución del campo $\vec{E}$ y el gradiente de su cuadrado ∇E^2 ya que es uno de los factores que determinan la tensión de ruptura del dieléctrico.

En la siguiente sección se explica el método propuesto para obtener esta distribución de campos utilizando el método de celda 3D, que es un método alternativo al método de elementos finitos. En este apartado se propone la nueva matriz M_ϵ de permitividad eléctrica para trabajar en el CM.

12.2.1. Nueva matriz constitutiva . Ecuaciones constitutivas discretas del aceite del transformador en la formulación finita

La ecuación eléctrica constitutiva en aceites de transformador es una ecuación compleja basada en la teoría de Fower-Nordheim (Sha *et al.*, 2014). En la mayoría de los materiales dieléctricos, la corriente de conducción de los portadores libres es relativamente baja, ya que su conductividad suele ser varios órdenes de magnitud más baja que la de un metal o semiconductor. En los aceites de transformadores nuevos a 50 °C suelen ser del siguiente orden $1 \cdot 10^{-13}$ S/m, y para los aceites usados $1 \cdot 10^{-11}$ S/m (Li *et al.*, 2014).

En este trabajo, se considera un modelo de tipo conductor y se considera el mismo en todo el volumen del aceite donde la densidad de corriente volumétrica $\vec{J}$ es directamente proporcional al campo eléctrico $\vec{E}$ (Sha *et al.*, 2014).

Teniendo en cuenta las propiedades conductoras distintas de cero del aceite, y que está sometido a un campo eléctrico, en el CM, la corriente a través de ese material puede describirse mediante su ecuación constitutiva de flujo de corriente en función de las diferencias de potencial asociadas a los bordes de la malla primal y e_i, i = 1:6, ver Figura 12-1. La ecuación constitutiva (1) es la desarrollada por Trevisan y Kettunen (2004),

$$\tilde{I}_f = M_\sigma \cdot U.$$

Ec. 12.1

La matriz constitutiva eléctrica M_σ viene dada por la expresión $M_\sigma = \frac{\sigma}{v} \tilde{S}_i \cdot \tilde{S}_j$ i; j = 1:6, es función de la conductividad eléctrica de cada tetraedro, su volumen y el producto escalar de los vectores de superficie, correspondientes a los planos duales —planos verdes— de las aristas primales, aristas e_i y e_j i; j = 1:6, ver Figura 12-1.

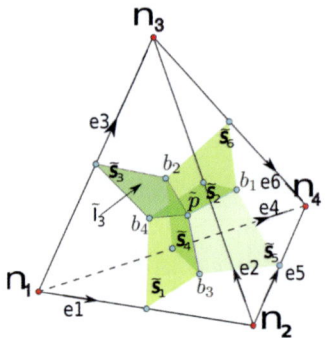

Figura 12-1. Tetrahédromo de referencia para programar las ecuaciones. Los elementos de la malla primal están representados en negro y los planos duales en verde. Se representa una corriente asociada con el plano dual .

En dieléctricos, sin embargo, cuando los campos eléctricos aplicados son variables con el tiempo, aparece una nueva contribución a la corriente libre, que es la llamada «corriente de desplazamiento» que aparece cuando hay variación de flujo eléctrico con respecto al tiempo, esta consta de dos términos $\tilde{I}_d = \frac{\partial \tilde{\psi}}{\partial t} = \frac{\partial(\tilde{\psi}_0 + \tilde{\psi}_P)}{\partial t}$. El primer término dentro de los paréntesis solo depende de la diferencia de potencial en el vacío. Es independiente de las características del material. El segundo término depende del material aislante utilizado. Este depende exclusivamente de la polarización del dieléctrico —aceite de transformador— y contiene la respuesta del material, que será diferente según los mecanismos de polarización que intervengan frente a cada estímulo de la diferencia de potencial neta aplicada (debido tanto a las cargas libres como a las de polarización). Podemos agrupar ambos términos con el vacío total y la permitividad del medio material $\varepsilon = \varepsilon_r \varepsilon_0$ con la ecuación constitutiva dada por Ec. 12.2,

$$\tilde{\psi} = M_{\varepsilon 0} U + M_{\chi P} U = M_\varepsilon U. \qquad \text{Ec. 12.2}$$

La Ecuación Ec. 12.2 relaciona las diferencias en el potencial eléctrico U asociado a los bordes de la malla primal —magnitudes de configuración— con los flujos eléctricos $\tilde{\psi}$ de los planos duales $\tilde{S}_i$ $i = 1:6$, ver Figura 12-1. En la Ecuación Ec. 12.2, la matriz es la nueva matriz eléctrica constitutiva M_ε propuesta en este trabajo. Dada la analogía con la ecuación Ec. 12.1, se propone la expresión dada por

$$M_\varepsilon = \frac{\varepsilon}{v}\tilde{S}_i \cdot \tilde{S}_j \; \text{i; j} = 1:6. \qquad \text{Ec. 12.3}$$

$M_\varepsilon = \frac{\varepsilon}{v}\tilde{S}_i \cdot \tilde{S}_j$ i; j = 1:6, es función de la permitividad eléctrica de cada tetraedro, $\varepsilon = \varepsilon_0\varepsilon_r$, su volumen y el producto escalar de los vectores superficiales que corresponden a los planos duales de aristas primarias, aristas ei y ej. El valor de ε_r depende del tipo de aceite. A 20 ℃, se encuentra entre los siguientes valores 2,1 y 3,5 (Taslak et al., 2017). Por lo tanto, la corriente de desplazamiento se obtiene mediante Ec. 12.4,

$$\tilde{I}_d = \frac{\partial(M_\varepsilon U)}{\partial t}. \qquad \text{Ec. 12.4}$$

La corriente total vendrá dada por la suma de ambas contribuciones, según Ec. 12.5. La corriente total se representa para el plano dual en la Figura 12-1,

$$\tilde{I}_t = \tilde{I}_f + \tilde{I}_d. \qquad \text{Ec. 12.5}$$

12.2.2. Leyes de Maxwell en formulación finita aplicadas al aceite del transformador

Las leyes de Maxwell, aplicadas en su formulación finita en la prueba de resistencia dieléctrica, son, en primer lugar, las leyes correspondientes con magnitudes de configuración. Según Tonti (2013), estos son:

Ley de Gauss de la ecuación del campo magnético, Ec. 12.6

$$D(\varPhi) = 0, \qquad \text{Ec. 12.6}$$

donde D es la matriz de incidencia volumen-cara de la malla primal, que sería equivalente al operador de divergencia estándar. La magnitud ϕ representa un vector con todos los flujos magnéticos asociados a las cuatro caras del tetraedro de malla primaria si i = 1:4, ver Figura 12-1.

A. Ley de inducción de Faraday, Ec. 12.7

$$C \cdot U = -\frac{\partial(\phi)}{\partial t},$$

Ec. 12.7

donde C es la matriz de incidencia cara-arista de la malla primal, que es equivalente al operador rotacional estándar. U es un vector de diferencias de potencial extendido a todos los bordes de la malla primaria y t es el tiempo.

Las siguientes dos leyes corresponden a las leyes que operan con magnitudes de energía. Estos son:

B. Ley generalizada de Ampere, Ec. 12.8

$$\tilde{C} \cdot \tilde{F} = \tilde{I}_f + \frac{\partial(\tilde{\psi})}{\partial t},$$

Ec. 12.8

donde $\tilde{C}$ es la matriz de incidencia de borde facial en la malla dual. El vector $\tilde{F}$ es un vector de fuerza magnetomotriz asociado a todos los bordes de la malla dual. $\tilde{I}_f$ es un vector de corrientes eléctricas extendido a todos los planos de la malla dual. Y, por último, está el flujo eléctrico $\tilde{\psi}$ debido a la polarización del dieléctrico asociado a las caras de la malla dual.

C. Ley de Gauss del campo eléctrico, Ec. 12.9

$$\tilde{D} \cdot \tilde{\psi} = Q_f,$$

Ec. 12.9

donde $\tilde{D}$ es la matriz de incidencia de las caras de volumen de la malla dual y Q_f es la carga contenida en cada volumen dual.

Finalmente, como una ley obtenida de Ec. 12.8, encontrando la divergencia a los dos miembros de esta ecuación, que da a la conservación de la ley de carga, se formula como Ec. 12.10,

$$\tilde{D} \cdot \tilde{I}_f + \frac{\partial(Q_f)}{\partial t} = 0.$$

Ec. 12.10

12.2.3. Leyes de Maxwell y ecuaciones constitutivas

En esta sección, las ecuaciones constitutivas y las leyes de Maxwell, vistas en las Secciones 12.2.1 y 12.2.2, se combinan para obtener la ecuación final en el dominio del tiempo y la frecuencia. El potencial escalar eléctrico se utiliza para esto, y esto reduce significativamente el número de incógnitas.

Como mencionamos en la Sección 12.2.1, asumimos que la conductividad eléctrica del aceite es baja, de un orden de magnitud de $\sigma = 1 \cdot 10^{-13}$ S/m. La permitividad del aceite es $\varepsilon = \varepsilon_r \cdot 8,854187818 \cdot 10^{-12}$. Se puede considerar que las tres constantes de tiempo se ajustan al tipo de problema a resolver. El primero se define como tiempo de relajación de la carga es $\tau_e = {}^{\varepsilon}/_{\sigma} \approx \varepsilon_r \cdot 88$ s. La segunda es la constante de tiempo electromagnética $\tau_{em} = {}^{l}/_{c} \approx 10^{-12}$ s , siendo l = 10 cm, la longitud característica del dominio. La constante c es la velocidad de la luz. La tercera constante es la constante de tiempo magnético $\tau_m = {}^{\tau_{em}^2}/_{\tau_e} \approx 10^{-22}$ s. Podemos considerar que si la frecuencia es de 50 Hz, $\tau \approx 20$ ms, las condiciones para que el campo sea cuasielectrostático si $\beta = \left({}^{\tau_{em}}/_{\tau}\right)^2 \ll 1 \tau_m < \tau_{em} < \tau_e$. Véanse las leyes cuasi-estáticas y las tasas de expansiones de tiempo (Woodson y Melcher, 1990). De esta manera, el campo puede considerarse cuasielectrostático y la Ecuación 7 se puede escribir como,

$$ C \cdot U \approx 0. \qquad \text{Ec. 12.11} $$

Dado que el campo es, en esta situación, casi electrostático, es posible trabajar con un único potencial eléctrico $U = -G\varphi$, donde φ es un potencial escalar eléctrico. Esto se impone en la superficie de los electrodos. Véase la Figura 12-2. Teniendo en cuenta la ecuación constitutiva Ec. 12.2, la ecuación Ec. 12.9 es la siguiente,

$$ D \cdot M_\varepsilon(-G\varphi) = Q_f. \qquad \text{Ec. 12.12} $$

Teniendo en cuenta la Ec. 12.10, sustituyendo en esta ecuación la carga eléctrica volumétrica libre Q_f de Ec. 12.12, y la corriente libre I_f de Ec. 12. Ec. 12.1, utilizando $U = -G\varphi$, se obtiene Ec. 12.13,

$$\tilde{D} \cdot M_\sigma G\varphi + \frac{\partial(\tilde{D} \cdot M_\varepsilon G\varphi)}{\partial t} = 0.$$ Ec. 12.13

Ec. 12.13 corresponde a la ecuación diferencial derivada en (Woodson y Melcher, 1990). Si los electrodos funcionan a una frecuencia de $f = 50$ Hz – con una frecuencia angular de $\omega = 2\pi 50$ – la ecuación final en el dominio de la frecuencia será Ec. 12.14. Observamos que esta ecuación involucra permitividad y conductividad eléctricas. Esta es la ecuación que programar, junto con la corriente global del electrodo, que se calcula utilizando Ec. 12.15. Donde I_c es un vector de incidencia del corte relativo entre los bordes de la malla de volumen de aceite y la superficie de uno de los electrodos. Véase la Figura 12-3. La suma de todas las corrientes en ese corte es igual a la corriente total $\tilde{I}_t$ que entra o sale por cada uno de los electrodos.

$$\tilde{D} \cdot M_\sigma G\varphi + j\omega\tilde{D}M_\varepsilon G\varphi = 0$$ Ec. 12.14

$$\tilde{I}_t = -I_c \cdot \left(M_\sigma G + j\omega\tilde{D}M_\varepsilon G\right)\varphi$$ Ec. 12.15

La representación matricial de ambas ecuaciones se muestra en Ec. 12.16.

$$\begin{bmatrix} G^t M_\sigma G + j\omega G^t M_\varepsilon G & 0 \\ I_c M_\sigma G + j\omega I_c M_\varepsilon G & 1 \end{bmatrix} \begin{bmatrix} \varphi \\ \tilde{I}_t \end{bmatrix} = \begin{bmatrix} 0 \\ 0 \end{bmatrix}$$ Ec. 12.16

Las incógnitas son todos los potenciales φ de los nodos de malla primal y la magnitud global de la corriente I_t asociada con la superficie de uno de los electrodos.

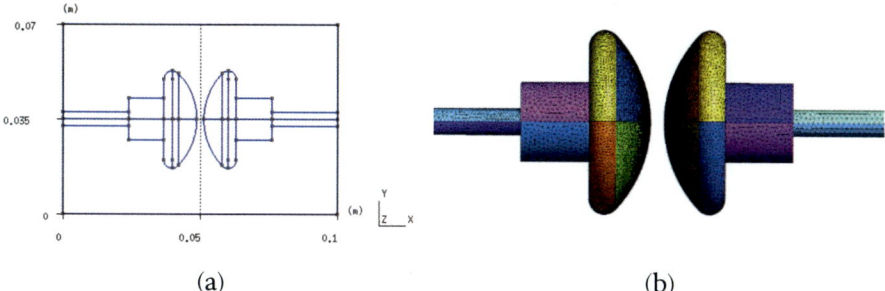

(a)   (b)

Figura 12-2. a) Dimensiones y coordenadas de los electrodos
de tipo VDE. b) Mallado de la superficie, con 65 846
triángulos, de los electrodos utilizados en los ensayos.

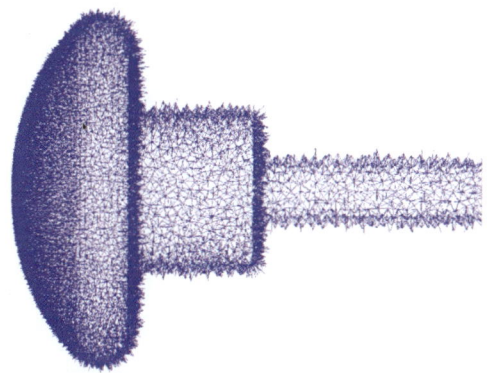

Figura 12-3. 51.679 aristas correspondientes a la cohomología
relativa entre el volumen de aceite y la superficie del electrodo
para obtener el vector de incidencia Ic de la Ecuación 12-15.

12.2.4. Fuerzas de polarización de
Kelvin en materiales dieléctricos

La fuerza que sufre una partícula, o una microburbuja de gas en
suspensión, supuestamente esférica, de radio r y permitividad relativa ε, en un líquido con permitividad relativa , en presencia de un
campo eléctrico $\vec{E} = (E_x, E_y, E_z)$ se calcula utilizando la fórmula de

fuerza de polarización de Kelvin, mostrada en Ec. 12.17, según Staelin (2021),

$$\vec{F}_e = \int^r \epsilon_0(\epsilon - \epsilon_{oil}) \, \vec{E} \cdot \nabla \vec{E} \, dv.$$
Ec. 12.17

Si se desarrolla el componente x de $\vec{F}_e$, Ec. 12.18 permanece,

$$F_e^x = \varepsilon_0(\varepsilon - \varepsilon_{oil}) \left(E_x \frac{\partial E_x}{\partial x} + E_y \frac{\partial E_y}{\partial y} + E_z \frac{\partial E_z}{\partial z} \right).$$
Ec. 12.18

Del mismo modo, se desarrolla tanto para la coordenada y como para la z. Siendo $rot \times E \approx 0$, Ec. 12.17, según Silvan et al. (2010), se simplifica y permanece como Ec. 12.19,

$$\vec{F}_e = \int_0^r \varepsilon_0(\varepsilon - \varepsilon_{oil}) \frac{1}{2} \nabla E^2 \, dv.$$
Ec. 12.19

Si $\varepsilon > \varepsilon_{oil}$, esta fuerza tiende a mover la partícula a la zona donde el campo es más fuerte, alineándolas y formando un puente que facilita que la corriente cruce el dieléctrico líquido en ese camino. El campo en el área de las partículas aumenta y se alcanza el valor de ruptura (Radjenovic *et al.*, 2014).

Si el número de partículas no es suficiente para cerrar el hueco, las partículas darán lugar a una mejora del campo local y si el campo excede la fuerza dieléctrica del líquido, la descomposición local ocurrirá cerca de las partículas y, por lo tanto, dará lugar a la formación de burbujas de gas que tienen mucha menos resistencia dieléctrica y, por lo tanto, finalmente conducirán a la ruptura.

Es importante destacar la dependencia de la intensidad del campo eléctrico y su gradiente, por lo tanto, la estimación de la distribución de este campo eléctrico y su gradiente. Esto se hace aplicando el método propuesto en este capítulo: el Método de la Celda y una nueva matriz de permitividad eléctrica propuesta M_ε.

12.3. El sensor de imagen CMOS de 8 MP de bajo costo

12.3.1. Características de la cámara

Las cámaras utilizadas en todos los experimentos son Sony IMX219, 8 megapíxeles, sensor CMOS, versión V2.1., se pueden ver en la Figura 12-4, y un detalle de la cámara central en la Figura 12-5. Las placas de la cámara pesan 3 gr y miden 25 x 24 mm. Son mucho más ligeras que la mayoría de las otras cámaras de visión por computadora y significativamente más baratas, costando alrededor de 30 $. Cada cámara requiere su propia Raspberry Pi, que es la que controla todos sus parámetros. El pequeño tamaño de la cámara facilita el montaje de elementos de estos pares de cámaras y ordenadores a bajo coste, en comparación con otras cámaras de visión por ordenador o cámaras digitales más tradicionales.

La cámara, como sensor, debe ser perfectamente lineal en toda el área de detección. El sensor ideal produce la misma respuesta a un fotón que golpea la superficie en el centro o en los bordes del área de detección. En Craig *et al.* (2018) se explica que los datos trazados en la cámara Raspberry Pi mostraron que, para el modo de funcionamiento estándar de la cámara, la ganancia no permitía valores de radiancia superiores a 0,4 $\frac{W}{m^2 sr}$, pero la señal producida a estas intensidades de luz más bajas era muy lineal. Las cámaras sin filtro infrarrojo (NIR) tienen diferentes ganancias con compensaciones similares (Craig *et al.*, 2018).

Las cámaras pueden capturar fotos fijas a una resolución de 3280x2464 píxeles, o video de alta definición a una resolución de 1920x1080 píxeles y una velocidad de 30 fotogramas por segundo (fps). Se han conseguido mayores velocidades de fotogramas con la manipulación personalizada de la interfaz de la cámara, a través de la librería de *software* OpenCV (OpenCV, 2021), con resolución de 640x480 y velocidades de captura de hasta 87 fps en todos los experimentos realizados.

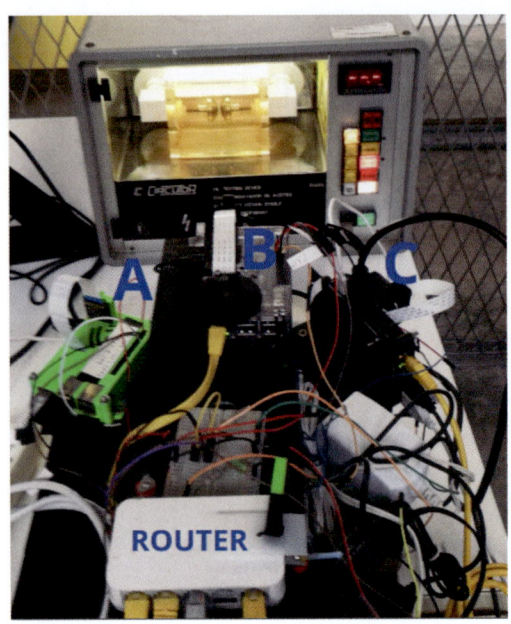

Figura 12-4. Cámaras A, B y C conectadas con Rasberry Pi y router para la recogida de imágenes en un ordenador central.

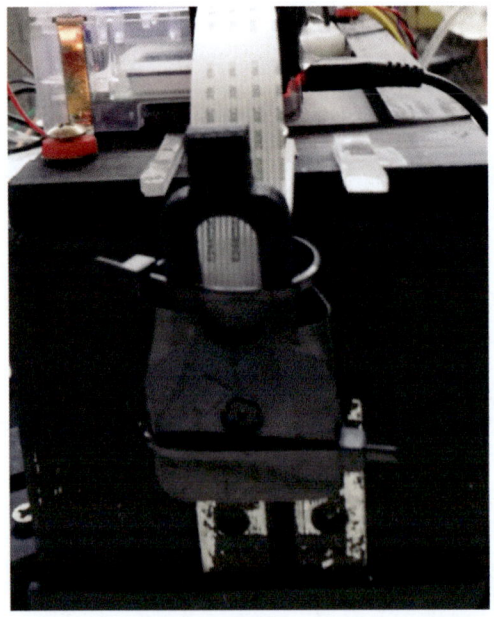

Figura 12-5. Vista frontal de la cámara central B.

12.3.2. Activación de la cámara con Raspberry Pi

Raspberry Pi es una placa pequeña, de tamaño similar a una tarjeta de crédito - tiene un microprocesador ARM con una potencia de hasta 1 GHz, integrado en un chip Broadcom BCM2835. Una de las características de la Raspberry Pi es la interfaz electrónica de entrada/salida de uso general (GPIO) (Eichhorn *et al.*, 2020).

Esta es una conexión incorporada de 40 pines que se puede utilizar para enviar y recibir señales de 3,3 V_{CC}. Véase la Figura 12-6. Esto se ha utilizado en la configuración de las cámaras descritas en este documento para activar tres cámaras simultáneamente. Se pueden controlar a través de una interfaz programada en Python, en el sistema operativo Raspberry Pi. El sistema operativo utilizado por la Raspberry Pi se llama Raspbian y es una distribución del sistema operativo GNU/Linux basado en Debian y, por tanto, de uso libre. La sincronización de todas las cámaras se ha conseguido activando simultáneamente, de forma electrónica, las cámaras a través de un interruptor que las activa mediante las entradas GPIO en cada Raspberry Pi. Estos están conectados entre sí y a una computadora central para recopilar los datos. Véase la Figura 12-4.

Figura 12-6. Conectores GPIO de 40 pines para sincronizar la activación de las tres cámaras.

El sistema de cámara - Raspberry Pi es ideal para realizar análisis de imágenes casi en tiempo real, utilizando bibliotecas de análisis numérico en Python, como el Paquete Fundamental para Computación Científica con Python-NumPy (Numpy, 2021). También hay un amplio soporte para el paquete de visión por computadora OpenCV.

Se utiliza un método para interactuar con la placa de cámara Raspberry Pi a través de una interfaz Python, a través de la biblioteca de *software* (Picamera, 2021). Este *software* de alto nivel proporciona al usuario una biblioteca de comandos de Python para manipular la GPU en la Raspberry Pi y controlar la configuración de la cámara, a través de la manipulación por *software* de los datos capturados por el sensor de imagen CMOS. Las Raspberry Pi están configuradas por un programa de inicio que se ejecuta automáticamente en cada una de las tres computadoras Raspberry Pi, emparejadas con sus cámaras correspondientes: tres Raspberry Pi y tres cámaras. Véase la Figura 12-4.

12.4. Resultados numéricos de las simulaciones en CM con M_ε vs FEM

El sistema de ecuaciones Ec. 12.16, en estado estacionario sinusoidal, ha sido programado en C++, en el subespacio de Krylov debido a que las matrices son dispersas y de grandes dimensiones. Estos algoritmos se implementan en el *software* PETSc (Portable, 2021).

En particular, el algoritmo empleado es el algoritmo residual mínimo generalizado (GMRES).

Las principales características del ordenador utilizado para realizar las simulaciones son: Modelo de ordenador: X399 AORUS PRO, Arquitectura: x86_64, Mem total: 128 GB, Procesadores: 24, cpu MHz: 2185,498, procesos por núcleo: 2; Núcleos por zócalo: 12.

La validación numérica de la Ecuación constitutiva propuesta 2 y del sistema de ecuaciones Ec. 12.16 se lleva a cabo comparándola con el método estándar de elementos finitos y su implementación dentro del *software* getdp (Dular y Geuzaine, 2021), se utiliza una malla de referencia muy densa en 3D con un número de tetraedros igual a 2.790.589 volúmenes y 487.435 nodos. El paquete de *software* Gmsh

(Geuzaine y Remacle, 2009) se utiliza en la malla y la visualización de datos. Los nodos determinan el número de incógnitas en el sistema de ecuaciones Ec. 12.16.

Una sección de esta malla y la solución de la distribución de potencial, que corresponde a una diferencia de potencial entre los electrodos de 19488 V de tensión de ruptura, se observa en la Figura 12-7.

Los resultados correspondientes a la distribución espacial de las densidades de las corrientes conductoras y de desplazamiento se muestran en las Figuras 12-8 y 12-9, respectivamente.

Los resultados de la distribución de la densidad de fuerza por unidad de volumen escalada con el coeficiente $\frac{1}{2}(\varepsilon - \varepsilon_{oil})$ se observan en las Figuras 12-10 y 12-11. Estos gráficos se obtienen cortando el resultado de la simulación por los planos $1X + 0Y + 0Z - 0{,}0489 = 0$ y $0X + 1Y + 0Z - 0{,}035 = 0$, respectivamente. Téngase en cuenta que el máximo de la fuerza se produce en un anillo alrededor del centro.

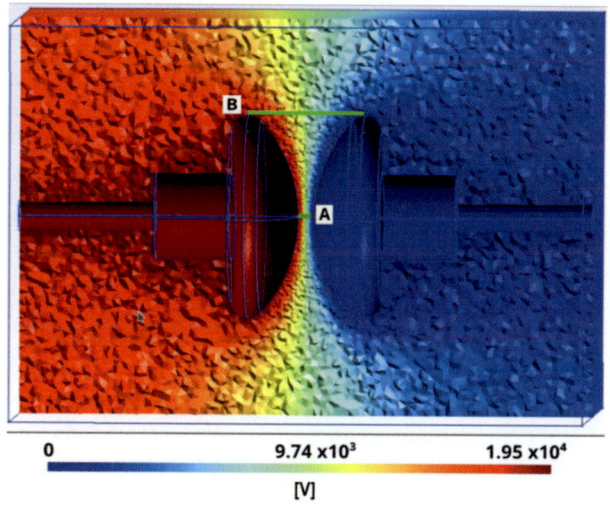

Figura 12-7. El potencial escalar eléctrico φ obtenido en CM al resolver el sistema 16, mallado con 2.790.589 tetraedros, y cortes A y B para su comparación.

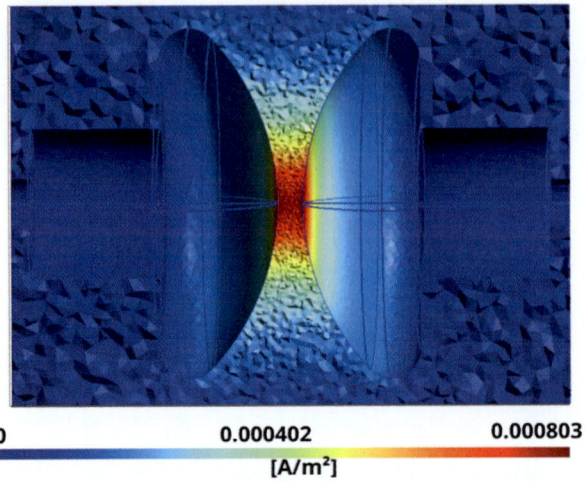

0   0.000402   0.000803

[A/m²]

Figura 12-8. Módulo de la densidad volumétrica $\vec{J}_f$ de la corriente conductora correspondiente a la Ecuación 12.1.

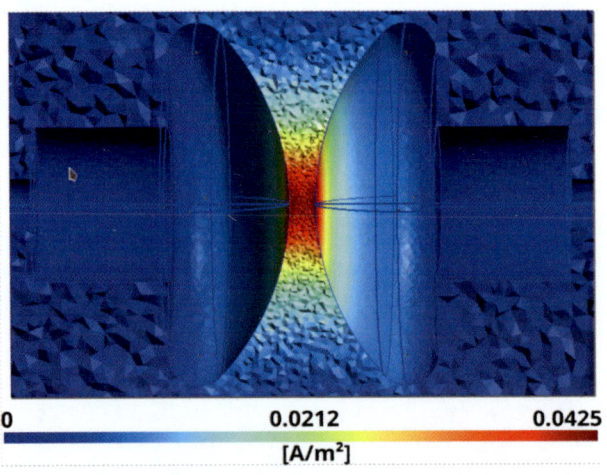

0   0.0212   0.0425

[A/m²]

Figura 12-9. Módulo de la densidad volumétrica de la corriente de desplazamiento $\vec{J}_d$ correspondiente a la Ecuación 12.4.

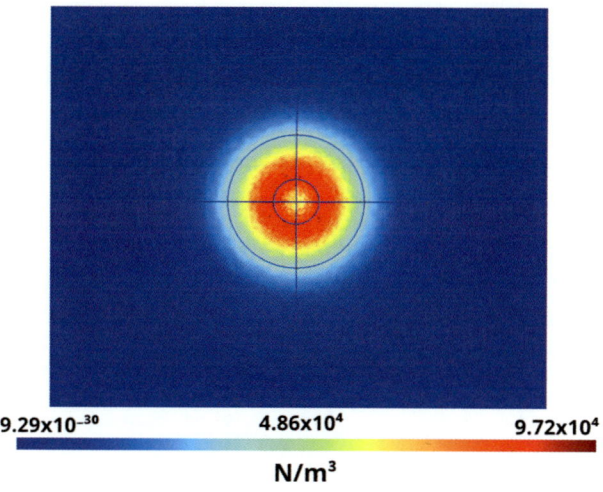

Figura 12-10. Corte por el plano *1X + 0Y + 0Z - 0,0489 = 0*
de densidad de fuerza Kelvin dividida por $\frac{1}{2}(\varepsilon - \varepsilon_{oil})$.

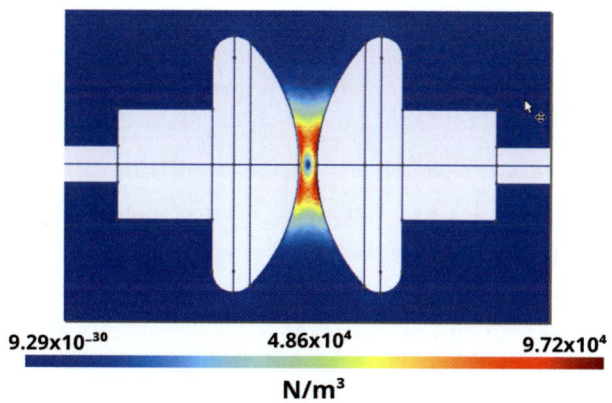

Figura 12-11. Corte por el plano 0X + 1Y + 0Z - 0,035 = 0
de densidad de fuerza Kelvin dividida por $\frac{1}{2}(\varepsilon - \varepsilon_{oil})$.

La Figura 12-12 muestra la captura del arco eléctrico grabado por las cámaras A, B y C, desde la izquierda, centro y derecha, respectivamente. Las imágenes muestran el punto de ruptura del arco en un área que coincide con la estimada en el modelo de Ec. 12.19.

| Cámara A | Cámara B | Cámara C |

Figura 12-12. Captura de las imágenes del
arco eléctrico por las cámaras A, B y C.

12.4.1. Validación de las simulaciones numéricas

En esta sección se presentan los experimentos numéricos realizados para validar los resultados obtenidos por el método propuesto —el Método de la Celda— y la matriz de permitividad M_ε a través de Ec. 12.3. Esto se compara con el método de elementos finitos en 3D, con un alto número de elementos —tetraedros. Estos últimos se adaptan bien a la superficie de los electrodos. La geometría del problema tiene planos de simetría. Al final, siempre se reduce a un problema tridimensional. Los experimentos han resuelto todo el problema en 3D.

La Tabla 12-1 resume las propiedades geométricas y físicas del aceite dieléctrico utilizado en los experimentos numéricos. Cada tipo de experimento E1, E2, E3 se subdivide en dos análisis de datos correspondientes al corte A y al corte B, que son dos áreas características de los electrodos. Véase la Figura 12-7. Entre estas dos zonas, los gradientes de potencial difieren mucho y sirven para comparar los dos métodos numéricos —CM y FEM-getdp— utilizando la misma malla.

El número de puntos en el corte, utilizado en todos los experimentos, es de 180. Con estos datos se realiza el análisis de las métricas.

Se han diseñado tres experimentos numéricos —E1, E2 y E3— que consisten en discretizar los electrodos y su entorno que se muestran en la Figura 12-7. Cada experimento tiene una densidad de malla diferente, como se indica en la Tabla 1. El objetivo de estos experimentos es comprobar la convergencia del método numérico utilizado —CM—, así como el error producido al compararlo con otro método de referencia numérica —Fem-getdp—.

376

Experi-mento	Nodos	Aristas	Caras	Volúmenes	Conductividad [S/m]	Permitividad relativa	Tensión de ruptura [V]
E1	1175	6467	9687	4394	10^{-10}	3,8	19488
E2	5889	34737	54142	25293	10^{-10}	3,8	19488
E3	487435	3362385	5665540	2790589	10^{-10}	3,8	19488

Tabla 12-1. Características de la malla y propiedades físicas consideradas en los experimentos numéricos.

12.4.1.1. Resultados del experimento E1

La Figura 12-13 muestra los resultados de la simulación utilizando el CM y el FEM-getdp. Se trata de la distribución del potencial eléctrico obtenido en los cortes A y B. Las líneas con mayor pendiente corresponden al corte A y las que tienen menor pendiente al corte B.

La Figura 12-14 muestra una distribución de los módulos de intensidad del campo eléctrico. Se observa un mayor campo eléctrico en el corte A.

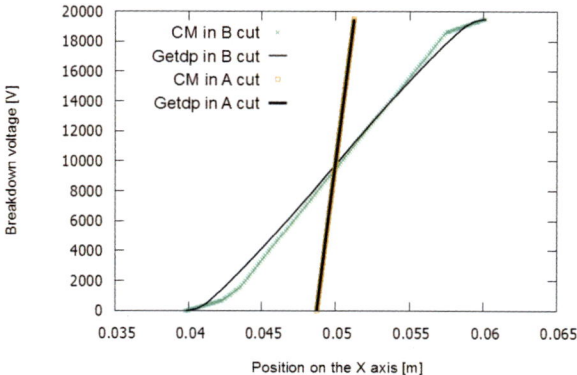

Figura 12-13. Tensión de ruptura en el corte A —curvas más pronunciadas— y corte B —curvas con menos pendiente— para el experimento E1.

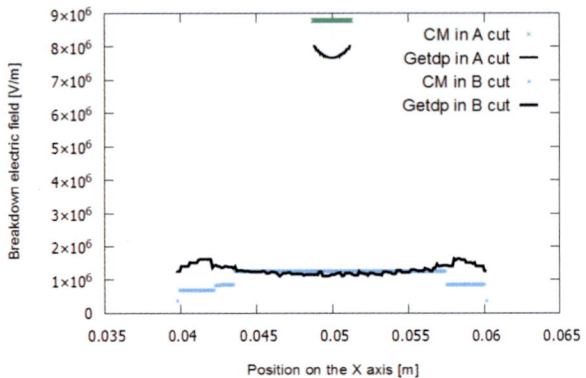

Figura 12-14. Desglose el campo eléctrico en el corte
A – curvas superiores – y el corte B – curvas inferiores
– para el experimento E1.

14.4.1.2. Resultados del experimento E2

La Figura 12-15 y la Figura 12-16 representan los resultados del potencial eléctrico y los módulos de la intensidad del campo eléctrico, respectivamente, correspondientes al experimento E2.

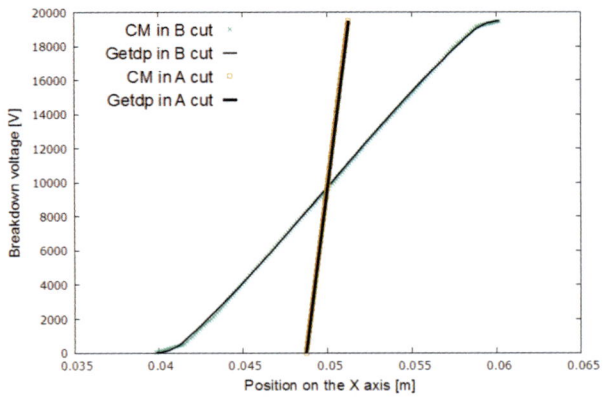

Figura 12-15. Tensión de ruptura en el corte A —curvas más
pronunciadas— y corte B —curvas con menos pendiente—
para el experimento E2.

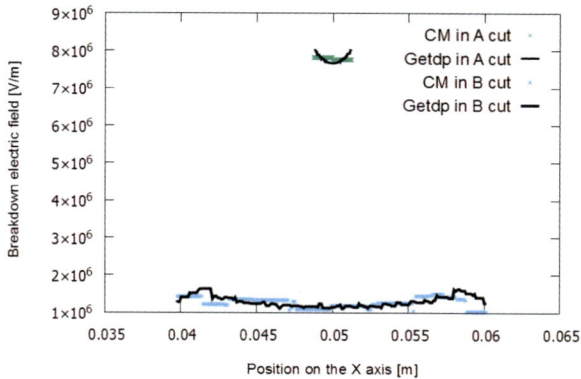

Figura 12-16. Campo eléctrico en el corte A —curvas superiores— y el corte B —curvas inferiores— para el experimento E2.

12.4.1.3. Resultados del experimento E3

La convergencia máxima corresponde a las Figuras 12-17 y 12-18, con un número total de tetraedros de 2790589 según el experimento E3. Véase la Tabla 12-1.

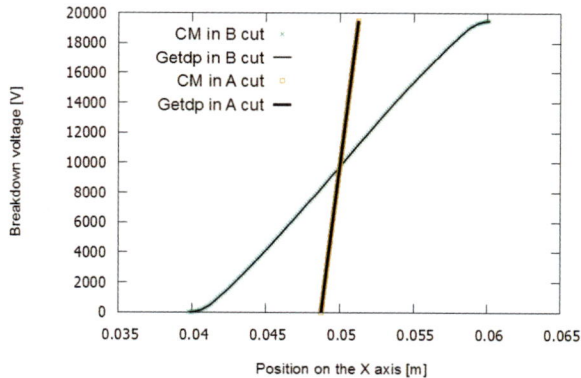

Figura 12-17. Tensión de ruptura en el corte A —curvas más pronunciadas— y corte B —curvas con menos pendiente— para el experimento E3.

379

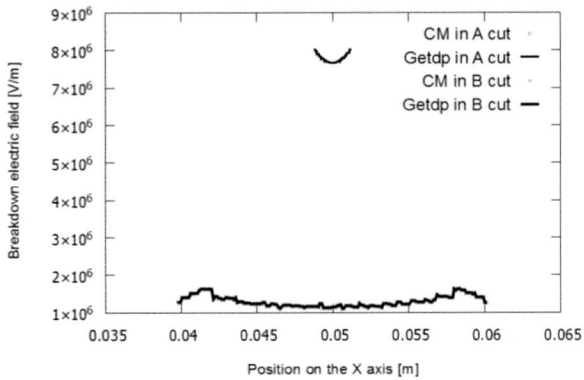

Figura 12-18. Campo eléctrico en el corte A —curvas superiores— y el corte B —curvas inferiores— para el experimento E3.

12.4.2. Métricas de los experimentos numéricos

Para validar el método propuesto — M_ε utilizando CM— se ha establecido una serie de comparaciones entre los resultados obtenidos con CM y con FEM-getdp en los experimentos numéricos realizados. Las comparaciones realizadas se muestran en la Tabla 12-2.

C1	Experimento numérico E1-Cut A. Desglose del campo eléctrico.
C2	Experimento numérico E1-Cut B. Avería del campo eléctrico.
C3	Experimento numérico E1-Cut A. Tensión de ruptura.
C4	Experimento numérico E1-Cut B. Tensión de ruptura.
C5	Experimento numérico E2-Cut A. Desglose del campo eléctrico.
C6	Experimento numérico E2-Cut B. Desglose del campo eléctrico.
C7	Experimento numérico E2-Cut A. Tensión de ruptura.
C8	Experimento numérico E2-Cut B. Tensión de ruptura.
C9	Experimento numérico E3-Cut A. Desglose del campo eléctrico.
C10	Experimento numérico E3-Cut B. Avería del campo eléctrico.
C11	Experimento numérico E3-Cut A. Tensión de ruptura.
C12	Experimento numérico E3-Cut B. Tensión de ruptura.

Tabla 12-2. Comparaciones de experimentos numéricos desarrollados.

Existen varias estadísticas (métricas) para medir la bondad de un modelo. Entre ellos, se han elegido los siguientes: El coeficiente de determinación (determination coefficient, R2), el error porcentual cuadrático medio de la raíz (*root mean square percentage error*, RMSPE), el error porcentual absoluto medio (*the mean absolute percentage error*, MAEP) y el sesgo porcentual (*percentage bias*, PBIAS). La Tabla 12-3 y la Tabla 12-4 indican el rango de estas estadísticas, su valor óptimo y el valor alcanzado en cada una de las comparaciones realizadas. Cuando el valor obtenido esté más cerca en relación con el óptimo de la métrica, el modelo matemático analizado tendrá la mayor bondad.

La Figura 12-19 muestra diferentes histogramas de errores de algunas comparaciones realizadas. Siguiendo la teoría de los errores, una distribución de error, idealmente aleatoria, debería tener su media alrededor de cero y una distribución gaussiana o normal.

Comparación	C1	C2	C3	C4	C5	C6	Referencias
R^2 [0, +1] Óptimo: +1	0,5772	0,0000	1,0000	0,9979	0,0000	0,1083	(Martínez, 2005)
RMSPE [-1, +1] Óptimo: 0	0,3624	0,1127	0,0045	0,0512	0,0152	0,1302	(Hyndman y Koehler, 2006)
MAEP [-1, +1] Óptimo: 0	0,2409	0,1119	0,0040	0,0405	0,0129	0,0959	(Hyndman y Koehler, 2006)
PBIAS [-1, +1] Óptimo: 0	0,1447	-0,1260	0,0000	0,0216	0,0001	0,0254	(Sanabria *et al.*, 2006)

Tabla 12-3. Métricas de las comparaciones propuestas.

Comparación	C7	C8	C9	C10	C11	C12	Referencias
R^2 [0, +1] Óptimo: +1	1,0000	0,9998	0,9997	1,0000	1,0000	1,0000	(Martínez, 2005)
RMSPE [-1, +1] Óptimo: 0	0,0050	0,0101	0,0003	0,0001	0,0000	0,0000	(Hyndman y Koehler, 2006)
MAEP [-1, +1] Óptimo: 0	0,0044	0,0086	0,0002	0,0000	0,0000	0,0231	(Hyndman y Koehler, 2006)
PBIAS [-1, +1] Óptimo: 0	-0,0019	0,0054	0,0000	0,0000	0,0000	0,0000	(Sanabria *et al.*, 2006)

Tabla 12-4. Métricas de las comparaciones propuestas.

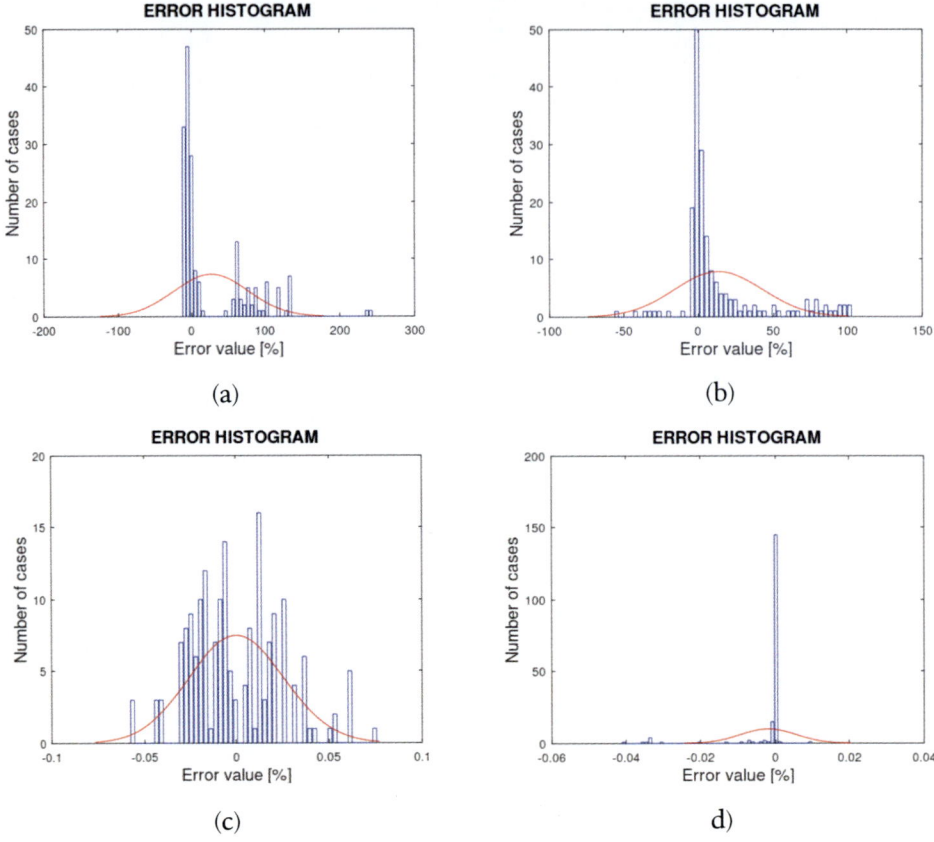

Figura 12-19. Histogramas de error. a) Comparación C1. b) Comparación C4. c) Comparación C9. d) Comparación C12.

Si las comparaciones se agrupan siguiendo el orden {C1, C5, C9}, {C2, C6, C10}, {C3, C7, C11} y {C4, C8, C12}, se observa, de forma generalizada, que el aumento de la densidad de malla mejora el modelo para cualquiera de los experimentos numéricos analizados.

También se aprecia que las tensiones de ruptura —{C3, C7, C11} y {C4, C8, C12}— están modelizadas, en términos relativos, mucho mejor que los campos eléctricos —{C1, C5, C9}, {C2, C6, C10}—. Esto se confirma observando la Figure 12-13, Figure 12-15 y Figure 12-17 versus a la Figure 12-14, Figure 12-16 y Figure 12-18.

Los valores del coeficiente de determinación (R2) indican un buen ajuste de los datos para todas las comparaciones, excepto los casos mencionados con una malla no muy densa. Los valores del error perceptivo cuadrático medio de la raíz (RMSPE), el error porcentual absoluto medio (MAEP) y el sesgo porcentual (PBIAS) son relativamente altos en la comparativa. Aun así, todos los indicadores están en el rango óptimo. Mirando la Tabla 12-3, podemos asegurar que el mayor error cometido es el porcentaje promedio de error al cuadrado, RMPSE, cuyo valor es del 0,36 %, que es un valor más que aceptable.

La distribución de los errores, siguiendo la teoría del error, se ajusta a una distribución normal centrada en el valor cero. Ver Figura 12-19.

12.5. Configuración experimental del dispositivo de ensayo del aceite

12.5.1. Procedimiento para el ensayo de la rigidez dieléctrica y la viscosidad cinemática del aceite

El equipo con el que se realiza el ensayo de la rigidez dieléctrica del aceite (IEC 60156, 2021) se conoce como medidor de chispa (*spark meter*) o tester dieléctrico de aceite (*dielectric tester of oil*), ver Figura 12-20. El equipo se presenta en forma de una caja metálica cerrada, con un asa para facilitar su traslado. En el interior se encuentra la celda de prueba en la que se coloca la muestra de aceite que se va a analizar. La carcasa está equipada con electrodos desmontables para poder hacer ensayos con diferentes tipos de electrodos. La celda está equipada con un agitador magnético en la parte inferior del tanque de aceite para una perfecta homogeneización de la muestra de aceite, la parte giratoria está formada por un pequeño imán de teflón. Véase la Figura 12-20.

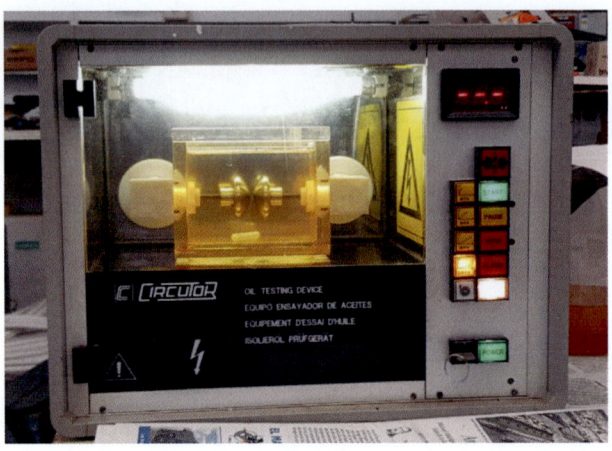

Figura 12-20. Dispositivo de ensayo de
aceite con muestra de aceite.

Las características técnicas del equipo se resumen en la Tabla 12-5.

OT-40	Valor
Tensión de alimentación	230 V
Voltaje de ensayo	0-41 kV
Consumo	100 VA/800 VA
Frecuencia	50 Hz
Tolerancia de medición	+-2%
Tiempo de respuesta en la desconexión	<20ms
Estándares de prueba	UNE EN 60156:1997
Temperatura de trabajo	+15/+25 ºC
Dimensiones exteriores	385 x 300 x 400 mm
Peso	38 kg

Tabla 12-5. Características técnicas.

12.5.2. Experimentos realizados

Con el fin de obtener datos previos al método propuesto, se han
programado una serie de ensayos estandarizados. La lista de todos los
ensayos que se han realizado en la muestra de aceite del transforma-

dor se muestra en la Tabla 12-6. Asimismo, se indica la metodología de ensayo realizada (ASTM D445, 2019; ASTM D4052, 2018; ASTM D92, 2018; ASTM D1533, 2020; ASTM D1500, 2017).

Parámetros	Unidad	Método	Valor
Viscosidad cinemática a 40 ℃	cSt	ASTM D445	8,75
Densidad a 15 ℃	g/ml	ASTM D4052	0,858
Punto de inflamabilidad	℃	ASTM D92	145,0
Contenido de agua	ppm	ASTM D1533	20,40
Color	-	ASTM D1500	1,0
Acidez total	mg KOH/g	IEC 61125C	0,06

Tabla 12-6. Resultados de la prueba sobre la muestra de aceite.

A la vista de los resultados obtenidos, indicamos que los parámetros analizados en el aceite utilizado cumplen con las especificaciones recomendadas por la norma UNE 60296: 2012 (Norma UNE 60296:2012, 2012).

Además, a partir de los ensayos anteriores, se han llevado a cabo un conjunto de experimentos adicionales con el objetivo de realizar ensayo de rigidez dieléctrica y estimar la viscosidad del aceite, midiendo el diámetro de las burbujas producidas y su velocidad. Todas las pruebas utilizaron una muestra con un volumen de aceite de 450 ml. Se realizaron ensayos a diferentes velocidades de crecimiento de la tensión aplicada a 0'5, 2, 3, 5 kV/s. El total de pruebas de rigidez dieléctrica con la captura de las imágenes correspondientes fue de 32 experimentos. Entre cada ciclo se esperan aproximadamente 5 minutos para garantizar la desaparición de posibles burbujas. En cada experimento, se indica el voltaje de ruptura, los fotogramas por segundo —fps— necesarios para calcular las velocidades de las burbujas que se producen después de la ruptura del arco. El tiempo promedio de grabación de captura es de 16 segundos para cada experimento, lo que da un número promedio de imágenes por experimento de 1.344 imágenes, con un tiempo medio entre fotogramas de 0,012 segundos. Como ejemplo, se muestra la Tabla 12-7, que corresponde a una tasa de crecimiento de voltaje de 0,5 kV / s.

Número de muestra	fps			T [°C]	V_{rup} [kV]	Agitador [S/N]
	D	C	I			
1	87,0	84,7	86,2	17,1	24,4	S
2	87,0	84,7	86,2	17,1	24,4	S
3	87,0	84,7	86,3	17,1	23,5	S
4	86,9	84,7	86,2	17,2	23,3	S
5	87,0	85,0	86,2	17,3	23,1	S
6	87,0	84,7	86,1	17,3	29,1	S
7	87,0	84,7	86,1	17,3	30,0	S
8	87,1	84,7	86,1	17,3	28,0	S

Tabla 12-7. Tensión de ruptura. Rampa de 0,5 kV/s.

fps significa fotogramas por segundo en la cámara Derecha, la cámara Central y la cámara Izquierda. Ver Figura 12-4, son cámaras A, B, C, respectivamente.

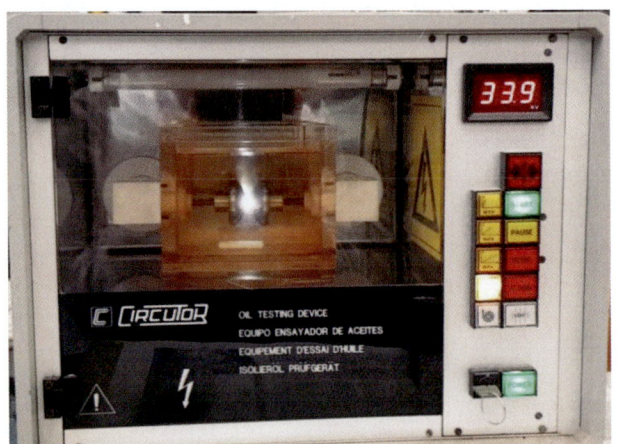

Figura 12-21. Arco eléctrico en el instante de la ruptura de la fuerza eléctrica y el valor de la tensión de ruptura de 33,9 kV.

12.5.3. Medición experimental de la viscosidad dinámica del aceite

12.5.3.1. Base teórica

En Baz-Rodríguez *et al.* (2012) se propone una ecuación para predecir la velocidad terminal del aumento de burbujas aisladas en líquidos newtonianos.

La formulación combina un equilibrio de fuerzas, obtenido de la teoría de la capa límite para burbujas esféricas, con una ecuación analítica a partir de un balance de energía mecánica. Este es el modelo considerado como modelo 2 – Mod2. La ecuación propuesta en Baz-Rodríguez *et al.* (2012), Ec. 12.20, que da una aproximación de la velocidad terminal de la burbuja dentro del aceite, se muestra a continuación,

$$V_T = \frac{1}{\left(\frac{1}{V_{T1}^2}+\frac{1}{V_{T2}^2}\right)^{0,5}},$$

Ec. 12.20

donde V_T se calcula mediante Ec. 12.21

$$V_{T1} = V_{Tpot}\left[1 + 0{,}73667\frac{(gD_i)^{0,5}}{V_{Tpot}}\right]^{0,5}$$

Ec. 12.21

y V_{Tpot} se calcula mediante Ec. 12.22,

$$V_{Tpot} = \frac{1}{36}\frac{\Delta\rho D_i^2}{\mu_{oil}}$$

Ec. 12.22

el término V_{T2} se calcula mediante Ec. 12.23,

$$V_{T2} = \left[\frac{3\sigma_b}{\rho_{oil}} + \frac{gD_i\Delta\rho}{2\rho_{oil}}\right].$$

Ec. 12.23

El procedimiento propuesto en este trabajo consiste en resolver la viscosidad dinámica μ_{oil} conociendo la velocidad terminal de la burbuja y su diámetro. A partir de estas ecuaciones partimos de la velocidad terminal V_T medida experimentalmente, con las imágenes de los sensores, el diámetro de la burbuja D_i, la diferencia entre las densidades del gas y del aire $\Delta\rho$, la aceleración de la gravedad g, y la viscosidad μ_{oil}. La tensión superficial de la burbuja σ_b se obtiene de la Ley de Laplace, expresada en Ec. 12.24.

$$\sigma_b = \frac{PR}{2}, P = P_0 + \rho_{oil} \cdot g \cdot h_{oil} ,$$

Ec. 12.24

Dónde $R = {D_i}/{2}$. P es la presión absoluta, que es la presión atmosférica a una altura de 326 m sobre el nivel del mar más la presión media de la columna de aceite.

A partir de estas ecuaciones la viscosidad se resuelve en función de la velocidad terminal σ_b obtenida de la ecuación algebraica de segundo grado dada por Ec. 12.25,

$$x^2(V_T^2 k_4 k_2^2 - k_2^2) + x(V_T^2 k_4 k_5 - k_5) + V_T^2 = 0.$$

Ec. 12.25

donde $x = {1}/{\mu_{oil}}$ es lo desconocido en esta ecuación. Las constantes k_i son las siguientes,

$$k_2 = \frac{\Delta\rho D_i^2}{36} ,$$

Ec. 12.26

$$k_3 = 0,73667(gD_i)^{0,5} ,$$

Ec. 12.27

$$k_4 = \frac{1}{v_{T2}^2} ,$$

Ec. 12.28

$$k_5 = k_2 \cdot k_3.$$

Ec. 12.29

Una aproximación más simple que Ec. 12.25 es asumir que la aceleración de la burbuja es igual a cero. Se ha encontrado en todos los experimentos que la velocidad terminal de la burbuja es sustancialmente constante. Esto simplifica la ecuación de equilibrio entre la fuerza de flotabilidad y la fuerza de fricción de Stoke, como se indica en Ec. 12.30,

$$\rho_{oil} \cdot g \frac{4}{3}\pi R^3 + 6\pi R \cdot \mu_{oil} \cdot V_T \simeq 0.$$

Ec. 12.30

También partimos de V_T, resolviendo el coeficiente de viscosidad dinámica de Ec. 12.30. Llamamos a este modelo modelo 1 –Mod1.

12.5.3.2. Resultados experimentales
para una velocidad de 0,5 kV/s

La Figura 12-22 representa las 14 posiciones del movimiento de una burbuja para el experimento correspondiente a la Tabla 12-8. El tiempo entre dos posiciones consecutivas es de cuatro fotogramas. El tiempo entre fotogramas es de 0,0118 segundos. La imagen ha sido escalada previamente en el programa Image_J (2021); este programa es útil para el posterior tratamiento de las imágenes y para una mejor definición de las burbujas, ver Figura 12-23, en la que se mejora el contorno de una burbuja para una mejor medición de su diámetro.

Los resultados experimentales corresponden a una tensión de ruptura con una tasa de crecimiento de 0,5 kV/s, para una tensión media de ruptura de 25,725 kV, para una desviación estándar de la tensión de ruptura de ± 2,8303 kV y una temperatura ambiente media de 17,2 ºC. Esto se resume en la Tabla 12-8.

Experimenta ahora.	Burbuja diámetro [mm]	Burbuja velocidad media [m/s]	Voltaje [kV]	Viscosidad (cSt) Mod1	Viscosidad (cSt) Mod2
1	1,33	0,028	24,4	33,6	54,7
2	1,34	0,030	24,4	32,1	49,8
3	1,28	0,026	23,5	34,6	60,4
4	1,33	0,028	23,1	33,2	54,3
5	1,34	0,030	29,1	31,9	49,3
6	1,26	0,032	30,0	26,9	39,0
			Media 25,75	Media 32,05	Media 51,25

Tabla 12-8. Determinación de la viscosidad cinemática
del petróleo mediante burbujas de gas.

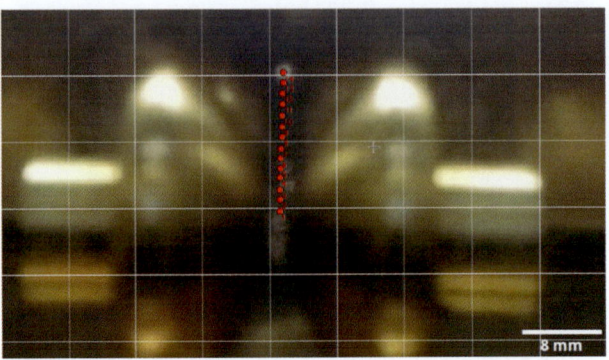

Figura 12-22. Posición de la burbuja en 14 instantes de tiempo para el experimento en la Tabla 12-4.

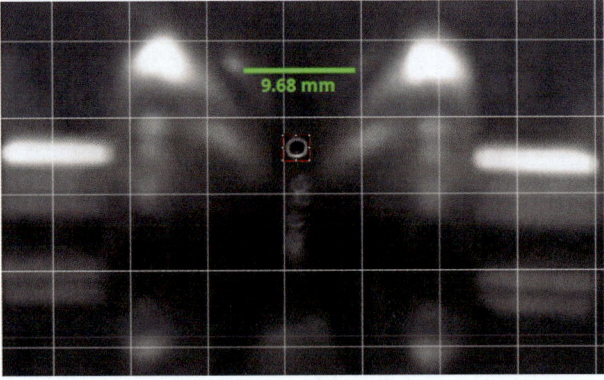

Figura 12-23. Mejora en la definición de la burbuja con el programa ImageJ para la medición del diámetro.

12.5.3.3. Comparación entre la viscosidad cinemática del método propuesto y los datos del fabricante

La Figura 12-24 representa la variación en la viscosidad cinemática con la temperatura utilizando los datos del fabricante como datos iniciales (Repsol, 2021). Para ello, se utilizan las siguientes viscosidades cinemáticas: 10,5 cSt, 2,7 cSt y 950 cSt; para temperaturas de 40 °C, 100 °C y -30 °C, específicamente. Con estos datos, y partiendo de los modelos de dos y tres parámetros (Stanciu, 2012), se obtienen las líneas negras y rojas continuas, respectivamente, que dan los valores de viscosidad para temperaturas de 0 a 100 °C. Los datos discretos, representados por un círculo, corresponden a la medición experimental realizada en nuestro laboratorio, ver Tabla 12-3, por el método estándar (ASTM D445, 2019). Los datos discretos, representados por un triángulo, corresponden al resultado de aplicar Ec. 12.30 a la evolución, con el tiempo, de una burbuja registrada con el sensor de imagen, según la Tabla 12-8. El error medio es inferior al 0,50 %.

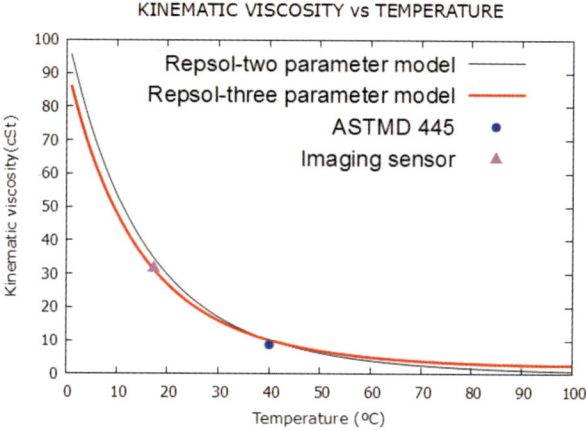

Figura 12-24. Viscosidad cinemática versus temperatura en aceite dieléctrico.

12.6. Conclusiones

Este artículo muestra un estudio experimental de la rigidez dieléctrica del aceite de transformador basado en la norma IEC 60156. Nuestra contribución consiste en caracterizar el comportamiento del aceite antes y después de la rotura del arco eléctrico, combinando un sensor de imagen CMOS de bajo costo y una nueva matriz de permitividad eléctrica M_ε —asociada al aceite dieléctrico utilizando el Método de Celda 3D. El error RMSPE— en comparación con el método de elementos finitos es inferior al 0,36 %.

La prueba estandarizada IEC 60156 indica el valor efectivo del voltaje de ruptura. La información sobre la distribución de las fuerzas Kelvin se pierde un instante antes de que comience el comportamiento dinámico del arco y de los gases, que se producen un instante después del momento en que el arco eléctrico se rompe en el aceite. Analizando las imágenes con un sensor de imágenes CMOS de bajo costo, después de la ruptura, se estima la viscosidad dinámica del aceite, indirectamente, midiendo la velocidad de ascenso de las burbujas. Estos resultados se comparan con un método estándar, la ASTM D445, obteniéndose un error inferior al 0,5 %.

Nomenclatura

Símbolo	Nombre	Unidad
ω	Frecuencia angular	rad/s
V_{rup}	Tensión de ruptura	V
D_i	Diámetro de la burbuja	m
σ_b	Tensión superficial de la burbuja	N/m
R	Radio de la burbuja	m
τ_e	Tiempo de relajación de carga	s
$\Delta\rho$	Diferencia de densidad entre aceite y gas	kg/m^3
$\tilde{I}_d$	Corriente eléctrica de desplazamiento	A
l	Longitud característica del dominio	m
$\tilde{S}_i, \tilde{S}_j$	Caras duales	m^2
Q_f	Carga eléctrica en volúmenes duales	C
σ	Conductividad eléctrica	S/m
$M\sigma$	Matriz constitutiva de conductividad eléctrica	S
$\tilde{I}_f$	Corriente eléctrica	A
$\vec{E}$	Intensidad de campo eléctrico	V/m

Símbolo	Nombre	Unidad
$\tilde{\psi}$	Flujo eléctrico	C
$\tilde{\psi}_0$	Flujo eléctrico en el vacío	C
M_ϵ	Matriz constitutiva de permitividad eléctrica	F
ε_0	Permitividad eléctrica en el vacío	F/m
$M\varepsilon_0$	Matriz constitutiva de permividad eléctrica en el vacío	F
ε	Permitividad eléctrica del medio	F/m
U	Diferencia de potencial eléctrico	V
f	Frecuencia	Hz
g	Aceleración gravitatoria	m/s²
I_c	Vector de incidencia de la cohomología relativa entre el volumen del aceite y la superficie de los electrodos	-
$C, \tilde{C} = C^t$	Matriz de incidencia caras-aristas en el mallado primal y dual	-
$D, \tilde{D}$	Matriz de incidencia caras-volúmenes en el mallado primal y dual	-
G	Matriz de incidencia aristas-nodos del mallado primal	-
j	Unidad imaginaria	-
$\vec{F}_e$	Fuerza de polarización de Kelvin	N
Φ	Flujo magnético	Wb
$\tilde{F}$	Fuerza magnetomotriz	A
ρ_{oil}	Densidad del aceite	kg/m³
μ_{oil}	Viscosidad dinámica del aceite	Ns/m²
h_{oil}	Altura del volumen del aceite	m
ϵ_{oil}	Pemitividad relativa del aceite	-
$\tilde{\psi}_P$	Flujo eléctrico de polarización	C
$M_{\chi P}$	Matriz constitutiva de permitividad eléctrica de polarización	F
ε_r	Permitividad eléctrica relativa	-
φ	Potencial escalar eléctrico	V
r	Radio de la partícula esférica	m
τ	Periodo de la señal senoidal	s
c	Velocidad de la luz	m/s
T	Temperatura	ºC
V_T	Velocidad terminal de la burbuja en el aceite	m/s
v	Volumen del tetraedro	m³

Símbolo	Nombre	Unidad
τ_{em}	Constante electromagnética de tiempo	s
τ_m	Constante magnética de tiempo	s
$\bar{I}_t$	Corriente total	A
$\vec{J}$	Densidad de corriente volumétrica	A/m^2
$\vec{J}_d$	Densidad volumétrica de la corriente conductiva	A/m^2

Bibliografía

Islam, M. M.; Lee, G.; Hettiwatte, S. N. A review of condition monitoring techniques and diagnostic tests for lifetime estimation of power transformers. Electr Eng 100, 581605, 2018. https://doi.org/10.1007/s00202-017-0532-4 (accessed on 23 September 2021).

Deba Kumar Mahanta; Shakuntala Laskar. Electrical insulating liquid: A review. *Journal of Advanced Dielectrics Vol. 07*, No. 04, 1730001, 2017. Review PaperOpen Access.

IEEE Guide for Acceptance and Maintenance of Insulating Mineral Oil in Electrical Equipment; IEEE: Piscataway, NJ, USA, 2015.

Life Management Techniques for Power Transformers; CIGRE: Paris, France, 2003; Volume 49.

Kufel, E.; Zaengl, W. S.; Kuel, J. High Voltage Engineering: Fundamentals. ISBN 0 7506 3634 3.

Radjenovic, B.; Klas, M.; Bojarov, A., Matejcik, S. The breakdown mechanisms in electrical discharges: The role of the field emission effect in direct current discharges in microgaps. Acta physica slovaca, March 2014; Volume 63, No. 3, 105-205 19, DOI: 10.2478/apsrt-2013-0003.

Tonti, E. (2014). Why starting from diferential equations for computational physics? J. Comput. Phys, 257, 12601290.

Tonti, E. (2013). The Mathematical Structure of Classical and Relativistic Physics; Birkhäuser: Basel, Switzerland; p. 17. ISBN -9781461474210.

Tonti, E. (2001). A Direct Discrete Formulation of Field Laws: The Cell Method. CMES Comput. Model. Eng. Sci, 2, pp. 237-258.

IEC 60156 Insulating liquids Determination of the breakdown voltage at power frequency. Test method. https://webstore.iec.ch/publication/28297IEC (accessed on 23 September 2021).

Monzon-Verona, J. M.; Santana-Martin, F. J.; Garcia-Alonso, S.; Montiel-Nelson, J. A. Electro-quasistatic analysis of an electrostatic induction micromotor using the cell method. Sensors 2010, 10, 91029117.

Haus, H. A., Melcher, J. R. Electromagnetic Fields and Energy. (Massachusetts Institute of Technology: MIT OpenCourseWare). https://ocw.mit.edu (accessed on 23 September 2021). License: Creative Commons Attribution - NonCommercial - Share Alike. Also available from Prentice - Hall: Englewood Clis, NJ, 1989. ISBN: 9780132490207.

Baz-Rodríguez, S.; Aguilar-Corona, A.; Soria, A. (2012). Rising velocity for single bubbles in pure liquids. Revista Mexicana de Ingeniería Químical, ISSN: 1665-2738, Volume 11, number 2, pp. 269-278 Universidad Autónoma Metropolitana Unidad Iztapalapa Distrito Federal, México.

Pagnutti, M.; Ryan. R. E.; Cazenavette, G.; Maxwell, R. G.; Harlan, E. L.; Pagnutti, J. (2017). Laying the foundation to use Raspberry Pi 3 V2 camera module imagery for scientific and engineering purposes. J. Electron. Imaging 26(1), 013014, doi: 10.1117/1.JEI.26.1.013014.

Riba, J.-R.; Gómez-Pau, Á.; Moreno-Eguilaz, M. Experimental Study of Visual Corona under Aeronautic Pressure Conditions Using Low-Cost Imaging Sensors. Sensors 2020, 20, p. 411.

Eichhorn, G. N.; Bowman, A.; Haigh, S. K.; Stanier, S. Low-cost digital image correlation and strain measurement for geotechnical applications. Straim, Volume 56, Issue 620, April 2020 https://doi.org/10.1111/str.12348 (accessed on 23 September 2021).

Staelin. https://phys.libretexts.org/Bookshelves/Electricity_and_Magnetism/Book%3A_Electromagnetics_and_Applications_(Staelin)/ (accessed on 23 September 2021).

Silvan, S.; Hierold, C.; Boisen, A. (2010). Modeling the Kelvin polarization force actuation of Micro-and Nanomechanical systems. *Journal of Applied Physics* 107, 054510, DOI: 10.1063/1.3309027.

Sha, Y.; Zhou, Y.; Nie, D.; Wu, Z.; Deng, J. A study on electric conduction of transformer oil. IEEE Transactions on Dielectrics and Electrical Insulation, Volume 21, number. 3, pp. 1061-1069, June 2014, doi: 10.1109/TDEI.2014.6832249.

Li, H.; Zhong, L.; Yu, Q.; Mori, S.; Yamada, S. The resistivity of oil and oil-impregnated pressboard varies with temperature and electric field strength. IEEE Transactions on Dielectrics and Electrical Insulation, Volume 21, number 4, pp. 1851-1856, August 2014, doi: 10.1109/TDEI.2014.004332.

Trevisan, F.; Kettunen, L. (2004). Geometric interpretation of discrete approaches to solving magnetostatic problems. IEEE Trans. Magn, 40, pp. 361-365.

Taslak, E. A.; Oktay, C. K.; Kalenderli, Ö. (2017). Analyses of the insulating characteristics of mineral oil at operating conditions. Electrical Engineering, 100. 10.1007/s00202-016-0501-3.

Woodson, H. H.; Melcher, J. R. Electromechanical Dynamics. New York, NY: John Wiley and Sons, Inc., 1968. Reprint, Malabar, FL: Krieger Publishing Company, 1990, 1985. ISBN: 9780894644597 (v.1), 9780898748475 (v. 2), 9780898748482 (v. 3).18

Craig, A.; Coburna, A. M.; Smitha, B.; Gordon, S.; Logieaand, P. K. Radiometric and spectral comparison of inexpensive camera systems used for remote sensing. International Journal of Remote Sensing 2018, Volume 39, Numbers. 15-16, pp. 4869-4890 https://doi.org/10.1080/01431161.2018.1 46608 (accessed on 23 September 2021).

OpenCV. https://opencv.org/. (accessed on 23 September 2021).

Numpy. https://numpy.org/. (accessed on 23 September 2021).

Picamera. https://picamera.readthedocs.io/en/release-1.13/. (accessed on 23 September 2021).

Portable, Extensible Toolkit for Scientic Computation. Available online: http://www.mcs.anl.gov/petsc (accessed on 23 September 2021).

Dular, P. and Geuzaine, C. GetDP reference manual: the documentation for GetDP, a general environment for the treatment of discrete problems. http://getdp.info, (accessed on 23 September 2021).

Geuzaine, G. and Remacle, J.-F. Gmsh: A three-dimensional finite element mesh generator with built-in pre- and post-processing facilities. Int. J. Numer. Methods Eng. 2009, 79, 13091331.

Martínez, E. R. (2005). Errores frecuentes en la interpretación del coeficiente de determinación lineal. Anuario Jurídico y Económico Escurialense, ISSN 1133-3677, nº 38, pp. 317-331.

Martínez, E. R. (2005). Errores frecuentes en la interpretación del coeficiente de determinación lineal. Anuario Jurídico y Económico Escurialense, ISSN 1133-3677, nº 38, pp. 317-331.

Hyndman, R. J.; Koehler, A. B. (2006). Another look at measures of forecast accuracy. Int. J. Forecast, 22, pp. 679-688.

Sanabria, J.; García, J.; Lhomme, J. P. (2006). Calibración y Validación de Modelos de Pronóstico de Heladas en el Valle del Mantaro; ECIPERU; ISSN 1813-0194, p. 18.

ASTM D445 (2019). Standard Test Method for Kinematic Viscosity of Transparent and Opaque Liquids (and Calculation of Dynamic Viscosity). ASTM Volume 05.01 Petroleum Products, Liquid Fuels, and Lubricants (II): C1234 – D4176

ASTM D4052 (2018). Standard Test Method for Density, Relative Density, and API Gravity of Liquids by Digital Density Meter. ASTM Volume 05.01 Petroleum Products, Liquid Fuels, and Lubricants (II): C1234 – D4176

ASTM D92 (2018). Standard Test Method for Flash and Fire Points by Cleveland Open Cup Tester. ASTM Volume 05.01 Petroleum Products, Liquid Fuels, and Lubricants (II): C1234 – D4176

ASTM D1533 (2020). Standard Test Method for Water in Insulating Liquids by Coulometric Karl Fischer Titration. ASTM Volume 10.03 Electrical Insulating Liquids and Gases; Electrical Protective Equipment.

ASTM D1500 - 12(2017). Standard Test Method for ASTM Color of Petroleum Products (ASTM Color Scale). ASTM Volume 05.01 Petroleum Products, Liquid Fuels, and Lubricants (II): C1234 – D4176.

Norma UNE 60296:2012. Fluidos para aplicaciones electrotécnicas. Aceites minerales aislantes nuevos para transformadores y aparamenta de conexión. AENOR, España, 2012.

Imagej. https://imagej.net/Welcome (accessed on 23 September 2021).

Repsol. https://www.repsol.com/imagenes/global/es/af-catalogo-aceites-dielec-tricos_tcm13-48939.pdf. (accessed on 23 September 2021).

Stanciu, I. (2012). A new viscosity-temperature relationship for mineral oil SAE 10W.Ovidius University Annals of Chemistry.Volume 23, Number 1, pp. 27-30. https://doi.org/10.2478/v10310-012-0003-8 (accessed on 23 September 2021)

Anexo 1

Cálculo de la matriz constitutiva térmica A$_\tau$

Se toma el siguiente tetraedro como referencia.

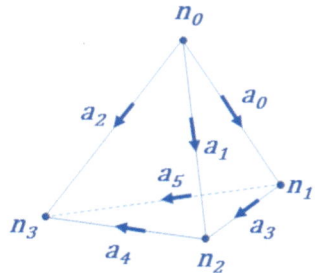

Figura 13-1. Tetraedro de referencia.

$$N = \{n_0, n_1, n_2, n_3\} \qquad card(N) = 4 \text{ nudos}$$

$$A = \{a_0, a_1, a_2, a_3, a_4, a_5\} \quad card(A) = 6 \text{ aristas}$$

Se define el operador gradiente discreto para el tetraedro de referencia como:

$$[G] = \begin{bmatrix} -1 & 1 & 0 & 0 \\ -1 & 0 & 1 & 0 \\ -1 & 0 & 0 & 1 \\ 0 & -1 & 1 & 0 \\ 0 & 0 & -1 & 1 \\ 0 & -1 & 0 & 1 \end{bmatrix} \qquad \text{Ec. 13.1}$$

Se supone que la temperatura se distribuye siguiendo la siguiente función de coordenadas espaciales:

$$\tau_i(x,y,z) = g_x\,x + g_y\,y + g_z\,z + a \qquad \text{Ec. 13.2}$$

Entonces la temperatura en los nudos primales del tetraedro de referencia será:

$$
\begin{aligned}
\tau_0 &= g_x\,x_0 + g_y\,y_0 + g_z\,z_0 + a\\
\tau_1 &= g_x\,x_1 + g_y\,y_1 + g_z\,z_1 + a\\
\tau_2 &= g_x\,x_2 + g_y\,y_2 + g_z\,z_2 + a\\
\tau_3 &= g_x\,x_3 + g_y\,y_3 + g_z\,z_3 + a
\end{aligned} \qquad \text{Ec. 13.3}
$$

Siendo las coordenadas de cartesianas de los nudos $N = \{n_0, n_1, n_2, n_3\}$ las siguientes:

$$
\begin{bmatrix} n_0 \\ n_1 \\ n_2 \\ n_3 \end{bmatrix} =
\begin{bmatrix} x_0 & y_0 & z_0 \\ x_1 & y_1 & z_1 \\ x_2 & y_2 & z_2 \\ x_3 & y_3 & z_3 \end{bmatrix} \qquad \text{Ec. 13.4}
$$

El sistema de ecuaciones descrito en Ec. 13.3, en forma matricial es:

$$
\begin{bmatrix} x_0 & y_0 & z_0 & 1 \\ x_1 & y_1 & z_1 & 1 \\ x_2 & y_2 & z_2 & 1 \\ x_3 & y_3 & z_3 & 1 \end{bmatrix}
\begin{bmatrix} g_x \\ g_y \\ g_z \\ a \end{bmatrix} =
\begin{bmatrix} \tau_0 \\ \tau_1 \\ \tau_2 \\ \tau_3 \end{bmatrix} \qquad \text{Ec. 13.5}
$$

Que de forma abreviada se puede escribir como:

$$[B]_{4\times4}[Ga]_{4\times1} = [\tau]_{4\times1} \qquad \text{Ec. 13.6}$$

Con lo cual:

$$[Ga] = [B]^{-1}[\tau] \qquad \text{Ec. 13.7}$$

Se va a utilizar la regla de Cramer para resolver el sistema de ecuaciones. Al determinante del sistema lo llamamos de la siguiente manera:

$$
\Delta = \begin{vmatrix} x_0 & y_0 & z_0 & 1 \\ x_1 & y_1 & z_1 & 1 \\ x_2 & y_2 & z_2 & 1 \\ x_3 & y_3 & z_3 & 1 \end{vmatrix} \qquad \text{Ec. 13.8}
$$

400

Entonces:

$$g_x = \cfrac{\begin{vmatrix} \tau_0 & y_0 & z_0 & 1 \\ \tau_1 & y_1 & z_1 & 1 \\ \tau_2 & y_2 & z_2 & 1 \\ \tau_3 & y_3 & z_3 & 1 \end{vmatrix}}{\Delta} \qquad g_y = \cfrac{\begin{vmatrix} x_0 & \tau_0 & z_0 & 1 \\ x_1 & \tau_1 & z_1 & 1 \\ x_2 & \tau_2 & z_2 & 1 \\ x_3 & \tau_3 & z_3 & 1 \end{vmatrix}}{\Delta}$$

Ec. 13.9

$$g_z = \cfrac{\begin{vmatrix} x_0 & y_0 & \tau_0 & 1 \\ x_1 & y_1 & \tau_1 & 1 \\ x_2 & y_2 & \tau_2 & 1 \\ x_3 & y_3 & \tau_3 & 1 \end{vmatrix}}{\Delta}$$

No se calcula el término a pues: $\frac{\partial a}{\partial x} = 0$; $\frac{\partial a}{\partial y} = 0$; $\frac{\partial a}{\partial z}$

13.1. Desarrollo de los términos gx, gy, gz

Cálculo del término g_x
Desarrollando por adjuntos:

$$g_x = \tau_0 \cfrac{\begin{bmatrix} y_1 & z_1 & 1 \\ y_2 & z_2 & 1 \\ y_3 & z_3 & 1 \end{bmatrix}}{\Delta} - \tau_1 \cfrac{\begin{bmatrix} y_0 & z_0 & 1 \\ y_2 & z_2 & 1 \\ y_3 & z_3 & 1 \end{bmatrix}}{\Delta} + \tau_2 \cfrac{\begin{bmatrix} y_0 & z_0 & 1 \\ y_1 & z_1 & 1 \\ y_3 & z_3 & 1 \end{bmatrix}}{\Delta} - \tau_3 \cfrac{\begin{bmatrix} y_0 & z_0 & 1 \\ y_1 & z_1 & 1 \\ y_2 & z_2 & 1 \end{bmatrix}}{\Delta}$$

Ec. 13.10

Operando:

$$\begin{aligned}
g_x = \ & \frac{\tau_0}{\Delta}[(y_2 z_3 - y_3 z_2) - (y_1 z_3 - y_3 z_1) + (y_1 z_2 - y_2 z_1)] \\
& - \frac{\tau_1}{\Delta}[(y_2 z_3 - y_3 z_2) - (y_0 z_3 - y_3 z_0) + (y_0 z_2 - y_2 z_0)] \\
& + \frac{\tau_2}{\Delta}[(y_1 z_3 - y_3 z_1) - (y_0 z_3 - y_3 z_0) + (y_0 z_1 - y_1 z_0)] \\
& - \frac{\tau_3}{\Delta}[(y_1 z_2 - y_2 z_1) - (y_0 z_2 - y_2 z_0) + (y_0 z_1 - y_1 z_0)]
\end{aligned}$$

Ec. 13.11

Cálculo del término g_y

Desarrollando por adjuntos:

$$g_y = -\tau_0 \frac{\begin{bmatrix} x_1 & z_1 & 1 \\ x_2 & z_2 & 1 \\ x_3 & z_3 & 1 \end{bmatrix}}{\Delta} + \tau_1 \frac{\begin{bmatrix} x_0 & z_0 & 1 \\ x_2 & z_2 & 1 \\ x_3 & z_3 & 1 \end{bmatrix}}{\Delta} - \tau_2 \frac{\begin{bmatrix} x_0 & z_0 & 1 \\ x_1 & z_1 & 1 \\ x_3 & z_3 & 1 \end{bmatrix}}{\Delta} + \tau_3 \frac{\begin{bmatrix} x_0 & z_0 & 1 \\ x_1 & z_1 & 1 \\ x_2 & z_2 & 1 \end{bmatrix}}{\Delta}$$

Ec. 13.12

Operando:

$$
\begin{aligned}
g_y = \quad & -\frac{\tau_0}{\Delta}[(x_2 z_3 - x_3 z_2) - (x_1 z_3 - x_3 z_1) + (x_1 z_2 - x_2 z_1)] \\
& +\frac{\tau_1}{\Delta}[(x_2 z_3 - x_3 z_2) - (x_0 z_3 - x_3 z_0) + (x_0 z_2 - x_2 z_0)] \\
& -\frac{\tau_2}{\Delta}[(x_1 z_3 - x_3 z_1) - (x_0 z_3 - x_3 z_0) + (x_0 z_1 - x_1 z_0)] \\
& +\frac{\tau_3}{\Delta}[(x_1 z_2 - x_2 z_1) - (x_0 z_2 - x_2 z_0) + (x_0 z_1 - x_1 z_0)]
\end{aligned}
$$

Ec. 13.13

Cálculo del término g_z
Desarrollando por adjuntos:

$$g_z = \tau_0 \frac{\begin{bmatrix} x_1 & y_1 & 1 \\ x_2 & y_2 & 1 \\ x_3 & y_3 & 1 \end{bmatrix}}{\Delta} - \tau_1 \frac{\begin{bmatrix} x_0 & y_0 & 1 \\ x_2 & y_2 & 1 \\ x_3 & y_3 & 1 \end{bmatrix}}{\Delta} + \tau_2 \frac{\begin{bmatrix} x_0 & y_0 & 1 \\ x_1 & y_1 & 1 \\ x_3 & y_3 & 1 \end{bmatrix}}{\Delta} - \tau_3 \frac{\begin{bmatrix} x_0 & y_0 & 1 \\ x_1 & y_1 & 1 \\ x_2 & y_2 & 1 \end{bmatrix}}{\Delta}$$

Ec. 13.14

Operando:

$$
\begin{aligned}
g_z = \quad & \frac{\tau_0}{\Delta}[(x_2 z_3 - x_3 y_2) - (x_1 y_3 - x_3 y_1) + (x_1 y_2 - x_2 y_1)] \\
& -\frac{\tau_1}{\Delta}[(x_2 y_3 - x_3 y_2) - (x_0 y_3 - x_3 y_0) + (x_0 y_2 - x_2 y_0)] \\
& +\frac{\tau_2}{\Delta}[(x_1 y_3 - x_3 y_1) - (x_0 y_3 - x_3 y_0) + (x_0 y_1 - x_1 y_0)] \\
& -\frac{\tau_3}{\Delta}[(x_1 y_2 - x_2 y_1) - (x_0 y_2 - x_2 y_0) + (x_0 y_1 - x_1 y_0)]
\end{aligned}
$$

Ec. 13.15

Ahora bien:

$$grad\ \tau(x, y, z) = \frac{\partial \tau}{\partial x}\vec{i} + \frac{\partial \tau}{\partial y}\vec{j} + \frac{\partial \tau}{\partial z}\vec{k}$$

Ec. 13.16

Tal como se expresó la temperatura en Ec. 6.8, entonces:

$$\frac{\partial \tau}{\partial x} = g_x; \quad \frac{\partial \tau}{\partial y} = g_y; \quad \frac{\partial \tau}{\partial z} = g_z$$

Ec. 13.17

Con lo que:

$$grad\ \tau(x, y, z) = g_x\ \vec{i} + g_y\ \vec{j} + g_z\ \vec{k}$$

Ec. 13.18

13.2. Construcción de la matriz A$_\tau$

Se ha establecido la ecuación de transmisión de calor de Fourier, utilizando el Método de la Celda, de la siguiente forma:

$$[Q']_{6\times1} = [M_\lambda]_{6\times6}[G]_{6\times4}[\tau]_{4\times1}$$

Ec. 13.19

Supongamos que exista una matriz tal que:

$$[M_\lambda]_{6\times6} = \left[\tilde{S}\right]_{6\times3}[A_\tau]_{3\times6}$$

Ec. 13.20

Siendo $\left[\tilde{S}\right]$ la matriz de caras duales de la celda:

$$[\tilde{S}] = \begin{bmatrix} S_{0x} & S_{0y} & S_{0z} \\ S_{1x} & S_{1y} & S_{1z} \\ S_{2x} & S_{2y} & S_{2z} \\ S_{3x} & S_{3y} & S_{3z} \\ S_{4x} & S_{4y} & S_{4z} \\ S_{5x} & S_{5y} & S_{5z} \end{bmatrix}$$

Ec. 13.21

Llamaremos,

$$[q]_{3\times1} = [A_\tau]_{3\times6}[G]_{6\times4}[\tau]_{4\times1}$$

Ec. 13.22

También llamaremos:

$$[X]_{6\times1} = [G]_{6\times4}[\tau]_{4\times1}$$

Ec. 13.23

El vector densidad de calor será:

$$[\vec{q}]_{3\times1} = -\lambda \begin{bmatrix} g_x \\ g_y \\ g_z \end{bmatrix} = -\lambda\ [grad(\tau)]_{3\times1}$$

Ec. 13.24

Entonces el flujo de calor es:

$$[Q]_{6\times1} = \left[\tilde{S}\right]_{6\times3}[\vec{q}]_{3\times1}$$

Ec. 13.25

Como tratamos de encontrar lo mismo por dos caminos diferentes, entonces lo expuesto en Ec. 13.19 tiene que ser igual a lo expuesto en Ec. 13.25, luego:

$$[Q] = [Q']$$

$$-\lambda \left[\tilde{S}\right]_{6\times3}[grad(\tau)]_{3\times1} = [M_\lambda]_{6\times6}[G]_{6\times4}[\tau]_{4\times1}$$

Ec. 13.26

Lo expuesto en Ec. 13.20 y Ec. 13.23 se sustituye en el segundo miembro de Ec. 13.26, entonces:

$$-\lambda \left[\tilde{S}\right]_{6\times3}[grad(\tau)]_{3\times1} = \left[\tilde{S}\right]_{6\times3}[A_\tau]_{3\times6}[X]_{6\times1}$$

Ec. 13.27

Simplificado la matriz de caras duales:

$$-\lambda [grad(\tau)]_{3\times1} = [A_\tau]_{3\times6}[X]_{6\times1}$$

Ec. 13.28

Tal como se había expuesto en Ec. 13.1, sustituyendo este valor y el del vector de temperaturas:

$$[X]_{6\times1} = [G]_{6\times4}[\tau]_{4\times1} = \begin{bmatrix} -1 & 1 & 0 & 0 \\ -1 & 0 & 1 & 0 \\ -1 & 0 & 0 & 1 \\ 0 & -1 & 1 & 0 \\ 0 & 0 & -1 & 1 \\ 0 & -1 & 0 & 1 \end{bmatrix}_{6\times4} \begin{bmatrix} \tau_0 \\ \tau_1 \\ \tau_2 \\ \tau_3 \end{bmatrix}_{4\times1} = \begin{bmatrix} -\tau_0+\tau_1 \\ -\tau_0+\tau_2 \\ -\tau_0+\tau_3 \\ -\tau_1+\tau_2 \\ -\tau_2+\tau_3 \\ -\tau_1+\tau_3 \end{bmatrix}_{6\times1}$$

Ec. 13.29

$$\begin{bmatrix} x_0 \\ x_1 \\ x_2 \\ x_3 \\ x_4 \\ x_5 \end{bmatrix}_{6\times1} = \begin{bmatrix} -\tau_0+\tau_1 \\ -\tau_0+\tau_2 \\ -\tau_0+\tau_3 \\ -\tau_1+\tau_2 \\ -\tau_2+\tau_3 \\ -\tau_1+\tau_3 \end{bmatrix}_{6\times1}$$

Ec. 13.30

Entonces sustituyendo el valor de $[grad(\tau)]_{3\times 1}$ y lo expuesto en Ec. 13.30, entonces:

$$-\lambda \begin{bmatrix} g_x \\ g_y \\ g_z \end{bmatrix}_{3\times 1} = [A_\tau]_{3\times 6} \begin{bmatrix} x_0 \\ x_1 \\ x_2 \\ x_3 \\ x_4 \\ x_5 \end{bmatrix}_{6\times 1} \qquad \text{Ec. 13.31}$$

$$-\lambda \begin{bmatrix} g_x \\ g_y \\ g_z \end{bmatrix}_{3\times 1} = \begin{bmatrix} A_{00} & A_{01} & A_{02} & A_{03} & A_{04} & A_{05} \\ A_{10} & A_{11} & A_{12} & A_{13} & A_{14} & A_{15} \\ A_{20} & A_{21} & A_{22} & A_{23} & A_{24} & A_{25} \end{bmatrix}_{3\times 6} \begin{bmatrix} x_0 \\ x_1 \\ x_2 \\ x_3 \\ x_4 \\ x_5 \end{bmatrix}_{6\times 1} \qquad \text{Ec. 13.32}$$

$$-\lambda \begin{bmatrix} g_x \\ g_y \\ g_z \end{bmatrix} = \begin{bmatrix} A_{00}\cdot x_0 + A_{01}\cdot x_1 + A_{02}\cdot x_2 + A_{03}\cdot x_3 + A_{04}\cdot x_4 + A_{05}\cdot x_5 \\ A_{10}\cdot x_0 + A_{11}\cdot x_1 + A_{12}\cdot x_2 + A_{13}\cdot x_3 + A_{14}\cdot x_4 + A_{15}\cdot x_5 \\ A_{20}\cdot x_0 + A_{21}\cdot x_1 + A_{22}\cdot x_2 + A_{23}\cdot x_3 + A_{24}\cdot x_4 + A_{25}\cdot x_5 \end{bmatrix} \quad \text{Ec. 13.33}$$

Desarrollo del término g_x

$$-\lambda\, g_x = A_{00}\cdot x_0 + A_{01}\cdot x_1 + A_{02}\cdot x_2 + A_{03}\cdot x_3 + A_{04}\cdot x_4 + A_{05}\cdot x_5 \quad \text{Ec. 13.34}$$

Se sustituyen los valores :

$$-\lambda\, g_x = A_{00}\cdot(-\tau_0+\tau_1) + A_{01}\cdot(-\tau_0+\tau_2) + A_{02}\cdot(-\tau_0+\tau_3) +$$

$$\text{Ec. 13.35}$$

$$+A_{03}\cdot(-\tau_1+\tau_2) + A_{04}\cdot(-\tau_2+\tau_3) + A_{05}\cdot(-\tau_1+\tau_3)$$

Se agrupan todos los términos afectados por el mismo valor de temperatura:

$$-\lambda\, g_x = \begin{aligned} &\tau_0(-A_{00} - A_{01} - A_{02}) + \\ &+\tau_1(A_{00} - A_{03} - A_{05}) + \\ &+\tau_2(A_{01} + A_{03} - A_{04}) + \\ &+\tau_3(A_{02} + A_{04} + A_{05}) \end{aligned} \qquad \text{Ec. 13.36}$$

Sustituyendo el valor de g_x calculado en Ec. 13.11, entonces, al igualar a lo obtenido en Ec. 13.36, se tiene que:

$$-\frac{\lambda \tau_0}{\Delta}[(y_2 z_3 - y_3 z_2) - (y_1 z_3 - y_3 z_1) + (y_1 z_2 - y_2 z_1)]$$

$$+\frac{\lambda \tau_1}{\Delta}[(y_2 z_3 - y_3 z_2) - (y_0 z_3 - y_3 z_0) + (y_0 z_2 - y_2 z_0)]$$

$$-\frac{\lambda \tau_2}{\Delta}[(y_1 z_3 - y_3 z_1) - (y_0 z_3 - y_3 z_0) + (y_0 z_1 - y_1 z_0)] \qquad \text{Ec. 13.37}$$

$$+\frac{\lambda \tau_3}{\Delta}[(y_1 z_2 - y_2 z_1) - (y_0 z_2 - y_2 z_0) + (y_0 z_1 - y_1 z_0)] = \begin{aligned} &\tau_0(-A_{00} - A_{01} - A_{02}) \\ &+\tau_1(A_{00} - A_{03} - A_{05}) \\ &+\tau_2(A_{01} + A_{03} - A_{04}) \\ &+\tau_3(A_{02} + A_{04} + A_{05}) \end{aligned}$$

Igualando los términos de ambos lados de la ecuación que afectan a τ_0:

$$-\frac{\lambda \tau_0}{\Delta}[(y_2 z_3 - y_3 z_2) - (y_1 z_3 - y_3 z_1) + (y_1 z_2 - y_2 z_1)] = \tau_0(-A_{00} - A_{01} - A_{02}) \quad \text{Ec. 13.38}$$

$$\left.\begin{aligned} -\frac{\lambda}{\Delta}\left(y_2 z_3 - y_3 z_2\right) &= -A_{00} \\ \frac{\lambda}{\Delta}\left(y_1 z_3 - y_3 z_1\right) &= -A_{01} \\ -\frac{\lambda}{\Delta}\left(y_1 z_2 - y_2 z_1\right) &= -A_{02} \end{aligned}\right\} \qquad \text{Ec. 13.39}$$

$$A_{00} = \frac{\lambda}{\Delta}\left(y_2 z_3 - y_3 z_2\right)$$

$$A_{01} = \frac{\lambda}{\Delta}\left(y_3 z_1 - y_1 z_3\right) \qquad \text{Ec. 13.40}$$

$$A_{02} = \frac{\lambda}{\Delta}\left(y_1 z_2 - y_2 z_1\right)$$

Igualando los términos de ambos lados de la ecuación que afectan a τ_1:

$$\frac{\lambda \tau_1}{\Delta}[(y_2 z_3 - y_3 z_2) - (y_0 z_3 - y_3 z_0) + (y_0 z_2 - y_2 z_0)] = \tau_1(A_{00} - A_{03} - A_{05}) \quad \text{Ec. 13.41}$$

$$\frac{\lambda}{\Delta}(y_2 z_3 - y_3 z_2) = A_{00}$$
$$-\frac{\lambda}{\Delta}(y_0 z_3 - y_3 z_0) = -A_{03}$$
$$\frac{\lambda}{\Delta}(y_0 z_2 - y_2 z_0) = -A_{05}$$

Ec. 13.42

$$A_{00} = \frac{\lambda}{\Delta}(y_2 z_3 - y_3 z_2)$$
$$A_{03} = \frac{\lambda}{\Delta}(y_0 z_3 - y_3 z_0)$$
$$A_{05} = \frac{\lambda}{\Delta}(y_2 z_0 - y_0 z_2)$$

Ec. 13.43

Igualando los términos de ambos lados de la ecuación que afectan a τ_2:

$$-\frac{\lambda \tau_2}{\Delta}[(y_1 z_3 - y_3 z_1) - (y_0 z_3 - y_3 z_0) + (y_0 z_1 - y_1 z_0)] = +\tau_2 (A_{01} + A_{03} - A_{04}) \text{ Ec. 13.44}$$

$$-\frac{\lambda}{\Delta}(y_1 z_3 - y_3 z_1) = A_{01}$$
$$\frac{\lambda}{\Delta}(y_0 z_3 - y_3 z_0) = A_{03}$$
$$\frac{\lambda}{\Delta}(y_0 z_1 - y_1 z_0) = A_{04}$$

Ec. 13.45

$$A_{01} = \frac{\lambda}{\Delta}(y_3 z_1 - y_1 z_3)$$
$$A_{03} = \frac{\lambda}{\Delta}(y_0 z_3 - y_3 z_0)$$
$$A_{04} = \frac{\lambda}{\Delta}(y_0 z_1 - y_1 z_0)$$

Ec. 13.46

Igualando los términos de ambos lados de la ecuación que afectan a τ_3:

$$\frac{\lambda \tau_3}{\Delta}[(y_1 z_2 - y_2 z_1) - (y_0 z_2 - y_2 z_0) + (y_0 z_1 - y_1 z_0)] = \tau_3 (A_{02} + A_{04} + A_{05}) \quad \text{Ec. 13.47}$$

$$\frac{\lambda}{\Delta}(y_1 z_2 - y_2 z_1) = A_{02}$$

$$-\frac{\lambda}{\Delta}(y_0 z_2 - y_2 z_0) = A_{04}$$

$$\frac{\lambda}{\Delta}(y_0 z_1 - y_1 z_0) = A_{05}$$

Ec. 13.48

$$A_{02} = \frac{\lambda}{\Delta}(y_1 z_2 - y_2 z_1)$$

$$A_{05} = \frac{\lambda}{\Delta}(y_2 z_0 - y_0 z_2)$$

$$A_{04} = \frac{\lambda}{\Delta}(y_0 z_1 - y_1 z_0)$$

Ec. 13.49

Desarrollo del término g_y

$$-\lambda\, g_y = A_{10} \cdot x_0 + A_{11} \cdot x_1 + A_{12} \cdot x_2 + A_{13} \cdot x_3 + A_{14} \cdot x_4 + A_{15} \cdot x_5 \qquad \text{Ec. 13.50}$$

Se sustituyen los valores x_i:

$$-\lambda\, g_y = A_{10} \cdot (-\tau_0 + \tau_1) + A_{11} \cdot (-\tau_0 + \tau_2) + A_{12} \cdot (-\tau_0 + \tau_3) +$$

Ec. 13.51

$$+A_{13} \cdot (-\tau_1 + \tau_2) + A_{14} \cdot (-\tau_2 + \tau_3) + A_{15} \cdot (-\tau_1 + \tau_3)$$

Se agrupan todos los términos afectados por el mismo valor de temperatura:

$$-\lambda\, g_y = \begin{aligned} &\tau_0(-A_{10} - A_{11} - A_{12}) + \\ &+\tau_1(A_{10} - A_{13} - A_{15}) + \\ &+\tau_2(A_{11} + A_{13} - A_{14}) + \\ &+\tau_3(A_{12} + A_{14} + A_{15}) \end{aligned}$$

Ec. 13.52

Sustituyendo el valor de g_y calculado en Ec. 13.13, entonces, al igualar a lo obtenido en Ec. 13.52, se tiene que:

$$\lambda\frac{\tau_0}{\Delta}[(x_2 z_3 - x_3 z_2) - (x_1 z_3 - x_3 z_1) + (x_1 z_2 - x_2 z_1)] -$$

$$-\lambda\frac{\tau_1}{\Delta}[(x_2 z_3 - x_3 z_2) - (x_0 z_3 - x_3 z_0) + (x_0 z_2 - x_2 z_0)] +$$

$$+\lambda\frac{\tau_2}{\Delta}[(x_1 z_3 - x_3 z_1) - (x_0 z_3 - x_3 z_0) + (x_0 z_1 - x_1 z_0)] -$$

Ec. 13.53

$$-\lambda\frac{\tau_3}{\Delta}[(x_1 z_2 - x_2 z_1) - (x_0 z_2 - x_2 z_0) + (x_0 z_1 - x_1 z_0)] = \begin{aligned} &\tau_0(-A_{10} - A_{11} - A_{12}) + \\ &+\tau_1(A_{10} - A_{13} - A_{15}) + \\ &+\tau_2(A_{11} + A_{13} - A_{14}) + \\ &+\tau_3(A_{12} + A_{14} + A_{15}) \end{aligned}$$

Igualando los términos de ambos lados de la ecuación que afectan a τ_0:

$$\lambda \frac{\tau_0}{\Delta} \left[(x_2 z_3 - x_3 z_2) - (x_1 z_3 - x_3 z_1) + (x_1 z_2 - x_2 z_1) \right] = \tau_0 (-A_{10} - A_{11} - A_{12}) \qquad \text{Ec. 13.54}$$

$$\left. \begin{array}{rcl} \dfrac{\lambda}{\Delta}(x_2 z_3 - x_3 z_2) & = & -A_{10} \\[2mm] -\dfrac{\lambda}{\Delta}(x_1 z_3 - x_3 z_1) & = & -A_{11} \\[2mm] \dfrac{\lambda}{\Delta}(x_1 z_2 - x_2 z_1) & = & -A_{12} \end{array} \right\} \qquad \text{Ec. 13.55}$$

$$A_{10} = \frac{\lambda}{\Delta}(x_3 z_2 - x_2 z_3)$$
$$A_{11} = \frac{\lambda}{\Delta}(x_1 z_3 - x_3 z_1) \qquad \text{Ec. 13.56}$$
$$A_{12} = \frac{\lambda}{\Delta}(x_2 z_1 - x_1 z_2)$$

Igualando los términos de ambos lados de la ecuación que afectan a τ_1:

$$-\lambda \frac{\tau_1}{\Delta} \left[(x_2 z_3 - x_3 z_2) - (x_0 z_3 - x_3 z_0) + (x_0 z_2 - x_2 z_0) \right] = +\tau_1 (A_{10} - A_{13} - A_{15}) \quad \text{Ec. 13.57}$$

$$\left. \begin{array}{rcl} -\dfrac{\lambda}{\Delta}(x_2 z_3 - x_3 z_2) & = & A_{10} \\[2mm] \dfrac{\lambda}{\Delta}(x_0 z_3 - x_3 z_0) & = & -A_{13} \\[2mm] -\dfrac{\lambda}{\Delta}(x_0 z_2 - x_2 z_0) & = & -A_{15} \end{array} \right\} \qquad \text{Ec. 13.58}$$

$$A_{10} = \frac{\lambda}{\Delta}(x_3 z_2 - x_2 z_3)$$
$$A_{13} = \frac{\lambda}{\Delta}(x_3 z_0 - x_0 z_3) \qquad \text{Ec. 13.59}$$
$$A_{15} = \frac{\lambda}{\Delta}(x_0 z_2 - x_2 z_0)$$

Igualando los términos de ambos lados de la ecuación que afectan a τ_2:

$$\lambda \frac{\tau_2}{\Delta}[(x_1 z_3 - x_3 z_1) - (x_0 z_3 - x_3 z_0) + (x_0 z_1 - x_1 z_0)] = \tau_2(A_{11} + A_{13} - A_{14}) \qquad \text{Ec. 13.60}$$

$$\left.\begin{array}{rcl} \dfrac{\lambda}{\Delta}(x_1 z_3 - x_3 z_1) & = & A_{11} \\[2mm] -\dfrac{\lambda}{\Delta}(x_0 z_3 - x_3 z_0) & = & A_{13} \\[2mm] \dfrac{\lambda}{\Delta}(x_0 z_1 - x_1 z_0) & = & -A_{14} \end{array}\right\} \qquad \text{Ec. 13.61}$$

$$\begin{aligned} A_{11} &= \frac{\lambda}{\Delta}(x_1 z_3 - x_3 z_1) \\[2mm] A_{13} &= \frac{\lambda}{\Delta}(x_3 z_0 - x_0 z_3) \\[2mm] A_{14} &= \frac{\lambda}{\Delta}(x_1 z_0 - x_0 z_1) \end{aligned} \qquad \text{Ec. 13.62}$$

Igualando los términos de ambos lados de la ecuación que afectan a τ_3:

$$-\lambda \frac{\tau_3}{\Delta}[(x_1 z_2 - x_2 z_1) - (x_0 z_2 - x_2 z_0) + (x_0 z_1 - x_1 z_0)] = +\tau_3(A_{12} + A_{14} + A_{15}) \quad \text{Ec. 13.62}$$

$$\left.\begin{array}{rcl} -\dfrac{\lambda}{\Delta}(x_1 z_2 - x_2 z_1) & = & A_{12} \\[2mm] \dfrac{\lambda}{\Delta}(x_0 z_2 - x_2 z_0) & = & A_{15} \\[2mm] -\dfrac{\lambda}{\Delta}(x_0 z_1 - x_1 z_0) & = & A_{14} \end{array}\right\} \qquad \text{Ec. 13.63}$$

$$\begin{aligned} A_{12} &= \frac{\lambda}{\Delta}(x_2 z_1 - x_1 z_2) \\[2mm] A_{15} &= \frac{\lambda}{\Delta}(x_0 z_2 - x_2 z_0) \\[2mm] A_{14} &= \frac{\lambda}{\Delta}(x_1 z_0 - x_0 z_1) \end{aligned} \qquad \text{Ec. 13.64}$$

Desarrollo del término g_z

$$-\lambda\, g_z = A_{20} \cdot x_0 + A_{21} \cdot x_1 + A_{22} \cdot x_2 + A_{23} \cdot x_3 + A_{24} \cdot x_4 + A_{25} \cdot x_5 \qquad \text{Ec. 13.66}$$

Se sustituyen los valores x_i:

$$-\lambda\, g_z = A_{20} \cdot (-\tau_0 + \tau_1) + A_{21} \cdot (-\tau_0 + \tau_2) + A_{22} \cdot (-\tau_0 + \tau_3) +$$

Ec. 13.67

$$+ A_{23} \cdot (-\tau_1 + \tau_2) + A_{24} \cdot (-\tau_2 + \tau_3) + A_{25} \cdot (-\tau_1 + \tau_3)$$

Se agrupan todos los términos afectados por el mismo valor de temperatura:

$$-\lambda\, g_z = \begin{aligned} &\tau_0(-A_{20} - A_{21} - A_{22}) + \\ &+\tau_1(A_{20} - A_{23} - A_{25}) + \\ &+\tau_2(A_{21} + A_{23} - A_{24}) + \\ &+\tau_3(A_{22} + A_{24} + A_{25}) \end{aligned}$$

Ec. 13.68

Sustituyendo el valor de g_z calculado en Ec. 13.15, entonces, al igualar a lo obtenido en Ec. 13.68, se tiene que:

$$-\lambda\frac{\tau_0}{\Delta}[(x_2 z_3 - x_3 y_2) - (x_1 y_3 - x_3 y_1) + (x_1 y_2 - x_2 y_1)] +$$

$$+\lambda\frac{\tau_1}{\Delta}[(x_2 y_3 - x_3 y_2) - (x_0 y_3 - x_3 y_0) + (x_0 y_2 - x_2 y_0)] -$$

$$-\lambda\frac{\tau_2}{\Delta}[(x_1 y_3 - x_3 y_1) - (x_0 y_3 - x_3 y_0) + (x_0 y_1 - x_1 y_0)] +$$

$$+\lambda\frac{\tau_3}{\Delta}[(x_1 y_2 - x_2 y_1) - (x_0 y_2 - x_2 y_0) + (x_0 y_1 - x_1 y_0)] = \begin{aligned} &\tau_0(-A_{20} - A_{21} - A_{22}) \\ &+\tau_1(A_{20} - A_{23} - A_{25}) \\ &+\tau_2(A_{21} + A_{23} - A_{24}) \\ &+\tau_3(A_{22} + A_{24} + A_{25} \end{aligned}$$

Ec. 13.69

Igualando los términos de ambos lados de la ecuación que afectan a τ_0:

$$-\lambda\frac{\tau_0}{\Delta}[(x_2 z_3 - x_3 y_2) - (x_1 y_3 - x_3 y_1) + (x_1 y_2 - x_2 y_1)] = \tau_0(-A_{20} - A_{21} - A_{22})$$

Ec. 13.70

$$\left.\begin{aligned} -\frac{\lambda}{\Delta}(x_2 z_3 - x_3 y_2) &= -A_{20} \\ \frac{\lambda}{\Delta}(x_1 y_3 - x_3 y_1) &= -A_{21} \\ -\frac{\lambda}{\Delta}(x_1 y_2 - x_2 y_1) &= -A_{22} \end{aligned}\right\}$$

Ec. 13.71

$$A_{20} = \frac{\lambda}{\Delta}\left(x_2 z_3 - x_3 y_2\right)$$

$$A_{21} = \frac{\lambda}{\Delta}\left(x_3 y_1 - x_1 y_3\right) \qquad \text{Ec. 13.72}$$

$$A_{12} = \frac{\lambda}{\Delta}\left(x_1 y_2 - x_2 y_1\right)$$

Igualando los términos de ambos lados de la ecuación que afectan a τ_1:

$$\lambda \frac{\tau_1}{\Delta}\left[(x_2 y_3 - x_3 y_2) - (x_0 y_3 - x_3 y_0) + (x_0 y_2 - x_2 y_0)\right] = \tau_1 (A_{20} - A_{23} - A_{25}) \qquad \text{Ec. 13.73}$$

$$\left.\begin{aligned}
\frac{\lambda}{\Delta}(x_2 y_3 - x_3 y_2) &= A_{20} \\
-\frac{\lambda}{\Delta}(x_0 y_3 - x_3 y_0) &= -A_{23} \\
\frac{\lambda}{\Delta}(x_0 y_2 - x_2 y_0) &= -A_{25}
\end{aligned}\right\} \qquad \text{Ec. 13.74}$$

$$A_{20} = \frac{\lambda}{\Delta}(x_2 y_3 - x_3 y_2)$$

$$A_{23} = \frac{\lambda}{\Delta}(x_0 y_3 - x_3 y_0) \qquad \text{Ec. 13.75}$$

$$A_{25} = \frac{\lambda}{\Delta}(x_2 y_0 - x_0 y_2)$$

Igualando los términos de ambos lados de la ecuación que afectan a τ_2:

$$-\lambda \frac{\tau_2}{\Delta}\left[(x_1 y_3 - x_3 y_1) - (x_0 y_3 - x_3 y_0) + (x_0 y_1 - x_1 y_0)\right] = +\tau_2 (A_{21} + A_{23} - A_{24}) \qquad \text{Ec. 13.76}$$

$$\left.\begin{aligned}
-\frac{\lambda}{\Delta}(x_1 y_3 - x_3 y_1) &= A_{21} \\
\frac{\lambda}{\Delta}(x_0 y_3 - x_3 y_0) &= A_{23} \\
-\frac{\lambda}{\Delta}(x_0 y_1 - x_1 y_0) &= -A_{24}
\end{aligned}\right\} \qquad \text{Ec. 13.77}$$

$$A_{21} = \frac{\lambda}{\Delta}(x_3 y_1 - x_1 y_3)$$

$$A_{23} = \frac{\lambda}{\Delta}(x_0 y_3 - x_3 y_0)$$

Ec. 13.78

$$A_{24} = \frac{\lambda}{\Delta}(x_0 y_1 - x_1 y_0)$$

Igualando los términos de ambos lados de la ecuación que afectan a τ_3:

$$\lambda \frac{\tau_3}{\Delta}[(x_1 y_2 - x_2 y_1) - (x_0 y_2 - x_2 y_0) + (x_0 y_1 - x_1 y_0)] = \tau_3 (A_{22} + A_{24} + A_{25})$$

Ec. 13.79

$$\left. \begin{array}{rcl} \frac{\lambda}{\Delta}(x_1 y_2 - x_2 y_1) & = & A_{22} \\ -\frac{\lambda}{\Delta}(x_0 y_2 - x_2 y_0) & = & A_{25} \\ \frac{\lambda}{\Delta}(x_0 y_1 - x_1 y_0) & = & A_{24} \end{array} \right\}$$

Ec. 13.80

$$A_{22} = \frac{\lambda}{\Delta}(x_1 y_2 - x_2 y_1)$$

$$A_{25} = \frac{\lambda}{\Delta}(x_2 y_0 - x_0 y_2)$$

Ec. 13.81

$$A_{24} = \frac{\lambda}{\Delta}(x_0 y_1 - x_1 y_0)$$

13.3. Matriz A$_\tau$ definitiva

Una vez obtenido todos los términos A_{ij} se ha podido ir viendo a lo largo del desarrollo que algunos términos se repiten, coincidiendo sus valores por un camino o por otro. Esto es prueba de que el desarrollo es correcto.

Con los valores obtenidos se construye la matriz $[A_\tau]$, que tiene el siguiente aspecto:

$$[A_\tau] = \frac{\lambda}{\Delta} \begin{bmatrix} (y_3 z_2 - y_2 z_3) & (y_1 z_3 - y_3 z_1) & (y_2 z_1 - y_1 z_2) & (y_3 z_0 - y_0 z_3) & (y_1 z_0 - y_0 z_1) & (y_0 2 - y_2 z_0) \\ (x_2 z_3 - x_3 z_2) & (x_3 z_1 - x_1 z_3) & (x_1 z_2 - x_2 z_1) & (x_0 z_3 - x_3 z_0) & (x_0 z_1 - x_1 z_0) & (x_2 z_0 - x_0 z_2) \\ (x_3 y_2 - x_2 y_3) & (x_1 y_3 - x_3 y_1) & (x_2 y_1 - x_1 y_2) & (x_3 y_0 - x_0 y_3) & (x_1 y_0 - x_0 y_1) & (x_0 y_2 - x_2 y_0) \end{bmatrix}$$

Ec. 13.82

Anexo 2

Potencia calorífica partiendo de la densidad de corriente en régimen armónico

Se toma el siguiente tetraedro como referencia, con las densidades de corriente asignadas a los nudos.

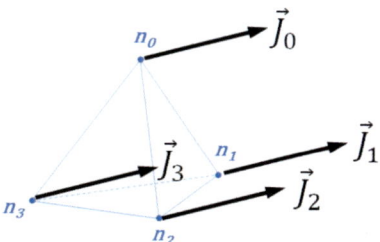

Figura 14-1. Densidades de corriente $\vec{j}_k$ en los nudos.

Se trata de calcular la potencia calorífica, bien sea por efecto Joule, por corrientes de Foucault, o por la combinación de ambos fenómenos. Para ello se parte de la siguiente consideración:

$$P = \Re e(\bar{S}) = \Re e(\bar{U} \cdot \bar{I}^*) = \Re e(Z\,\bar{I} \cdot \bar{I}^*) \qquad \text{Ec. 14.1}$$

$$P = \Re e[Z(I_R + i\,I_I)(I_R - i\,I_I)] \qquad \text{Ec. 14.2}$$

$$P = \frac{1}{Y}(I_R^2 + I_I^2) \qquad \text{Ec. 14.3}$$

Si $I = \int_{\tilde{S}} \vec{J} \cdot d\vec{S} \Rightarrow P = \frac{1}{\gamma}(I_R^2 + I_I^2) \Leftrightarrow P = \frac{1}{\sigma}(J_R^2 + J_I^2)$

Si se utilizan valores máximos de corriente, entonces: $P = \frac{1}{2\sigma}(J_R^2 + J_I^2)$

14.1. Interpolación de la densidad de corriente en cualquier punto del tetraedro

En algunos postprocesadores, muchos de ellos basados en el Método de los Elementos Finitos, la densidad de corriente eléctrica está asignada los nudos del tetraedro —Figura 14-1—. Se trata de obtener el valor de la densidad de corriente eléctrica en el interior del tetraedro. Para ello se recurre a una interpolación lineal del tipo:

$$\vec{J}(\alpha_0, \alpha_1, \alpha_2, \alpha_3) = \vec{J}_0\, \alpha_0 + \vec{J}_1\, \alpha_1 + \vec{J}_2\, \alpha_2 + \vec{J}_3\, \alpha_3 \qquad \text{Ec. 14.4}$$

Para ello se establece un sistema de coordenadas intrínsecas al tetraedro, tal que la cuarta componente es combinación lineal de las otras tres:

$$\alpha_0 + \alpha_1 + \alpha_2 + \alpha_3 = 1 \qquad \text{Ec. 14.5}$$

Al estar asignados a cada nudo del tetraedro, los vectores de densidad de corriente tendrán las siguientes coordenadas:

$$\begin{aligned}
\vec{J}_0 &= J_{0x}\, \vec{\imath} + J_{0y}\, \vec{\jmath} + J_{0z}\, \vec{k} \\
\vec{J}_1 &= J_{1x}\, \vec{\imath} + J_{1y}\, \vec{\jmath} + J_{1z}\, \vec{k} \\
\vec{J}_2 &= J_{2x}\, \vec{\imath} + J_{2y}\, \vec{\jmath} + J_{2z}\, \vec{k} \\
\vec{J}_3 &= J_{3x}\, \vec{\imath} + J_{3y}\, \vec{\jmath} + J_{3z}\, \vec{k}
\end{aligned} \qquad \text{Ec. 14.6}$$

Aplicando la interpolación lineal propuesta en Ec. 14.4, las componentes del vector de densidad de corrientes interpolado $\vec{J}$ serán:

$$\begin{aligned}
J_x &= J_{0x}\, \alpha_0 + J_{1x}\, \alpha_1 + J_{2x}\, \alpha_2 + J_{3x}\, \alpha_3 \\
J_y &= J_{0y}\, \alpha_0 + J_{1y}\, \alpha_1 + J_{2y}\, \alpha_2 + J_{3y}\, \alpha_3 \\
J_z &= J_{0z}\, \alpha_0 + J_{1z}\, \alpha_1 + J_{2z}\, \alpha_2 + J_{3z}\, \alpha_3
\end{aligned} \qquad \text{Ec. 14.7}$$

Se ha establecido previamente el carácter armónico de los campos electromagnéticos. Por lo tanto el vector de campo $\vec{J}$ pasa a ser considerado un fasor: $\bar{J} = J_R + i J_I$.

Las componentes J_R y J_I del fasor deben ser desarrolladas en coordenadas intrínsecas $(\alpha_0, \alpha_1, \alpha_2, \alpha_3)$. Se desarrollan las componentes J_R y J_I en estas coordenadas.

14.2. Parte real cuadrática de la densidad de corriente

Se tiene que:

$$J_R^2 = J_{Rx}^2 + J_{Ry}^2 + J_{Rz}^2 \qquad \text{Ec. 14.8}$$

Sustituyendo el valor de estas componentes interpoladas:

$$
\begin{aligned}
J_R^2 = \ & (J_{0xR}\,\alpha_0 + J_{1xR}\,\alpha_1 + J_{2xR}\,\alpha_2 + J_{3xR}\,\alpha_3)^2 + \\
& (J_{0yR}\,\alpha_0 + J_{1yR}\,\alpha_1 + J_{2yR}\,\alpha_2 + J_{3yR}\,\alpha_3)^2 + \\
& (J_{0zR}\,\alpha_0 + J_{1zR}\,\alpha_1 + J_{2zR}\,\alpha_2 + J_{3zR}\,\alpha_3)^2
\end{aligned}
\qquad \text{Ec. 14.9}
$$

Se desarrollarán los cuadrados de las componentes de J_R^2. Para ello se recurre a la expresión del cuadrado de un polinomio:

$$(a + b + c + b)^2 = a^2 + b^2 + c^2 + d^2 + 2ab + 2ac + 2ad + 2bc + 2bd + 2cd \qquad \text{Ec. 14.10}$$

Entonces aplicado la expresión anterior:

$$
\begin{aligned}
(J_{0xR}\,\alpha_0 + J_{1xR}\,\alpha_1 + J_{2xR}\,\alpha_2 + J_{3xR}\,\alpha_3)^2 = \ & (J_{0xR}^2\,\alpha_0^2 + J_{1xR}^2\,\alpha_1^2 + J_{2xR}^2\,\alpha_2^2 + J_{3x}^2\,\alpha_3^2) + \\
& +2 \cdot (J_{0xR}\,\alpha_0 J_{1xR}\,\alpha_1 + J_{0xR}\,\alpha_0 J_{2xR}\,\alpha_2 + J_{0xR}\,\alpha_0\,J_{3xR}\,\alpha_3) + \\
& +2 \cdot (J_{1xR}\,\alpha_1 J_{2xR}\,\alpha_2 + J_{1xR}\,\alpha_1 J_{3xR}\,\alpha_3) + \\
& +2 \cdot (J_{2xR}\,\alpha_2 J_{3xR}\,\alpha_3)
\end{aligned}
\qquad \text{Ec. 14.11}
$$

$$
\begin{aligned}
(J_{0yR}\,\alpha_0 + J_{1yR}\,\alpha_1 + J_{2yR}\,\alpha_2 + J_{3yR}\,\alpha_3)^2 = \ & (J_{0yR}^2\,\alpha_0^2 + J_{1yR}^2\,\alpha_1^2 + J_{2yR}^2\,\alpha_2^2 + J_{3yR}^2\,\alpha_3^2) + \\
& +2 \cdot (J_{0yR}\,\alpha_0 J_{1yR}\,\alpha_1 + J_{0yR}\,\alpha_0 J_{2yR}\,\alpha_2 + J_{0yR}\,\alpha_0\,J_{3yR}\,\alpha_3) + \\
& +2 \cdot (J_{1yR}\,\alpha_0 J_{2yR}\,\alpha_2 + J_{1yR}\,\alpha_1 J_{3yR}\,\alpha_3) + \\
& +2 \cdot (J_{2yR}\,\alpha_2 J_{3yR}\,\alpha_3)
\end{aligned}
\qquad \text{Ec. 14.12}
$$

$$(J_{0zR}\,\alpha_0 + J_{1zR}\,\alpha_1 + J_{2zR}\,\alpha_2 + J_{3zR}\,\alpha_3)^2 = \quad (J_{0zR}^2\,\alpha_0^2 + J_{1zR}^2\,\alpha_1^2 + J_{2zR}^2\,\alpha_2^2 + J_{3zR}^2\,\alpha_3^2) +$$
$$+2 \cdot (J_{0zR}\,\alpha_0 J_{1zR}\,\alpha_1 + J_{0zR}\,\alpha_0 J_{2zR}\,\alpha_2 + J_{0zR}\,\alpha_0 J_{3zR}\,\alpha_3) +$$
$$+2 \cdot (J_{1zR}\,\alpha_1 J_{2zR}\,\alpha_2 + J_{1zR}\,\alpha_1 J_{3zR}\,\alpha_3) + \qquad \text{Ec. 14.13}$$
$$+2 \cdot (J_{2zR}\,\alpha_2 J_{3zR}\,\alpha_3)$$

Si se agrupan todos los términos α_k comunes, entonces:

$$J_R^2 = \left(J_{0xR}^2 + J_{0yR}^2 + J_{0zR}^2\right)\alpha_0^2 + \left(J_{1xR}^2 + J_{1yR}^2 + J_{1zR}^2\right)\alpha_1^2 +$$
$$\left(J_{2xR}^2 + J_{2yR}^2 + J_{2zR}^2\right)\alpha_2^2 + \left(J_{3xR}^2 + J_{3yR}^2 + J_{3zR}^2\right)\alpha_3^2 +$$
$$+2\left(J_{0xR} J_{1xR} + J_{0yR} J_{1yR} + J_{0zR} J_{1zR}\right)\alpha_0\,\alpha_1 +$$
$$+2\left(J_{0xR} J_{2xR} + J_{0yR} J_{2yR} + J_{0zR} J_{2zR}\right)\alpha_0\,\alpha_2 +$$
$$+2\left(J_{0xR} J_{3xR} + J_{0yR} J_{3yR} + J_{0zR} J_{3zR}\right)\alpha_0\,\alpha_3 + \qquad \text{Ec. 14.14}$$
$$+2\left(J_{1xR} J_{2xR} + J_{1yR} J_{2yR} + J_{1zR} J_{2zR}\right)\alpha_1\,\alpha_2 +$$
$$+2\left(J_{1xR} J_{3xR} + J_{1yR} J_{3yR} + J_{1zR} J_{3zR}\right)\alpha_1\,\alpha_3 +$$
$$+2\left(J_{2xR} J_{3xR} + J_{2yR} J_{3yR} + J_{2zR} J_{3zR}\right)\alpha_2\,\alpha_3$$

14.3. Obtención de la potencia por integración en el volumen dual

Procediendo de igual manera con la componente I_i:

$$J_I^2 = \left(J_{0xI}^2 + J_{0yI}^2 + J_{0zI}^2\right)\alpha_0^2 + \left(J_{1xI}^2 + J_{1yI}^2 + J_{1zI}^2\right)\alpha_1^2 +$$
$$\left(J_{2xI}^2 + J_{2yI}^2 + J_{2zI}^2\right)\alpha_2^2 + \left(J_{3xI}^2 + J_{3yI}^2 + J_{3zI}^2\right)\alpha_3^2 +$$
$$+2\left(J_{0xI} J_{1xI} + J_{0yI} J_{1yI} + J_{0zI} J_{1zI}\right)\alpha_0\,\alpha_1 +$$
$$+2\left(J_{0xI} J_{2xI} + J_{0yI} J_{2yI} + J_{0zI} J_{2zI}\right)\alpha_0\,\alpha_2 +$$
$$+2\left(J_{0xI} J_{3xI} + J_{0yI} J_{3yI} + J_{0zI} J_{3zI}\right)\alpha_0\,\alpha_3 + \qquad \text{Ec. 14.15}$$
$$+2\left(J_{1xI} J_{2xI} + J_{1yI} J_{2yI} + J_{1zI} J_{2zI}\right)\alpha_1\,\alpha_2 +$$
$$+2\left(J_{1xI} J_{3xI} + J_{1yI} J_{3yI} + J_{1zI} J_{3zI}\right)\alpha_1\,\alpha_3 +$$
$$+2\left(J_{2xI} J_{3xI} + J_{2yI} J_{3yI} + J_{2zI} J_{3zI}\right)\alpha_2\,\alpha_3$$

14.4. Obtención de la potencia por integración en el volumen dual

Las magnitudes de fuentes están siempre referidas al dual. Cada nudo del primal es el baricentro dual de la celda primal. De tal manera que, en un dominio tridimensional para el tetraedro de referencia, tomando un nudo cualquiera, el volumen adjunto a ese nudo, y que corresponde a un cuarto del volumen primal, es la subcelda dual incrustada en el volumen primal. En el caso de un dominio bidimensional, correspondería al tercio del triángulo primal y adjunto al nudo analizado, el papel de subcelda dual. Sea como fuera, existe la necesidad de integrar el volumen de dichas subceldas.

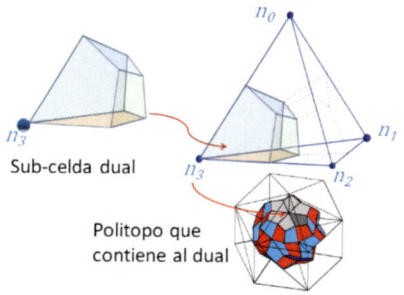

Figura 14-2. Subceldas duales y politopo dual.

Denominando $\tilde{V}_{n3}$ al volumen de la sub-celda dual asociada al nudo 3, entonces cualquier magnitud referida como densidad volumétrica uniforme M_{dv} en $\tilde{V}_{n3}$, tendrá como integral la siguiente:

$$M = \iiint_{\tilde{V}_{n3}} M_{dv}\, dV \qquad \text{Ec. 14.16}$$

En la FF-MC, como las variables fuentes están en el dual, entonces la integral M será una variable de fuente. La dificultad reside en la integración de las subceldas duales. Para ello existe una metodología desarrollada por Voitovich, & Vandewalle (2007), que consiste en parametrizar una celda tetraédrica de referencia, integrarla y referir al valor del volumen del primal del dominio analizado.

419

Para entender el procedimiento, se explicarán dos casos que se ha tratado con esta metodología en el presente trabajo.

14.4.1. Distribución de temperatura y energía interna

Supongamos una distribución lineal de temperaturas en un sistema de coordenadas intrínsecas. Dicha distribución sigue la siguiente ley:

$$\tau(\alpha_0, \alpha_1, \alpha_2, \alpha_3) = \tau_0\, \alpha_0 + \tau_1\, \alpha_1 + \tau_2\, \alpha_2 + \tau_3\, \alpha_3 \qquad \text{Ec. 14.17}$$

Sí quisiéramos calcular la potencia interna, entonces la distribución volumétrica de potencia vendría dada por:

$$U_i = \rho_v\, C_p\, \tau \qquad \text{Ec. 14.18}$$

U_i está dada en [W·m^{-3}]. Integrando en el volumen donde se desarrolla la energía interna (subcelda $\tilde{V}_{n3}$ anexa al nudo n_3) se obtendría la potencia interna.

$$P^i_{\tilde{V}_{n3}} = \iiint_{\tilde{V}_{n3}} U_i\, dV = \iiint_{\tilde{V}_{n3}} \rho_v\, C_p\, (\tau_0\, \alpha_0 + \tau_1\, \alpha_1 + \tau_2\, \alpha_2 + \tau_3\, \alpha_3)\, dV \quad \text{Ec. 14.19}$$

Siguiendo la metodología propuesta por Voitovich, & Vandewalle (2007), se debe tener en cuenta lo siguiente:

- Los subíndices k de α_k
- Los subíndices i del nudo n_i

Tal que:

$$Int = \iiint_{\tilde{V}_{ni}} \alpha_k\, dV \Rightarrow \begin{cases} Si\ k = i \Rightarrow Int = \dfrac{25}{192} \cdot V_T \\[2mm] Si\ k \neq i \Rightarrow Int = \dfrac{23}{576} \cdot V_T \end{cases} \qquad \text{Ec. 14.20}$$

Donde V_T es el volumen del tetraedro primal. Yendo a Ec. 14.19, y aplicando las reglas explicada en el párrafo anterior, la potencia interna sería:

$$P_{\tilde{V}_{n3}}^i = \rho_v \, C_p \left(\tau_0 \frac{23}{576} + \tau_1 \frac{23}{576} + \tau_2 \frac{23}{576} + \tau_3 \frac{75}{576} \right) \cdot V_T \qquad \text{Ec. 14.21}$$

Pero si ρ_v es la densidad volumétrica de masa de la materia contenida en el tetraedro, entonces: $M = \rho_v \, V_T$, siendo M la masa del tetraedro primal. Sustituyendo y reordenando:

$$P_{\tilde{V}_{n3}}^i = \frac{M C_p}{576} \left(23 \, \tau_0 + 23 \, \tau_1 + 23 \, \tau_2 + 75 \, \tau_3 \right) \qquad \text{Ec. 14.22}$$

Procediendo de igual manera para las subceldas duales, se obtiene el siguiente sistema de ecuaciones:

$$P_{\tilde{V}_i \subset V_T}^i = \frac{M C_p}{576} \begin{bmatrix} 75 & 23 & 23 & 23 \\ 23 & 75 & 23 & 23 \\ 23 & 23 & 75 & 23 \\ 23 & 23 & 23 & 75 \end{bmatrix} \begin{bmatrix} \tau_0 \\ \tau_1 \\ \tau_2 \\ \tau_3 \end{bmatrix} \qquad \text{Ec. 14.23}$$

¿Qué significa $P_{\tilde{V}_i \subset V_T}^i$? Sería la potencia interna de cada una de las subceldas duales $\tilde{V}_i$ insertas en el volumen primal V_T.

¿Cómo se calcularía toda la potencia interna del dominio Ω? Pues sencillamente calculando uno a uno cada tetraedro y ensamblándolo en la matriz global.

$$P_{\Omega}^i = \sum_{j=1}^{N_{V_T}} P_{\tilde{V}_i \subset V_{Tj}}^i \qquad \text{Ec. 14.24}$$

14.4.2. Cálculo de la potencia calorífica producida por efecto Joule y/o corriente de Foucault

La potencia calorífica desarrollada por efecto Joule y por las corrientes de Foucault, conocidas las densidades de corriente, constituye un caso no lineal.

La potencia calorífica mencionada se calcula a partir de la expresión siguiente:

$$P^{JF}_{\tilde{V}_i \subset V_T} = \iiint_{\tilde{V}_i} \frac{1}{2\sigma} \left(J_R^2 + J_I^2 \right) dV \qquad \text{Ec. 14.25}$$

Los términos J_R^2 y J_I^2 se han desarrollado anteriormente y alcanzan los valores expuestos en Ec. 13.14 y Ec. 14.15, respectivamente. Al utilizar valores máximos de las densidades de corrientes como ondas senoidales, aparece el valor *1/2*. Particularizando para el nudo 3 de la Figura 14-2, para la parte real de la densidad de corriente, el primer sumando, el afectado por α_0:

$$P_{1R} = \iiint_{\tilde{V}_{n3}} \frac{1}{2\sigma} \left(J_{0xR}^2 + J_{0yR}^2 + J_{0zR}^2 \right) \alpha_0^2 \, dV \qquad \text{Ec. 14.26}$$

Siguiendo la metodología de **Fuente especificada no válida.**, $\alpha_0^2 = \alpha_0 \cdot \alpha_0$, con lo cual:

$$Int = \iiint_{\tilde{V}_{ni}} \alpha_k \cdot \alpha_L \, dV \Rightarrow \begin{cases} Si \; k = L \neq i \Rightarrow Int = \dfrac{161}{17280} \cdot V_T \\[3mm] Si \; k = L = i \Rightarrow Int = \dfrac{83}{192} \cdot V_T \end{cases} \qquad \text{Ec. 14.27}$$

Como $k = L = 0$ e $i = 3$, entonces:

$$P_{1R} = \frac{161}{17280} \cdot \frac{V_T}{2\sigma} \cdot \left(J_{0xR}^2 + J_{0yR}^2 + J_{0zR}^2 \right) \qquad \text{Ec. 14.28}$$

Procediendo con el quinto sumando de Ec. 13.14, entonces:

$$P_{5R} = \iiint_{\tilde{V}_{n3}} \frac{1}{2\sigma} \cdot 2 \left(J_{0xR} J_{1xR} + J_{0yR} J_{1yR} + J_{0zR} J_{1zR} \right) \alpha_0 \, \alpha_1 \, dV \qquad \text{Ec. 14.29}$$

Como $k = 0, L = 1$, e $i = 3$, entonces:

$$Int = \iiint_{\tilde{V}_{ni}} \alpha_k \cdot \alpha_L \, dV \Rightarrow \begin{cases} Si \; k = L = i \;\Rightarrow\; Int = \dfrac{83}{192} \cdot V_T \\[2mm] Si \; k = L \neq i \;\Rightarrow\; Int = \dfrac{161}{17280} \cdot V_T \\[2mm] Si \; k \neq L \; y \; (k = i \; o \; L = i) \;\Rightarrow\; Int = \dfrac{67}{3456} \cdot V_T \\[2mm] cualquier \; otro \; caso \;\Rightarrow\; Int = \dfrac{97}{17280} \cdot V_T \end{cases} \qquad \text{Ec. 14.30}$$

$$P_{5R} = \frac{97}{17280} \cdot \frac{V_T}{\sigma} \left(J_{0xR} J_{1xR} + J_{0yR} J_{1yR} + J_{0zR} J_{1zR} \right) \qquad \text{Ec. 14.31}$$

En la siguiente tabla indica los términos utilizados para la integración de J_R^2 y J_I^2.

Nudos / Término	n_0	n_1	n_2	n_3
α_0^2	$\dfrac{83}{1152}$	$\dfrac{161}{17280}$	$\dfrac{161}{17280}$	$\dfrac{161}{17280}$
α_1^2	$\dfrac{161}{17280}$	$\dfrac{83}{1152}$	$\dfrac{161}{17280}$	$\dfrac{161}{17280}$
α_2^2	$\dfrac{161}{17280}$	$\dfrac{161}{17280}$	$\dfrac{83}{1152}$	$\dfrac{161}{17280}$
α_3^2	$\dfrac{161}{17280}$	$\dfrac{161}{17280}$	$\dfrac{161}{17280}$	$\dfrac{83}{1152}$
$\alpha_0 \, \alpha_1$	$\dfrac{67}{3456}$	$\dfrac{67}{3456}$	$\dfrac{97}{17280}$	$\dfrac{97}{17280}$
$\alpha_0 \, \alpha_2$	$\dfrac{97}{17280}$	$\dfrac{67}{3456}$	$\dfrac{97}{17280}$	$\dfrac{67}{3456}$
$\alpha_0 \, \alpha_3$	$\dfrac{97}{17280}$	$\dfrac{67}{3456}$	$\dfrac{67}{3456}$	$\dfrac{97}{17280}$
$\alpha_1 \, \alpha_2$	$\dfrac{97}{17280}$	$\dfrac{67}{3456}$	$\dfrac{67}{3456}$	$\dfrac{97}{17280}$

$\alpha_1\,\alpha_3$	$\dfrac{97}{17280}$	$\dfrac{67}{3456}$	$\dfrac{97}{17280}$	$\dfrac{67}{3456}$
$\alpha_2\,\alpha_3$	$\dfrac{97}{17280}$	$\dfrac{97}{17280}$	$\dfrac{67}{3456}$	$\dfrac{67}{3456}$

Tabla 14-1. Integración de J_R^2 y J_I^2 **Fuente especificada no válida..**

Término a término, integrando con este procedimiento, se consigue la potencia calorífica generada por J_R^2 y J_I^2.

Dicho lo cual, la potencia calorífica total, utilizando los valores máximos de corriente, será:

$$P_{\bar{V}_i \subset V_T}^{JF} = \frac{1}{2}\sum_{s=1}^{10}(P_{sR} + P_{sI}) \qquad \text{Ec. 14.32}$$

Para el politopo dual, Figura 14-2, se procederá a ensamblar la matriz global y calcular la aportación de la celda anteriormente calculada:

$$P_{\Omega}^{JF} = \sum_{j=1}^{N_{V_T}} P_{\bar{V}_i \subset V_{Tj}}^{JF} \qquad \text{Ec. 14.33}$$

Donde N_{V_T} es el número total de celdas tetraédricas que posee el dominio discreto Ω. Es decir: $N_{V_T} = \dim(\{\Omega\})$.

14.5. Número de condición de una matriz

Se denomina número de condición $N_c([A])$ de una matriz $[A]$ no singular, al valor obtenido de multiplicar la norma de la matriz por la norma de su inversa.

$$N_c([A]) = \|A\| \cdot \|A^{-1}\| \qquad \text{Ec. 14.34}$$

Debe cumplirse que $N_c([A]) \geq 1$. Una matriz está bien condicionada cuando N_c está próximo a 1, y mal condicionada cuanto más se aleje del valor 1.

Esto servirá para saber cuan precisa es la solución aproximada $[\tilde{x}]$ aportada al sistema de ecuaciones.

$$[A] \cdot [x] = [b] \quad \Rightarrow \quad [r] = [b] - [A] \cdot [\tilde{x}] \qquad \text{Ec. 14.35}$$

Donde $[r]$ es el vector de residuos al aplicarse la solución aproximada $[\tilde{x}]$.

La matriz de masas para el Método de los Elementos Finitos que propone **Fuente especificada no válida.** es:

$$M_{MEF} = \begin{bmatrix} 2 & 1 & 1 & 1 \\ 1 & 2 & 1 & 1 \\ 1 & 1 & 2 & 1 \\ 1 & 1 & 1 & 2 \end{bmatrix} \qquad \text{Ec. 14.36}$$

La matriz de masas propuesta por Bullo *et al.* (2007) es:

$$M_{FFMC} = \begin{bmatrix} 75 & 23 & 23 & 23 \\ 23 & 75 & 23 & 23 \\ 23 & 23 & 75 & 23 \\ 23 & 23 & 23 & 75 \end{bmatrix} \qquad \text{Ec. 14.37}$$

El número de condición de la matriz Ec. 14.36 es 5, mientras que el número de condición de la matriz Ec. 14.37 es 2,76.92.

Con el siguiente código en Matlab hemos comprobado lo que afirma Bullo *et al.* (2007):

```
clear all;
%Matriz de masas de Driesen (2000)
MMEF=[2 1 1 1;1 2 1 1;1 1 2 1;1 1 1 2];
%Matriz de masas de Bullo et al. (2007)
MFFMC=[75 23 23 23;23 75 23 23;23 23 75 23;23 23 23 75];
%Cálculo del número de condición de MMEF
Nc1=norm(MMEF)*norm(MMEF^-1)
%Cálculo del número de condición de MFFMC
Nc2=norm(MFFMC)*norm(MFFMC^-1)
```

Bibliografía

Voitovich, T. V., & Vandewalle, S. (2007). Exact integration formulas for the finite volume element method on simplicial meshes. *Numerical Methods for Partial Differential Equations*, Sep, 23(5), pp. 1059-1082.

Anexo 3

Verificación y validación

15.1. Concepto de incertidumbre y error

Según la RAE: *Incertidumbre*: 1. f. Falta de certidumbre. *Certidumbre*: Del lat. tardío certitudo, -inis.1. f. certeza. 2. f. desus. Obligación de cumplir algo. *Certeza*: De cierto.1. f. Conocimiento seguro y claro de algo.2. f. Firme adhesión de la mente a algo conocible, sin temor de errar.

De todas estas acepciones que nos da la RAE, la más próxima a nuestro interés es la de «Conocimiento seguro y claro de algo», para el caso, incertidumbre, la ausencia de dicho conocimiento.

La incertidumbre procedería de la deficiencia potencial no identificada en una o varias partes del proceso. Debe atribuirse a la falta de conocimiento. En el caso de este trabajo, la incertidumbre pudiera ser atribuida a la falta de certidumbre de las aplicaciones desarrolladas y/o a las aplicaciones informáticas utilizadas como patrón de medida. Para limitar tal incertidumbre, existen una serie de contrastes relativamente simples. El más claro y, posiblemente más eficaz, consiste en diseñar un experimento, resolverlo con las dos aplicaciones utilizadas como patrón y enfrentar los datos obtenidos para las mismas condiciones de contorno e iniciales.

Estos datos se llevan a una gráfica enfrentando unos en el eje de abscisas y otros en el eje de ordenadas. Si ambos dan resultados muy próximos, se debe formar una nube de puntos en torno a una recta de 45º, que pasa por el origen de coordenadas.

Otro método de eliminar incertidumbre es enfrentar, tanto los resultados obtenidos como los *resultados patrón*, a una expresión analítica que resuelve el mismo problema que las aplicaciones informáticas mencionadas. El inconveniente de este método es que rara vez existe una expresión analítica que resuelva el problema, de aquí la justificación de los métodos numéricos que estamos tratando.

Según la RAE: *Error.* Del lat. error, -oris.1. m. Concepto equivocado o juicio falso.2. m. Acción desacertada o equivocada. 3. m. Cosa hecha erradamente. 4. m. Der. Vicio del consentimiento causado por equivocación de buena fe, que anula el acto jurídico si afecta a lo esencial de él o de su objeto. 5. m. Fís. y Mat. Diferencia entre el valor medido o calculado y el real.

Evidentemente, la quinta acepción es la aplicable a nuestro caso. El error siempre procede de deficiencias identificables en una o varias partes del proceso. Conseguir un error cero es muy poco probable, pues todos los métodos numéricos son métodos aproximados. A esto hay que añadir los procesos de truncamiento numérico que existen en el propio funcionamiento aritmético de los ordenadores. Partiendo de que es prácticamente imposible conseguir un error cero, al menos trataremos de minimizar dicho error. Este error debe ser medido y cuantificado (Tedeschi, 2006; Martínez, 2008).

15.2. Precisión y exactitud

La *precisión* se relaciona con la capacidad que tiene un instrumento o método de medida para detectar la menor variación de la magnitud a medir (Tedeschi, 2006; Martínez, 2008; Paez, 2009).

La exactitud es la concordancia que existe entre lo medido y el instrumento, o método de medida, respecto del patrón de medida utilizado (Tedeschi, 2006; Martínez, 2008).

En nuestro caso cabe más hablar de exactitud que de precisión: La precisión es alcanzable en el grado que el procesador aritmético del ordenador lo permita, pero la exactitud la alcanzamos al comparar los resultados con los patrones GMSH-GetDp y FEMM.

15.3. Estadísticos utilizados para validar los modelos propuestos

La bibliografía consultada al respecto es amplia y, en cierta manera, existen controversias entre autores acerca de las bondades de los estadísticos que en ella se analizan. Pero una cosa queda clara: la validez de un estadístico dependerá del grado de correlación existente entre la medida y el patrón.

Así, existen modelos matemáticos donde un valor de correlación del 60 % es aceptable, frente a otro tipo de modelos donde se le exige una correlación superior al 90 %. Muchos de estos autores recomiendan un análisis gráfico previo de los datos (Tedeschi, 2006; Moriasi *et al.*, 2007; Paez, 2009).

Al aplicar un modelo de regresión lineal entre los datos numéricos obtenidos del modelo propuesto y enfrentarlos con los datos obtenidos del patrón, cuanto más se acerque el coeficiente de determinación (r^2) al valor 1, mejor se comporta el modelo propuesto frente al patrón.

¿Por qué utilizar el coeficiente de determinación (r^2) frente al coeficiente de correlación (r), ya que el segundo es la raíz cuadrada del primero? Porque el coeficiente de correlación (r) miden el grado de relación entre variables aleatorias y el coeficiente de determinación (r^2) mide el grado de relación entre una variable aleatoria con una variable fija (Mesple *et al.*, 1996). En nuestro caso la variable aleatoria son los datos numéricos experimentales de nuestro modelo y la variable fija son los datos numéricos de las aplicaciones informáticas patrones (GMSH-GetDp y FEMM). No obstante, este estadístico debe ser usado como una primera aproximación, y no la única, para determinar la bondad del experimento **Fuente especificada no válida.**.

A partir de esta contrastación simple se puede seguir con otras más sofisticadas.

Es muy interesante tener un histograma de errores. Su utilidad reside en considerar que la fuente de errores tiene un origen aleatorio, no sistémico. Si esto es así, en el estado ideal, la distribución de errores debe coincidir con una distribución normal. Cuanto más se aleje de esta distribución normal, es más probable que el error sea sistémico y no aleatorio.

En nuestro caso debe haber una mínima parte de error sistémico atribuible a la precisión del método, errores de truncamiento del ordenador, etcétera. La fuente de error aleatorio quedaría limitada a ruido del propio ordenador. Es decir, de existir error, la probabilidad más alta es que sea no sistémico. Por ello, la aproximación a una distribución normal es un buen síntoma de la bondad de nuestro modelo.

15.4. Estadísticos empleados en la validación de los experimentos numéricos

Se comentan, de manera breve, los diferentes estadísticos utilizados para la validación del modelo. La cantidad de ellos puede parecer excesiva, pero si todos convergen hacia la misma solución, nos dará «fuerza» a la bondad de nuestro modelo.

R²: Coeficiente de determinación

$$R^2 = 1 - \frac{\sum_{i=1}^{N}(X_i - Y_i)^2}{\sum_{i=1}^{N}(X_i - \bar{Y})^2}$$

Ec. 15.1

Valoración:	$-1 \leq R^2 \leq 1$ Cuanto más cerca de uno, mejor.
Ventajas:	Nos indica cuan cerca estamos de la recta de regresión. En nuestro caso, la recta de regresión perfecta tiene pendiente de valor uno.
Inconvenientes:	No siempre indica una correlación lineal entre los datos. Si la muestra es pequeña, puede que los datos, al aumentarse, indique una correlación de tipo no lineal.
Consultar a:	Martínez Rodríguez, 2005; Tedeschi, 2006; Piñeiro *et al.*, 2008.

MSE: Error medio cuadrático (*Mean Square Error*)

$$MSE = \frac{1}{N} \sum_{i=1}^{N} (X_i - Y_i)^2$$

Ec. 15.2

Valoración:	Cuanto más próximo a cero, mejor.
Ventajas:	Si los datos (X_i, Y_i) son independientes, entonces el MSE es un buen indicador de la exactitud del modelo. Sensible a grandes errores.
Inconvenientes:	Puede subestimar la verdadera medida pues trata de reproducir los datos reales.
Consultar a:	Tedeschi, 2006; Moriasi *et al.*, 2007; Gupta *et al.*, 2009; Fullerton Jr. *et al.*, 2010; Jolliffe, & Stephenson, 2012.

RMSE: Raíz del error medio cuadrático (*Root Mean Square Error*)

$$RMSE = \sqrt{\frac{1}{N} \sum_{i=1}^{N} (X_i - Y_i)^2}$$

Ec. 15.3

Valoración:	Cuanto más próximo a cero, mejor.
Ventajas:	Presenta las mismas características que el MSE pero en las mismas unidades que las observaciones X_i, Y_i.
Inconvenientes:	Puede subestimar la verdadera medida pues trata de reproducir los datos reales.
Consultar a:	Willmott, & Matsuura, 2005; Jolliffe, & Stephenson, 2012; Chai, & Draxler, 2014.

RMSPE: Raíz del error medio cuadrático porcentual (*Root M. S. Perceptual Error*)

$$RMSPE = \left(\sqrt{\frac{1}{N} \sum_{i=1}^{N} (X_i - Y_i)^2} \right) \times \frac{1}{\bar{Y}} = \frac{RMSE}{\bar{Y}}$$

Ec. 15.4

N:	Número de datos.
X_i:	Datos obtenidos.
Y_i:	Datos de referencia.
$\bar{Y}$	Media de los datos de referencia.
Ventajas:	Es adimensional y se puede utilizar para comparar modelos.
Inconvenientes:	Puede subestimar la verdadera medida pues trata de reproducir los datos reales.
Consultar a:	Hyndman, & Koehler, 2006.

MAE: Error Absoluto Medio (*Mean Absolute Error*)

$$MAE = \frac{1}{N} \sum_{i=1}^{N} |X_i - Y_i|$$

Ec. 15.5

Ventajas:	Mide linealmente el error.
Inconvenientes:	Puede subestimar la verdadera medida pues trata de reproducir los datos reales.
Consultar a:	Willmott, & Matsuura, 2005; Moriasi *et al.*, 2007; Jolliffe, & Stephenson, 2012; Chai, & Draxler, 2014.

MAEP: Porcentaje de Error Absoluto Medio (*Mean Absolute Percentage Error*)

$$MAEP = \frac{1}{N} \sum_{i=1}^{N} |X_i - Y_i| \times \frac{1}{\bar{Y}}$$

Ec. 15.6

Ventajas:	Es una medida adimensional y robusta del error.
Inconvenientes:	Puede subestimar la verdadera medida pues trata de reproducir los datos reales.
Consultar a:	Hyndman & Koehler, 2006.

IRM: Índice RMSE/MAE

$$IRM = \frac{RMSE}{MAE}$$

Ec. 15.7

Ventajas:	
Inconvenientes:	Puede subestimar la verdadera medida pues trata de reproducir los datos reales
Consultar a:	Moriasi *et al.*, 2007.

PBIAS

$$PBIAS = \frac{\sum_{i=1}^{N}(X_i - Y_i)}{\sum_{i=1}^{N} Y_i} \times 100$$

Ec. 15.8

Ventajas:	Media de las desviaciones, o diferencia en los errores de sesgo, o, simplemente, error sistémico. El valor óptimo de PBIAS es cero. Detecta errores aberrantes o valores extremos. Si el valor es igual o superior a uno, es indicativo de la existencia de estos valores extremos. Mide la tendencia porcentual de los datos simulados a ser más grande o más pequeños que los datos de referencia.
Inconvenientes:	Puede subestimar la verdadera medida pues trata de reproducir los datos reales.
Consultar a:	Tedeschi, 2006; Sanabria *et al.*, 2006; Moriasi *et al.*, 2007; Gupta *et al.*, 2009.

NSEF: Eficiencia del modelo
(*Modelling Efficiency Nash & Sutcliffe*)

$$NSEF = 1 - \frac{\sum_{i=1}^{N}(X_i - Y_i)^2}{\sum_{i=1}^{N}(X_i - \bar{Y})^2}$$

Ec. 15.9

Ventajas:	Su rango de variación es [-∞, 1]. Si el modelo es perfecto su valor es uno. El peor escenario teórico sería -∞, que conllevaría la invalidez completa del modelo.
Inconvenientes:	Al estar los errores elevados al cuadrado, se sobreestiman los errores grandes y se subestiman los pequeños.
Consultar a:	Mathevet *et al.*, 2006; Moriasi *et al.*, 2007; Gupta *et al.*, 2009.

U1: Coeficiente de desigualdad de Theil
(*Theil Inequality coefficient*)

$$U1 = \frac{\sqrt{\frac{\sum_{i=1}^{N}(X_i - Y_i)^2}{N}}}{\sqrt{\frac{\sum_{i=1}^{N}X_i^2}{N}} + \sqrt{\frac{\sum_{i=1}^{N}Y_i^2}{N}}}$$

Ec. 15.10

La anterior expresión la propuso Theil en 1958. Pero, en 1966, Theil propuso la siguiente modificación:

$$U2 = \frac{\sqrt{\frac{\sum_{i=1}^{N}(X_i - Y_i)^2}{}}}{\sqrt{\sum_{i=1}^{N}Y_i^2}}$$

Ec. 15.11

Ventajas:	El modelo predice mejor cuanto más cerca de cero está el índice U de Theil. Permite comparar entre modelos.
Inconvenientes:	Al estar los errores elevados al cuadrado, se sobreestiman los errores grandes y se subestiman los pequeños.
Consultar a:	Bliemel, 1973; Leuthold, 1975; Fullerton Jr. *et al.*, 2010.

Descomposición del error cuadrático medio (*MSE decomposition*)

El error medio cuadrático se puede descomponer en tres componentes:

$$MSE = \frac{1}{N}\sum_{i=1}^{N}(X_i - Y_i)^2 = (\bar{X} - \bar{Y})^2 + \left(S_{X_i} - S_{Y_i}\right)^2 + 2 \cdot (1 - r) \cdot S_{X_i} \cdot S_{Y_i} \qquad \text{Ec. 15.12}$$

Dividiendo ambos lados de la igualdad por el término *MSE*,

$$1 = \frac{(\bar{X} - \bar{Y})^2}{\frac{1}{N}\sum_{i=1}^{N}(X_i - Y_i)^2} + \frac{\left(S_{X_i} - S_{Y_i}\right)^2}{\frac{1}{N}\sum_{i=1}^{N}(X_i - Y_i)^2} + \frac{2 \cdot (1 - r) \cdot S_{X_i} \cdot S_{Y_i}}{\frac{1}{N}\sum_{i=1}^{N}(X_i - Y_i)^2} \qquad \text{Ec. 15.13}$$

$$1 = \frac{(\bar{X} - \bar{Y})^2}{MSE} + \frac{\left(S_{X_i} - S_{Y_i}\right)^2}{MSE} + \frac{2 \cdot (1 - r) \cdot S_{X_i} \cdot S_{Y_i}}{MSE} \qquad \text{Ec. 15.14}$$

- Proporción de sesgo (*Bias Proportion*) o error sistémico (diferencias entre medias)

$$U^M = \frac{(\bar{X} - \bar{Y})^2}{\frac{\sum_{i=1}^{N}(X_i - Y_i)^2}{N}} = \frac{(\bar{X} - \bar{Y})^2}{MSE} \qquad \text{Ec. 15.15}$$

- Proporción de la varianza (*Variance proportion*) o diferencias entre desviaciones típicas (error sistémico)

$$U^S = \frac{\left(S_{X_i} - S_{Y_i}\right)^2}{\frac{\sum_{i=1}^{N}(X_i - Y_i)^2}{N}} = \frac{\left(S_{X_i} - S_{Y_i}\right)^2}{MSE} \qquad \text{Ec. 15.16}$$

- Proporción de la covarianza (Covariance proportion) o error no sistémico

$$U^C = \frac{2 \cdot (1 - r) \cdot S_{X_i} \cdot S_{Y_i}}{\frac{\sum_{i=1}^{N}(X_i - Y_i)^2}{N}} = \frac{2 \cdot (1 - r) \cdot S_{X_i} \cdot S_{Y_i}}{MSE} \qquad \text{Ec. 15.17}$$

Ventajas:	Se puede detectar la fuente de errores; media, varianza o aleatorios. Se recomienda que el valor $U^C \approx 1$ y que $U^M = U^S \approx 0$. Permite comparar entre modelos por ser adimensional.
Inconvenientes:	Al estar los errores elevados al cuadrado, se sobreestiman los errores grandes y se subestiman los pequeños. Pero puede ser localizados por los tres componentes U^j
Consultar a:	Fullerton Jr. *et al.*, 2010.

d:Índice d de Willmott (*d-Willmott index*)

$$d = 1 - \frac{\sum_{i=1}^{N}(X_i - Y_i)^2}{\sum_{i=1}^{N}(|X_i - \bar{Y}| + |Y_i - \bar{Y}|)^2}$$

Ec. 15.18

Ventajas:	El modelo predice mejor cuanto más cerca de uno está el índice d de Willmott. Permite comparar entre modelos por ser adimensional.
Inconvenientes:	Al estar los errores elevados al cuadrado, se sobreestiman los errores grandes y se subestiman los pequeños.
Consultar a:	Willmott *et al.*, 2012.

MEF: Coeficiente de determinación del modelo

$$MEF = 1 - \frac{\sum_{i=1}^{N}(X_i - \bar{Y})^2}{\sum_{i=1}^{N}(Y_i - \bar{Y})^2}$$

Ec. 15.19

Ventajas:	MEF indica la proporción de la variación total de los datos observados explicada por los datos predichos. El MEF = 1, en un ajuste perfecto. Un valor de MEF $\approx$ 1 indica una mejora en las predicciones del modelo, MEF > 1 es un indicador de baja predicción y si MEF < 1 de sobre predicción.
Inconvenientes:	Se recomienda utilizar conjuntamente medidas de desviación y métodos gráficos para validar modelos.
Consultar a:	Medina-Peralta, 2010.

CD: Coeficiente de determinación del modelo

$$CD = \frac{\sum_{i=1}^{N}(Y_i - \bar{Y})^2}{\sum_{i=1}^{N}(X_i - \bar{Y})^2}$$

Ec. 15.20

Ventajas:	CD indica la proporción de la variación total de los datos observados explicada por los datos predichos. Al igual que la MEF, en un ajuste perfecto CD = 1. Un valor de CD ≈ 1 indica una mejora en las predicciones del modelo, CD > 1 es un indicador de baja predicción y si CD < 1 de sobre predicción.
Inconvenientes:	Se recomienda utilizar conjuntamente medidas de desviación y métodos gráficos para validar modelos.
Consultar a:	Medina-Peralta, 2010.

C: Coeficiente de error del modelo

$$C = \frac{MAE}{\bar{Y}}$$

Ec. 15.21

Ventajas:	Un valor de C muy cercano a cero indica que el modelo cumple con su objetivo.
Inconvenientes:	Se recomienda utilizar conjuntamente medidas de desviación y métodos gráficos para validar modelos.
Consultar a:	Medina-Peralta, 2010.

N:	Número de datos.
X_i:	Datos obtenidos.
Y_i:	Datos de referencia.
$\bar{Y}$	Media de los datos de referencia.
$\bar{X}$	Media de los datos observados.
S_{X_i}	Desviación típica de los datos obtenidos.
S_{Y_i}	Desviación típica de referencia.
r	Coeficiente de correlación entre los datos obtenidos y los de referencia.

Bibliografía

Bliemel, F. (1973). Theil's Forecast Accuracy Coefficient: A Clarification. *Journal of Marketing Research*, 10(4), pp. 444-446.

Chai, T., & Draxler, R. R. (2014). Root mean square error (RMSE) or mean absolute error (MAE)? Arguments against avoiding RMSE in the literature. *Geoscientific Model Development*, 7(3), pp. 1247-1250.

Fullerton Jr. T. M.; Novela, G., & others (2010). Metropolitan Maquiladora Econometric Forecast Accuracy. *Romanian Journal of Economic Forecasting*, 13(3), pp. 124-140.

Gupta, H. V.; Kling, H.; Yilmaz, K. K., & Martinez, G. F. (2009). Decomposition of the mean squared error and performance criteria: Implications for improving hydrological modelling. *Journal of Hydrology*, 377(1), pp. 80-91.

Hyndman, R. J., & Koehler, A. B. (2006). Another look at measures of forecast accuracy. *International Journal of Forecasting*, 22(4), pp. 679-688.

Jolliffe, I. T., & Stephenson, D. B. (2012). *Forecast verification: a practitioner's guide in atmospheric science*. First ed. Sussex, UK: John Wiley & Sons.

Leuthold, R. M. (1975). On the Use of Theil's Inequality Coefficients. *American Journal of Agricultural Economics*, 57(2), pp. 344-346.

Martínez Rodríguez, E. (2005). Errores frecuentes en la interpretación del coeficiente de determinación lineal. *Anuario jurídico y económico escurialense*, Issue 38, pp. 315-331.

Martínez, L. S. y. R. B. P. (2008). *Tratamiento de los errores en las mediciones mecánicas*. [Online] Available at: http://monografias.umcc.cu/monos/2008/facultad%20Quimica-Mecanica/m0885.pdf [Accessed 5 octubre 2015].

Mathevet, T.; Michel, C.; Andreassian, V., & Perrin, C. (2006). A bounded version of the Nash-Sutcliffe criterion for better model assessment on large sets of basins. *IAHS PUBLICATION*, Volume 307, p. 211.

Medina-Peralta, S. a. V.-V. L. a. N.-A. J. a. C.-P. C. a. P.-R. S. (2010). Comparación de medidas de desviación para validar modelos sin sesgo, sesgo constante o proporcional. *Universidad y ciencia*, 12, Volume 26, pp. 255-263.

Mesple, F.; Troussellier, M.; Casellas, C., & Legendre, P. (1996). Evaluation of simple statistical criteria to qualify a simulation. *Ecological Modelling*, 88(1-3), pp. 9-18.

Moriasi, D. *et al.* (2007). Model evaluation guidelines for systematic quantification of accuracy in watershed simulations. *Trans. Asabe,* 50(3), pp. 885-900.

Paez, T. L. (2009). Introduction to model validation. *Proceedings of the 2009 IMAC.*

Piñeiro, G.; Perelman, S.; Guerschman, J. P., & Paruelo, J. M. (2008). How to evaluate models: observed vs. predicted or predicted vs. observed?. *Ecological Modelling,* 216(3), pp. 316-322.

Sanabria, J.; García, J., & Lhomme, J.-P. (2006). Calibración y validación de modelos de pronóstico de heladas en el valle del Mantaro. *ECIPERU,* p. 18.

Tedeschi, L. O. (2006). Assessment of the adequacy of mathematical models. *Agricultural Systems,* 89(2), pp. 225-247.

Willmott, C. J., & Matsuura, K. (2005). Advantages of the mean absolute error (MAE) over the root mean square error (RMSE) in assessing average model performance. *Climate research,* 30(1), p. 79.

Willmott, C.; Robesonb, S., & Matsuuraa, K. (2012). Short Communication: A Refined Index of Model Performance. Intl. *International Journal of Climatology,* 32(13), pp. 2088-2094.

Anexo 4

La importancia de utilizar variables globales frente a variables locales

Una variable global identifica completamente el sistema a estudiar, mientras que una variable local identifica a una parte del sistema a estudiar. Por ejemplo, la masa del cuerpo sería una variable global (totalidad del volumen del cuerpo) y la densidad de masa, uniforme o no uniforme, sería una variable local (asociada a una fracción del volumen del cuerpo). Ver Tonti (2013), p. 99.

En la formulación diferencial de la Física, la mayoría de las variables están referidas a puntos en el espacio y a instantes en el tiempo. Para hallar el valor total en el sistema hay que recurrir a la integración. Mientras, la variable carece de información acerca del elemento geométrico que la contiene. Por el contrario, en la Formulación Finita nunca se pierde esta información geométrica al utilizar las variables globales. Supongamos una determinada magnitud global . Se puede desarrollar en varios tipos de sistemas integrando las densidades volumétrica, superficial o lineal que la definen. Dichas densidades son variables locales;

$$Q[V] = \int_V \rho \, dV \quad Q[S] = \int_S \sigma \, dS \quad Q[L] = \int_L \lambda \, dL \qquad \text{Ec. 16.1}$$

Así mismo, los campos asociados dichas densidades poseen flujos a través de superficies y circulaciones a lo largo de trayectorias. Las magnitudes de campo que desarrollan flujos siempre tienen una componente normal a la superficie. Las magnitudes de campo que desarrollan circulaciones tienen una componente tangencial a la trayectoria o línea de campo.

$$Q_n[S] = \int_S \vec{q}_x \cdot d\vec{S} = \int_S \vec{q}_x \cdot \vec{n}\, dS \int_S (q_x\, n \cos \alpha)\, dS = \int_S \sigma\, dS$$

Ec. 16.2

$$Q_t[L] = \int_L \vec{v} \cdot d\vec{L} = \int_L \vec{v} \cdot \vec{t}\, dL \int_L (v\, t \cos \alpha)\, dL = \int_L \lambda\, dL$$

La naturaleza matemática de las variables globales es de carácter escalar, con lo que su aditividad está garantizada.

Pero la gran ventaja que presentan *las variables globales es que son continuas a través del interfaz entre dos medios diferentes* (Tonti, 2013, pp. 112-113).

El campo eléctrico y el campo magnético, en su forma vectorial, se pueden representar, respectivamente, así:

$$\vec{D} = \frac{\psi}{S}\, \vec{n}$$

Ec. 16.3

$$\vec{H} = \frac{U_m}{L}\, \vec{t}$$

El calor se comporta como un vector asociado a la normal, siendo la temperatura un campo escalar.

$$\vec{q} = \frac{\sigma_u}{\tilde{S}}\, \vec{n}$$

Ec. 16.4

Siguiendo la Formulación finita, cada campo estará situado en el primal o en dual, según corresponda.

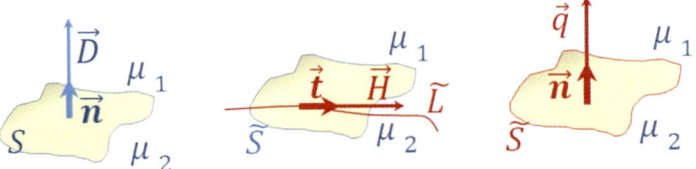

Figura 16-1. Campo eléctrico, magnético y térmico.

Cuando el campo atraviesa dos medios diferentes, μ_1 y μ_2, en la formulación diferencial es condición necesaria que la función que define al campo sea continua antes, durante y después del interfaz que separa ambos medios, pues dichas funciones son derivables. En el caso de no haber continuidad en el interfaz, esta debe garantizarse mediante las llamadas condiciones de salto. Los métodos numéricos basados en la formulación diferencial deben establecer estas condiciones de salto para evitar singularidades.

En la Formulación Finita y en el Método de la Celda, al utilizar variables globales, no es necesario utilizar estas condiciones de salto al pasar de un medio a otro. Ello es posible porque siempre se podrá colocar una celda en el interfaz que comparta nudos y cara con la celda contigua, la cual pertenece al otro medio (Figura 162). De esta manera queda garantiza la continuidad del campo con las magnitudes asociadas a flujos (superficies) y las que están asociada a circulaciones (líneas). Ver Tonti, 2000b, p. 13; Tonti, 2001ª, p. 15.

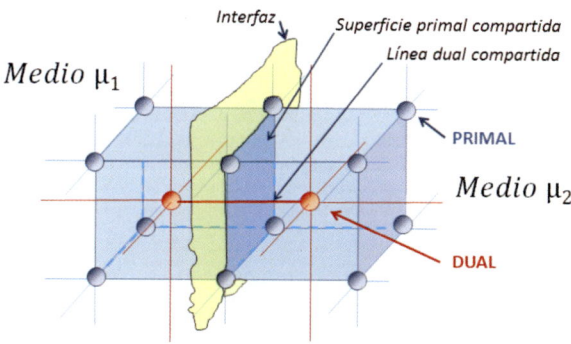

Figura 16-2. Condición de continuidad
en la Formulación Finita.

Las condiciones de continuidad en el interfaz o frontera se pueden demostrar utilizando la formulación diferencial. Así, para el campo magnético, tenemos que aplicando la ley de Gauss:

$$\oint_S \vec{B} \cdot d\vec{S} = \int_{S_1} \vec{B} \cdot \vec{n}_1 \, dS_1 - \int_{S_2} \vec{B} \cdot \vec{n}_2 \, dS_2 + \int_{S_3} \vec{B} \cdot \vec{n}_3 \, dS_3 = 0 \qquad \text{Ec. 16.5}$$

Si en el cilindro de la Figura 163 (a), cuyo radio dr es todo lo pequeño que se quiera, hacemos que su altura Δh tienda a ser nula, también lo será la superficie lateral S_3, ya que $S_3 = \lim\limits_{\Delta h \to 0} \int \Delta h \, 2\pi \, dr$. Entonces, base y tapa del cilindro tienden a coincidir con la superficie del interfaz, obteniéndose las consecuencias que a continuación se exponen:

$$\lim_{\Delta h \to 0} \left(\int_{S_1} \vec{B} \cdot \vec{n}_1 dS_1 - \int_{S_2} \vec{B} \cdot \vec{n}_2 \, dS_2 + \int_{S_3} \vec{B} \cdot \vec{n}_3 \, 2\pi \, \Delta h \, dr \right) = 0 \qquad \text{Ec. 16.6}$$

$$\int_{S_1} \vec{B} \cdot \vec{n}_1 dS_1 - \int_{S_2} \vec{B} \cdot \vec{n}_2 \, dS_2 + 0 = 0 \qquad \text{Ec. 16.7}$$

$$\int_{S_1} \vec{B} \cdot \vec{n}_1 dS_1 = \int_{S_2} \vec{B} \cdot \vec{n}_2 \, dS_2 \;\Rightarrow\; \phi_1 = \phi_2 \qquad \text{Ec. 16.8}$$

Si en el cilindro de la Figura 163 (

Lo que demuestra que, en la dirección de la normal a la superficie del interfaz, hay continuidad en el campo magnético.

Aplicando el teorema de Stokes para el campo magnético, Figura 163 (b), que no es otra cosa que la ley de Ampere, se llega a la siguiente conclusión:

$$\oint_L \vec{H} \cdot d\vec{L} = \int_S \vec{J} \cdot d\vec{S} + \int_L \vec{J}_L \cdot d\vec{L} \qquad \text{Ec. 16.9}$$

$$\int_a^d \vec{H} \cdot \Delta h \, d\vec{L} + \int_d^c \vec{H} \cdot d\vec{L} - \int_c^b \vec{H} \cdot \Delta h \, d\vec{L} - \int_b^a \vec{H} \cdot d\vec{L} = \int_S \vec{J} \cdot d\vec{S} + \int_L \vec{J}_L \cdot d\vec{L} \quad \text{Ec. 16.10}$$

Si la altura del cilindro tiende a cero, $\lim\limits_{\Delta h \to 0} \oint_L \vec{H} \cdot d\vec{L} = \lim\limits_{\Delta h \to 0}$ $\left(\int_S \vec{J} \cdot d\vec{S} + \int_L \vec{J}_L \cdot d\vec{L} \right)$, la circulación del campo magnético sería:

$$\int_d^c \vec{H} \cdot d\vec{L} - \int_b^a \vec{H} \cdot d\vec{L} = \int_L \vec{J}_L \cdot d\vec{L} = I_{superficial} \qquad \text{Ec. 16.11}$$

Esta corriente circularía por la superficie del interfaz. La ausencia de ella conllevaría la ausencia del campo magnético. Esto demuestra la continuidad del campo magnético cuando se pasa de un medio a otro.

Si se aplica la ley de Gauss para el campo eléctrico, Figura 163 (c), se llega a la siguiente conclusión:

$$\oint_S \vec{E} \cdot d\vec{S} = \int_{S_1} \vec{E} \cdot \vec{n}_1 \, dS_1 + \int_{S_2} \vec{E} \cdot \vec{n}_2 \, dS_2 + \int_{S_3} \vec{E} \cdot \vec{n}_3 \, dS_3 \qquad \text{Ec. 16.12}$$

Haciendo que la altura tienda a ser nula, entonces base y tapa del cilindro tienden a coincidir con la superficie del interfaz, teniéndose las consecuencias que a continuación se exponen:

$$\lim_{\Delta h \to 0} \left(\int_{S_1} \vec{E} \cdot \vec{n}_1 \, dS_1 + \int_{S_2} \vec{E} \cdot \vec{n}_2 \, dS_2 + \int_{S_3} \vec{E} \cdot \vec{n}_3 \, 2\pi \, \Delta h \, dr \right) \qquad \text{Ec. 16.13}$$

$$\int_{S_1} \vec{E} \cdot \vec{n}_1 \, dS_1 + \int_{S_2} \vec{E} \cdot \vec{n}_2 \, dS_2 + 0 = Q^c \quad \Rightarrow \quad \psi_1 + \psi_2 = Q^c \qquad \text{Ec. 16.14}$$

Lo cual indica que todo el flujo eléctrico que puede cruzar el interfaz, $\psi_1 + \psi_2$, se debe a la carga eléctrica contenida, Q^c, en el cilindro de prueba. Ambos flujos son iguales, salientes o entrantes, por la naturaleza no solenoidal (líneas abiertas de campo) que tiene el campo eléctrico. Con ello se garantiza la continuidad del campo eléctrico en el sentido de las normales al interfaz.

Aplicando el teorema de Stokes al campo eléctrico, Figura 163 (d), se obtiene la ley de inducción o ley de Faraday:

$$\oint_L \vec{E} \cdot d\vec{L} = -\frac{\partial}{\partial t} \int_S \vec{B} \cdot d\vec{S} \qquad \text{Ec. 16.15}$$

$$-\int_a^d \vec{E} \cdot \Delta h \, d\vec{L} - \int_d^c \vec{E} \cdot d\vec{L} + \int_c^b E \cdot \Delta h \, d\vec{L} + \int_b^a \vec{E} \cdot d\vec{L} = -\frac{\partial}{\partial t} \int_S \vec{B} \cdot d\vec{S} \quad \text{Ec. 16.16}$$

Haciendo que la altura Δh tienda a ser nula, entonces:

$$0 - \int_d^c \vec{E} \cdot d\vec{L} + 0 + \int_b^a \vec{E} \cdot d\vec{L} = \lim_{\Delta h \to 0} \left(-\frac{\partial}{\partial t} \int_S \vec{B} \cdot d\vec{S} \right) \qquad \text{Ec. 16.17}$$

El término pues no habría superficie transversal al interfaz por donde circulase el campo magnético (componente normal). Esto conlleva que:

$$-\int_d^c \vec{E} \cdot d\vec{L} + \int_b^a \vec{E} \cdot d\vec{L} = 0 \quad \Rightarrow \quad U_{cd} = U_{ab}$$

Ec. 16.17

Lo cual indica que el interfaz es una superficie equipotencial, garantizando que la componente tangencial del campo es continua en él.

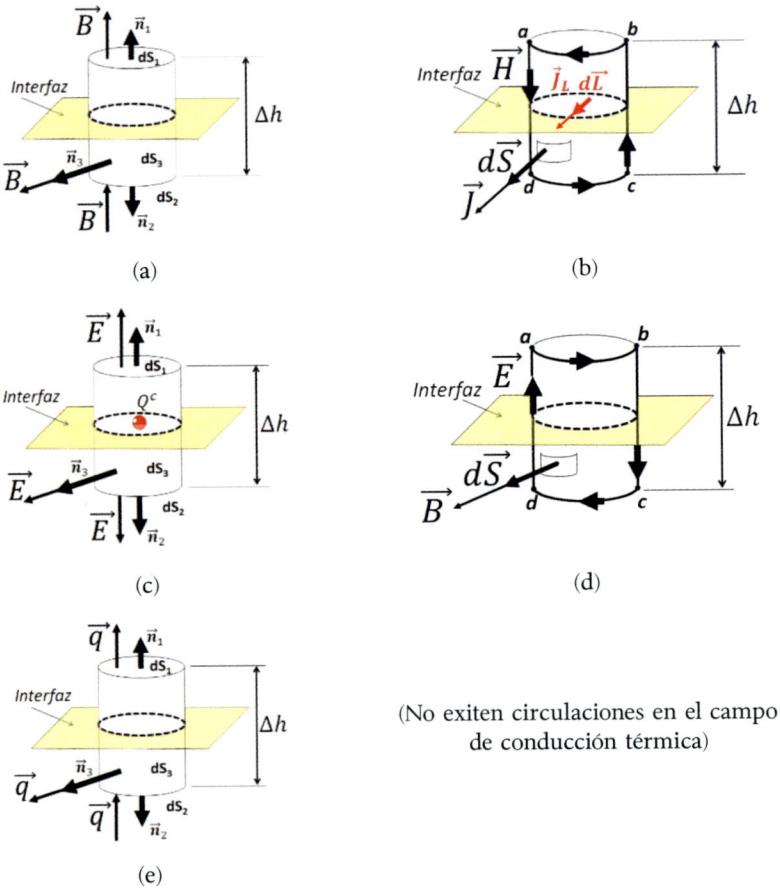

Figura 16-3. Teorema de Gauss y teorema de Stokes.

En la Figura 163, se expone la aplicación del teorema de Gauss y del teorema de Stokes aplicados al campo magnético, (a) y (b); al campo eléctrico (c) y (d); y al campo de conducción térmica (e).

Para el calor $\vec{q}$, observado la Figura 163 (e), y aplicando el mismo razonamiento expuesto en Ec. 16.6, Ec. 16.7 y Ec. 16.8, se demuestra la continuidad del campo térmico.

16.1. Variables globales en el espacio y el tiempo

Por propia definición, serían variables globales que dependen del espacio y el tiempo. Ciñéndonos al objeto de este libro, estudio electromagnético y térmico de la máquina eléctrica asíncrona, definiríamos las siguientes variables globales en el espacio-tiempo.

Variable global		Variable de campo equivalente		
Asociadas a volúmenes				
Generación de calor	$\sigma_u[T,\tilde{V}]$	Densidad volumétrica de calor	$\sigma_q[T,\tilde{V}]$	--
Asociadas a superficies				
Flujo Magnético	$\phi[\tilde{t},S]$	Densidad de flujo magnético	$B[\tilde{t},S]$	$\vec{B}(t,P)$
Calor	$q[T,\tilde{S}]$	Densidad de flujo calorífico	$q[T,\tilde{S}]$	$\vec{q}(t,P)$
Flujo de carga eléctrica	$Q^f[T,\tilde{S}]$	Densidad de corriente eléctrica	$J[T,\tilde{S}]$	$\vec{J}(t,P)$
Asociadas a líneas				
Impulso de fuerza magnetomotriz	$\mathcal{F}_m[\tilde{T},\tilde{L}]$	Intensidad de campo magnético	$H[T,\tilde{L}]$	$\vec{H}(t,P)$
Impulso de tensión eléctrica	$U[\tilde{T},L]$	Intensidad de campo eléctrico	$E[\tilde{T},L]$	$\vec{E}(t,P)$
Impulso de fuerza electromotriz	$\varepsilon[\tilde{T},L]$	Fuerza electromotriz	$e[T,L]$	--
Diferencia de temperatura	$D\tau[\tilde{T},L]$	Gradiente de temperatura	$g[\tilde{T},L]$	$\vec{\nabla}\cdot\tau(t,P)$
Asociadas a puntos				
Termacidad	$\Theta[\tilde{t},P]$	Temperatura	$\tau[\tilde{T},P]$	$\tau(t,P)$

Tabla 16-1. Tabla de variables globales empleadas.

Una de las aportaciones de Tonti a la Formulación Finita fue la integración del tiempo en las variables globales. Esto permite saber si una variable es instantánea o se desarrolla en un intervalo de tiempo. Así mismo, respecto al espacio, la Formulación Finita permite saber si dicha variable global es dependiente de un volumen, superficie, línea o punto. Para asociar la variable a las mencionadas figuras geométricas es obvio que habrá que conocerse perfectamente el fenómeno físico a estudiar. En sí, el proceso de obtener una variable global consiste en integrar todas las magnitudes espaciotemporales de las cuales depende la variable para convertirla en una variable de tipo escalar, matemáticamente hablando. Con esto se garantiza su aditividad y la continuidad de la misma. Lo que Tonti define como impulsos, no es otra cosa que integrar una variable espacial con el tiempo y convertirla así en global, sinónimo de integral.

Estas variables globales serán, a su vez, variables de configuración y de fuente.

Variables de configuración (S.I.: weber = voltio×segundo)		Variables de fuente (S.I.: culombio = amperio×segundo)	
Impulso de potencial eléctrico	$\mathcal{V}_e = \int_T v_e \, dt$	Flujo de carga eléctrica	$Q^f = \int_{\bar{T}} \int_{\bar{S}} \vec{J} \, d\vec{S} \, dt$
Impulso de tensión eléctrica	$\mathcal{U}_e = \int_T \int_L \vec{E} \, d\vec{L} \, dt$	Impulso de f. m. m	$\mathcal{F}_m = \int_{\bar{T}} \int_{\bar{L}} \vec{H} \, d\vec{L} \, dt$
Flujo Magnético	$\phi = \int_S \vec{B} \, d\vec{S}$		

Tabla 16-2. Variables de configuración y
de fuente del campo electromagnético.

Variables de configuración (S.I.: grados kelvin; grados kelvin×metros⁻¹)		Variables de fuente (S.I.: vatios; vatios×metros⁻³)	
Temperatura	$\tau[\tilde{T}, P]$	Calor	$q[T, \bar{S}]$
Diferencia de temperatura (gradiente)	$D\tau[\tilde{T}, L]$	Generación de calor	$\sigma_u[T, \tilde{V}]$

Tabla 16-3. Variables de configuración y
de fuente de la transmisión de calor.

La termacidad es un concepto introducido por David van Dantzig (Rotterdam, Países Bajos, 1900-1959). Publicado por M. von Laue, Relativitätstheorie, Vol. 1 Vieweg, Braunschweig, en 1921. La termacidad equivale a la integral de la temperatura: $\Theta = \int_{t_0}^{t_1} T\, dt$. Equivaldría al mínimo desplazamiento termodinámico.

Es de destacar que las variables son referidas al tiempo de la siguiente manera:

Cualquier variable física, que para medirse necesita un estado de equilibrio, está asociada a un intervalo de tiempo T o $\tilde{T}$, primal o dual, según el tipo de variable.

Si la variable física se puede medir sin alcanzar el estado de equilibrio, entonces dicha variable está asociada a un instante de tiempo t o $\tilde{t}$, primal o dual, según el tipo de variable.

Cualquier variable, para referirla al tiempo, también debe cumplir con el criterio que se indica a continuación.

Variable física	¿Cambia de signo la variable al cambiar el sentido del movimiento?		
		No	Si
	Instante	t	$\tilde{t}$
	Intervalo	$\tilde{T}$	T

Tabla 16-4. Criterios de tiempos dual y primal.

16.2. Ecuaciones topológicas

Las variables físicas describen cuantitativamente un sistema físico, mientras que las ecuaciones físicas describen el comportamiento de dicho sistema.

Las ecuaciones físicas tienen varias formas de clasificarse. Así, las ecuaciones topológicas describen como es el sistema o el campo físico relacionándolo con elementos espaciotemporales como el punto, la línea, la superficie, el volumen, el instante y el intervalo de tiempo.

Las ecuaciones topológicas pueden clasificar en los siguientes tipos:

$$Ecuaciones\ topológicas \begin{cases} - Ecuaciones\ de\ diferencia\ espacial\ o\ gradiente \\ - Ecuaciones\ circuitales \\ - Ecuaciones\ de\ Balance \end{cases}$$

Las ecuaciones topológicas relacionan elementos espaciales con sus respectivos contornos.

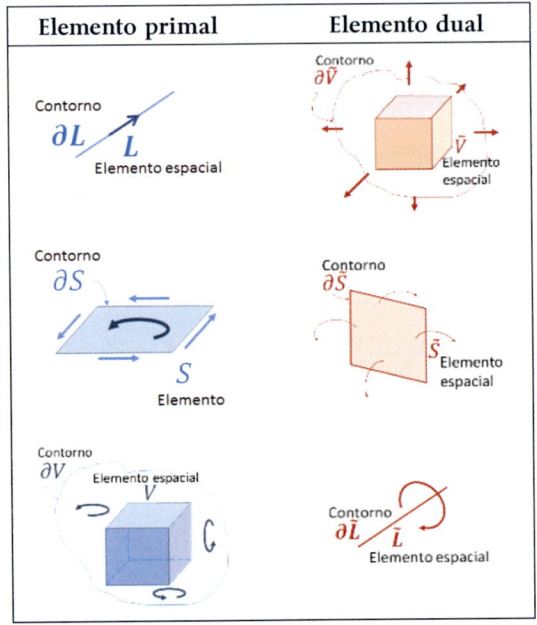

Figura 16-4. Elementos primales y
duales con contornos respectivos.

Las ecuaciones topológicas son válidas para cualquier:

Forma y tamaño del elemento espaciotemporal que define al fenómeno físico.

Escala, tanto en la microescala como en la macro escala.

Medio que envuelva a la región donde se desarrolla el fenómeno físico.

16.3. Ecuaciones de diferencia espacial o de gradiente

Las ecuaciones de diferencia o de gradiente son ecuaciones topológicas del tipo:

$$B[\delta L] = A[L] \qquad \text{Ec. 16.19}$$

Se obtienen de la diferencia de la magnitud B que se desarrolla a lo largo de una línea y que se evalúa entre dos puntos P y Q.

$$B[\delta L] = B[Q] - B[P] \qquad \int_L \vec{E} \cdot \vec{t} \, dL = U_1 - U_2 \ \Rightarrow \ \vec{E} = -\vec{\nabla} \cdot U$$

(a)

(b)

Figura 16-5. El gradiente. Formulación: (a) Finita, (b) Diferencial.

En la formulación diferencial corresponde con la expresión de un gradiente. Por ejemplo, el concepto de diferencia de potencial eléctrico o tensión eléctrica, Figura 166 (b).

16.4. Ecuaciones circuitales

Las ecuaciones circuitales relacionan superficies con su contorno. Son del tipo:

$$B[\delta S] = \mp A[S] \qquad \text{Ec. 16.20}$$

Están asociadas a circulaciones. El teorema de Stokes, en superficie abierta, es una ecuación topológica de tipo circuital.

$$B[\delta S] = \mp A[S]$$

$$\iint_S \vec{A} \cdot d\vec{S} = \int_C \vec{B} \cdot d\vec{L}$$

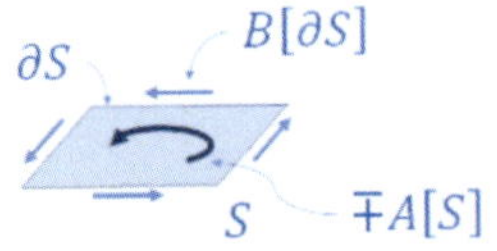

(a)

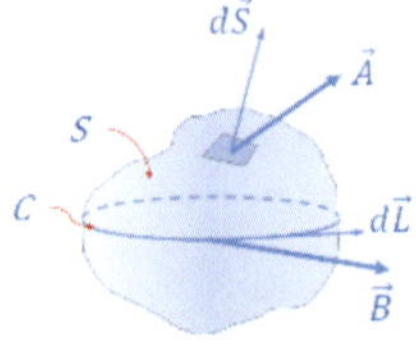

(b)

Figura 16-6. Ecuación circuital.
Formulación: (a) Finita, (b) Diferencial.

16.5. Ecuaciones de balance

Las ecuaciones de balance definen el estado de equilibrio, estático o dinámico, donde, aparte del elemento espacial, se ve involucrado un intervalo de tiempo.

Las ecuaciones de balance relacionan un volumen con su contorno de la siguiente forma:

$$B[\delta V] = \mp A[V]$$

Ec. 16.21

Las ecuaciones de balances están asociadas a flujos. Un ejemplo de ecuación de balance es el teorema de Ostrogradsky-Gauss o teorema de la divergencia.

$$B[\delta \tilde{V}] = \mp A[\tilde{V}]$$

$$\iiint_V \vec{\nabla} \cdot \vec{A} \, dV = \oint_S \vec{B} \cdot d\vec{S}$$

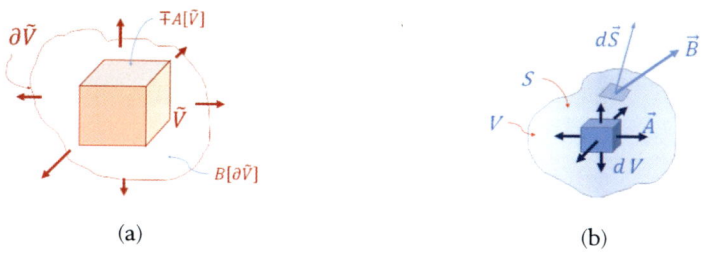

Figura 16-7. Ecuación de balance.
Formulación: (a) Finita, (b) Diferencial.

Las ecuaciones de balance son las ecuaciones más importantes de la Física. Nos indican la producción de cierta magnitud física en un sistema. Supongamos una determinada magnitud $Q[\tilde{V}]$. Sus posibles ecuaciones de equilibrio serían las siguientes:

$$Q^{producido} = \Delta Q^{contenido} + Q^{saliente} \qquad \text{Ec. 16.22}$$

$$0 = \Delta Q^{contenido} + Q^{saliente} \qquad \text{Ec. 16.23}$$

En Ec. 16.22 existe producción de $Q[\tilde{V}]$, mientras que en Ec. 16.23 lo que entra es igual a lo que sale. El signo indica la dirección del flujo (- saliente, + entrante).

16.6. Ecuaciones constitutivas

Las ecuaciones constitutivas describen el comportamiento de un fenómeno físico, desarrollándose este en un medio material.

Las ecuaciones constitutivas relacionan las variables de configuración con las variables de fuente.

$$B[T, \tilde{S}] = K \cdot A[\tilde{T}, L]$$

$$B[T, \tilde{L}] = K \cdot A[\tilde{t}, S]$$

Ec. 16.24

Las ecuaciones mostradas en Ec. 16.24 representan uno de los muchos ejemplos genéricos de ecuaciones constitutivas que pueden aparecer en la Física. A será la variable de configuración (elementos espaciales primales), B será la variable de fuente (elementos espaciales duales) y K será el parámetro que defina el comportamiento del material.

Las ecuaciones constitutivas son fundamentales en la Física y, especialmente en la Ingeniería, pues describen el comportamiento de las variables a través de los materiales con los que se construyen los diversos dispositivos utilizados en todas las ramas de la ingeniería.

El parámetro K puede tomar diferentes formas matemáticas. A saber:

El material es isótropo y no se satura, permaneciendo constante a lo largo del tiempo. El material tiene un comportamiento lineal. El parámetro K es una constante matemática. Es el caso (1) de la Figura 161.

El material es isótropo, pero se modifica el valor de K dependiendo de los valores alcanzados por A. El material no es lineal. Se verifica que $K = f(A)$. Es el caso (2) de la Figura 161.

El material es anisótropo. Dependiendo de la dirección de los ejes de coordenadas tiene un comportamiento diferente. Matemáticamente el parámetro K es un tensor. Es el caso (3) de la Figura 161.

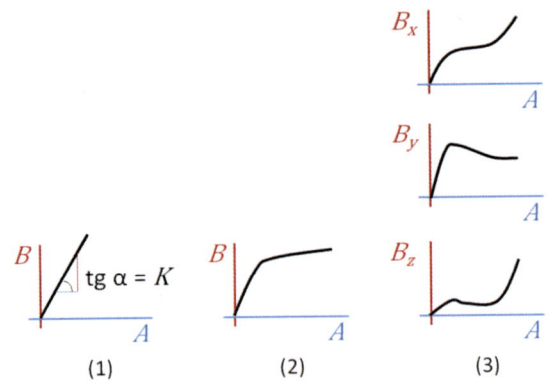

Figura 16-8. Tipos de constante K en las ecuaciones constitutivas.

Bibliografía

Tonti, E. (2000b). Formulazione finita delle equazioni di campo: Il Metodo delle Celle. *Atti del XIII Convegno Italiano di Meccanica Computazionale, Brescia, Italy,* Noovember.

Tonti, E. (2001a). A direct discrete formulation of field laws: The cell method. *CMES- Computer Modeling in Engineering and Sciences,* 2(2), pp. 237-258.

Tonti, E. (2013). *The Mathematical Structure of Classical and Relativistic Physics.* first ed. s.l.: Birkhaüser.